“十三五”国家重点图书出版规划项目
材料科学研究与工程技术系列

橡胶加工工艺学

武卫莉　杨秀英　主编

哈爾濱工業大學出版社

内容简介

本书作者以将近20年的实践经验与理论教学知识相结合，理论上从国内外的前沿着手，高瞻远瞩；实际加工部分，言简意赅。全书共分4章，内容包括橡胶工业简介，橡胶共性，橡胶制品分类，橡胶制品的生产工艺过程，橡胶的性能测试，橡胶分子结构、组成和性能，生胶和再生胶，配合剂，橡胶配合剂的分离和分析，塑炼前的准备、配料工艺，橡胶塑炼，橡胶混炼，橡胶压延，橡胶压出，橡胶硫化等方面的知识。本书内容充实、丰富，叙述深入浅出、简明扼要、重点突出，能充分满足学时少的教学要求。

本书除作为高等院校高分子材料专业的本科生、研究生教材外，还可以作为从事橡胶研究与管理等工程技术人员的参考书。

图书在版编目(CIP)数据

橡胶加工工艺学/武卫莉，杨秀英主编. —哈尔滨：哈尔滨工业大学出版社，2012.6(2019.7 重印)
ISBN 978-7-5603-3598-8

Ⅰ.①橡… Ⅱ.①武… ②杨… Ⅲ.①橡胶加工-工艺学 Ⅳ.①TQ330.5

中国版本图书馆 CIP 数据核字(2012)第 107678 号

材料科学与工程
图书工作室

策划编辑 张秀华 杨 桦 许雅莹
责任编辑 李长波
封面设计 卞秉利
出版发行 哈尔滨工业大学出版社
社 址 哈尔滨市南岗区复华四道街10号 邮编 150006
传 真 0451-86414749
网 址 http://hitpress.hit.edu.cn
印 刷 哈尔滨圣铂印刷有限公司
开 本 787mm×1092mm 1/16 印张 17 字数 390 千字
版 次 2012年6月第1版 2019年7月第2次印刷
书 号 ISBN 978-7-5603-3598-8
定 价 48.00 元

前　言

近20年来,我国的橡胶工业取得了巨大进步,已经在世界橡胶产业中占有重要地位。据测算,2010年天然橡胶年消费量达到350万吨,合成橡胶的年消费量达到400万吨,连续两年已居世界首位。随着橡胶加工企业的不断壮大,橡胶产品趋向于高端化发展。因此,对于橡胶工程技术人员专业水平的要求也越来越高。更重要的是对于材料加工(橡胶加工部分)的学生一直没有用于教学的教材,我们依据材料加工专业的教学大纲编写了此书。

在本书的编写过程中,注意突出以下几方面特色:

(1)根据科学技术发展的最近动态和我国高等学校合并的现实要求,坚持加强基础、拓宽专业面、更新材料内容的基本原则;

(2)内容比较系统全面;

(3)既有技术理论又有加工工艺及实际操作方法;

(4)注重优化课程体系,探索材料的新结构,即在技术理论内容上注重加强与基础化学、物理、高分子物理化学等基础理论的结合,力求克服橡胶工艺和基础理论结合不紧,甚至脱离的现象,以利于引导读者理性思维;

(5)实际操作方法的介绍注重与生产实践的有机结合,主要叙述了典型实例的配方和一些橡胶测试的方法和要求。

此外,我们力求做到叙述深入浅出、简明扼要、内容丰富、重点突出,以便能充分满足学时少的教学要求。

本书适合于高分子材料专业的学生和橡胶专业工程技术人员学习使用。

各章的编写人员及分工如下:第1、2章由武卫莉编写,第3、4章由杨秀英。

由于橡胶工程的复杂性,加上编者的橡胶工程实践经验和运用基础理论能力的有限,书中难免会有一些介绍不够透彻甚至疏漏之处,敬请广大读者批评指正。

编　者

2012年4月于齐齐哈尔

目　　录

第1章 绪　　论

1.1 橡胶工业简介

1.1.1 天然橡胶的发现和利用

天然橡胶的发现很早，考古发掘表明，远在公元11世纪，南美洲人就已使用橡胶球做游戏和做祭品。1493年，意大利航海家哥伦布第二次航行探险到美洲时，看到印第安人手拿一种黑色的球在玩，球落在地上弹得很高，它是由从树中取出的乳汁制作的。此后，西班牙人和葡萄牙人在征服墨西哥和南美洲的过程中，将橡胶知识陆续带到了欧洲。

进入18世纪，法国连续派遣科学考察队奔赴南美洲。1736年，法国科学家康达明参加了南美洲科学考察队，把一些最早的橡胶制品带回来，并发表了有关橡胶的报告。报告中介绍了在亚马孙河流域，当地居民从橡胶树（Hevea）中采集乳液的情况，以及将乳液制成壶和鞋的过程。这些野生在亚马孙河流域的橡胶树，分布面积达568万平方千米，其中近$\frac{1}{3}$在巴西，使巴西成为天然橡胶最早的生产国家。

天然橡胶的工业研究和应用始于19世纪初。1819年，苏格兰化学家马金托希发现橡胶能被煤焦油溶解，人们开始把橡胶用煤焦油、松节油等溶解，制造防水布。此后，世界上第一个橡胶工厂于1820年在英国哥拉斯格（Glasgow）建立。为使橡胶便于加工，1826年汉考克（Hancock）发明了用机械使天然橡胶获得塑性的方法。随着橡胶用途的开发，到1876年英国人历经90多年，把橡胶树的种子和幼苗从南美洲经伦敦皇家植物园移植到印度尼西亚、斯里兰卡、马来西亚等地，完成了将野生的天然橡胶树变成人工栽培种植的十分艰难的工作，至今东南亚地区仍是天然橡胶的主要产地和集散地。但在硫化方法出现前，纯胶制品遇冷变硬而破裂，遇热变软而发黏，用它制出的橡胶制品质量很差，使用价值不大。这漫长的许多世纪是直接利用天然胶乳和生胶的时期。

1.1.2 硫化法的发明

1839年，美国发明家查尔斯·固特异（Charles Goodyear）把配制的橡胶和硫黄的混合物进行加热，发现橡胶不再受温度的影响，即橡胶的弹性温度范围变宽了，这就是现在广泛采用的硫黄硫化法的开端。此后，橡胶才真正进入工业实用阶段。

但是，当时硫黄用量很大，硫化温度高、时间长，硫化胶质量也差，因此，怎样降低硫化温度，缩短硫化时间，就成为迫切需要解决的问题。随着19世纪80年代西方国家的第二次产业革命，1888年英国医生邓录普（Dunlop）发明了充气轮胎，以及1900年东南亚的栽培天然橡胶投放市场，都促进了上述问题的解决。1904年发现氧化铅、氧化镁等无机促进剂有促进硫化作用,但效果不显著。1906 年德国化学家奥恩斯拉格发现苯胺有促进硫化作用,直到 1919 年才普遍应用有机硫化促进剂 D、促进剂 M 等。

使用有机硫化促进剂提高了生产效率,橡胶制品的应用范围扩大了,特别是自 1910 年后,由于汽车工业的发展,亟待解决橡胶材料的强度和耐磨性等重要课题被提出。1912 年前已知道氧化锌、陶土等白色填料有提高橡胶物理性能的作用,但是直到 1920 年把大量炭黑用于橡胶中以后,才使橡胶的性能得到全面提高,由此可见,炭黑的应用促进了橡胶工业的发展。随着橡胶消耗量的迅猛增加,天然橡胶已远远不能满足要求,特别是缺乏天然橡胶资源的国家矛盾更为突出,这又促使人们用人为的方法去研究、开发合成橡胶。

1.1.3 合成橡胶的工业化和发展

橡胶的人工合成源于对天然橡胶化学组成和结构的科学研究。关于天然橡胶结构的研究,是从 19 世纪初开始的。1826 年法拉第(Faraday)明确了橡胶是由碳和氢组成的。1860 年威廉姆斯(Williams)发现橡胶经蒸馏可产生异戊二烯化合物,并认为异戊二烯是天然橡胶的基本化学成分。1875 年鲍查达(Bouchardat)研究认为,异戊二烯也能合成出类似橡胶的物质,这是最早的关于用人工合成方法制取橡胶的报道。1904 年哈里士(Harries)用臭氧分解橡胶,通过生成物分析,明确了橡胶具有异戊二烯相连接的结构。此后,橡胶合成的研究始终处在积极状态中。但是,实质性进展还是在 1922 年瑞士化学家施陶丁格(Staudinger)提出高分子链状结构之后,橡胶弹性分子动力学等理论的建立才为橡胶合成奠定了理论基础。

进入 20 世纪后,橡胶的合成技术进步很快,出现了几种合成方法和近百个橡胶合成专利。在第一次世界大战期间,德国首先生产了甲基橡胶,但因生产成本高,而且弹性、强度及耐老化性能均比天然橡胶差,故战后终止生产。1928 年前苏联列别捷夫直接从乙醇制造丁二烯成功;1929 年美国齐柯尔(Thiokol)公司生产了聚硫系合成橡胶;1930 年英国发表了二烯烃经高压聚合制造弹性体的专利;1931 年美国杜邦(Du Pont)公司生产了氯丁橡胶;1932 年苏联生产了丁钠橡胶;1933 年德国法本(Farben)公司取得了采用乳液聚合法制造丁苯橡胶的专利,1937 年该公司又实现了丁腈橡胶的工业化生产。此间,德国、苏联成为主要的合成橡胶生产和研究的国家。太平洋战争开始后,美国被切断了天然橡胶的来源,被迫从德国购买专利,组织合成橡胶生产,1942 年生产了丁苯橡胶(GRS),1943 年美国首先实现丁基橡胶的工业生产,这时英国、法国主要采用天然橡胶。1948 年德国生产了低温丁苯橡胶。直至 20 世纪 50 年代,橡胶工业的主要原料仍以天然橡胶为主。

随着高分子科学的发展,1955 年出现了有规立构聚合方法,终于合成了化学结构和天然橡胶完全相同的合成橡胶——异戊橡胶,并由美国实现工业化生产。此后,1960 年美国菲利浦公司(Phillips Co.)实现了顺丁橡胶的工业化生产。1963 年意大利蒙特迪生集团(Montedison Group)工业公司生产了三元乙丙橡胶,这些橡胶也常称为有规立构橡胶。这期间,除二烯类橡胶外,对一些特种合成橡胶,如硅橡胶、氟橡胶、聚氨酯橡胶等,都进行着广泛研究并投入工业生产。

1.1.4 热塑性橡胶和液体橡胶的工业应用

目前,橡胶加工工业所用的原料生胶,大多是固体块状物。这样在加工成型、硫化时要消耗大量能量，而且生产效率低、劳动强度大，需要大型设备；同时产品质量由于固态混合的不均匀性，受到很大影响。所以，近年来人们对热塑性橡胶和液体橡胶予以极大关注。

热塑性橡胶也称热塑性弹性体，它是一类在常温下具有橡胶弹性，而在高温下能像热塑性塑料一样易于塑化成型的高分子材料。热塑性橡胶被工厂应用是在1965年美国壳牌(Shell)化学公司生产的苯乙烯与丁二烯的嵌段共聚物(简称SBS)之后。热塑性橡胶由于不需要热炼、硫化，可简化工艺、节省能源，加工成本低，又因弹性-塑性转化的可逆性，所以下脚料和次废品等可再行利用。现在作为鞋用材料发展很快。

热塑性橡胶可大致划分为聚氨酯类、苯乙烯类、聚烯烃类、聚酯类和其他类。

液体橡胶是低聚物中的一个重要组成部分。它是一种分子质量在10 000以下的黏稠状可流动液体。解聚天然橡胶是最早的液体橡胶，早在1923年已用于胶黏剂，1943年出现了液体聚硫橡胶，直到第二次世界大战末期，把液体橡胶作为火箭的固体燃料推进剂组分加以应用后，才推动了液体橡胶向全新系列发展。特别是1970年，美国费尔斯通(Firestone)橡胶公司公布用二烯类遥爪型液体橡胶制成帘线带束浇铸轮胎，引起了世界的注目。此后，一些国家都在致力于以液体橡胶制造一般橡胶制品的研究。至今为止，几乎所有的固体橡胶都有其相应的液体橡胶品种，可见这个领域十分广阔，而且品种也相当繁多。

此外，自20世纪70年代以来，橡胶科技工作者都认识到，合成一种新型橡胶并工业化所花费的代价远远高于对已有材料的相互并用，所以，高分子材料共混技术得到了广泛的研究，应用领域不断扩大。这就是近20多年来没有新合成橡胶出现的原因之一。

1.1.5 制胶工业的发展趋势

1965年马来西亚首先推广标准橡胶，以后各产胶国群起仿效，以工艺规格分级的标准得到用户赞赏。“标准马来西亚橡胶”方案使各国标准橡胶方案逐渐沿着统一的方向发展。由于用户要求标准橡胶的操作性能更为一致明确，将来标准橡胶的等级必然进一步减少，很可能逐渐划分为两大类：优质的胶乳级标准橡胶(黏度固定)和普通级标准橡胶(黏度固定)。这两类橡胶都有明确规定的硫化特性和操作性能。

鉴于标准橡胶加工的机械化程度较高，设备价格昂贵，所以有必要集中加工设备以便充分发挥其经济效益。因此，各产胶国一般设立规模较大的制胶厂，日产10～50 t。

为了橡胶操作性能一致以满足用户要求，现在已正式规定必须按照原料来源明确地划分标准橡胶等级，胶乳和凝胶必须严格分开，分别制成不同等级的标准橡胶。例如通用级标准橡胶的一致性好，黏度受到严格控制(60～79个门尼单位)，具有明确的硫化性能。

在加工工艺方面，据国外资料介绍，已有如下新工艺研究的报道：

(1)转桶连续凝固法

此法采用的凝固器是一个装在横轴上转动的长筒，胶乳和凝固剂按预定的流速流入进料端，从出料端出来的是一条凝固成香肠似的硬块。这一方法于1973年已在马来西亚的普兰伯沙胶园加工厂用于生产，据说凝固费可节约70%，厂房面积可减少80%，凝固设备费用减少$\frac{1}{3}$。但后来发现该法的凝固用酸量太多，凝块的软硬不一致，造粒困难，现已不再采用。

(2)热凝法

此法在1975年由马来西亚橡胶研究院提出。鲜胶乳不加酸就泵入一列放在热交换器中的金属管使胶乳胶凝,凝块挤出管外后即可造粒。其优点是投资和生产费较低,只是加酸凝固的66%。此法看来颇有希望,现已由中试工厂进行试生产,并对胶样进行了检验,发现热凝胶容易焦烧,硫化结块,硫化胶的硬度和定伸强度较高,生热性能较好,塑炼快,但不同的实验室所得的结果并不一致,目前还在进一步改进。用热化胶乳制备的热凝胶的黏度固定,颜色浅。

(3)连续凝干法

这是非洲橡胶研究所设计的一种新方法。把鲜胶乳加在一条不锈钢连续输送带上,通过装有加热和通风装置的管道而凝固,热源为装在管道上部的30个红外线发生器。凝干橡胶的性能同颗粒胶有些差异,即颜色深、含氮量高、硫化较快且灰分含量增加。现在已制出样机,并在进一步改善。

标准橡胶包装运输方面,按规定标准橡胶用塑料薄膜包捆,再装在板条箱内。由于板条箱成本高又浪费产胶国的木料,还给用户带来不便,所以逐渐趋向所谓“紧缩包装法”,此法是用1.3 mm厚的聚乙烯薄膜代替木条箱,把30包共重1 t的胶包包捆起来,放在热烘箱中加热以除去其中的空气,从而使聚乙烯膜紧贴在胶包上,形成很紧密的包装,在下面放一个用板条制的底部以便搬运和储存。最近又发展成“拉伸包装”,就是利用特制的塑料薄膜,不需在热烘箱中加热就可把胶包捆紧。这种包装法非常适于现在盛行的集装箱运输,橡胶受到很好的保护,在工厂中只需几秒钟就可把塑料薄膜剥下,很受欢迎;其主要的缺点是不耐压,最多只能堆放两层,存放时要占用较多的仓库面积,所以还不能普遍被采用,现正在继续改进中。如果用集装箱装运橡胶,不但不需要用板条箱,连塑料薄膜也可不用,只要在胶包表面薄薄涂上一层涂料以防止胶包粘在一起,这是一种最便宜的解决包装的方法。

橡胶的运输与橡胶的包装是并行的。运输工具的改进必然会提供改善橡胶包装的条件。集装箱船的出现提高了天然橡胶的运输效率,减少了搬运费用,而现在又出现了母子船,即一只大船带着85只驳船,每只驳船可装285只板条箱或大约360捆紧缩包装的胶包,母船可在3 h内卸下子船(普通的杂货船需卸5天),子船(即驳船)则由拖轮直接拖至工厂卸货,从而节省大量运费。

顺便介绍一种运输胶乳的新方法,即将胶乳装袋后再放在集装箱内,直接运往乳胶制品厂,有关技术问题大部分已解决了,只是需要增加买袋和将袋运回胶乳厂的费用。

1.1.6 我国植胶史

1904年我国首次引种橡胶树;1950年全国种植橡胶树120万株,其中可割树64万株,年产天然橡胶199 t;1951年我国大规模种植橡胶树;1981年全国橡胶树种植面积和天然橡胶总产量分别居世界第4、5位,对外宣告橡胶树北移大规模栽培成功;随着产业技术水平的提高,我国天然橡胶单位面积产量也得到了快速提高,于20世纪80年代赶超世界平均水平。

我国的主要植胶基地在海南省、云南省和广东省。2007年海南省产干胶17.8×10^4 t,占全国的60%;云南省产干胶7.69×10^4 t,占全国的26.6%;广东省产干胶3.45×10^4 t,占全国的 12%；广西产干胶 3 303 t，占全国的 1%；福建省产干胶 913 t，占全国的 0.40%。在生产实践中，我国涌现了一大批高产单位。如华南热带作物两院实验农场 5 队的实验地段，每亩产量已超过 200 kg；在云南的西双版纳，景洪农场 80 km^2 胶园平均每亩已超过 100 kg；东风农场的 66 km^2 胶园，平均每亩产干胶 100.8 kg；广东省的建设农场，开割面积 15.064 km^2，平均每亩产干胶 98.8 kg；海南省乐中农场，开割面积18.6 km^2，平均亩产干胶 89.6 kg；福建省建设农场位于北纬 23°48′，每亩产干胶126.3 kg。众多的高产典型，充分说明了我国橡胶生产的潜力。

但是，由于我国植胶区位于赤道以北 18°～24°，大大超过了世界植胶的热带地区（赤道以南 10°至赤道以北 15°）的界线，是公认的不宜植胶地。因此在温度、雨量、风速、日照等气候条件上与橡胶树的生态习性还有一定差距，制约着橡胶树的生长，特别是台风和低温两大自然灾害，危害更大。所以，我国天然橡胶树的产量、保存率和生产率还较低，成本高，产量增长幅度慢等，这些都是我国天然橡胶业所面临的严峻问题，也是摆在每个植胶者面前的新课题。

橡胶树是典型的热带雨林树种，原生长在南纬 0°～5°范围内的热带雨林中，特殊的环境形成了它喜高温、多雨、静风、沃土的生态习性。而目前，我国橡胶生产的种植区已从最南的海南三亚市（北纬 18°10′）发展到最北的福建省云霄县和云南省瑞丽县（北纬 24°），在这一范围内大面积种植橡胶是没有先例的，国外学者也断言在这一地区植胶注定要失败，然而奇迹却由我国的植胶者创造出来了，经过 50 多年的研究和生产实践，我国的农垦职工克服了低温、台风、干旱、瘠瘦等重重困难，摸索了一套适合我国栽培种植橡胶树的新技术，使巴西橡胶树大面积北移获得成功，在我国这个不太典型的热带地区安家了。这套新技术主要有如下几个方面：

（1）选育抗性高产品系

经过长期实践的考验，选出了抗寒高产橡胶无性系 GT1 作为北部植胶区生产的当家品种。高产无性系 RRIM 600 是轻风寒地区的当家品种。同时培育出我国自已的抗寒无性系 93～114、天任 31～45、抗风无性系海垦 1、红星 1、云研 1、云研 277～5。

（2）划分植胶环境类型区，对口使用品系

根据小地形风寒害情况划分成若干区域，然后配置不同品系，使橡胶树在不同的类型区中能正常地生长和产胶。

（3）抗风栽培技术

建立防护林网，改造环境，防止风害。对橡胶树进行矮化和修枝整形处理，可以明显减轻风害。

（4）抗寒栽培技术

采用春季育苗，秋季芽接，芽片在砧木上带杆过冬，翌年早春锯杆抢早定植，可加速芽片抽芽生长，避免寒害。已定植的橡胶苗冬季搭盖蒙古包防寒，开割树的割面可涂封凡士林保护。在种植形式上采用宽行密株，增加阳光直射林内时间，提高林内温度，控制寒害发生。

（5）科学割胶技术

总结出“管、割、养”三结合的科学割胶办法；“一浅四不割”的安全养树措施；“稳、准、轻、快”的割胶操作技术；“低频、短线、少药、浅割、轮换、产胶动态分析”的新割胶制度等。

这些技术和经验都是我国广大植胶者辛勤劳动和智慧的结晶，是我国橡胶事业的宝贵财富，也是对世界橡胶种植业的重大贡献。

1.2 橡胶共性

橡胶是高弹性的高分子材料。由于橡胶具有其他材料所没有的高弹性，因而也称微弹性体。橡胶材料的基本共性可作如下概述：

(1)橡胶状弹性

橡胶的弹性模量小，一般为 1～10 kg/cm^2。与能弹性不同，它是由于大分子链形状的改变，即源于构象熵的变化，因此属熵弹性。所以，伸长变形即使达百分之几百，仍表现有可以复原的特性，这就是“橡胶状弹性”。

(2)黏弹性

橡胶是黏弹性体，在外力的作用下产生的形变等行为受时间、温度等条件的支配，表现为明显的应力松弛和蠕变现象。在振动或交变应力等周期作用下，产生滞后损失，服从时间–温度交换法则。

(3)缓冲减震作用

橡胶的柔软性、弹性、黏弹性等的结合，对声音及振动有缓冲作用。可利用这一特点来防除振动和噪声的公害。

(4)温度依赖性大

高分子材料一般都受温度的影响。橡胶因黏弹性较显著，所以受温度影响较大。比如，橡胶在低温时，处于玻璃态并进而脆化；在高温时则发生软化、熔融、热氧化、热分解以致燃烧等。

(5)电绝缘性

橡胶是高分子电介质，它和塑料一样是电绝缘材料。但是，也可因加入某些助剂降低绝缘性，制备“导电橡胶”。

(6)老化现象

如同金属腐蚀、木材腐朽、岩石风化一样，橡胶材料也会因环境的变化而发生老化。不过，橡胶还是使用寿命比较长的材料。

(7)必须硫化

橡胶必须加入硫黄或其他硫化剂进行硫化，使链状大分子交联成三维网状结构，才能得到具有使用价值的橡胶制品。

(8)必须加入配合剂

为了提高橡胶材料的工程价值，一般都必须在橡胶中加入各种配合剂(也称助剂)。选择配合剂的种类和用量工作称为配方设计，这是橡胶加工技术中最重要的问题之一。

除此之外，橡胶比重小，属于轻质材料；硬度低，柔软性好；透气性差，可做气密性材料和防水性较好的材料。

正是由于上述这些宝贵性能，使得橡胶材料和橡胶制品的应用范围特别广泛，产品多达数万种。它对我国农业、工业、国防和科学技术四个现代化的实现，对促进交通事业的发展，满足人们的需要，都起着极为重要的作用。

1.3 橡胶制品及其分类

1.3.1 轮 胎

1. 轮胎的结构特征

轮胎按结构特点可分为斜交轮胎和子午线轮胎。

(1)斜交轮胎

斜交轮胎是斜帘布层轮胎的简称，其名称来源于作为轮胎最主要部分的胎体结构。因为用制作工艺来说明此种胎体结构较容易理解，故首先简单的对斜交轮胎的成型工程加以叙述。

用细的横线与纵向粗的轮胎帘线织成布，并在布的两面薄薄地涂上生胶，称为帘布；再把此帘布斜方向剪断(斜切)，裁剪下来的布称为帘布层，将后者贴合于成型圆筒上，这样就形成了轮胎的胎体部。斜帘布层轮胎的名称就是从这里来的。

斜交轮胎的外胎成型过程与结构如图1.1所示，在圆环形的成型筒上逐层地贴合斜向裁断的帘布。第一层帘布的帘线方向，即相对于圆周方向所形成的角度，称为帘线角。若设此帘线角为α，则帘线方向和第一层交叉的第二层帘布也以帘线角α在成型筒上贴合。由于帘线交叉，故也称此种轮胎为交叉帘布层轮胎。

将这样贴合的帘布层两侧端部卷缠在胎圈钢丝圈上固定。之后，在胎体的外周，再粘贴上胎面胶、胎侧胶等，这样就形成生胎。还可根据需要在接近胎体处贴上缓冲层。已成型的生胎从成型筒上取下后，即刻把胎圈部的间隔由$A \to B$，$C \to D$缩小，如图1.1所示。同时在其内部装入圆筒形胶囊(称为水胎)，并充入高压介质，使水胎膨胀，将生胎定型，然后把胎体部分修刮成环状。

(2)子午线轮胎

径向帘布层轮胎简称子午线轮胎。子午线轮胎与斜交轮胎一样，是将帘布在成型筒上粘贴而成，其两侧端部也卷缠在胎圈钢丝圈上固定。所不同的是，作为帘布裁剪角度的成型筒上帘线角α，相对于圆周方向接近90°，如图1.2所示。另外，与斜交轮胎最大的不

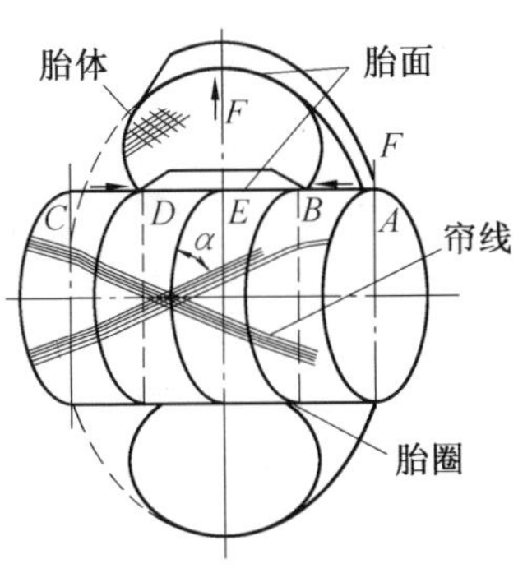

图1.1 斜交轮胎的外胎成型过程和结构

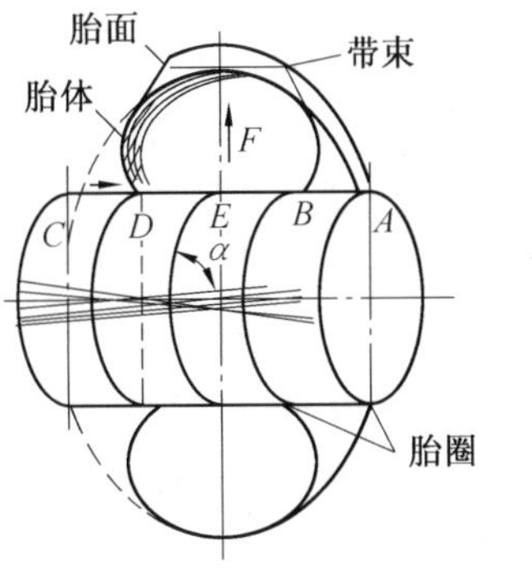

图1.2 子午线轮胎的成型过程与结构

同之处，还在于胎体帘布层两端固定在钢丝圈上之后，并不立刻粘贴带束（缓冲层），只在胎体部膨胀成环状后，才贴上带束。其主要理由是，子午线轮胎带束的帘线角小至20°左右，且多由加张力后几乎不伸张的、刚性大的材料制成。如果先贴上带束，那么胎体就不可能膨胀成环状。然而，使胎体本身膨胀的方法，与斜交轮胎一样，即在使胎圈间隔缩短的同时，胎体内部充入压缩空气，使其膨胀成环状。但不加带束的子午线轮胎，当它完全膨胀起来时，由于帘线角大，断面会变得过大，轮胎的扁平率就不能达到预定的值。因此，如图1.3所示，为使胎体部的外径为既定值，胎圈的间隔$B'D'$在胎体的膨胀过程中都保持比BD宽。具体来说，子午线轮胎粘贴带束和胎面的方法是：先使胎体在两个有既定外径的圆筒内膨胀，然后将胎体从两个圆筒间取出，并在其胎冠贴上带束和胎面。

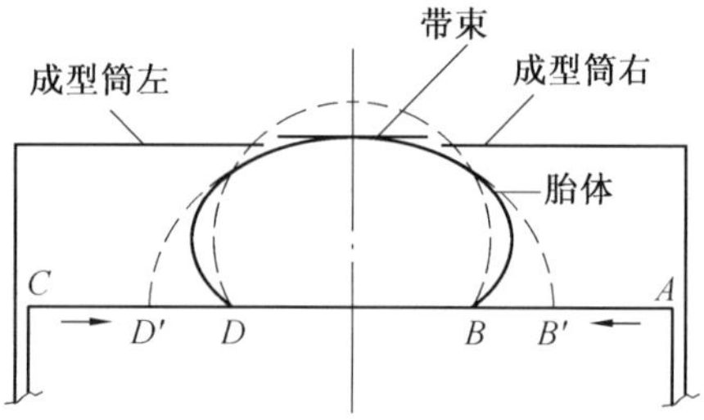

图1.3　子午线轮胎带束的贴合方法

子午线轮胎的特征是，在轮胎成型过程的中途插入使胎体膨胀的工艺过程。因为在膨胀的环状胎体上粘贴带束和胎面较为复杂，故造价也高。还有，带束容易偏心，轮胎的均匀性也容易变坏，故在子午线轮胎的制造中，需要有较高精度的设计技术和制作技术。

（3）斜交轮胎和子午线轮胎的比较

根据缩放仪原理，斜交轮胎的胎体容易伸缩，故与子午线轮胎相比，把路面上的突起包进去的能力（包络特性）大，平顺性好。它的缺点是：轮胎因载荷发生挠曲，各帘布层间产生较大的相对滑动，因而内部摩擦大，发热和滚动阻力也大。还有，曲面状轮胎胎体的一部分在与平坦路面接触时变平，从而在接地面内的胎体中发生收缩。这样，即使在自由滚动时，在胎面与路面之间也产生纵向或侧向摩擦力。而且，由于这种摩擦，斜交轮胎的耐磨耗性降低，滚动阻力增加。

至于子午线轮胎，因为有带束的张力作用，胎体不易伸缩，故它把突起包进去的能力小。但因带束非常硬，故可以用硬质橡胶作为胎面材料，因此耐磨耗性好。此外，因子午线轮胎的带束很强韧，故轮胎被钉子等扎穿的情况约可减少一半，这些都是子午线轮胎的特点。

2. 轮胎各部分的名称和性质

轮胎各部分的名称如图1.4所示。由图1.4可见，轮胎主要包括胎面、胎肩、胎侧和胎圈等。如果再细分，那就有胎面花纹、防擦线、胎踵、胎圈底面、胎趾等。轮胎结构材料的名称有：胎面胶、胎侧胶、帘布层、气密层、钢丝圈、胎圈包布、布层包布、带束（缓冲层）、辅助缓冲层等。

（1）帘布层（胎体）

帘布层的两侧边缘靠胎圈部的钢丝圈固定在轮辋突缘和轮辋底座上。它在保持内压的同时，又是支承载荷的最重要部分。通常，为了保持气密性，采用橡胶制的内胎，但也有不用内胎的，这时则依靠在帘布层的内侧加一层气密性好的橡胶层（称为气密层）以确保胎壁不漏气。现在轿车用的轮胎大多是无内胎轮胎，在载重车、公共汽车上采用无内胎轮

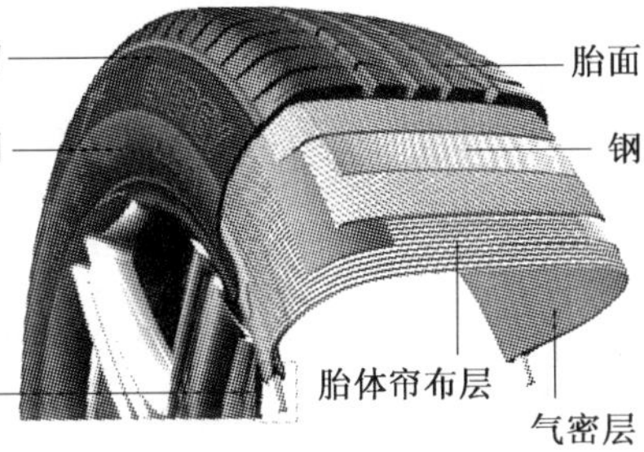

图 1.4　轮胎各部分的名称

胎也在逐渐增加。另外，轿车用子午线轮胎的帘布层一般用高分子纤维，而载重车、公共汽车用轮胎的帘布层多数用钢丝帘线。帘布层是轮胎的骨架，轮胎的强度主要取决于帘布层的强力，因而它被称为“胎体”。

(2)胎面部和胎侧部

胎面部是轮胎滚动时与路面接触的重要部分。它具有保护帘布层，确保轮胎与路面间的摩擦系数，发挥有效的制动力和操纵性能的作用。在胎面的表面刻有各种沟纹和窄槽，称为胎面花纹。

胎面的磨耗是决定轮胎寿命的最重要因素，所以，除了采用耐磨耗性好的橡胶材料外，为增加轮胎与路面间的附着力，避免轮胎在湿路面上打滑，还要求胎面胶有良好的抗打滑性能和小的滚动阻力。

胎侧部的主要作用是保护轮胎侧面的帘布层免受损伤，但它不承受很大的应力，同时不与地面接触，一般不受到磨损，所以它的厚度较小。但由于在行进过程中，胎侧不断承受屈曲和伸缩，故着重要求有良好的耐疲劳性能和耐日光老化性能。此外，在轮胎侧壁上还要标明轮胎尺寸和厂牌等，故要保证外观上的美观。

胎侧与胎面一起制造，形成一个具有一定断面的整块胶条。

(3)缓冲层(带束)

胎面和胎体是完全不同的结构，两者之间刚度可能相差很大，这很容易成为出现故障的原因。故在斜交轮胎中，在胎面胶层和胎体帘布层之间加一缓冲层，这样就可防止刚性的断层和吸收来自路面的局部变形与冲击。缓冲层是用胶片和两层或数层挂胶稀帘布(也称衬布)制成，帘布挂胶较厚。在帘布层上、下或帘布层之间加贴胶片以提高缓冲能力，它的宽度较小，一般仅比胎冠宽度稍大。在特殊情况下，轿车用轮胎有时也用胶层来代替帘布缓冲层。

在斜交轮胎中，缓冲层帘布和胎体帘布层一样，相邻层帘线互相交叉，其角度和帘布层相同。在子午线轮胎中，由于胎体帘线向着半径方向，故圆周方向的强度就小。另外，如不用带束捆紧，就不可能做成扁平率小的轮胎。因此，带束不仅仅是缓冲层，它既要完成在半径方向的压缩任务，又要起以保持圆周方向的刚性为目的的绑带(环箍)作用，故又称其为带束。

(4)胎圈部

胎圈包括帘布层包边、钢圈、胎圈包布(也称子口布)三部分(见图 1.4)。胎圈的作用是将胎体帘布层的两侧边缘固定以保持内部气压，同时也为了在轮胎穿孔时防止轮胎从轮辋上掉下脱落。

胎圈的主体是钢圈。钢圈由钢丝圈、填充胶（三角胶条）、钢丝圈包布组成。钢丝圈用包胶高碳素钢丝制成，钢丝圈上部空隙填充有半硬质三角形胶条。钢丝圈包布使钢丝圈与三角胶条连接为一体，防止错位。

胎圈包布的作用是保持包裹钢圈的帘布不受轮辋的磨损，避免往胎圈内部渗水。胎圈和钢圈的包布都使用平纹的胶帆布。

3. 轮胎的规格标志

依照 ISO 国际标准，汽车轮胎的规格标志如下：

[断面宽标号]/[扁平率标号][轮胎结构记号][适用轮辋直径标号][载荷指数][速度记号]

现在按上面的排列举一个轮胎的实例：

195	/60	R	14	85	H
断面宽	扁平率	轮胎结构记号	适用轮辋直径	载荷指数	速度记号

其中，断面宽约 195 mm；高宽比约为 60%；轮胎结构记号为子午线结构；轮辋直径为 356 mm；最大载荷为 5.05 kN；最高速度为 210 km/h。

上面前四项为结构尺寸，后两项为使用条件。

4. 轮胎的使用材料

轮胎是由橡胶帘线复合材料制成，下面分别对轮胎使用的帘线和橡胶作一简单介绍。

(1)帘线

①帘线用纤维。作为轮胎帘线用的纤维，最早用的是棉线。1935 年，人造丝帘线开始被采用，由它制成的轮胎在耐久性方面优于棉帘线轮胎，所以它很快取代了棉帘线的地位。

继人造丝之后，尼龙于 1950 年前后开始普遍应用于轿车轮胎。由于尼龙帘布能大大延长轮胎的使用寿命，故 20 世纪 60 年代尼龙帘线已在某些国家的轮胎工业中占据主导地位。人造丝帘线用量已明显减少，棉帘线已基本被淘汰。

1962 年，聚酯帘线投入工业生产，此后无机质的玻璃纤维、钢丝等也先后被投入使用。最新的帘线纤维还有商标名为 Aramid 的纤维。

表 1.1 是轮胎常用帘线原料性质举例。表中的尼龙是商标名称，一般是由氨基结合（—CO·NH—）的合成高分子纤维。它有各种分子结构，作为轮胎帘线用纤维，常用的是尼龙 6、尼龙 66，其代表性的分子结构为

尼龙 6　$\left[HN(CH_2)_5CO \right]_p$

尼龙 66　$\left[NH(CH_2)_6NH \cdot CO(CH_4)CO \right]_p$

它们的主要差别在于熔点不同（表 1.1），尼龙 6 为 224 ℃，尼龙 66 为 263 ℃。

表 1.1　轮胎帘线原料性质举例

名　称	人造丝	尼龙 6	尼龙 66	聚酯
结　构	1 650 D/2	840 D/2	840 D/2	1 000 D/3
强力/N	154.8	151.9	147.0	233.0
强度/($g\cdot d^{-1}$)	4.1	8.3	8.0	18.0
伸长率/%	3.8	13.0	11.5	6.6
扯断伸长率/%	14.4	30.0	28.5	18.0
熔点/℃	—	224	263	264

注:D 是以 mm 表示的单纤维直径。

②帘线结构。帘线的制作过程是:每几十根单纤维捆成束,先将其合捻,然后把捻合后的 2~3 股合在一起,再捻合成一根帘线。一般来说,前后两次捻合的方向是相反的,这样捻成的帘线结构以纤维束的细度和合股数表示。而纤维束的细度又可用旦尼尔(D)表示。

旦尼尔(Denier)是测量丝的细度单位,长 9 000 m,质量为 1 g 的单纤维为 1 D。由此可见,当纤维的比重一定时,旦尼尔数越大,则纤维越粗。纤维束的股数多用数字表示,例如 840 D/2,1 650 D/2 等,它们分别相当于 840 D 和 1 650 D 的纤维束两股捻成一根帘线。

③帘线布。如图 1.5 所示,以合股组成的帘线(粗线)做经线,用非常细而稀的纬线将经线连接在一起而织成的布称为帘线布,简称为帘布。在帘布的两面涂上生胶,即成为胶帘布,然后以既定的角度和宽度将帘布裁断(图 1.5 所示),用于生胎的成型。

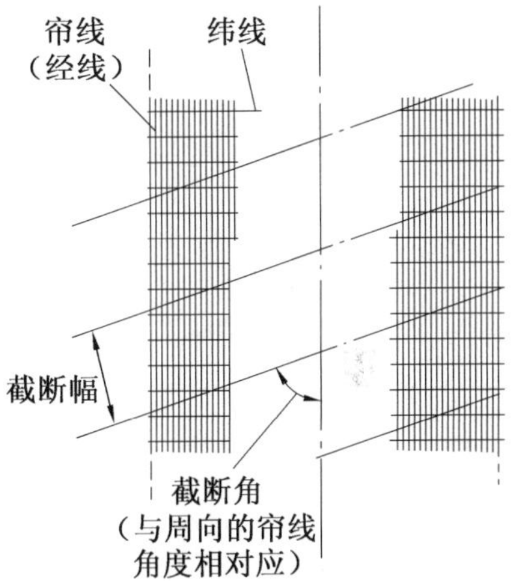

图 1.5　帘线布的组成及其裁断

帘布的主要部分是经线,它承受轮胎的全部负荷;而纬线的作用则仅是用来连接经线,以保持经线的均匀排列。但也有使用无纬帘布的。

由于帘布在外胎中的工作条件非常复杂,要承受多次变形和高温的作用,因此要求帘线具有下列性能:细度小,静止强度高和耐疲劳性能好,弹性大,永久变形小,在高温下发热小,还应具有好的耐热性能以及与橡胶的良好黏合性能等。

(2)橡胶

①橡胶的种类和性质。轮胎所使用的生胶,以前只是天然橡胶,第二次世界大战中,作为合成橡胶的丁苯橡胶(SBR)被制造出来,替代天然橡胶被大量采用。战后虽然仍广泛使用这种橡胶,但随着合成化学的发展,各种新的橡胶陆续被研制出来,如聚丁二烯橡胶(BR)、聚异戊二烯橡胶(IR)、丁基橡胶(IIR)等。

a. 天然橡胶(Natural Rubber,NR)。天然橡胶是橡胶树的树液干燥后形成的,它具有强弹性的性质,可将其溶解于苯(C_6H_6)稀释剂等溶剂中,做成有一定黏度的溶液(橡胶糊)。

作为橡胶,我们总希望它的性能在各方面都具有优良的品质。然而,合成橡胶与此相悖,它只是有选择地在其中两三个特性方面非常优异,在其他特性方面往往又非常差。可以说合成橡胶多数都具有各自的特征,而天然橡胶对轮胎的耐磨耗性、耐切割性、耐疲劳性、耐老化性、耐臭氧性、耐发热性、耐低温性、制造工艺性,以及其他种种相反的性能,都能很好地发挥其综合平衡作用。因此,总的来说天然橡胶的性质最优,故对性能要求严格的飞机轮胎专门使用天然橡胶。

b. 丁苯橡胶(Styrene-Butadiene Rubber,SBR)。第二次世界大战后,丁苯橡胶的品质稳定,生产的成本低廉。另外,在合成橡胶的制造过程中,由于加入炭黑和油作为增强剂和辅助剂,因而得到分散性好的均质橡胶。由于采用以上这些改良措施,目前丁苯橡胶应用较广。但这种橡胶的缺点是:与天然橡胶相比很容易发热,并且耐低温性差。可是在耐磨耗性、防湿路面打滑性能方面却是优良的,故至今仍是有代表性的轮胎用橡胶。

c. 聚丁二烯橡胶(BR)。这种橡胶在耐磨耗性、低发热性方面是好的,但翻转性(蒙盖容易)和加工性却很差,故有必要与天然橡胶和丁苯橡胶混合使用。另一方面价格也不便宜。

d. 聚异戊二烯橡胶(Isoprene Rubber,IR)。聚异戊二烯橡胶的性能从整体来说大致上具有与天然橡胶相似的性质,但强度略差些。由于不纯物少,电气特性好,且加工性优良,制品的外观精美,故价格虽然不便宜,但使用量在逐渐增加。

e. 丁基橡胶(Isobutylene-Isoprene Rubber,IIR)。丁基橡胶是异丁烯、异戊二烯橡胶的通称。这种橡胶的特征是:抗热、抗臭氧和抗药品的能力强,特别是空气不透过性好,故适用于内胎和无内胎轮胎的内衬垫等。但它的机械强度和弹性较低,制造时黏接性差。

除上述这些有代表性的合成橡胶外,用于轮胎的还有卤化丁基胶和聚氯丁胶等几种特殊用途的生胶。

②轮胎各部件所用胶料。通常,在轮胎的不同区域以及轮胎的不同部件分别使用不同的胶料。如图 1.6 所示,制造轮胎用的胶料主要有胎面胶、侧面胶、缓冲胶、帘布胶(又可分为外层帘布胶和内层帘布胶)、胎圈包布胶、钢圈包布胶、钢丝隔离胶、钢圈填充胶等。由于各部件的使用条件不同,对各种胶料的性能要求也不一样。

一般来说,轮胎用胶料不仅由一种生橡胶组成,而是按轮胎生产配方要求,几种生胶成分并用,以满足轮胎各部件对胶料物理、机械性能的要求。

表 1.2 举例表示无内胎轮胎各部件所用胶料中含量最大的生胶成分。

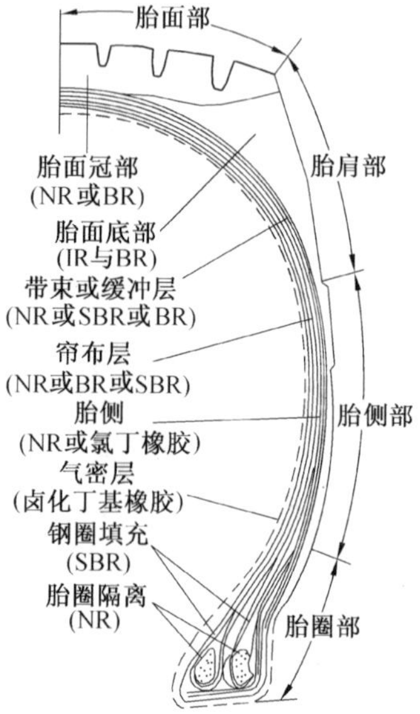

图 1.6　不同胶料的分布

表 1.2　无内胎轮胎各部件所用胶料

部件名称	生胶成分	部件名称	生胶成分
胎面冠部	NR 或 BR	胎侧部	NR 或氯丁橡胶
胎面底部	IR 或 BR	气密层	卤化丁基橡胶
缓冲层(带束)	NR 或 SBR 或 BR	钢圈填充料	SBR
帘布层	NR 或 SBR 或 BR	胎圈隔离物	NR

注:NR—天然橡胶,BR—聚丁二烯橡胶,IR—聚异物二烯橡胶,SBR—丁苯橡胶。

(3)配合剂

生橡胶是轮胎工业生产中最主要的原材料,但是单纯使用生胶不能制成我们所要求的橡胶制品。为了使橡胶具有所要求的性能,必须在生胶中加入各种不同的化学材料,这些化学材料就称为橡胶配合剂或添加剂。

橡胶工业上所用的添加剂很多,不同的配合剂对橡胶性能的影响及对胶料所起的作用各有不同。按它们的技术用途可分为硫化剂、硫化促进剂、促进剂的活性剂、补强剂、软化剂、防老剂等几种,而其中最重要的是硫化剂和补强剂。

①硫化剂、硫化促进剂。硫黄能使生胶的可塑性减小,弹性增加,物理机械性能提高,被称为硫化剂。

硫化促进剂是指加速硫化过程的物质,分为有机促进剂和无机促进剂两类。大部分有机促进剂只有在某些称为活性剂的物质存在下,才能有效地发挥其促进效能,所以硫化促进剂和活性剂与硫化剂一样对橡胶硫化都是非常重要的。

②补强剂、软化剂。纯粹的橡胶从硬度、强度、磨耗性等的观点来看,在轮胎上是不能用的,轮胎生产必须采用补强的橡胶。为此,多在生橡胶中加油以及与橡胶大致等量的炭黑。故所谓橡胶,严格来说是由橡胶和炭黑构成的均质复合材料。炭黑作为补强剂的最大优点为:由于碳特有的吸附性,因而碳粒子表面与橡胶的黏结非常好,故耐磨性好。再者,碳粒子的直径可以很小,这样在橡胶中的分散性就比较好,能显著提高橡胶的性能,并且还可以用较低的价格制造。因此,炭黑是控制轮胎各特性的最重要配合剂。

因为补强剂大多是粒子状的粉末药料,故为了改善粉末配合剂在橡胶中的分散能力,通常要在生橡胶中加入软化剂。当然,加入软化剂的目的,除了能改善补强剂的分散能力外,主要的还是提高胶料的柔软性、可塑性以及其他的工艺性能。

③防老剂。轮胎在使用过程中因受到空气中的氧、臭氧、热和日光的作用,在多次变形而疲劳后,会发生物理机械性能变劣、硬化、发脆、表面发生龟裂等现象,这种现象称为老化。为了防止橡胶老化而加入胶料中的一些物质称为防老剂。防老剂有物理防老剂和化学防老剂两种,要根据橡胶的具体使用条件进行选择。

5. 轮胎的设计

轮胎最重要的设计要素有四个,即轮胎轮廓、轮胎材料、轮胎结构、胎面花纹。这四个要素设计得是否合理,直接关系到轮胎性能、质量的优劣。

(1)轮胎轮廓

目前,轮胎的外形不断地向更矮更宽的方向发展(见图 1.7)。

一个轮胎的断面或轮廓由扁平率确定。扁平率 $=(H/B)\times100\%$。B 是轮胎的断面宽

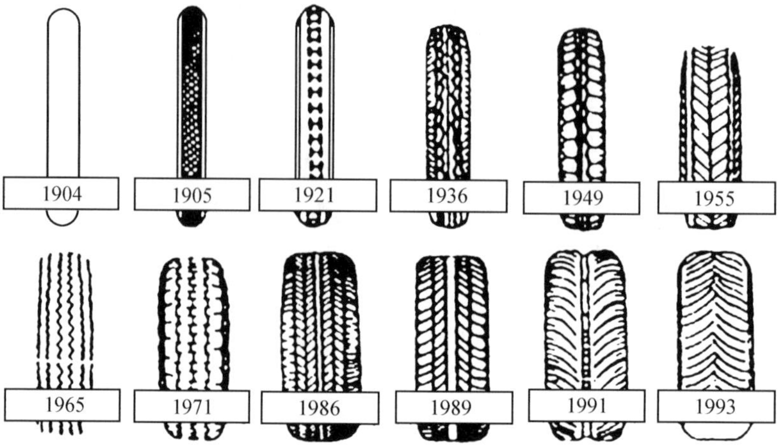

图 1.7　大陆轮胎公司轮胎外形的发展

度（见图 1.8）；H 是轮胎的断面高度，H 可简单地用轮辋直径 d 和轮胎外径 D 算出。D 和 B 的值一般是从安装在测量轮辋上的新轮胎上测出。测量后计算得到的 H/B 值经圆整后用百分数表示，称为系列。现在所谓的轮胎系列就是以此为基础确定的。

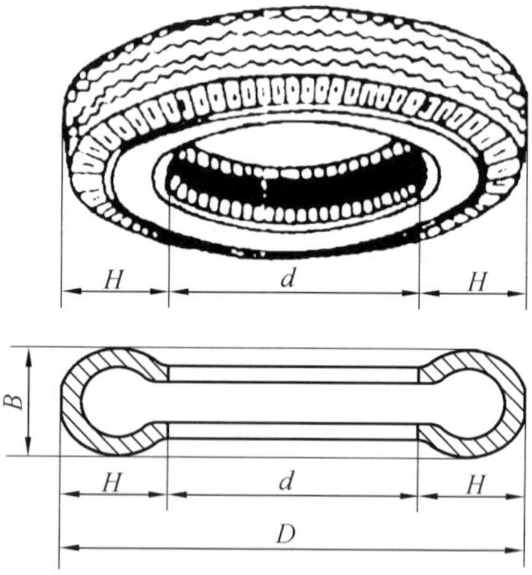

图 1.8　轮胎主要尺寸

D—外直径；d—轮辋直径；H—断面高；B—断面宽

回顾轮胎的发展历史可见，直到 1948 年轮胎的扁平率均为 1，断面形状几乎是圆形的。在美国，1950 年才出现稍微扁平的轮胎（表 1.3），到 1964 年 82 系列的扁平轮胎开始使用。日本从 1966 年开始生产 70 系列的扁平轮胎。20 世纪 80 年代初 65 系列的轮胎大量投放市场，此后 60 系列的扁平轮胎开始用于运动型轿车。目前轮胎的发展趋势仍然是进一步扁平化。55 系列、50 系列和 45 系列的轮胎早已经实用化，最近 35 系列超低断面轮胎也已在国外投入使用。

扁平化轮胎在性能方面有很多优点，除了能提高操纵稳定性、高速耐久性和耐磨耗性外，还能保证有较强的制动能力。这是因为在轮胎外径保持一定的情况下，由于采用扁平轮胎，轮辋的直径增大，这样就可容纳更强的制动装置。

如图 1.9 所示，当轮胎外径相同时，有 5 种尺寸的轮胎可变换使用。60 系列宽基轮胎可使轮辋直径加大 1 in，而 50 系列的轮辋直径可加大 2 in。轮辋直径加大，制动盘或制动鼓的直径也加大（表 1.4），制动能力更强。

表 1.3　美国轮胎轮廓的发展历史

年度	1903～1908	1908～1909	1909～1926	1927～1928
轮胎尺寸	28×3	30×3	30×3-1/2	4.40×21
断面宽度/in	3.0	3.2	3.9	4.3
断面载荷/lbf	300	400	600	690
气压/psi	65	60	50	32
扁平率	1.00	1.00	1.00	1.00

年度	1928～1930	1930～1932	1932～1933	1933～1934
轮胎尺寸	4.50×21	4.75×19	5.25×10	5.50×17
断面宽度/in	4.7	4.9	5.3	5.7
断面载荷/lbf	875	885	995	985
气压/psi	35	30	35	32
扁平率	1.00	1.00	1.00	1.00

年度	1935～1948	1949～1957	1957～1963	1964	1967
轮胎尺寸	6.00×16	6.70×15	7.50×14	7.75×14	F70-14
断面宽度/in	6.2	6.7	7.5	7.75	8.5
断面载荷/lbf	925	915	1 085	1 120	1 280
气压/psi	28	24	24	24	24
扁平率	1.00	0.96	0.82	0.82	0.70

注:1 in= 25.4 mm;1 psi=6.89 kPa;1 lbf=4.45 N。

表 1.4　轮辋直径与制动装置尺寸的关系

轮辋直径/in	12	13	14	15	16
制动盘外径/mm	221	256	278	298	330
制动鼓内径/mm	220	230	250	280	300

扁平轮胎的平顺性(舒适性)不太好,故在使用时必须与悬架装置配合起来考虑。

(2)胎面花纹

在轮胎四大设计要素中,对轮胎轮廓、结构和材料的研究比较深入,对胎面花纹的研究则比较欠缺。以往胎面设计多以商品性和工艺设计为主。事实上,轮胎与路面的相互作用是通过胎面花纹实现的,胎面花纹对轮胎和车辆性能具有重要影响。胎面花纹形状虽简单,但它与路面相互作用的机理极为复杂,许多问题至今尚不清楚,胎面花纹设计目前仍然缺乏有效的理论指导。在轮胎结构分析和运动学、动力学分析建模时,由于受计算机资源限制和无法准确考虑胎面单元特性,也往往将胎面忽略,或用三向表现刚度以表征其特性,未充分考虑胎面单元与路面的详细作用、单元的材料特性和形状效应,因而与实际情况存在较大差距。故为了提高胎面花纹设计水平,有必要深入研究胎面花纹对轮胎性能的影响。

众所周知,胎面花纹左右着轮胎的转向性能,制、驱动性能,滚阻,磨耗,滑水和噪声特性。

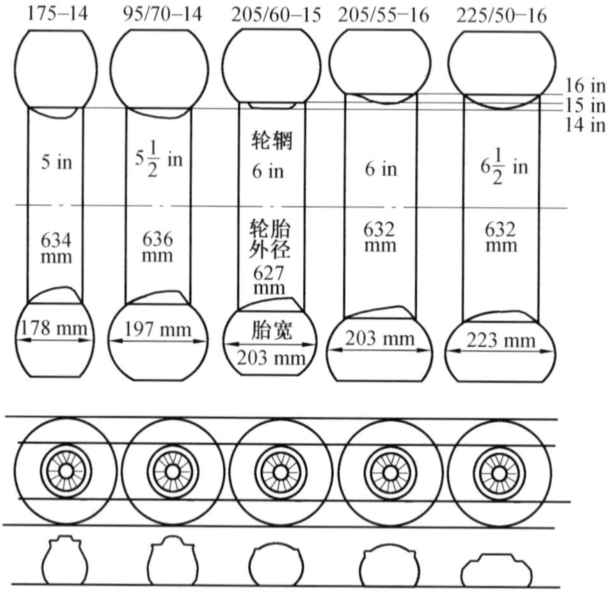

	80系列	70系列	60系列	55系列	50系列
2侧偏角下的侧偏力指数	100	120	160	165	170

垂直载荷:4 905 N

图 1.9　同一外径不同扁平率轮胎的轮辋、轮胎为面尺寸及轮胎侧偏力的相对增大率

1.3.2　胶　带

胶带是橡胶制品中的大宗产品之一,各个工业部门几乎都有胶带的具体应用。我国1996 年胶带耗胶总量达 4×10^4 t 左右,毫无疑义,胶带是橡胶工业中的一个颇为重要的分支,它对国民经济的发展有着重要意义。

胶带传动是机械传动的基本方式之一,其应用范围极广,为各产业部门所不可缺少。以输送带为例。从广义上说,输送带也属一种现代化运输手段,它具有连续化和高效率的优点。与其他运输手段比较不仅操作安全,使用简便,维修容易,节省人力和物力,运费低,而且可较汽车运输和火车运输增大坡度,缩短运输距离,降低工程造价等。又如传动带,用于装备各种机械设备的动力传递。

1. 胶带的分类

胶带的种类繁多,按用途可分输送带和传动带两大类。输送带是安装在输送机上用以承载和输送物料的带;传动带是用以传递运动和(或)动力的带。传动带按其横截面形状又可分 V 带、平带、齿形带(同步带)、多楔带和圆形带。通常前三种传动带用得较多。

平带是横截面为矩形或近似为矩形的传动带,其工作面为宽平面。V 带是横截面为等腰梯形的传动带,其工作面为两个侧面。同步带是横截面为矩形或近似为矩形、带面具有等距横向齿的环形传动带。

(1)V 带的品种分类

V 带通常按带体结构、抗拉体结构、用途、带体横截面形状和尺寸进行分类。

①按带体结构分类。分为包布式 V 带(外层有包布的 V 带)和切边 V 带(侧面为切割面(即无包布)的 V 带)。

②按抗拉体结构分类。分为帘布芯 V 带(以帘布为抗拉体的 V 带)和绳芯 V 带(以绳为抗拉体的 V 带)。

③按用途分类。分为工业用 V 带(用于工矿机械传动的 V 带)、汽车 V 带(专用于汽车、拖拉机等内燃机的 V 带)、农机 V 带(专用于收割机之类农机机械传动的 V 带)、变速 V 带(与直径可变的带轮配合使用,能在一定范围内连续改变传动速比的 V 带,其相对高度一般在 0.5 以下)、轻负载带(用于小功率传递的 V 带)、导静电带(具有规定导静电性的 V 带)。

④按横截面形状、尺寸分类。分为普通 V 带(楔角为 40°、相对高度约为 0.7 的 V 带)、窄 V 带(楔角为 40°、相对高度约为 0.9 的 V 带)、宽 V 带(相对高度约为 0.3 的 V 带)、半宽 V 带(相对高度约为 0.5 的 V 带)、大楔角 V 带(楔角为 60°的 V 带)、小楔角 V 带(楔角为 28° ~ 34°的 V 带)、齿形 V 带(具有均布横向齿的 V 带)、联组 V 带(几条相同的普通带或窄带在顶面连为一体的 V 带组)、多楔带(以平带为基体、内表面具有等距纵向楔的环形传动带,其工作面为楔的侧面)、六角带(横截面为六角形或近似六角形的传动带,其工作面为四个侧面)、接头 V 带(顶面具有供连接用的等间距贯穿孔的 V 带,按需要截取一定长度的普通 V 带,再用专用接头连接成的环形带)、活络 V 带(将几个相同的多层胶帆布块用铆钉或螺栓连接而成,易于拆卸重组的带)。

(2)平带的品种分类

平带按带体结构、带芯材质和应用范围分类,具体如下:

- 平带
  - 普通平带
    - 包边式平带
    - 切边式平带
    - 帆布芯平带
  - 高速平带
    - 绳芯平带
    - 编织整芯平带
    - 聚酰胺片基平带

帆布芯平带是以帆布为抗拉体的平带。普通平带是由多层覆胶帆布黏合在一起而构成的平带。包边式平带是最外一层或数层帆布包叠,侧面为弧形面的平带。切边式平带是各层帆布不包叠,侧面为切割形成平面的平带。帘布芯平带是以帘布为抗拉体的平带。绳芯平带是以线绳为抗拉体的平带。编织整芯平带是以整体织物芯为抗拉体的平带。聚酰胺片基平带是以聚酰胺片为抗拉体的平带。

(3)同步带的品种分类

同步带是综合了带传动、链传动和齿轮传动的优点而发展起来的新型传动带。同步带按下述方法分类:

①按橡胶品种分类。分为橡胶型同步带(以氯丁橡胶生产的同步带)和聚氨酯同步带(以液态聚氨酯生产的同步带)。

②按带齿的形状分类。分为梯形齿同步带（传动齿呈梯形的同步带）和圆弧齿同步带（传动齿呈圆弧形的同步带）。

③按带齿的排列分类。分为单面齿同步带（带的内表面有横向传动齿的传动带）和双面齿同步带（内外表面都具有等距横向齿的环形传动带）。

带传动的优缺点如下：

①优点。带传动是具有中间挠性件的一种传动，能缓和载荷冲击；运行平稳，噪声小；制造和安装精度不像啮合传动那样严格；过载时将引起带在带轮上打滑，因而可防止其他零件的损坏；可增加带长以适应中心距较大的工作条件。

②缺点。带传动和摩擦轮传动一样，也有下列缺点：有弹性滑动和打滑，使效率降低和不能保持准确的传动比（同步带传动是靠啮合传动的，所以可保证传动同步）；传递同样大的圆周力时，轮廓尺寸和轴上的压力都比啮合传动大；带的寿命较短；不适用于高温、易燃及有腐蚀介质的场合。

（4）输送带的品种分类

输送带通常根据用途、覆盖胶形状、抗拉体材质和结构进行分类。

- 输送带
  - 织物芯输送带
    - 帆布芯输送带
      - 棉帆布芯输送带
      - 维棉帆布芯输送带
      - 聚酰胺帆布芯输送带
      - 聚酯帆布芯输送带
    - 整体织物芯输送带
  - 金属材料抗拉体输送带
    - 钢丝绳芯输送带
    - 钢缆牵引输送带
    - 折叠式输送带

织物芯输送带是以织物为带芯抗拉体的输送带，包括多层芯输送带和整体织物芯输送带。多层芯输送带是以两层或两层以上帆布或帘布构成带芯的输送带。帆布芯输送带是以帆布为带芯抗拉体的输送带。整体织物芯输送带是以整体织物为带芯抗拉体的输送带。钢丝绳芯输送带是以钢丝绳为带芯抗拉体的输送带。钢缆牵引输送带是靠外在钢缆承托并牵引而运转的输送带。

①按覆盖胶形状分类。输送带覆盖胶形状一般为平面，为了提高胶带输送机的运输倾角，将输送带上覆盖胶层（即工作面）制成各种图案花纹，增加输送带对所输送物料的抓着力，防止物料下滑。因此，输送带按其上覆盖胶层形状分平型和花纹型两大类。

花纹输送带的花纹又有深浅两种。花纹深度在 10 mm 以上的称为深花纹输送带，最大输送倾角可达 30° ~ 45°；花纹深度在 10 mm 以下的称为浅花纹输送带，其输送倾角可达 20° ~ 30°。花纹形状应根据使用条件确定。

②按用途分类。根据输送带使用条件，往往要求覆盖胶具有特殊性能，如无毒无味、导静电、耐酸碱、耐寒、耐油、耐热、难燃等，其抗拉层也应相匹配。

2. 胶带的结构

胶带品种繁多，各类胶带由于用途和使用条件的不同，其结构相应不一，构成各类胶带的结构件所起的作用也不同。

本节仅介绍普通 V 带、普通平带和输送带的基本结构和组成胶带各结构件的作用。

(1)普通V带的结构

普通V带是一种横截面为梯形、高与节宽之比约为0.7、楔角为40°的环形传动带。

①结构。普通带的结构形式如图1.10所示,由包布、顶胶、抗拉体、底胶等部件构成。

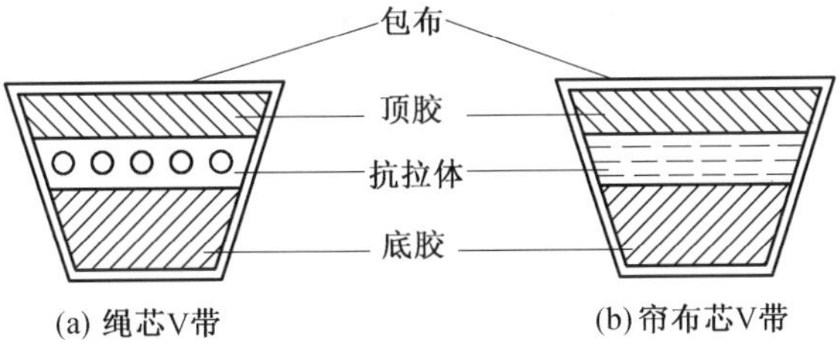

图1.10　普通V带的结构形式

按抗拉体的结构分为绳芯V带和帘布芯V带两种类型。

②构成普通带各结构件的作用。

a.包布连接各结构件成一整体,保护各结构件免受磨损和浸蚀,并能增大V带的挺性。它由斜裁成45°的平纹胶帆布组成,包覆在带芯外面把顶胶、抗拉体、底胶组成一个整体。

b.顶胶位于抗拉层以上,靠顶面侧的胶层。顶胶在V带工作时,承受V带在运转弯曲时的拉伸应力,并对抗拉体起到缓冲保护作用,由伸长性能优良的胶料组成。

c.抗拉体是V带的骨架,承受V带在运转弯曲时的拉伸应力和负荷。它由浸胶线绳或胶帘布组成。胶带中的全部抗拉体与抗拉体之间的胶料构成抗拉层。

d.底胶在V带中位于抗拉层以下,靠底面侧的胶层。底胶承受V带在运转过程中所产生的压缩应力,并保持V带的刚性和弹性,起着增大V带截面、增大V带与带轮的摩擦接触面、提高传动效率的作用。它由耐弯曲疲劳性能优良的胶料组成。

③截型及截面尺寸。普通带按其横截面尺寸,有Y、Z、A、B、C、D、E 7种截型。各型V带的截面尺寸见表1.5。V带截面示意图如图1.11所示。

表1.5　普通V带的截面尺寸

截型	节宽 b_p	顶宽 b	高度 h	楔角 α
Y	5.3	6.0	4.0	40°
Z	8.5	10.0	6.0	
A	11.0	13.0	8.0	
B	14.0	17.0	11.0	
C	19.0	22.0	14.0	
D	27.0	32.0	19.0	
E	32.0	38.0	25.0	

(2)普通平带的结构

普通平带以帆布为抗拉体,又称帆布芯平带,由多层覆胶帆布黏合在一起构成。根据胶帆布的贴合方式又分为切边式平带和包边式平带(见图1.12)两种结构。

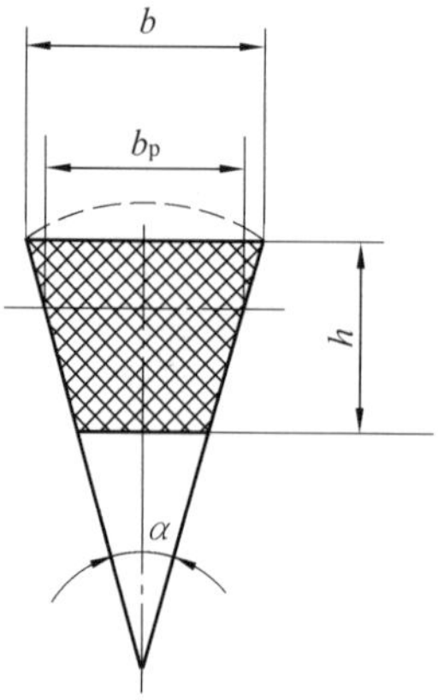

图 1.11　V 带截面示意图

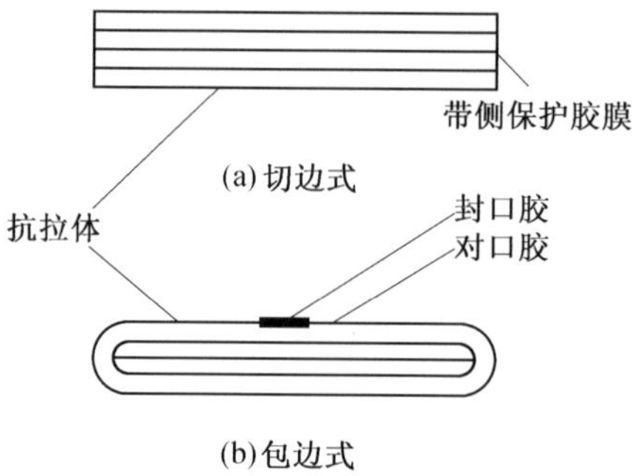

图 1.12　普通平带的两种基本结构

切边式平带由抗拉体和带侧保护胶膜组成。包边式平带由抗拉体、对口胶、封口胶构成。

构成普通平带各结构的作用如下：

①抗拉体的作用是承受普通平带在工作时的全部负荷，由数层胶帆布黏合组成。

②带侧保护胶膜切边式平带的两侧有一层红色的带侧保护胶膜。其作用是保护切边式平带抗拉层不易脱层，免受浸湿，延长使用寿命。由色泽鲜艳、老化性能良好的边胶浆涂刷后经硫化而成。

③封口胶包边式平带在最外层胶帆布纵向拼接处应贴封口胶条。其作用是增加胶帆布纵向拼接处的黏附强度，防止胶帆布纵向拼接处胶帆布早期脱开，提高平带质量，延长平带使用寿命。它由色泽鲜艳、耐老化的胶料组成。

④对口胶包边式平带带宽规格在 50 nm 及 50 nm 以上，在最外层胶帆布纵向拼缝中嵌入对口胶条，并随后在上面加贴封口胶条。对口胶作用与封口胶基本相似，可增加胶帆布纵向接缝的黏合强度，防止胶帆布早期脱开，延长平带的使用寿命，提高平带的质量。它由色泽鲜艳（通常是红色）、耐老化、耐弯曲疲劳、与胶帆布有良好黏附强度的胶料组成。

(3) 输送带的结构

输送带种类很多，其基本结构如图 1.13 所示。主要由抗拉层、覆盖胶层和边胶等结构件构成。

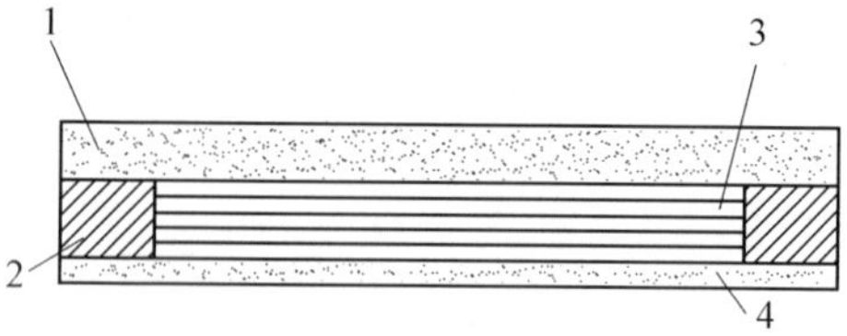

图 1.13　输送带结构图

1—上覆盖胶（工作面）；2—边胶；3—抗拉层；4—下覆盖胶

构成输送带各结构件的作用如下：

①抗拉层。抗拉层在输送带输送物料时几乎承受着全部负荷，故要求具有一定的强度和刚度。它由各类胶帆布（如棉帆布、聚酰胺帆布、聚酯帆布），或钢丝绳，或整体织物芯组成。

②覆盖胶层和边胶。覆盖胶层和边胶在抗拉层外面，为抗拉层的保护层，使其在输送物料时免受物料的直接冲击、腐蚀和磨损，延长输送带的使用寿命。覆盖胶层有上下之

分，与输送物料接触的一面称上覆盖胶层；另一面为下覆盖胶层。通常，上覆盖胶层比下覆盖胶层厚。根据使用条件，覆盖胶除了要求具有耐磨、耐撕裂、耐冲击性能外，有的还应具有耐酸、耐碱、耐寒、耐热、难燃、无毒、导静电等某些方面的特殊性能。

③胶带骨架材料。为了增强橡胶制品的强度，并限制其变形，多数橡胶制品都必须用纺织材料或金属材料做骨架，胶带制品也不例外。以输送带为例，骨架材料在输送带中约占总质量的65%。骨架材料在胶带制品中不仅用量大，而且对胶带制品的性能和结构有很大影响。

3. 制造胶带用的骨架材料

制造胶带用的骨架材料，目前主要有帆布、帘布、线绳、整体织物和钢丝绳等。具体制作时需根据胶带的不同结构、性能、用途和使用条件合理选用。

（1）帆布

胶带用帆布有平纹、斜纹等形式，较为常用的为平纹结构，其经线和纬线一般呈90°交织角，由于平纹结构具有较高的强密比，因此比斜纹结构具有更大的强度。

用于胶带的帆布根据其纤维材质可分为棉帆布、聚酰胺（尼龙）帆布、聚酯帆布、维棉帆布、涤棉帆布等。

随着合成纤维的不断开发应用，棉帆布的用量渐趋减少，因为合成纤维具有强度高、布层薄、耐腐蚀、耐疲劳等优良性能。为了弥补合成纤维、人造纤维等性能的不足，可以采用混纺或交织的方法来制造各种帆布。如维棉混纺、涤棉混纺帆布可改善其黏附强度和帆布的强度；又如PN帆布是用聚酰胺纤维做纬线、聚酯纤维做经线交织而成的，这既可以利用聚酰胺高弹性、高强度、伸长大等特点以增大输送带的成槽性、横向柔软性、耐冲击、耐撕裂和耐疲劳性能，提高输送带使用寿命，又可避免径向伸长的缺陷。

①质量要求。对帆布织物总的性能要求是：强力高、伸长小、布层薄、重量轻、密度均匀和质地柔软，并具有良好的屈挠疲劳性能和加工工艺性能。

对帆布的质量控制，除了必须达到帆布规定的物理机械性能指标外，还需注意其外观质量，无断经、错经、跳线、脱纬、布边松紧不一、油渍等缺陷。这些缺陷都会影响胶带成品的质量。

②帆布品种规格。用于胶带的帆布，根据材质不同可聚酰胺帆布、聚酯帆布、分棉帆布等。其规格和性能见表1.6～表1.8。

（2）帘布

帘布结构与普通布的结构不同，主要由经线组成。经线是负荷的承受者，密度较大。纬线很稀少，且极细，纬线的作用是将经线连接在一起，使经线在帘布中保持均匀排列而不致紊乱，其材质可用棉纤维、人造纤维、聚酰胺纤维、聚酯纤维等，主要用途是做普通V带的骨架材料。

①质量要求。用于胶带的帘布应具有强度高、粗度小、耐疲劳、耐冲击、延伸率小、热稳定性好、耐老化等性能，与橡胶有良好的黏附强度，并具有良好的工艺加工性能。

表 1.6　胶带用(部分)聚酰胺帆布规格和性能

项　目		NN-150C	NN-200C	NN-300	NN-300 EXB
结　构	经向	1 260 D/1	1 260 D/1	1 260 D/3	1 280 D/2
	纬向	1 260 D/1	1 600 D/1	1 260 D/2	1 280 D/2
密度/[根·(5 cm)$^{-1}$]	经向	85	82	60	56
	纬向	34	30	22	27
织物断裂强度(平均-最小)/(N·cm^{-1})	经向	1 784 ～ 1 578	2 293 ～ 2 029	3 783 ～ 3 330	4 704 ～ 4 145
	纬向	676 ～ 588	794 ～ 696	872 ～ 764	715 ～ 617
10%断裂负荷伸长率/%　<	经向	2.5	2.5	2.5	3
	纬向		—	—	
断裂伸长率/%　<	经向	25.0	27.0	29.0	30.0
	纬向	60.0	50.0	45.0	40.0
干热收缩 150 ℃×30 min /%　<	经向	6.0	6.0	6.5	6.5
	纬向	1.0	1.0	1.0	1.0
布层黏合度　>		20	20	20	20
织物厚度/mm		0.56±0.06	0.72±0.07	1.02±0.10	1.16±0.12
织物宽度/cm　>		170	175	180	190
织物干重/(g·m^{-2})		390±16	490±20	700±26	820±33

表 1.7　胶带用(部分)聚酯帆布规格和性能

项　目		PN-150C	PN-200A	PN-300	PN-400 D
结　构	经向	1 000 D/3	1 000 D/4	1 000 D/3	1 000 D/4/2
	纬向	1 260 D/2	1 680 D/2	1 260 D/2	1 680 D/2
密度/[根·(5 cm)$^{-1}$]	经向	61	60	80	40
	纬向	22.5	20	20	20
织物断裂强度(平均-最小)/(N·cm^{-1})	经向	2 058～1 764	2 470～2 117	3 430～3 195	4 577～4 263
	纬向	790～692	889～778	794～696	1 058～921
10%断裂负荷伸长率/%　<	经向	1.5	1.5	1.5	1.0
	纬向	—	—	—	—
断裂伸长率/%　<	经向	21.0	22.0	20.0	20.0
	纬向	60.0	65.0	40.0	50.0
干热收缩 150 ℃×30 min /%　<	经向	5.0	5.0	5.0	6.0
	纬向	1.0	1.0	1.0	1.0
布层黏合度　>		20	20	20	20
织物厚度/mm		0.69±0.07	0.86±0.09	1.00±0.10	1.25±0.13
织物宽度/cm　>		165	165	180	175
织物干重/(g·m^{-2})		530±20	660±25	760±29	894±34

表 1.8　胶带用(部分)棉帆布规格和性能

项　目		21S/3×3	21S/4×4	21S/5×5	21S/6×6	21S/18×12	10S/9×8
密度/(根/10 cm)	经向	150±4	134±3	116±3	115±3	98±2	102±2
	纬向	160±4	126±4	120±4	120±4	62±2	56±2
断裂强度/(kN·(5 cm×20 cm)$^{-1}$) ≥	经向	0.83	0.98	0.83	0.83	0.83	0.83
	纬向	0.88	1.03	0.88	0.88	0.88	0.88
断裂伸长率/%	经向	25±3	26±3	30±3	35±3	32±3	32±3
	纬向	14±3	16±3	15±3	16±3	11±3	11±3
织物厚度/mm		0.68±0.05	0.75±0.07	0.82±0.07	0.92±0.09	1.75±0.10	1.75±0.1
织物干重/(g·m^{-2})		265±20	320±20	340±20	420±20	840±40	850±40
回潮率/%		8.0	8.0	8.0	8.0	6.5	6.5
用途		V 带包布	V 带包布	V 带包布	V 带包布	普通平带	普通平带
备注		全棉	全棉	全棉	全棉	全棉	全棉

对帘布的质量控制,除了必须达到帘布规定的物理机械性能指标外,还需注意其外观质量。例如:帘布密度是否均匀,有无受污损,有无松紧不一等缺陷,这些都会影响胶带的产品质量。

②帘布品种规格。制造胶带用的帘布,有棉帘布、粘胶人造丝帘布、聚酯帘布等品种,其性能列于表 1.9。

表 1.9　胶带用(部分)帘布规格和性能

项　目	聚酯 1 500D/2	聚酯 1 300D/2	聚酯 1 100QD/2	人造丝 1 650D/2	人造线 1 650D/2	聚乙烯醇
拉伸强度/(kN·根$^{-1}$) ≥	0.21	0.27	0.19	0.14	0.21	0.16
67 N 负荷伸长率/%	5.5±1	3.9±1	6.0±1	—	—	—
44 N 负荷伸长率/%	—	—	—	3±1	1.5±1	—
时胶量/%	5±1	5±1	5±1	≥3.5	≥4	3
扯断伸长不均率/% ≤	6	5	5	6	7	6
扯断强度不均率/% ≤	4	3	3	4.5	4	5
H 抽出/N ≥	118	137	127	83	88	44
136 ℃×50 min 拉伸强度/(kN·根$^{-1}$)	0.12	0.14	0.13	0.083	0.09	0.044
150 ℃×30 min 热收缩率/% ≤	5	5	3.7	—	—	4
粗度/mm	0.66±0.03	0.74±0.03	0.65±0.03	0.68±0.03	0.87±0.03	0.08
初捻/(捻数/10 cm)	40±1.5	32±1.5	41.5±1.5	47±2	32±2	—
复捻/(捻数/10 cm)	40±1.5	32±1.5	38.5±1.5	45±1.5	29±1.5	—

(3)线绳

绳芯、V 带的骨架材料均采用线绳。线绳的结构和材质对 V 带的使用寿命有很大影响。线绳材质曾采用棉纤维,后被强力人造丝所取代,其间也使用过聚酰胺和聚乙烯醇纤维,都不理想。目前基本上采用聚酯线绳,少部分采用玻璃纤维和钢丝。

①质量要求。胶带用线绳的主要性能要求是:强度高,伸长小,绳径粗细均匀,捻度均匀,热稳定性好,耐弯曲疲劳性能优良等,同时,应与橡胶有着良好的黏附强度。

②线绳品种规格。制造胶带用线绳的规格和性能列于表 1.10。

表 1.10　胶带用(部分)线绳规格和性能

规格	捻数/10 cm		拉伸强度/N		定负荷伸长率/%					拉断伸长率/%	粗度/mm	热收缩率/%(150 ℃×30 mm)
	复捻	初捻	平均	最低	117 N	196 N	294 N	392 N	490 N			
1 000 D×2×3	10.0±1.0	19.0±1.0	485	431	5.5±0.5	—	—	—	—	14.6	0.83	≤4.3
1 000 D×3×3	9.0±0.9	15.0±1.0	702	628	—	3.5±0.5	—	—	—	15.2	1.00	≤4.3
1 000 D×2×5	8.5±0.9	19.0±1.0	726	653	—	3.5±0.5	—	—	—	14.7	1.11	≤4.3
1 000 D×4×3	8.0±0.8	13.5±1.0	920	819	—	—	4.6±0.5	—	—	15.3	1.10	≤4.3
1 000 D×3×5	7.0±0.7	15.0±1.0	1 138	1 012	—	—	3.2±0.5	—	—	15.3	1.35	≤4.3
1 000 D×6×3	6.5±0.7	10.0±1.0	1 355	1 206	—	—	—	3.1±0.5	—	15.3	1.46	≤4.3
1 000 D×5×4	6.0±0.6	12.0±1.0	1 500	1 336	—	—	—	4.2±0.5	—	14.8	1.54	≤4.3
1 000 D×9×3	5.5±0.6	9.0±1.0	2 008	1 778	—	—	—	—	3.6±0.5	1.60	1.78	≤4.3

(4)钢丝绳

钢丝绳是用于钢丝绳芯输送带的骨架材料,其强度高于目前任何一种纤维骨架材料,而且伸长极小,耐热性及耐冲击性好。为了提高与橡胶的黏附强度,通常在钢丝表面镀黄铜或锌,目前钢丝绳芯输送带用钢丝绳主要是镀锌钢丝,其锌层质量为 12 ~ 30 g/m^2。

①质量要求。首先要控制钢丝的质量。编织钢丝绳的钢丝要达到规定的抗拉强度;镀锌层色泽均匀、连续,无剥落、裂纹等缺陷;与橡胶有良好的黏着性能。钢丝绳捻制性能良好,残余应力小,保持平直、柔顺,有挺性,不卷曲,各股钢丝均应松紧一致,外表面必须清洁无污染,不应有刮伤、压扁、硬弯和锈斑等缺陷。

②钢丝绳结构与规格。钢丝绳按结构分为 6×7+IWS、6×19+IWS 和 6×19W+IWS 三类,列于表 1.11。

表 1.11　钢丝绳结构

类　别	结　构		直径范围/mm
	钢丝绳	股　绳	
6×7	6×7+IWS	(6+1)	2.0 ~ 5.4
6×19	6×19+IWS	(12+6+1)	4.0 ~ 12.0
6×19W	6×19W+IWS	(6/6+6+1)	5.0 ~ 12.0

钢丝绳规格尺寸分别列于表 1.12 ~ 1.14。

表 1.12　钢丝绳规格尺寸(一)

直径/mm		钢丝总横断面积（参考）/mm²	钢丝绳最小破断拉力/kN	钢丝绳百米质量（参考）/kg
钢丝绳	钢丝			
2.0	0.22	1.96	3.73	1.67
2.6	0.28	3.20	6.08	2.73
2.8	0.30	3.66	6.96	3.12
3.0	0.32	3.94	7.49	3.36
3.2	0.35	4.94	9.39	4.21
3.5	0.38	5.88	11.18	5.01
3.8	0.41	7.04	12.76	6.00
4.0	0.43	7.48	13.56	6.37
4.2	0.45	8.28	15.01	7.05
4.5	0.49	9.88	17.91	8.42
4.8	0.52	11.08	20.09	9.44
5.1	0.55	12.35	22.06	10.52
5.4	0.59	14.16	25.28	12.06

表 1.13　钢丝绳规格尺寸(二)

直径/mm		钢丝总横断面积（参考）/mm²	钢丝绳最小破断拉力/kN	钢丝绳百米质量（参考）/kg
钢丝绳	钢丝			
4.0	0.26	7.27	13.35	6.19
4.3	0.28	8.69	15.96	7.40
4.5	0.30	9.77	17.94	8.32
4.8	0.31	11.12	20.43	9.47
5.4	0.35	13.23	24.29	11.27
5.7	0.37	14.75	27.08	12.56
6.1	0.40	17.37	31.57	14.79
6.4	0.42	19.12	33.48	16.28
7.2	0.47	23.84	41.74	20.31
7.5	0.49	25.88	45.32	22.04
7.8	0.51	28.22	49.41	24.04
8.1	0.53	30.43	53.28	25.92
9.2	0.60	39.09	67.72	33.29
10.3	0.67	49.12	81.83	41.84
11.0	0.72	56.42	94.20	48.16
12.0	0.72	66.13	110.17	56.32

表 1.14　钢丝绳规格尺寸(三)

直径/mm		钢丝总横断面积（参考）/mm^2	钢丝绳最小破断拉力/kN		钢丝绳百米质量（参考）/kg
钢丝绳	钢丝		标准级	较强级	
5.0	0.38	12.86	24.36	25.49	10.59
5.6	0.42	16.13	29.94	31.36	13.74
6.0	0.46	18.72	34.31	35.95	15.94
6.6	0.50	22.15	40.51	42.46	18.87
7.0	0.53	24.94	45.63	47.82	21.24
7.6	0.58	29.57	53.60	56.20	25.27
8.3	0.63	34.71	61.38	64.43	29.56
8.7	0.66	38.98	67.99	71.43	33.20
9.1	0.69	41.66	72.66	76.33	35.49
10.0	0.76	50.72	88.29	92.76	43.20
10.5	0.79	55.15	96.02	100.9	46.97
11.0	0.83	60.49	104.2	109.7	51.52
12.0	0.90	70.33	121.3	127.5	59.90

1.3.3　胶管

胶管是橡胶制品的一个重要品种大类，产品呈中空可挠性管状，通常用于在正压或负压下输送或抽吸各种气体、液体、黏流体和粉粒状固体物料。随着液压工业的不断发展，胶管已经成为液压系统中传递动力不可缺少的软性连接管。

1. 胶管的分类、命名及表示方法

胶管品种繁多，其结构、制造工艺及使用材料等各有不同，因此，对胶管的分类、命名及规格表示方法也不尽一致。

(1)胶管的分类

胶管行业习惯上按胶管的增强形式分为夹布胶管、编织胶管、缠绕胶管、针织胶管和其他胶管。

根据胶管在使用过程中的受压状态可分为耐压胶管、吸引胶管和耐压吸引胶管。

(2)胶管的命名

胶管一般根据骨架材料、工艺(结构)及用途来命名，即产品全称：

材料+工艺(结构)+用途+胶管

例：钢丝编织高压耐油胶管。

有些专用胶管按用途来直接命名，如潜水胶管、煤气胶管等。

(3)胶管的规格表示方法

胶管的规格尺寸，一般以胶管的内直径、强力层(骨架层)层数、长度和耐压程度等来表示。

①内直径。过去以“吋”为单位的英制表示内径，现在也有用“毫米”为单位的公制表示法。目前二者都有，但以公制表示法为统一趋向。

②骨架层层数。胶管骨架层层数根据结构、骨架材料的不同，采用不同的英文编写字母表示。

a. 胶管的骨架为夹布层时，层数以 P 表示。

b. 胶管的骨架为编织层时，层数以 B 表示；其中纤维编织层以“C/B”表示，钢丝编织层以“W/B”表示。

c. 胶管的骨架为缠绕层时，层数以“S”表示，S 只表示一单向层。长度胶管的长度通常以“米”表示。

③耐压程度。胶管的耐压程度通常以能承受的工作压力〔MPa(kgf/cm^2)〕表示。

规格表示方法举例：

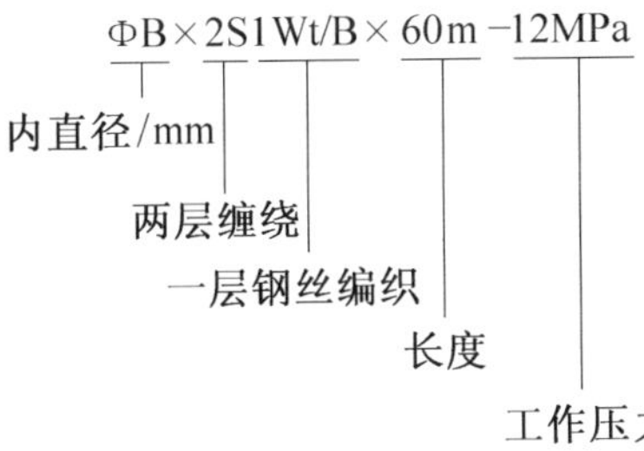

(4)胶管的计量表示方法

胶管的计量以内径长度来表示。

①厘米公尺=内径(厘米)×长度(公尺)。

②英寸公尺=内径(英寸)×长度(公尺)。

例如内径 2 in(5.1 cm)的胶管长度为 20 m，则它的计量为 2×20=40 in·m 或 5.1×20=102 cm·m。

2. 胶管的结构及性能

(1)胶管的基本结构

胶管的结构可分三个基本部分：内胶层、强力层(骨架层)及外胶层。

①内胶层。内胶层是胶管的主要工作面，是接触和输送介质的部分，起着密闭介质、保护强力层的作用。

②强力层。保持在压力作用下不变形，强力层层数和材料取决于工作压力的大小，强力层一般用各种纤维材料或金属材料制成。

③外胶层。外胶层是胶管的外保护层，用来保护强力层及内胶层，使其不受外界损伤和侵蚀。

(2)夹布胶管的结构及性能特点

夹布胶管是生产最早的一种胶管结构，其强力层由胶帆布缠卷在内胶层上制成，布的经纬线根据理论计算，与胶管轴向成 45°角。

夹布胶管根据使用条件、工作压力、结构形式的不同又可分为耐压、吸引和耐压吸引三种。耐压夹布胶管的结构是由内胶层、夹布层及外胶层组成，如图 1.14 所示。

夹布胶管的优点是制造容易、口径范围宽，适于制造各种用途的胶管，其中采用硬芯法制造的胶管，内壁光滑均匀，内径尺寸准确，但这种结构的胶管存在着不少缺点，如耐压强度低、耐屈挠性能差、受压后管体变形大、材料的强度利用率不高，因而这类胶管应在工作压力不高的条件下使用。

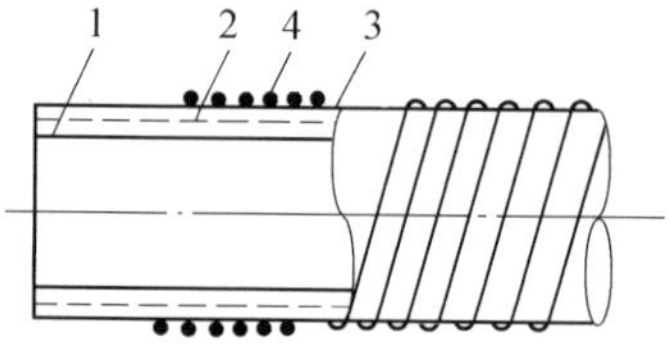

(a) 铠装夹布胶管

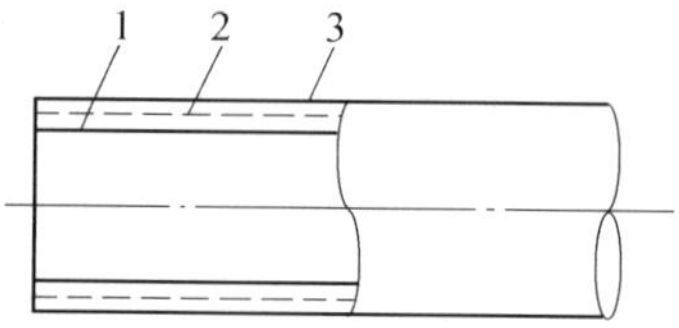

(b) 夹布胶管

图 1.14　耐压夹布胶管结构

1—内胶层;2—夹布层;3—外胶层;4—金属螺旋层

为了提高夹布胶管的耐压强度,有的在胶管外表面缠上镀锌铁丝,制成铠装胶管,以适于环境恶劣、受损严重的条件下使用。

(3)吸引胶管的结构及性能特点

吸引胶管是在真空状态下使用的一类胶管,为了使胶管柔软、轻便,并且在外力作用下导致被压变形,在管体内缠一到两层金属螺旋线,用以增加管壁的刚度和提高胶管的支撑性能。吸引胶管根据使用要求可分埋线式吸引和露线式吸引胶管两种。

①埋线式吸引胶管。该胶管结构中有缠绕第一夹布层及第二夹布层,金属螺旋线在第一夹布层和第二夹布层中间,并在中间贴有中胶层。这种胶管由于内壁是胶层,因此可输送化学腐蚀性的酸、碱等物料,内壁光滑、阻力小、物料输送效率高,是目前吸引胶管生产中最主要的品种。其结构如图 1.15 所示。

②露线式吸引胶管。金属螺旋线在胶管的最里面(内胶层里面),它主要用于吸水、石油等一般非化学腐蚀性物质,这种胶管在真空作用下,内胶层和夹布层之间不会脱层,由于内壁不光滑,增大介质的输送阻力,降低输送能力,因此,现在生产量较少(见图 1.16)。

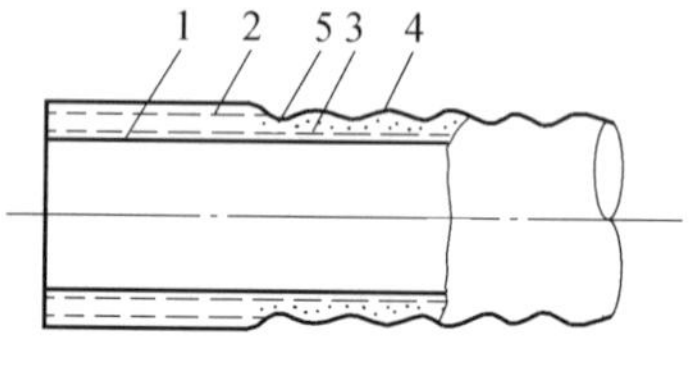

图 1.15　埋线式吸引胶管

1—内胶层;2—夹布层;3—金属螺旋线;4—外胶层;5—中胶层

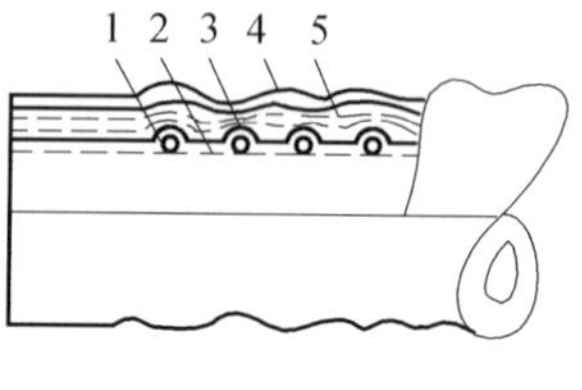

图 1.16　露线式吸引胶管

1—金属螺旋线;2—内胶层;3—夹布层;4—外胶层;5—中胶层

(4)排吸两用(耐压吸引)胶管的结构及性能特点

排吸两用胶管是在吸引胶管的外部缠以镀锌铁丝,以提高耐压强度,可在高于大气压或在负压条件下使用。

(5)编织胶管结构及性能特点

编织胶管和夹布胶管不同处,主要是胶管中的强力层不是由夹布制成,而是由编织层制成。编织层的材料分为纤维编织和钢丝编织两类,纤维材料有棉纤维、人造纤维、化学纤维。用纤维材料增强胶管强度,一般在中低压条件下使用,工作压力通常为 1.0 ~ 3.0 MPa;采用钢丝材料增强胶管强度,其工作压力可达到 25.0 MPa 以上。目前液压系统已广泛使用钢丝编织胶管,图 1.17 为编织胶管结构。

编织胶管与夹布胶管相比有如下优点:

①由于强力层以理想角度在管坯上编织而成,所以胶管在承受压力时膨胀和伸缩变形小;

②材料强度利用率高,耐压力相同时编织胶管的管体轻;

③耐屈挠性好,管体柔软;

④在一定口径范围内可采用无芯或软芯生产胶管,便于连续生产。

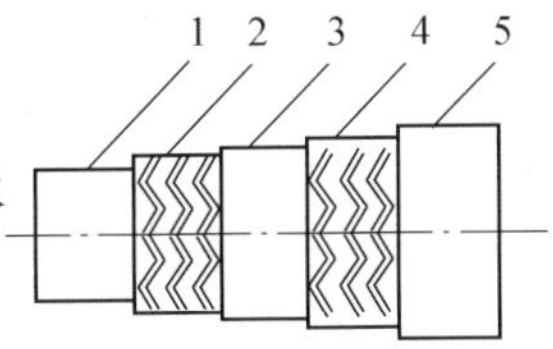

图 1.17 编织胶管

1—内胶层;2,4—编织层;3—中胶层;5—外胶层

(6)缠绕胶管结构及性能特点

缠绕结构是近年来发展起来的新型产品结构。与编织结构不同,强力层的线材无交织点,而是每层以一定角度同一方向呈螺旋状缠绕在管坯上,相邻层线材的方向以胶管的纵轴为对称,故缠绕层只能为偶数,一般为二、四、六层。

20 世纪 70 年代国内缠绕管已有了很大发展,与编织相比,缠绕管有许多优点:耐压强度高,适应的压力和直径范围广,耐屈挠性能好,材料强度利用率高,生产效率高,因此,近年来已代替大部分纤维编织胶管。有些工作压力要求高的胶管(30 MPa 以上),钢丝编织胶管不能适用,可采用钢丝缠绕胶管,如图 1.18 所示。

(7)针织胶管结构及性能特点

针织胶管结构适用于工作压力较低场合,在汽车散热器系统弯曲管制造过程中采用较多,其结构如图 1.19 所示。

(8)其他结构胶管

①纯胶管无强力层,由纯橡胶制成。

②橡塑复合型由塑料层、橡胶层等多种高分子材料复合而成。

③排吸泥胶管采用钢丝或锦纶帘布制成。

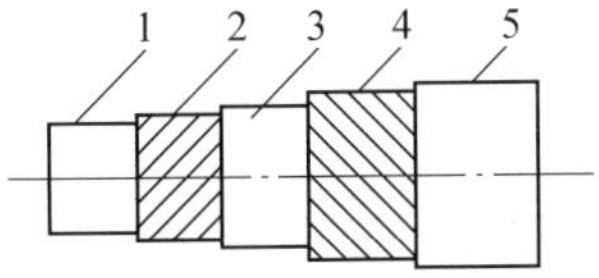

图 1.18 钢丝缠绕胶管

1—内胶层;2,4—缠绕层;3—中胶层或胶浆;5—外胶层

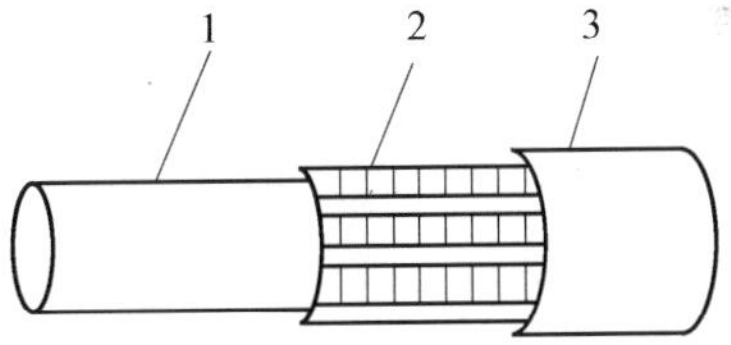

图 1.19 针织胶管

1—内胶层;2—针织层;3—外胶层

3. 胶管用原材料

胶管制造用原材料主要有:生胶、与生胶配合混炼用的填充补强剂、配合剂及作为增强层的骨架材料。

(1)生胶

胶管常用的生胶品种有如下几种:

①天然橡胶(NR)。天然橡胶是从橡胶植物流出的胶乳,经干燥、凝固等工序加工而成的弹性固状物,其中橡胶烃的含量达 90% 以上。因此,带有少量的蛋白质、脂肪酸、硫醇、糖分和水分等物质,而橡胶烃是以异戊二烯为主的高分子聚合物。天然橡胶根据加工

方法的不同,分为烟片胶、绉片胶、风干胶片等几种。

天然橡胶的特性是弹性好,机械强度、撕裂强度高,抗渗透性、绝缘性、加工性能较好,耐油、耐溶剂,而老化性能相对较差。

②丁苯橡胶(SBR)。丁苯橡胶是丁二烯与苯乙烯的共聚物,为浅黄色。丁苯橡胶的性能特点是耐磨、耐热、耐老化性好,但强度、弹性相对较低,黏着性、耐撕裂性差,加工时生热大,硫化速度慢。

③氯丁橡胶(Chloroprene Rubber,CR)。氯丁橡胶是氯丁二烯的聚合物,为浅黄色至暗褐色弹性体。氯丁橡胶具有耐火、耐燃、耐油、耐化学腐蚀等优异特性。

④丁腈橡胶(Nitrile-Butadiene Rubber,NBR)。丁腈橡胶是丁二烯与丙烯腈的共聚物,丙烯腈含量的高低反映出生胶性能大不相同。丁腈橡胶的耐油、耐热、耐老化性能比较好,而耐寒、电绝缘性、耐臭氧性较差。

⑤氯磺化聚乙烯(CSM)。CSM 是聚乙烯经过氯磺化后制得的弹性体。其性能特点是耐溶剂性能及化学腐蚀性能较好;而压缩永久变形较大,回弹性少、加工性差。

⑥乙丙橡胶(Ethylene Propylene Diene Monomer,EPM 或 EPDM)。乙丙橡胶为乙烯与丙烯的共聚体。由于乙丙共聚物不含双键,不易硫化,故引入含有双键的第三单体进行共聚,形成了三元乙丙橡胶。乙丙橡胶由于其分子结构特点,具有较高耐热稳定性和耐臭氧老化性能,但其硫化速度较慢,自黏性较差。

(2)配合剂

生胶本身机械强度较差,只有通过加入特定的化学物质混合,经过硫化交联,使其线状分子结构转化为网状形态,才能显示出橡胶的高弹性和较高的机械强度。这些化学物质称为橡胶配合剂。制造橡胶产品时,应根据用户的各种使用要求,选择适当的配合剂,以获得相应的性能。

通常橡胶的配合剂有以下几类:

①硫化剂。能使橡胶分子相互交联,由线型结构转变为网状结构的物质称为硫化剂。

②硫化促进剂。能缩短硫化时间,降低硫化温度,减少硫化剂用量和提高制品物理机械性能的物质均称为硫化促进剂。

③防焦剂。能延长硫化过程中的焦烧时间,又对硫化速度没有明显影响的物质均称为防焦剂。

④硫化活性剂。能加速发挥促进剂的活性,减少促进剂用量,或缩短硫化时间,改善硫化胶性能的物质称为活性剂。

⑤防老剂。能抑制或减弱橡胶发生老化现象的物质称为防老剂。

⑥补强剂。能提高硫化胶强度(拉伸、定伸、撕裂)、耐磨等性能的硫化剂称为补强剂。

⑦填充剂。能增加胶料容积,节约生胶,降低成本又不严重影响橡胶性能的配合剂称为填充剂。

⑧软化剂。能增加胶料塑性流动,改善制品某些性能的物质称为软化剂。

⑨其他配合剂如着色剂、隔离剂、发泡剂等。

(3)骨架材料

胶管骨架材料有线材和织物两大类,线材又有纤维线材和金属线材之分,织物有帆布和帘布等。

①纤维线。纤维线是胶管中使用较为普遍的骨架材料，对于不同的用途和耐压强度要求，可选择相应的线材品种及规格。纤维的规格尺寸常以细度来表示，其单位为支或旦。支数是单位质量的纤维所具有的长度，有公支和英支之分，公支单位为米/克，英支单位为 840 码/磅，1 英支=1.69 公支，当相对密度相同时，支数越高，纤维越细。旦数是单位长度的纤维所具有的质量，即 9 000 m 长的纤维所具有的质量克数，当相对密度相同时，旦数越大，纤维越粗。

②金属丝。编织缠绕结构的高压、超高压胶管常采用金属丝增强，所用的钢丝通常为含碳量在 0.70% 左右的优质高强力钢丝或钢丝绳。

③帆布。胶管用帆布的组织结构有平纹、斜纹等多种形式，其中较为常用的平纹结构，其经线和纬线呈 90°交织，由于平纹结构具有较高的强密比，因此，织物比斜纹结构具有较大的强度。根据帆布材质不同可分为棉帆布、化纤帆布和玻璃纤维布等多种。

棉帆布是较为传统的胶管骨架材料，其主要特点是加工方便，与橡胶黏着容易，但强度较低，随着化纤织物的不断开发，其用量渐趋减少。

化纤帆布与棉帆布相比具有强度大、布层薄、耐腐蚀、耐疲劳等特点。因此，化纤帆布胶管与同类型棉帆布结构胶管相比，承压强度高、管体轻、弯曲性能好。化纤帆布的主要品种有维纶、锦纶、涤纶等多种，其中以维纶（或维棉混纺）帆布在胶管中使用最广泛。

玻璃纤维布基于玻璃纤维具有高强度、低伸长，以及耐高温、耐腐蚀等优异特性，故多用于要求强度高、变形小、耐热耐腐蚀的胶管中。但由于这种织物曲折疲劳性能较差，因此在胶管中的使用受到了一定限制。

④帘布。帘布的结构是由经线（帘线）和纬线（单纱）纵横交织而成，其中纬线只是用来连接和保护经线在帘布中的均匀排列。根据帘布的这一特点，利用其经线（棉线）的强度，按理想角度呈螺旋缠绕于管坯上，从而使胶管具有承压强度高、屈挠性能好、耐疲劳等优点。

1.4 橡胶制品的生产工艺过程

1.4.1 轮胎的制造工艺

汽车轮胎的生产由一系列工艺过程组成，主要过程是：原材料加工、配料、生胶塑炼、胶料混炼、帘帆布压延、胎面压出、轮胎部件制造、轮胎成型、生胎定型和硫化。图 1.20 所示为轮胎基本制造过程示意图。

1. 原材料加工

橡胶的软化（烘胶）：夏季于 50 ~60 ℃下加温不少于 48 h，不多于 96 h；冬季不少于 72 h，不多于 144 h。

软化的目的是便于切割与塑炼加工，同时还能降低胶块的含水量。生胶软化后，便可用切胶机切成需要的小块。有些配合剂则需要进行干燥、筛选、粉碎和熔化等。

2. 配料

配料就是按照生产配方要求，将各种原材料包括橡胶和各种配合剂进行称量，以供给

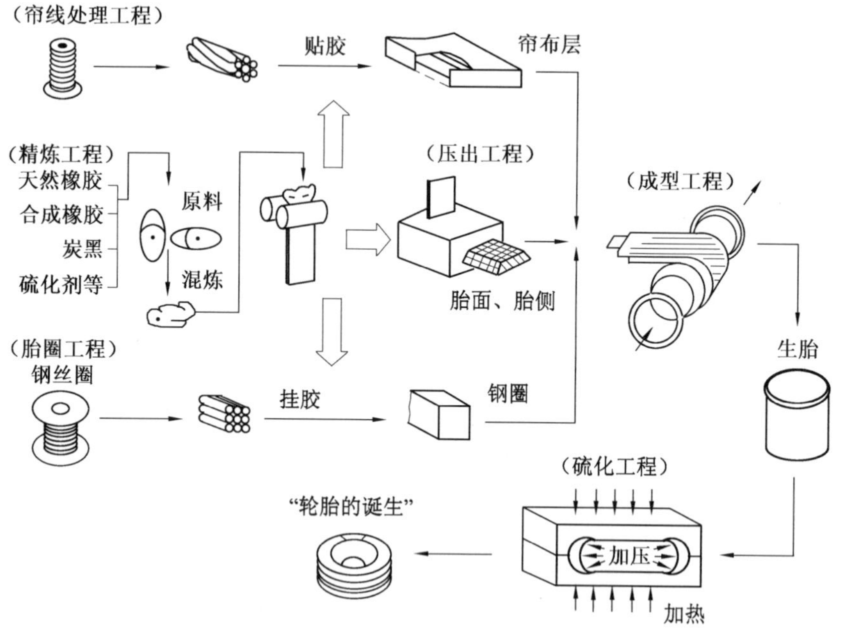

图 1.20　轮胎基本制造过程示意图

塑炼、混炼工序。

3. 塑炼

使生胶由强韧的弹性状态转变为塑性状态的加工过程称为塑炼。塑炼的目的是使橡胶具有一定的可塑性，从而在混炼时能使配合剂容易混入橡胶中，并使胶料易于压延和压出，从而获得符合标准的规格形状。天然橡胶通常用密闭式(或开放式)炼胶机进行塑炼。在塑炼过程中，生胶在密炼机辊筒的作用下，经受机械的、化学的和热的作用，弹性降低，塑性增加。塑炼后的生胶称为塑炼胶。现在的合成橡胶，如丁苯橡胶和聚丁二烯橡胶，无须塑炼，可直接进行混炼。

4. 混炼

为了使胶料具有所规定的性能，各种胶料除使用生胶外，还须加入各种配合剂。混炼就是按照配方中规定的质量比例，将生胶和各种配合剂混在一起，并且要使各种配合剂完全均匀地分散在生胶中。同时混炼后的胶料还应具有一定的可塑性，以便顺利进行以后的工艺操作。混炼后的胶料称为混炼胶，也可简称为胶料。混炼操作在密闭式炼胶机中进行。

5. 帘、帆布压延

制造外胎最主要的部件之一是带胶的帘布和帆布。将胶料覆于帘布和帆布上的加工过程称为压延。压延的目的是将帘布层互相黏合而又互相隔离，以防线与线、层与层间发生摩擦和生热，使帘布层构成一个耐屈挠、抗剥离的缓冲体系。胶层能够吸收作用于帘线上的冲击力，使层间的剪切应力减小，并能够防止帘线受潮。由此可知，帘、帆布压延实际上就是要使胶料很好地包覆帘、帆布，填满其表面，并使胶料浸入线中一定深度，使胶料和帘、帆布间有良好的附着力。帘、帆布的压延在四辊或三辊压延机上进行。

6. 胎面压出

胎面胶和胎侧胶因配方不同，分别由两台压出机同时压出（也有两者配方相同，采用同一压出机压出的），然后将它们贴合在一起，经活络辊压紧，再经冷却，测量厚度，切断称量，由钢刺辊筒使背面打毛。按成型工艺要求可以接头或不接头。

胎面压出是采用螺旋压出机，其原理是将胶料填入螺旋压出机机腔，借腔内螺旋的推力推向机头，通过口型板将胶料压成具有胎面形状的胶条。

7. 轮胎部件制造

（1）帘、帆布裁断

外胎制造过程中，需使用大量的帘、帆布。这些胶帘、帆布包括缓冲层用胶帘布、帘布层用胶帘布、钢丝圈及胎圈用包布等。根据施工表的规定，将覆胶后的帘、帆布按需要裁成各种一定宽度、角度的胶布条。胶帘、帆布的裁断分别在卧式和立式裁断机上进行。

（2）胶帘布贴隔离胶

外胎的帘布层数主要是根据轮胎的规格、用途、内压、负荷以及帘线强度等确定的。在斜交轮胎中，因帘布层相邻帘布的经线通常是互相交叉排列，所以轮胎的帘布层数应取偶数（在子午线轮胎中，由于帘线呈子午方向排列，每层帘布都可以独立工作，因此不要求偶数层）。如一般轿车外胎多为 4 ~6 层，载重车外胎则为 6 层、8 层、10 层及以上。帘布的层次是由胎里向胎外顺序编号。为防止多层外胎发生胎体脱层，并使胎体与缓冲层间形成均匀的刚性过渡，一般外帘布层经线密度较小，并在外帘布层间夹入宽度达到胎肩部和胎侧部的数层隔离胶片。

隔离胶片是在一部分裁断后的胶帘布表面上，按照外胎制造施工表的规定，经过压延机贴上去的。隔离胶片的起贴层数，由外胎的结构和规格决定。所用胶料与帘布胶相同，如 10 层帘布的载重车轮胎，在第 7、8、9 层帘布上贴隔离胶片，8 层的在第 5、6、7 层帘布上贴隔离胶片。

（3）缓冲层（带束）的制造

制造缓冲层时使用帘布层贴合机，也可使用专用贴合机。

缓冲层的构造有两种，一种是由纯胶层组成，另一种是由缓冲胶片和缓冲胶帘布组成。轿车轮胎多用前一种缓冲层，载重车轮胎多用后一种缓冲层。由于缓冲层的构造不同，因而其制造方法也不相同。

由纯胶层组成的缓冲层，是用压延机制造出一定宽度和厚度的胶片，采取挂隔离胶方式，直接贴到裁断后的帘布层最外层帘布上；或在充分冷却收缩后裁成一定长度的胶条，在成型外胎时直接贴合；或制成环状胶筒再供成型外胎时使用。

制造由缓冲胶片和缓冲胶帘布组成的缓冲层时，是将一定规格的胶片及裁断后的缓冲胶帘布，按施工标准表规定的长度，在贴合机上贴成环筒状，供成型外胎时使用。

斜交轮胎缓冲层的胶帘布，其帘线应互相交叉，角度与帘布层相同，即与横断面构成 50° ~52°角，并且接近帘布层的一层也必须与帘布层最外层帘线互相交叉。

子午线轮胎的缓冲层也称带束层，它由 3 ~5 层钢丝帘布或 4 ~6 层纤维帘布组成。帘线与轮胎的横断面呈 70° ~75°角。带束的相邻层帘线也交叉排列，与斜交轮胎的帘布层及缓冲层中的帘线一样。

(4)帘布筒制造

目前外胎成型,除了少数小型规格轮胎采用胶帘布条直接在成型机头上贴合成型外,一般都使用在成型前已裁成一定宽度、长度和角度的胶布条预先制成的环形筒,此环形筒称为帘布筒。

帘布筒一般由两层、三层或四层的胶帘布贴合在一起组成。贴合时,在斜交轮胎中,相邻两层帘线的角度是相互交叉的;而在子午线轮胎中,胎体帘线是按子午线方向排列的,所以子午线轮胎胎体帘布层的所有帘线都彼此不交叉。

帘布贴合操作在帘布贴合机上进行。

(5)钢圈制造

钢圈是由钢丝圈、填充胶(三角胶条)和钢圈包布组成。制造钢丝圈一般使用带有联动装置的小型压出机。钢丝通过压出机的口型板时,钢丝之间和钢丝表面都被涂上隔离胶,形成挂胶钢丝带。在卷成盘上按施工表规定卷成一定直径、一定层数的钢丝圈,然后切断。在钢丝圈接头外缠上胶布,再将三角胶条贴在钢丝圈的外周上,并包上钢圈包布,即制成钢圈。

8. 轮胎成型

把制成的各部件组合成为一个整体的过程称为成型,成型后的轮胎称为“生胎”。

9. 生胎定型

普通结构轮胎成型出来的生胎,由原来形状改变为近似于成品轮廓的过程称为定型(见图 1.21)。上面已经讲过,成型机所制成的生胎是圆筒形状。所以,必须先进行定型,生胎定型后准备硫化的形状。

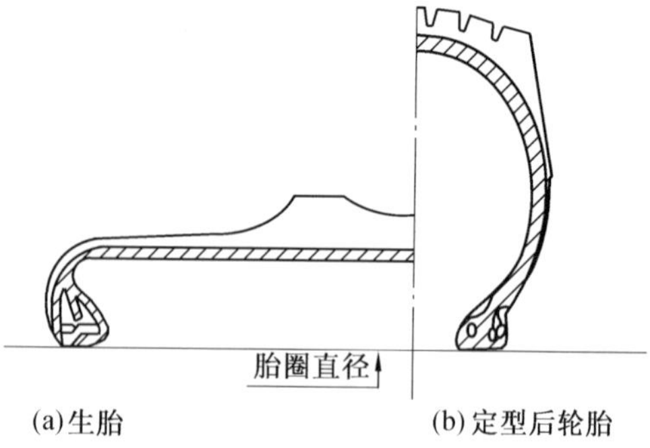

图 1.21 生胎变成定型轮胎示意图

轮胎定型目前广泛采用万能空气定型机,它的工作原理是利用压缩空气的压力使生胎定型,并将水胎装在生胎中。

生胎是一种带有嘴子的厚壁中空圆筒形胶囊。在水胎内通入蒸气或过热的水,以供给生胎硫化过程中所必需的热量,从而加速生胎各部件的硫化,提高生胎硫化均匀度。

10. 生胎硫化

生胎硫化是轮胎制造的最后一个工序,目前最广泛使用的是利用饱和蒸气和过热的水加热的硫化方法。硫化时,生胎放在一个具有一定轮廓和带有花纹的钢质模型内。一方面外部蒸气(140 ~160 ℃)的热量通过模型,从外部向生胎胎体中导入;另一方面,过热的水(160 ~180 ℃)从水胎嘴子进入水胎腔内。过热的水由很高压力(1 960 ~2 744 kPa)通过水胎传向生胎,使生胎在加热过程中伸张到预定的形状,并紧紧压实,从而使外胎各部件紧密结合,获得精确的轮廓和清晰的花纹。

外胎硫化设备有硫化罐、普通个体硫化机、定型硫化机三种。

上面介绍的是无内胎轮胎的基本制造过程,对有内胎的轮胎,还有内胎和垫带的压出、成型和硫化等过程。

1.4.2 胶带成型工艺

胶带成型就是将带的各结构件组合在一起,使其成为带坯的过程。

胶带品种繁多,各类胶带结构不同,因此胶带成型方法、成型工艺也不相同。就是同一品种胶带,由于加工机械不同,其成型方法、成型工艺也不尽相同,如普通带成型就有单根成型和成组成型、正成型和反成型几种方式。

以下介绍普通V带、普通平带、帆布芯输送带的成型工艺。

1. 普通V带成型

普通V带成型是将胶帆布(即包布)、胶帘布或线绳(即抗拉体)、底胶胶片或胶条(即底胶)、顶胶胶片(即顶胶)等结构件按照施工标准依次贴合组成普通V带带坯的工艺过程。根据V带包布、顶胶、抗拉体、底胶贴合顺序,可分为正成型和反成型两种方式。根据每一次成型带芯数量又可分单根成型和成组成型两种方式。

(1)普通V带成型工艺流程

普通V带的抗拉体有帘布芯和绳芯两种结构。由于抗拉体结构不同,成型方法也不同。帘布芯V带和绳芯V带成型基本工艺流程分别如图1.22、图1.23所示。

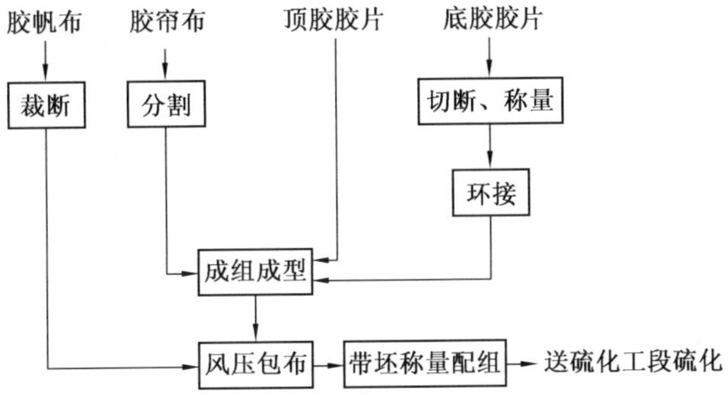

图1.22 普通V带(帘布芯)成型工艺流程图

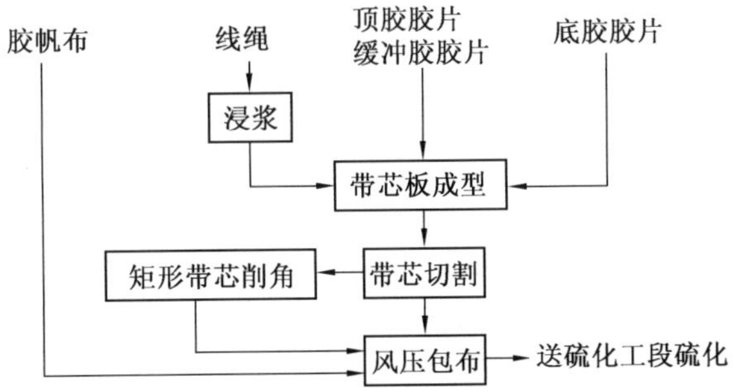

图1.23 普通V带(绳芯)成型工艺流程图

帘布芯V带成型前需要进行胶帆布裁断、底胶切断和环接、胶帘布分割等成型前准备工艺。

(2)底胶切断

经压型或压出的普通带底胶胶片,冷却后停放一定时间后,在成型带芯之前,应按带长度所需尺寸用底胶胶片切断机切断，也可以用剪刀剪断，送往底胶环接工段环接。

底胶胶片切断机结构简述如下：

底胶胶片切断主要设备是底胶胶片切断机或剪刀。底胶胶片切断机主要由切刀装置、控制变压器、机架和脚踏滑阀等组成。

机架由角钢焊接而成，上面铺一块厚 16 mm 的胶木面板，其上有两个长孔，切刀杆从长孔内伸出，以便在调节切刀时不会受到阻碍。机架四周围有薄钢板。在切刀刀刃与面板接触处装有一块耐热橡胶制成的台面护板，保护面板不受损伤。

切刀装置由装在托架上的汽缸带动。调节托架的调整螺母可以改变切刀和工作面板间的夹角，使胶片的切断坡口长度符合要求。调节切刀杆和活动支架的连接螺母可以改变切刀的切入深度。

控制变压器通过转换开关变换输出电压，使切刀的温度保持在 160 ~ 180 ℃。为安全起见，切刀工作处装有不妨碍操作视线的网状防护罩。汽缸由脚踏滑阀操纵。

工艺标准：

①底胶胶片停放时间为 8 ~ 72 h。

②底胶胶片切断比重应根据各生产厂底胶胶料比重具体情况确定。

③底胶胶片切断长度尺寸约为带长的 90%。

④底胶胶片切断角度为 30° ~ 45°。

操作要点：

①按作业计划做好机台、工具、底胶胶片等一切准备工作。

②按工艺标准、操作规范和安全操作规程进行操作。

③整条底胶胶片两端应先切去或剪去大于 100 mm的两段不用。

④切断后底胶胶片应块块称重，凡重量超允差的底胶胶片应剔除。

⑤底胶胶片外观若存在气泡、熟胶粒子、冷斑、表面粗糙等缺陷，应剔除。

⑥底胶胶片自始至终应保持清洁，防止污染。

⑦切下的底胶余料也应保持清洁，放入指定框内。

(3)底胶环接

V 带底胶胶片经底胶胶片切断机切断后，再用底胶胶片接头机环接成环形状，供 V 带成组成型带芯用。

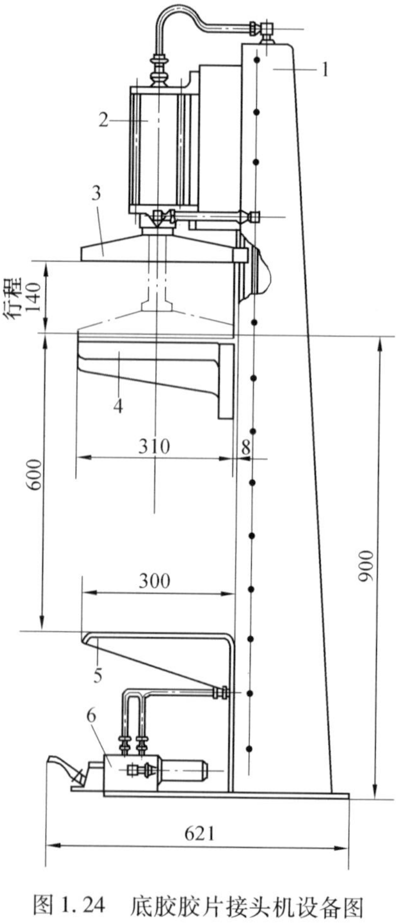

图 1.24　底胶胶片接头机设备图

1—机架；2—汽缸；3—上压板；4—下压板；5—托板；6—电机

底胶环接主要设备是底胶胶片接头机，其结构如图 1.24 所示。

机架由竖立的框架和底板焊接而成。汽缸 2

设在机架 *1* 的上部。上压板和汽缸活塞相连,可沿机架 1 上的一段导轨作上、下移动。下压板 4 固定在机架的中部,用于支承底胶胶片。当上压板 3 由汽缸 2 推动下移时,就可将放在下压板 4 上的底胶胶片的接头部分压合。上、下压板的工作面长度为 310 mm,宽为 40 mm,胶片的最大接头宽度可达 275 mm。托板 5 在机架 1 的下部,用以承托较长的底胶胶片。

工艺操作要点:

①按作业计划做好底胶胶片接头机、工具、汽油、已切断的底胶胶片等的准备工作。

②带底胶环接操作程序是在底胶胶片切断部位用毛刷涂刷汽油,待汽油稍干,即把每块底胶胶片两端环接对齐接好,不能错位,然后把接头部位移至底胶胶片接头机上,把接头压平、压实、压牢。

③按操作规范、安全操作规程进行操作。

④凡发现底胶胶片外观质量缺陷,应剔除不接。

⑤已环接好的带底胶胶片应堆放整齐,并做好标记。标记内容包括带截型型号、尺寸、生产日期、数量和操作人员代号等。

⑥底胶胶片自始至终保持清洁,防止污染。

(4)胶帘布分割

帘布芯结构的普通 V 带成组成型带芯成型前,应在胶帘布裂布机上将整卷大幅胶帘布按照所需胶帘布宽度或帘线根数,沿着帘布经线方向(纵向)撕裂成窄条胶帘布,供成组成型带芯用。

胶帘布综合裁布机结构简述如下:

胶帘布裁断主要设备是胶帘布综合裁布机。胶布从导开装置导出,经单环储布器,由卧式裁布机裁成一定宽度的胶布块。卧式裁布机的裁刀架固定安装,裁布角不能调节,裁布的宽度由光电装置自动调节。胶帘布裂布机主要由供布架、裂布辊、窄条帘布卷取轴、窄条垫布卷、传动装置等组成。待撕裂的胶布从供布架导开后,人工将布头按规定宽度撕裂成许多窄条,引经导布辊后,将撕裂的窄条布头相间分开,分别绕过两对裂布辊,将胶布沿着预先撕开的裂口撕成窄条布,衬上垫布后由卷取轴卷取。

两组裂布辊均由上下两个辊子组成一对,轴端装有互相啮合的齿轮,以使其等速背向回转。为防止裂布时打滑,裂布辊辊子的表面均开有节距为 1.5 mm 的网状花纹。供布架的帘布卷轴端和裂布机窄条垫布卷轴端装有平面摩擦盘,用于调节帘布和垫布的导开张力。在垫布卷取轴轴端和窄布条卷取轴轴端则装有带有传动的平面摩擦盘,用于手工调节卷取速度。

工艺标准:

①胶帘布厚度(0.95±0.05)mm。

②胶帘布停放时间为 8～168 h。

③胶帘布分扯宽度应根据成组成型机成型带芯总的宽度确定所需胶帘布的宽度或胶帘布帘线根数。零星胶帘布长度大于 400 mm 方可使用。

操作要点:

①按作业计划做好帘布裂分机、胶帘布、工具、行车等一切准备工作。

②按工艺标准、操作规范和安全操作规程进行操作。

③胶帘布分割前应测量厚度。在操作过程中,应经常测量胶帘布厚度。

④若遇胶帘布皱折、轧坏、缺胶等质量缺陷应剔除。

⑤胶帘布卷取时要求里外松紧一致,胶帘布卷大小适中。

⑥可用零星胶帘布及时送成组成型用。

⑦保持清洁,防止胶帘布被污染。

⑧做好称重计量,便于成型耗料核算。

(5)胶帆布裁断

制造带用包布,应根据带各种截型型号在成型中所需包布的宽度和角度,用胶帆布综合裁布机把胶帆布裁断,先斜裁成宽布块,由人工接头,再纵裁成所需宽度窄布条,卷取后供风压包布用。

胶帆布综合裁布机结构简述如下:

胶帆布裁断主要设备是胶帆布综合裁布机。胶布从导开装置导出,经单环储布器,由卧式裁布机裁成一定宽度的胶布块。卧式裁布机的裁刀架固定安装,裁布角为45°±2°,不能调节,裁布的宽度由光电装置自动或人工定长裁断。裁断后的布块由送布输送带送到第二组光电装置位置时,卧式裁布机停止运转。然后,由人工将胶布块拿到接头工作台上,与原先的胶布尾用人工接头,再由牵引辊将布经双环储布器送到纵裁装置上,由高速回转的圆盘刀组成的刀排将胶布裁成窄条布,然后,在卷取装置上,将窄条布衬上垫布进行卷取。

双环储布器用以协调人工接头的间断操作与裁纵连续工作之间的关系。

工艺标准:

①胶帆布停放时间为8～168 h。

②胶帆布斜裁角度为45°±2°。

③胶帆布斜裁宽度根据胶帆布综合裁布机规格确定。

④胶帆布搭接宽度为(15±5) mm。

⑤胶帆布纵裁宽度根据各截型带施工标准中规定包布宽度,允许公差为±2 mm。

操作程序:

首先由卧式裁布机把整幅胶帆布斜裁成角度为宽度(宽度由裁断机工作台面宽度决定)的胶帆布大块。然后由人工把大块斜裁胶帆布搭接好。通过多刀纵裁成窄布条,垫上垫布卷取后供风压包布机包布用。

胶帆布裁断要点:

①按作业计划做好综合裁布机、吊葫芦、刀片、垫布、木芯、胶帆布等一切准备工作。

②按工艺标准、操作规范和安全操作规程进行操作。

③斜裁的大块胶帆布搭接长度在不影响接头牢度的前提下尽可能小。

④注意节约,减少废边损耗。

⑤裁断中若遇胶帆布局部无胶、落胶、轧坏、皱折等外观质量缺陷,应处理完善后继续裁断操作。

⑥已裁断完好的窄条胶帆布应整齐卷取,并整齐堆放。

⑦自始至终保持清洁,防止胶帆布被污染。

(6)成组成型(帘布芯 V 带)

帘布芯结构的普通 V 带带芯成型是用成组成型机,将已环接成环状的底胶胶片上缠绕或贴合规定层数的胶帘布,用挤压法或分线法成组成型帘布结构的普通 V 带带芯,供风压包布成型带坯用。

成组成型机结构简述如下:

普通 V 带帘布芯结构的带芯成型主要设备是帘布 V 带成组成型机,它有大型和小型两种规格。

大型帘布 V 带成组成型机主要由成型鼓、挤压装置、拉伸鼓、贴布辊、单环储布器、帘布供布装置和垫布卷取装置等组成。带有垫布的帘布卷放在供布装置的帘布导开架上,轴端装有平面摩擦盘,用于调节帘布导开张力。垫布由垫布卷取装置卷取。导出的帘布经牵引辊后送往单环储布器和夹持辊,通过贴布辊向成型鼓供布贴合。

小型帘布带成组成型机基本结构、工艺过程和大型帘布 V 带成组成型机相似。它主要由成型鼓、拉伸鼓、挤压装置、贴布装置、导开装置和传动装置等组成。它的生产工艺方法分挤压法和分线法两种,挤压法与大型帘布 V 带成组成型机相似,分线法则不同,另设有分线板。成型鼓的直径有 120 mm 和 85 mm 两种。生产短带子时采用小直径成型鼓,生产长带子时则采用大直径成型鼓。

成组成型操作程序:

按作业计划在成组成型机长上空机量尺将已环接的底胶胶片套在成型鼓和拉伸鼓上调整拉伸,边转动底胶胶片边伸长至预定尺寸,将胶帘布缠贴于底胶胶片上达规定层数后剪断胶帘布,贴合顶胶胶片,用挤压辊把带芯割开,切割完毕把切割好的带芯取下,整齐挂在专用 V 带带芯架上,供风压包布用。

工艺标准:

①带芯成型量尺缩率根据各生产厂用帘布材质、成组成型机规格、带截型和尺寸等具体情况确定。

②环接好的底胶存放时间不超过 48 h。

③胶帘布贴合层数根据各生产厂用帘布材质确定。

④胶帘布搭接长度 Y、Z、A、B 型为 10 ~ 15 mm,C、D、E 型为 20 ~ 30 mm。

成组成型操作要点:

①按作业计划做好成组成型机、环形底胶胶片、胶帘布、工具等所有准备工作。

②按工艺标准、操作规范和安全操作规程操作。

③按施工要求定长,成型好第一车带芯要到风压包布机上套长验证带芯尺寸、大型规格带芯应称量。

④零星胶帘布应及时拼用。

⑤若发现底胶胶片和胶帘布存在质量缺陷应处理完善或剔除,带芯不应存在联刀现象。

⑥保持清洁,并做好尺寸规格标记。

1.4.3 胶管的制造工艺

1. 生产方法

胶管的生产方法一般有硬芯法、软芯法和无芯法。

(1)硬芯法

采用一根钢质的芯棒进行胶管成型。用这种方法生产的胶管规格尺寸精确,胶层于胶布层间的密着性较好;但生产胶管的工序较繁、劳动强度大、水布消耗多,芯棒的存放、搬运、占地多。所以,目前除特殊要求的夹布胶管或口径较大的胶管仍采用硬芯法外,其他一般被软芯法和无芯法所代替。

(2)软芯法

用工程塑料或增强橡胶(或在胶芯中串有一根钢丝或钢丝编织层增强)制成软芯,代替上述的硬芯来进行胶管生产。用这种方法能保持硬芯法的优点即胶管表面光滑,胶管规格尺寸精确,又可减轻劳动强度,便于生产连续化,提高生产效率。可生产较长的胶管(管长约 120 ~200 m)。软芯法一般适合于 1 ~2 英寸(1 英寸=25. 4 mm)的胶管生产。

(3)无芯法

成型时,在胶管的内胶层中以0. 1 ~0. 5 kg/cm^2 的压缩空气来取代芯棒进行胶管成型。用这种方法生产,胶管的内胶层具有一定的刚性。内胶可用硫化或冷冻的方法使它保持一定刚性。对于 1 英寸以下的胶管,通过配方即可调节内胶的刚性。这种成型方法同样摆脱了芯杆的限制,可生产长度达 200 ~300 m 的胶管;简化了生产工序,生产效率高,易实现自动化和连续化。但胶管口径尺寸准确性稍差,不适宜于大口径胶管的成型。为克服上述缺点而出现了固定芯棒法和回转芯棒成型胶管。

2. 主要胶管的生产工艺流程

胶管的生产工艺流程如图 1. 25 ~1. 29 所示。

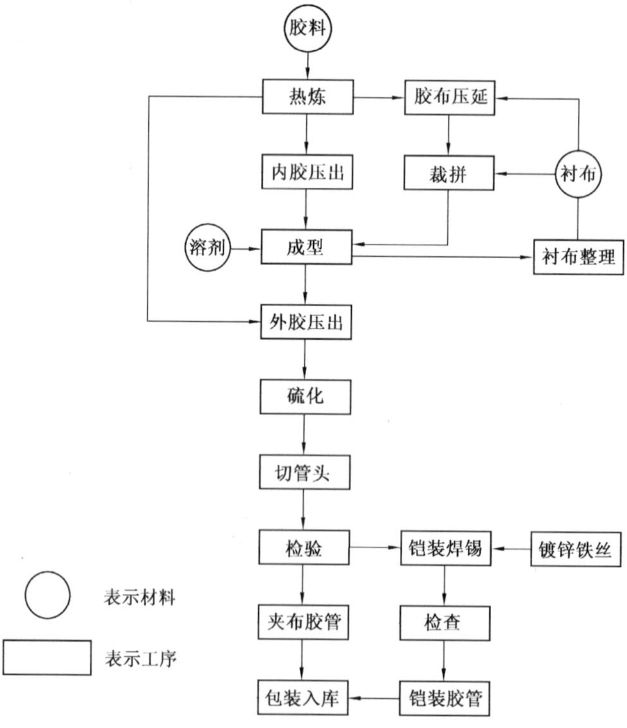

图 1. 25　无芯法夹弯胶管生产工艺流程图

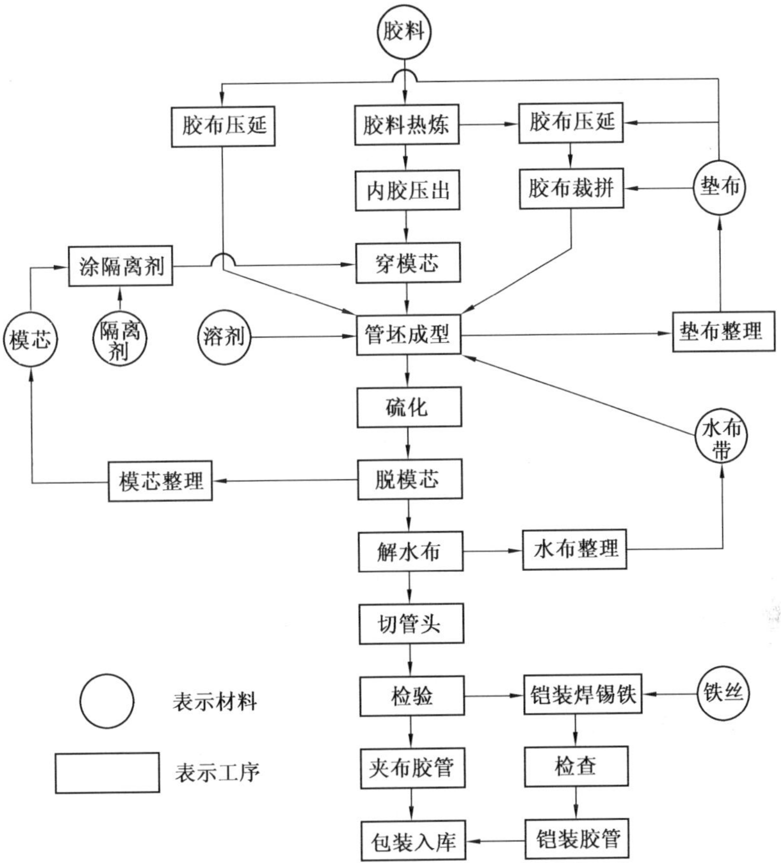

图 1.26　有芯法夹弯胶管生产工艺流程图

1.4.4　胶板的生产技术与制造工艺

1. 胶板的生产技术

(1)概述

胶板是以橡胶为主要原材料制成的非硫化型和硫化型的胶板。非硫化型胶板主要用于化工设备的衬里及修补轮胎等。本章主要介绍硫化型胶板的胶料配方、性能及加工工艺。

硫化胶板产量大,品种多,用途广,可根据不同性能要求采用不同的橡胶加工制造。它大量用于各工矿企业及交通运输等部门,如机器坐垫、车辆内铺地板,以及各种耐酸碱、抗静电、阻燃的保护板、密封垫及缓冲垫等。

胶板按其使用性能可分为普通胶板、耐酸碱胶板、耐油胶板、耐热胶板、抗静电胶板、导电胶板、阻燃胶板及耐磨胶板等,其中以前一种胶板用量较大。按其结构形式有纯胶胶板、橡塑并用胶板、花纹胶板、海绵胶板及夹布胶板等。

(2)胶板的配方设计

胶板的配方设计主要根据胶板的性能要求选择合适的生胶和配合剂。另外还应考虑保证工艺,如混炼、压片和硫化等工艺的顺利进行。胶板一般应用于工业部门,所以在保证工艺和性能的前提下,应尽量降低成本,选择合适价廉的原材料。

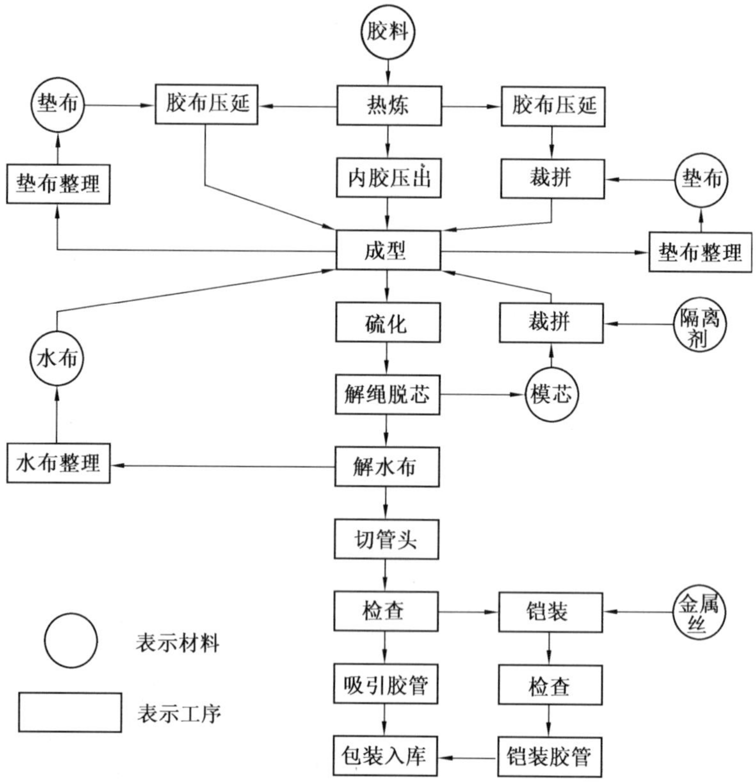

图 1.27　吸引胶管工艺流程图

天然橡胶和合成橡胶都可以用来加工硫化胶板。根据各种橡胶的特性,通过配方设计可以制造出不同性能水平的胶板。

①普通胶板。普通胶板用途较广,一般采用天然橡胶、丁苯橡胶、顺丁橡胶、再生橡胶单用或并用,胶板的生胶含量为 20% ~40%,根据使用性能要求进行调节。硫化剂为硫黄,用量为 2 ~2.5 份。促进剂多用促进剂 M(或 DM)与促进剂 D 并用,也可以与少量的促进剂 TMTD 并用。为了降低成本,在胶料配方中需加入较多的补强剂和填充剂,如碳酸钙、陶土、重晶石粉及炭黑。为了改善工艺和调节胶料硬度,需加入一定量的软化剂,如机油和古马隆树脂等。

采用橡胶与塑料并用生产胶板,不仅能改善胶板的某些性能,还能提高胶板的使用寿命,降低胶板的成本。普通胶板一般多采用通用橡胶加工,根据聚合物并用的原则,应尽量选择溶解度参数与橡胶接近的塑料,如高压聚乙烯、高苯乙烯等。通常橡胶与塑料并用所生产的胶板能提高胶板的强度和耐磨性。

②耐酸碱胶板。胶板的耐酸碱性能主要取决于橡胶本身的性能。因为橡胶的化学稳定性随橡胶的不饱和度增加而降低,橡胶分子结构中的双键易与卤素或氧化合而改变或破坏橡胶的原来结构,使橡胶的耐化学腐蚀性能降低。大多二烯类橡胶具有一定的耐普通酸碱的能力,通过合理的配方组合,可以用于耐酸碱要求不高的条件下使用。氧化性较强的酸(如浓硫酸、硝酸、铬酸等)以及容易与橡胶发生加成反应的化学品(如盐酸、氯气等)都特别容易损坏橡胶,尤其在高浓度的条件下必须选用耐化学介质较好的橡胶,如氟

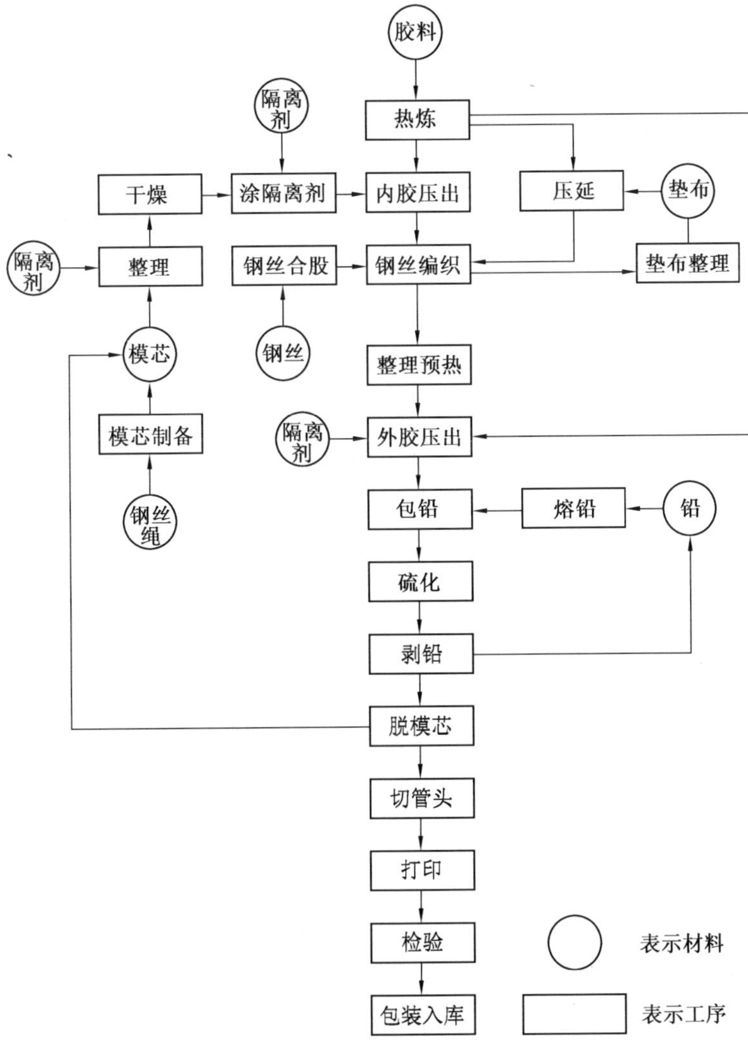

图 1.28　软芯法钢丝编织胶管工艺流程图

橡胶、硅橡胶、丁基橡胶等。

橡胶和一些碱金属的氢氧化物或氧化物一般不发生明显反应,所以大多橡胶均有较好的耐碱性能。但是在高温和高浓度的碱中,氟橡胶会被侵蚀,使性能降低,硅橡胶也不耐碱。表 1.15 为不同橡胶耐酸碱性能比较。

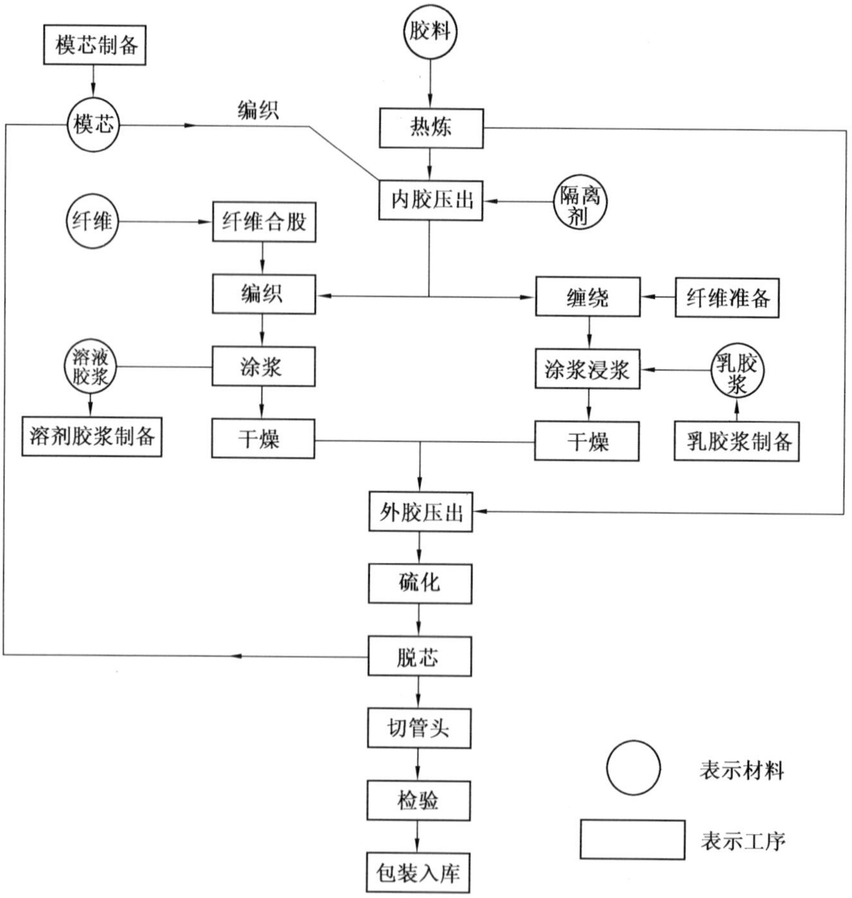

图 1.29　软芯法纤维编织(缠绕)胶管工艺流程图

表 1.15　不同橡胶耐酸碱性能比较

酸　碱	天然橡胶		硬质天然橡胶		丁苯橡胶		氯丁橡胶		丁腈橡胶		丁基橡胶		乙丙橡胶		氯磺化聚乙烯		氟橡胶	
	室温	70 ℃	室温	70 ℃	室温	70 ℃	室温	70 ℃	室温	70 ℃	室温	70 ℃	室温	70 ℃	室温	70 ℃	室温	70 ℃
盐酸(50%)	○	○	○	○	○		○	○	○	○	○	○	—	—	○	○	○	○
(10%)	○	○	○	○	○	—	○	○	○	○	○	○	○	—	○	○	○	○
(20%)	○	○	○	○	○		○	○	○	△	○	○	○	—	○	○	○	○
(36%)	○	○	○	○	○		○	○	△	×	○	○	—	—	○	○	○	△
硫酸(10%)	○	○	○	○	○		○	○	○	○	○	○	○	○	○	○	○	○
(50%)	○	○	○	○	○	—	○	○	○	△	○	○	○	○	○	○	○	○
(70%)	○	△	○	○	△		○	△	○	×	○	○	○	○	○	○	○	○
(98%)	×	×	×	×	×		×	×	×	×	×	×	×	×	×	×	○	○

续表 1.15

<table>
<tr><th rowspan="2">酸　碱</th><th colspan="2">天然橡胶</th><th colspan="2">硬质天然橡胶</th><th colspan="2">丁苯橡胶</th><th colspan="2">氯丁橡胶</th><th colspan="2">丁腈橡胶</th><th colspan="2">丁基橡胶</th><th colspan="2">乙丙橡胶</th><th colspan="2">氯磺化聚乙烯</th><th colspan="2">氟橡胶</th></tr>
<tr><th>室温</th><th>70 ℃</th><th>室温</th><th>70 ℃</th><th>室温</th><th>70 ℃</th><th>室温</th><th>70 ℃</th><th>室温</th><th>70 ℃</th><th>室温</th><th>70 ℃</th><th>室温</th><th>70 ℃</th><th>室温</th><th>70 ℃</th><th>室温</th><th>70 ℃</th></tr>
<tr><td>硝酸(5%)</td><td>×</td><td>×</td><td>○</td><td>×</td><td>×</td><td>×</td><td>×</td><td>×</td><td>×</td><td>×</td><td>○</td><td>△</td><td>○</td><td>—</td><td>○</td><td>△</td><td>○</td><td>○</td></tr>
<tr><td>(10%)</td><td>×</td><td>×</td><td>×</td><td>×</td><td>×</td><td>×</td><td>×</td><td>×</td><td>×</td><td>×</td><td>△</td><td>×</td><td>×</td><td>×</td><td>×</td><td>×</td><td>○</td><td>△</td></tr>
<tr><td>(50%)</td><td>×</td><td>×</td><td>×</td><td>×</td><td>×</td><td>×</td><td>×</td><td>×</td><td>×</td><td>×</td><td>×</td><td>×</td><td>×</td><td>×</td><td>×</td><td>×</td><td>○</td><td>×</td></tr>
<tr><td>氟酸(20%)</td><td>×</td><td>×</td><td>○</td><td rowspan="2">—</td><td>×</td><td>×</td><td>○</td><td rowspan="2">—</td><td>×</td><td>×</td><td>○</td><td>△</td><td rowspan="2">—</td><td rowspan="2">—</td><td>△</td><td>—</td><td>○</td><td>○</td></tr>
<tr><td>(40%)</td><td>×</td><td>×</td><td>○</td><td>×</td><td>×</td><td>○</td><td>×</td><td>×</td><td>○</td><td>—</td><td>△</td><td>—</td><td>○</td><td>○</td></tr>
<tr><td>铬酸(10%)</td><td>×</td><td>×</td><td>×</td><td>×</td><td>×</td><td>×</td><td>×</td><td>×</td><td>×</td><td>×</td><td>○</td><td>×</td><td>×</td><td>×</td><td>○</td><td>×</td><td>○</td><td>○</td></tr>
<tr><td>(25%)</td><td>×</td><td>×</td><td>×</td><td>×</td><td>×</td><td>×</td><td>×</td><td>×</td><td>×</td><td>×</td><td>△</td><td>×</td><td>×</td><td>×</td><td>×</td><td>×</td><td>○</td><td>○</td></tr>
<tr><td>磷酸(50%)</td><td>○</td><td>○</td><td>○</td><td>○</td><td>○</td><td rowspan="2">—</td><td>○</td><td>○</td><td>○</td><td>○</td><td>○</td><td>○</td><td rowspan="2">—</td><td rowspan="2">—</td><td>○</td><td>○</td><td>○</td><td>○</td></tr>
<tr><td>(100%)</td><td>○</td><td>○</td><td>○</td><td>○</td><td>○</td><td>○</td><td>○</td><td>○</td><td>△</td><td>○</td><td>○</td><td>○</td><td>○</td><td>○</td><td>○</td></tr>
<tr><td>乙酸(50%)</td><td>×</td><td>×</td><td>○</td><td>○</td><td>×</td><td>×</td><td>△</td><td>×</td><td>△</td><td>×</td><td>○</td><td>×</td><td>—</td><td>—</td><td>×</td><td>×</td><td>○</td><td>—</td></tr>
<tr><td>冰醋酸</td><td>×</td><td>×</td><td>○</td><td>△</td><td>×</td><td>×</td><td>×</td><td>×</td><td>×</td><td>×</td><td>○</td><td>×</td><td>—</td><td>—</td><td>×</td><td>×</td><td>△</td><td>—</td></tr>
<tr><td>氢氧化钠(50%)</td><td>×</td><td>×</td><td>○</td><td>○</td><td>×</td><td>×</td><td>×</td><td>×</td><td>×</td><td>×</td><td>×</td><td>×</td><td>×</td><td>×</td><td>×</td><td>×</td><td>—</td><td>—</td></tr>
<tr><td>次氯酸钠(13%)</td><td>○</td><td>○</td><td>○</td><td>○</td><td>○</td><td>○</td><td>○</td><td>○</td><td>○</td><td>○</td><td>○</td><td>○</td><td>○</td><td>○</td><td>○</td><td>○</td><td>○</td><td>○</td></tr>
<tr><td>无机盐类</td><td>×</td><td>×</td><td>△</td><td>—</td><td>×</td><td>×</td><td>×</td><td>×</td><td>×</td><td>×</td><td>○</td><td>△</td><td>—</td><td>—</td><td>○</td><td>△</td><td>○</td><td>○</td></tr>
<tr><td></td><td>○</td><td>○</td><td>○</td><td>○</td><td>○</td><td>○</td><td>○</td><td>○</td><td>○</td><td>○</td><td>○</td><td>○</td><td>○</td><td>○</td><td>○</td><td>○</td><td>○</td><td>○</td></tr>
</table>

注:○—优;△—良;×—差。

在胶料配方中除了根据耐酸碱性能的要求选择合适的橡胶外,对于硫化体系的选择应尽量提高胶料的交联密度,这是提高耐腐蚀性能的有效方法。在烯烃类的橡胶中,在硬度和物理性能允许的条件下,尽可能提高硫黄用量,一般为4 ~5 份。

氯丁橡胶和氯磺化聚乙烯用氧化铅代替氧化镁,能明显提高胶料耐化学腐蚀性,但应注意氧化铅的分散和焦烧问题。丁基橡胶的硫化采用树脂或醌肟效果较好。

填充剂应选用具有化学惰性的物质,如陶土、硫酸钡、滑石粉、硅藻土等。碳酸钙、碳酸镁的耐酸性较差。在耐碱的胶料中,不宜使用含有二氧化硅类的填料、苯酚树脂及滑石粉等,因这些物质易与碱反应而被侵蚀。

增塑剂应选用不与酸碱起作用的品种,如酯类增塑剂容易在酸碱中水解。酯类和植物油在碱液中起皂化作用而应避免使用。另外在胶料中配入1 ~2 份石蜡,可在橡胶表面形成保护膜,对提高耐酸碱性能也是有利的。

选择化学稳定性好的塑料与橡胶并用,可以大大提高橡胶的耐腐蚀性能,如聚氯乙烯、聚乙烯和聚丙烯等,但应注意橡胶和塑料的相容性及分散性。

③耐油胶板。橡胶胶板在油中长期使用,由于油类的渗透作用,使橡胶溶胀,破坏了硫化胶的网状结构,致使橡胶力学性能下降。而橡胶在油中的溶胀能力,主要取决于橡胶与油类的化学性质。极性较大的橡胶与非极性的石油类溶剂接触时,两者的极性相差较大,溶剂对橡胶大分子不容易发生溶剂化作用,橡胶就很难在溶剂中溶胀。所以带有极性基团的橡胶,如丁腈橡胶、氯丁橡胶、丙烯酸酯橡胶、氯醇橡胶、聚硫橡胶、聚氨酯橡胶等对油有良好的稳定性。应根据耐油胶板的性能要求选择合适的橡胶。

丁腈橡胶是一种通用的耐油橡胶，耐油性能随丙烯腈含量的增加而增加，硫黄的用量为1.5～2.5份，丙烯腈含量高时硫黄用量可以少一些。氯丁橡胶的耐油性能低于丁腈橡胶，但对动物油有极好耐油性。

适当增加填充剂的用量，不仅降低了成本，而且提高了耐油性能，一般用炭黑、陶土、碳酸钙和硅酸钙等。为了调节胶料硬度和工艺的需要，应选用不被油类抽出的软化剂，如低分子聚乙烯及油膏等。一般使用芳香族油和酯类较多。表1.16为耐油胶板配方举例。

表1.16 耐油胶板配方表

原材料名称	编号		
	1	2	3
丁腈橡胶-26	100	100	100
氧化锌	5.0	5.0	1.5
硬脂酸	1.5	2.0	1.5
防老剂D	1.5	1.0	1.5
促进剂DM	1.5	0.9	1.5
促进剂D	—	0.5	—
促进剂TT	—	—	0.2
白油膏	20	—	—
古马隆树脂	10	—	—
邻苯二甲酸二丁酯	10	35	15
炭黑	50	100	40
轻质碳酸钙	35	15	100
重质碳酸钙	—	—	50
硫黄	2.5	2.0	1.8

④耐热胶板。橡胶在高温或热氧作用下，都会引起聚合物主链裂解和交联网的破坏，或者发生进一步的交联，使橡胶变硬和变脆，力学性能下降等。所以要提高橡胶制品的耐热性，主要取决于所用的橡胶品种。表1.17为各种橡胶的耐温程度。

表1.17 各种橡胶的耐温程度表

橡胶名称	使用温度/℃
天然橡胶、丁苯橡胶、顺丁橡胶	70
丁腈橡胶、氯丁橡胶	100
丁基橡胶、三元乙丙橡胶、氯磺化聚乙烯、氯醚橡胶	130
丙烯酸酯橡胶	170
硅橡胶、氟橡胶	200～250

橡胶的耐热性与橡胶的分子结构密切相关，一般通用橡胶在分子结构中含有较多的双键，很容易受热氧老化使耐热性能不高。而具有低不饱和度的丁基橡胶、三元乙丙橡胶以及分子侧链上含有卤族元素的氟橡胶、氯化丁基橡胶，在分子主链链段常有无机元素的硅橡胶等，都具有优良的耐热性能。

耐热胶板除对胶种合理的选择外，橡胶的硫化体系对耐热性能也有影响，主要与硫化胶中所产生交联键的热稳定性有关。使用秋兰姆等硫载体或有效硫化体系的耐热性能比使用硫黄硫化的好；丁腈橡胶、三元乙丙橡胶等用过氧化物硫化，丁基橡胶用树脂硫化，其耐热性能也比硫黄硫化优良。

防老剂的选择对提高耐热胶板的性能也是很重要的,必须选用高效耐热的防老剂,并且要增加用量,通常选择两种或多种防老剂并用。

填充剂的选择,一般无机填料比炭黑有更好的耐热性,如白炭黑、氧化锌、氧化镁、硅酸盐等。

软化剂对胶料的耐热性能影响很大,主要是分子质量较低的软化剂在高温下很容易迁移或挥发,导致硫化胶硬度增加,伸长率下降,弹性降低。所以应选用分子质量大、沸点高的品种,如聚酯类增塑剂,或者反应性的软化剂等。

耐热胶板的配方举例见表 1.18 ~ 表 1.20。

表 1.18　天然橡胶耐热胶板配方　　质量份

原材料名称	配比	原材料名称	配比
天然橡胶	100	防老剂 D	1.5
氧化锌	20.0	立德粉	20.0
硬脂酸	1.5	碳酸钙	20.5
促进剂 TMTM	0.5	陶土	30.0
促进剂 TT	3.0	凡士林	1.0
防老剂 A	1.5	石蜡	1.0

表 1.19　氯丁橡胶耐热胶板配方　　质量份

原材料名称	配比	原材料名称	配比
氯丁橡胶	100	陶土	62.0
氧化锌	15.0	喷雾炭黑	60.0
防老剂 A	1.5	操作油	10.0
促进剂 N9-22	0.5	石蜡	1.0

表 1.20　甲基乙烯基硅橡胶耐热胶板配方　　质量份

原材料名称	配比	原材料名称	配比
甲基乙烯基硅橡胶	100	三氧化二铁	5.0
白炭黑	50	DBPMH	0.5
二苯基硅二醇	40	石蜡	195.5

⑤特殊性能的胶板。胶板用途广泛,除了以上所介绍的 4 种胶板外,还有一些特殊用途的胶板,如导电胶板、绝缘胶板和阻燃胶板等。

a. 导电胶板。导电胶板的绝缘电阻要小,一般电阻值应在 10^4 Ω 以下。为此在胶料配方中多选用极性较大的橡胶,如丁腈橡胶和氯丁橡胶等。填充剂对导电性能影响最大,一般选用结构很高的炭黑品种,如乙炔炭黑、导电炭黑,其用量为 40 份左右。加入金属粉也可改善胶料的导电性能。增塑剂则以磷酸酯类的较好。

导电胶板配方举例见表 1.21、表 1.22。

表 1.21　天然橡胶导电胶板配方

质量份

原材料名称	编号 1	编号 2	原材料名称	编号 1	编号 2
天然橡胶	100	100	防老剂 D	1.5	1.5
氧化锌	5.0	3.0	乙炔炭黑	55	55
硬脂酸	2.0	2.0	机油(30#)	10	10
促进剂 DM	1.2	—	硫黄	2.0	—
促进剂 TT	—	2.0			

表 1.22　丁腈橡胶导电胶板配方

质量份

原材料名称	编号 1	编号 2	原材料名称	编号 1	编号 2
丁腈橡胶-40	100	100	促进剂 TT	2.5	—
氧化锌	5.0	5.0	防老剂 D	1.0	1.0
硬脂酸	2.0	1.0	乙炔炭黑	55	—
促进剂 CZ	0.5	—	导电炭黑	—	70
促进剂 DM	—	1.0	机油(10#)	10	—
硫黄	—	3.0	邻苯二甲酸二丁酯	—	20

b. 绝缘胶板。橡胶是一种良好的绝缘材料，一般非极性橡胶具有较高的电阻率，电绝缘性能较好，如乙丙橡胶和丁基橡胶，天然橡胶也可以作为低电压的绝缘橡胶。填充剂应选用低结构的炭黑和陶土、滑石粉、碳酸钙；软化剂一般用石蜡或石蜡与固体古马隆并用，凡士林与环烷油也可使用；防老剂可以采用胺类和对苯二胺类以提高其耐热性，如果再加入防老剂 2 还可以提高胶料的绝缘性能。

绝缘胶板的配方举例见表 1.23。

表 1.23　绝缘胶板配方

质量份

原材料名称	编号 1	编号 2	原材料名称	编号 1	编号 2
天然橡胶	100	100	碳酸钙	60	70
氧化锌	5.0	5.0	滑石粉	60	100
硬脂酸	1.5	3.0	陶土	—	60
促进剂 TT	3.0	—	碳酸镁	30	—
促进剂 M	—	1.0	操作油	15	15
促进剂 DM	—	0.5	石蜡	1.0	4.0
防老剂 D	1.0	1.5	硫黄	—	1.5～2.0
锌钡白	—	10	着色剂	适量	适量

c. 阻燃胶板。一般橡胶的阻燃性能与其结构有关，含卤素、苯环或共轭双键的橡胶具有较好的难燃性，氧指数较高，如氯丁橡胶、氟橡胶、硅橡胶，而不含卤素的烃类橡胶属易燃橡胶，氧指数很低，如丁苯橡胶、顺丁橡胶、天然橡胶等。为了提高胶料的阻燃性能，除了橡胶本身的性能外，还应加入阻燃剂，一般为卤素、磷系、金属氧化物等，如氯化石蜡、三氧化二锑、氢氧化铝等。在易燃的橡胶中加入大量的阻燃助剂也能提高其阻燃性能。填充剂应选用惰性填料如陶土等。增塑剂应少加，如需用则应加磷酸酯类增塑剂。

阻燃胶板的配方举例见表1.24。

表1.24　阻燃胶板配方　　质量份

原材料名称	配比	原材料名称	配比
丁苯橡胶/天然橡胶	100	防老剂	2
氧化锌	5.0	氯化石蜡	20~30
硬脂酸	2.0	陶土	8~15
促进剂CA	1.2	硫黄	100
促进剂M	0.4	着色剂	2.5
促进剂TT	0.4		

2. 胶板的制造工艺

胶板的制造工艺流程如下：

生胶→塑炼→混炼→热炼→出片→硫化→修边检查→包装入库

(1)塑炼与混炼工艺

根据不同的胶种和胶料配方按照通常的基本工艺进行。半成品性能的检测、储存停放等条件，则应根据不同胶种的工艺进行。

(2)热炼工艺

混炼胶料在出片前为了保证胶片的质量必须进行热炼。通过热炼可以使胶料进一步分散，达到一定的均匀可塑度、柔软而易于压延，能够获得无气泡、无疙瘩、光滑的胶片。热炼分为粗炼和精炼，粗炼的辊温低一些，前、后辊应控制在40~50 ℃，辊距也小一些，一般为2~5 mm。胶料包辊后表面均匀即可打卷。精炼的辊温应高一些，前、后辊温为60~70 ℃，辊距为7 ~10 mm，炼至包辊胶片表面有光泽即可下片供出片用。

(3)出片及贴合工艺

胶板半成品的出片通常有两辊压片机、压延机及L型冷喂料压出机。其中两辊压片机操作简单，但所出胶片质量较差而且效率低；L型冷喂料压出机胶片质量最好，但工艺条件比较严格。所以，目前国内采用较多的是压延机出片，虽然设备投资较大，但所出胶片精度高，质量好。

压延机压片时根据产品和胶料的要求调节辊与辊温(见表1.25)，然后将炼好的胶片，直接在炼胶机上割成连续的胶条，用输送带将胶条送入压延机出片。另外，也可以将热炼后的胶料直接打卷，送入压延机出片。胶板半成品胶片的厚度应较成品的厚度大一些。

胶板的厚度在6 mm以下时可以一次压出胶片，当胶板的厚度大于6 mm时就需采用贴合工艺成型，贴合层数根据成品胶板的厚度而定。表1.26为胶片贴合规则。

表 1.25 各种橡胶的压延辊温

胶种	辊温/℃		
	上辊	中辊	下辊
天然橡胶	100 ~ 100	85 ~ 95	60 ~ 70
顺丁橡胶	55 ~ 75	50 ~ 90	55 ~ 65
丁苯橡胶	50 ~ 70	54 ~ 70	55 ~ 70
丁腈橡胶	80 ~ 90	70 ~ 80	70 ~ 90
氯丁橡胶	90 ~ 120	75 ~ 90	75 ~ 100
丁基橡胶	90 ~ 120	75 ~ 90	75 ~ 100
三元乙丙橡胶	90 ~ 120	65 ~ 85	90 ~ 100

表 1.26 厚胶板出型贴合规则

成品厚度/mm	贴合规则(每层厚度/mm)
6	6
8	4 + 4
10	5 + 5
12	4 + 4 + 4
14	5 + 5 + 4
16	4 + 4 + 4 + 4
20	5 + 5 + 5 + 5
25	5 + 5 + 5 + 5 + 5

1.4.5 胶辊的生产技术

1. 概述

胶辊是在金属铁芯上被覆橡胶层经硫化制成的橡胶制品。与金属辊相比,胶辊具有弹性、耐酸碱、不生锈等特点,所以广泛用于造纸、印染、印刷、磨米等工业部门以及农业及其他行业中。胶辊的作用首先是代替金属辊作为机械传导或支托件;其次是利用橡胶层的弹性变形,使被加工物承受一定的压力而产生压榨作用。

2. 胶辊的结构

(1)胶辊的基本结构

胶辊的结构分为两种,一种是普通结构胶辊(见图 1.30),一种是防浸液腐蚀胶辊(见图 1.31)。防浸液腐蚀胶辊主要是为了防止某些液体,例如酸、碱、氧化剂对金属辊芯的腐蚀,在胶辊端面和轴颈部分也被覆了橡胶,起到隔离浸液的作用。

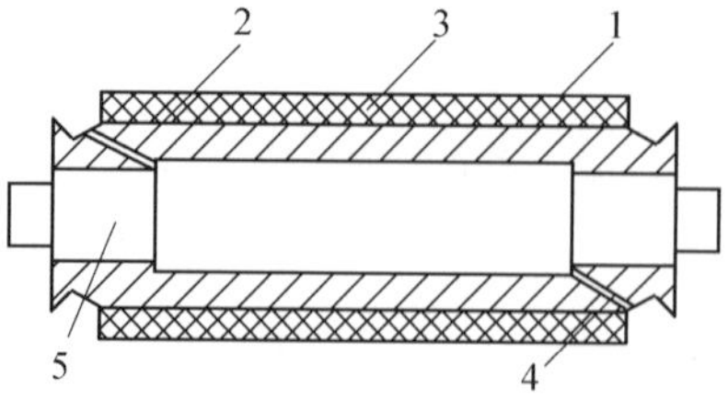

图 1.30 一般胶辊的结构

1—外胶层;2—硬质胶层;3—金属芯;4—通气孔;5—辊颈

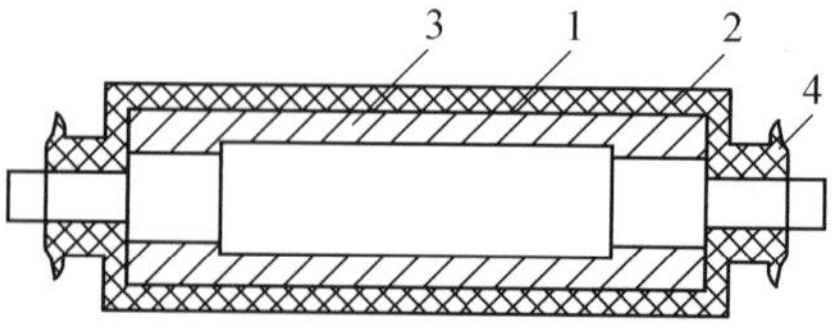

图 1.31 防浸液腐蚀胶辊的结构

1—外胶层;2—硬质胶层;3—金属芯;4—甩水圈

(2)胶辊各部分的作用及要求

①金属辊芯。金属辊芯起骨架作用,它应为刚性结构,以保证在车床上进行加工时不产生震动和弯曲。金属辊芯一般由铁、钢、铜、铝等材料制成,其结构有实心、空心、管式等多种,空心辊芯质量轻,两端又有通气孔,硫化时金属和橡胶能很好地加热,硫化均匀。通气孔设在两端径向相对位置,以利于更容易排出冷凝水。

金属辊芯表面应车制 V 形螺纹,成倒顺向,从中间向两边分开,以便使胶辊在运转中达到应力平衡。

②硬质胶层。硬质胶层是为了增加橡胶和金属芯的黏合力,在受负荷较大的大型胶辊中一般都应有硬质胶层。通常,胶辊胶层越厚,硬质胶层越厚,其参考比例见表 1.27。在一些小型胶辊中可以不设硬质胶层,利用胶黏剂直接使橡胶和金属芯黏合。

表 1.27　硬质胶层厚度参考表

胶层总厚度/mm	6	7~12	13~19	20~25
硬质胶层厚度/mm	1.5	3.0	4.5	6.0

③辊面胶层。辊面胶层为工作面,它是按不同用途进行设计的,可采用天然橡胶、丁苯橡胶、顺丁橡胶、丁腈橡胶、氯丁橡胶、聚氨酯橡胶和硅橡胶等制作。

3. 胶辊的配方设计

(1)胶辊配方的基本设计原则

设计胶辊配方应注意以下几点:

①必须满足各种胶辊所要求的物理机械性能指标;

②胶料必须有良好的黏合性,以适应贴合成型工艺的需要;

③胶辊硬度应符合要求,辊面胶表面硬度应均匀一致;

④大型胶辊胶料必须有良好的硫化平坦性。

(2)各类胶辊辊面胶的配方设计

①造纸胶辊辊面胶配方。造纸胶辊辊面胶国内多采用天然橡胶或天然橡胶与丁苯橡胶、顺丁橡胶的并用胶。为了提高制品的使用性能,目前已研制出橡塑并用胶辊、液体聚氨酯浇注胶辊。

造纸胶辊因为是一种厚壁的大型制品,一般胶层厚度在 25 mm 以上,同时由于橡胶又是热的不良导体,传热性能较差,所以胶辊的硫化时间很长。为了适应这一特点,胶料必须有较平坦的硫化曲线,使不致因硫化时间长而影响硬度及其他物理机械性能,为此硫化促进剂一般选用 DM、NOBS 或 CZ 为宜,其用量较低。为了增加胶料的传热性,氧化锌的用量可增加到 40~50 份。

造纸胶辊对硬度的要求非常严格,目前调整胶辊硬度一般从两方面着手,一是由填充剂和软化剂来调整,二是由硫黄调整。通常硬度在邵尔 A60 度以下的低硬度胶辊,硬度调低是增加软化剂或增塑剂的用量;而 60 度以上 90 度以下的胶辊,硬度调高可通过增大炭黑等填充剂的用量来实现,但必须保证胶料有良好的工艺性能。填充剂用量通常最多达 70 份,若超过此量则胶料的黏合性差,胶片黏合困难,容易造成脱层。用硫黄调整硬度的方法比较容易掌握,可以使胶料硬度提高到 90 度以上,其特点是未硫化胶料柔软,贴合成型工艺性好,但缺点是胶辊的弹性差,伸长率低,硫化时间长时容易发脆。采用少量硫黄(5~7.5份),其余用炭黑来提高硬度的胶料适合于制造80~90度的压榨胶辊。如果制造硬度过高的胸辊或案辊时,因不需承受较大压力,弹性要求也不高,所以可以用硫黄调整硬度;硫黄用量越多时,硫化胶的硬度越高。此外,还可以采用一些齐聚酯、甲基丙烯酸镁来增加硬度,更能取得好的效果。

②砻谷胶辊辊面胶配方。砻谷胶辊也称为磨米胶辊,要求具有一定的耐磨性、耐热性、抗撕裂性和适当的硬度。硬度在75度以下的砻谷胶辊虽然有优良的耐磨性但不适合使用,因为胶质软,稻谷经过时起不到摩擦脱壳的作用,扒皮效率很低;若硬度过高,虽然容易脱壳,但易将米磨碎。在一般的情况下,硬度的选择视气候、稻谷种类而定,以80~90度为宜。生产砻谷胶辊可选用天然橡胶、丁苯橡胶、聚氨酯橡胶等,其中最常用的是丁苯橡胶。砻谷胶辊属于厚壁橡胶制品,胶层约32~33 mm,该种胶辊工作时磨损大,生热大,所以选择耐热性、耐磨性好的丁苯橡胶非常适宜;但由于丁苯橡胶黏着性差,故在配方中须添加较大量的树脂或松焦油等软化剂。丁苯橡胶一般以使用少量硫黄及多量促进剂为宜,但考虑到砻谷胶辊的硬度要求,如单纯用填充剂来满足所要求的硬度,由于丁苯橡胶自身黏着性差,工艺操作困难,所以硫黄用量就不能太少,一般约5份左右。促进剂以CZ为好,如用促进剂DM与D并用也可减少早期硫化现象。炭黑用量不宜超过60份,为降低成本还可以加一定量的碳酸钙。

此外,在橡胶中加入齐聚酯,采用过氧化物硫化体系都能有效地提高硬度和拉伸强度。添加5~10份八甲基丙烯酸三季戊四醇双己二酸酯(MA)可提高硬度4~7度,11~12份可提高硬度13~22度。高苯乙烯树脂也是制造高硬度橡胶辊的常用树脂,它不仅能增大硬度,而且可提高耐磨性。在浅色辊中可采用白炭黑和硅烷偶联剂。

现列举80度(邵尔A)丁苯橡胶砻谷胶辊参考配方(质量份)见表1.28。

表1.28 硬度为80的丁苯橡胶砻谷胶辊参考配方

质量份

原材料名称	配比	原材料名称	配比
丁苯橡胶	100	轻质碳酸钙	40
硫黄	5	硬脂酸	3
氧化锌	5	松焦油	10
促进剂DM	0.44	防老剂RD	1.5
促进剂D	0.56	合计	225.5
硬质炭黑	60		

③印刷胶辊辊面胶配方。印刷胶辊是在金属铁芯上被覆一层非常柔软的软质橡胶,根据使用情况的不同主要有两种类型,一种用以传递油墨到铅字版上用来铅印书籍和报纸,其硬度非常低,约30度;另一种是用来印刷各色图画及在油印机上使用,此种胶辊要求表面特别光滑,硬度可较前者稍高,约在35~40度。

印刷胶辊主要是要求硬度低、耐油性好、生热小、易清洗、表面性能好及具有一定的吸附和传递油墨的性能。用来制造印刷胶辊的橡胶可以选用耐油性好的氯丁橡胶、丁腈橡胶、聚氨酯橡胶、氯醚橡胶、聚乙烯醇橡胶等。为了降低胶料硬度,需加入大量的软化剂及油膏,但粉状填充剂一般不宜过多,硫黄用量也不宜过大,否则会增加胶料硬度。

现列举用丁腈橡胶和氯丁橡胶制造印刷胶辊的两种参考配方,见表1.29和表1.30。

表 1.29　配方 1(硬度 25 度)　　质量份

原材料名称	配比	原材料名称	配比
氯丁橡胶	100	邻苯二甲酸二丁酯	28
氧化锌	5	邻苯二甲酸二辛酯	35
氧化镁	4	液体古马隆	5
防老剂 A	1	黑油膏	50
防老剂 D	1	氧化铁	15
碳酸钙	9	合计	283
白油膏	30		

表 1.30　配方 2(硬度 30 度)　　质量份

原材料名称	配比	原材料名称	配比
丁腈橡胶	100	氧化铁	5
硫黄	3	邻苯二甲酸二辛酯	45
氧化锌	5	防老剂 A	1
硬脂酸	1.5	防老剂 D	1
促进剂 DM	1	碳酸钙	35
促进剂 M	1	液体古马隆	11
白油膏	35	合计	244.5

④复印机胶辊。在复印机中使用的胶辊主要有加热辊、压力辊和搓纸辊三种。复印机胶辊是在 180 ~200 ℃的高温下工作的,并且为了使色粉不粘辊,即具有分离性,要对胶辊涂布硅油之类的隔离剂,这就要求辊筒的橡胶层具有耐硅油膨胀性。此外,在复印机中还装置把复印纸从辊筒上剥离下来的分离爪,所以橡胶层还必须具有足够的机械强度。

复印机胶辊主要是利用硅橡胶、三元乙丙等橡胶制作。利用硅橡胶制作时可使用高温硫化硅橡胶、注压成型的液体硅橡胶及室温固化型硅橡胶。硫化剂多采用有机过氧化物,补强剂使用气相法白炭黑。

表 1.31 为制造复印机胶辊的一些实用参考配方。

表 1.31　制造复印机胶辊的一些实用参考配方　　质量份

原材料名称	加热辊	搓纸辊	原材料名称	加热辊	搓纸辊
硅橡胶	100	—	半补强炉黑	—	40
DCP	1	—	DOP	—	10
气相白炭黑	3	—	ZnO	—	5
羟基硅油	5	—	硬脂酸	—	1.5
钛白粉	1.5	—	促进剂 TMTD	—	1.0
聚降冰片烯橡胶	1	100	促进剂 DM	—	1.0
环烷油	1	190	促进剂 TETD	—	0.5
EPDM	35	30	促进剂 TBTD	—	1.5
陶土	—	30	硫黄	—	1.5
沉淀法白炭黑	—	15	合计	147.5	427

⑤其他胶辊辊面胶配方举例。表 1.32 为其他一些胶辊辊面胶配方实例。

表 1.32　不同胶辊辊面胶配方实例　质量份

原材料名称	印染胶辊	塑料压延胶辊	打字胶辊	制革空心胶辊	胶木辊	硅橡胶胶辊
	硬度(邵尔 A)/度					
	86	80～85	85～90	55～60	98～100	55～60
天然橡胶	100		10	100	100	
丁苯橡胶			90			
氯丁橡胶		100				
甲基乙烯基硅橡胶						100
硫黄	16.5		11	5	27	
氧化锌	34	5	6	16	8	
氧化镁		8				
硬脂酸	1.6	3	3	2	2	
促进剂 DM	0.64		0.8		0.4	
促进剂 D					0.2	
促进剂 M				1		
防老剂 D	2.0	2.5	2	1.5		
白蜡	0.6		2		1	
硫酸钡		25				
硫酸镁	44					
碳酸镁				20		
陶土	29	25	32	32	80	
碳酸钙	48	13	48	40	76	
白炭黑						60
锌钡白			10	24	16	
高耐磨炉黑			10		16	
半补强炉黑			30			
混气炭黑		55				
松焦油		2				
凡士林			2		4	
黑油膏				8	4	
沥青					16	
邻苯二甲酸二丁酯		2				
二苯基硅二醇						3
2,5 二甲基-2,5-过氧化叔丁基己烷						1
氧化铁						5
合计	276.34	240.5	256.8	249.5	350.6	169

4. 硬质胶及胶黏剂

为了提高橡胶与金属的黏合，通常采用硬质胶法或胶黏剂黏合法。

在硬质胶配方中，促进剂最好选用消石灰等无机促进剂，以防止硬质胶过硫发脆。此外，为了提高硬质胶与金属的黏合力，防止脱层，配方中应选用氧化铁，用量为 20 份左右。软化剂的用量不宜过多，同时也不宜选用易喷出的石油系烷烃类软化剂。表 1.33 为硬质胶及其胶浆实用参考配方。

表 1.33　硬质胶及其胶浆实用参考配方　　质量份

原材料名称	1	2	原材料名称	1	2
天然橡胶	100	100	碳酸钙	32	—
促进剂 D	—	0.2	碳酸镁	11	60
氧化钙	—	4.2	固体古马隆	2	—
消石灰	5.6	—	陶土	60	80
硫黄	33.6	25.7	沥青	12	16
氧化铁	20	20	松焦油	—	0.5
锌钡白	20	50	合计	296.2	356.6

5. 胶辊制造工艺

胶辊的制造可用贴合、模压、注压和浇注四种方法，其中贴合法是最常用的工艺方法，大型胶辊一般都用贴合法制造。此外，目前还出现了一种涂敷法制胶辊。

(1)贴合工艺法

①工艺流程。用贴合法制造胶辊是将压好的胶片贴合在辊芯上，由硫化罐硫化制成，其工艺流程如图 1.32 所示。

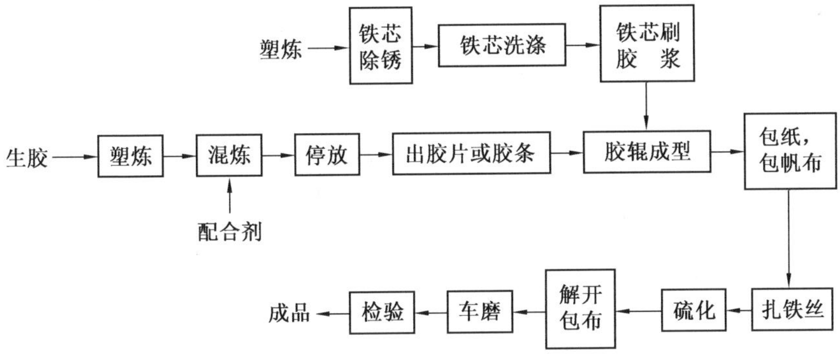

图 1.32　贴合法制胶辊工艺流程图

②工艺要点。

a. 辊芯处理。造纸胶辊、印染胶辊等大型制品，一般采用硬质胶使橡胶和金属结合。成型之前铁芯表面应经过处理，处理方法有清洗法、溶解法、氢气介质灼烧法、氧化还原灼烧法、表面酸洗法、机械处理法、离子轰击法、低压辉光放电处理法及气体离子喷射法等。通常是采用机械处理法，即铁芯经车床加工，然后用铁丝刷刷去铁屑、脏物，并用汽油洗净。铁芯处理好后用高压喷枪喷涂硬质胶浆，也可用扁平毛刷顺着铁芯沟槽来回进行手工刷涂，把铁芯全部刷上一层厚薄均匀、无集结的胶浆。胶浆浓度为胶料：溶剂 = 1：(1.8 ~ 2)。涂刷胶浆时最初用比较稀的，然后用比较浓的，通常需涂刷 3 ~ 4 次。

b. 覆橡胶层成型。涂好胶浆必须充分干燥后才能开始按顺序贴硬质胶片及外层软质胶片。在制造大型胶辊时，为了防止硬质胶层因发热过高产生的气泡无法排出，在硬质胶浆与硬质胶层之间按等距离放上许多根棉线，其作用是硫化时将气体导出而不影响硬质胶与金属的黏合。放棉线的方向与轴心方向相同，线头露在辊筒两端，相邻棉线间距为 70 ~ 120 mm，线头最好放在铁芯已堵塞的气孔眼上。

辊芯表面覆橡胶层的方法有两种：一是顺次贴合压延出的胶片，这时每层胶片都须经过仔细辊压；二是用螺杆压出机压出成型胶条卷绕在辊芯上，并在热状态下仔细辊压。使用第一种方法时，必须注意胶片质量，其厚度应为0.5～1.2 mm。胶片厚度取决于胶料性质，特别是含胶率。例如含胶率为35%～40%时最佳胶片厚度为1～1.2 mm；含胶率为55%～60%时为0.7～0.75 mm；含胶率为75%～85%时为0.5～0.6 mm。

为了提高贴合效率，软胶料胶片可预先贴合，即先将胶片按辊筒长度接成大块胶片，胶片接头割成坡度，使两块胶片贴合整齐，接头处要平整地接牢。将此胶片刷上汽油，在预热板上加热使胶片变软，辊筒表面的胶层也同样刷上汽油，汽油干燥后将胶片在辊筒侧部最大弧度处依平行线贴合，以防止存有气泡。在贴胶片时，要一段一段地用手辊向前赶压贴合，贴完一周在接头处用手辊倾斜压一次，然后再辊压一次，将多余的胶割下。

辊子辊压表面胶片有手工和机械两种方法。

手工辊压。用手辊从辊筒右端起向左端赶出，然后再重新由右端赶到左端，如此反复数次，使上下两层胶充分贴合，赶出气泡。如有气泡时，先将小气泡赶汇成大气泡，然后用锥子轻轻将气泡刺破，并用手辊慢慢辊压，使空气顺着锥子逸出，气泡即行消失。后一张胶片边缘须与前一张胶片边缘对齐粘住，胶片之间的接缝须用刮刀修整加工。按这样贴合直到使胶片达到覆胶层所需厚度，其中胶层厚度应留旋削余量6～8 mm。另外，在辊子两端宽100～150 mm处须多贴2～3圈胶片，使此处的胶层厚出3～3.5 mm，这样就可以避免包帆布时将辊子两端的胶层压薄。胶辊贴合好后多余的胶由辊子两端切下，只留约5 mm的旋削余量。

机械辊压。须采用专门装置，如图1.33所示。辊子轴颈安放在可沿机座移动的支架上，并根据辊子的长度定位。在固定支架一侧装有一台摩擦传动马达，通过辊颈上的联轴节连接辊子。在辊子上方安装一台由辊压辊和传动装置组成的辊压装置。传动装置带动辊压装置在单轨上沿辊子轴向移动，并对胶片进行辊压。辊压一遍后，电动机通过减速器使辊子转一个角度再进行第二次辊压。对于辊压过的部分要用手压辊、针及锥子进行检查。

许多工厂还采用三辊辊压机对胶片进行机械辊压，如图1.34所示。其优点是更能保证辊压均匀，以提高辊压速度和质量。

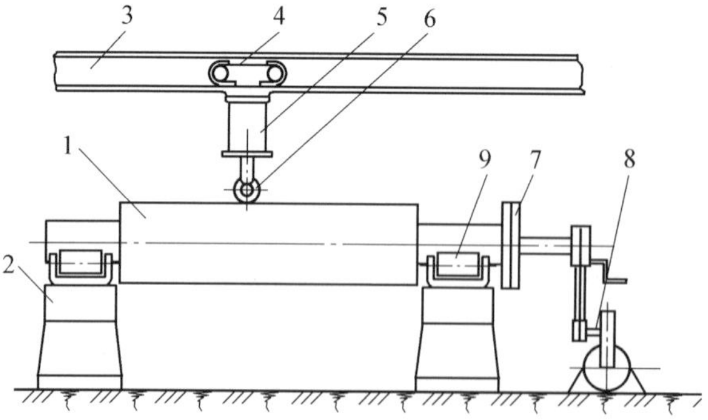

图1.33　单辊辊压机示意图

1—辊子；2—移动支架；3—单轨；4—传动装置；5—辊压装置；6—辊压机；7—联轴器；8—电动机；9—固定支架

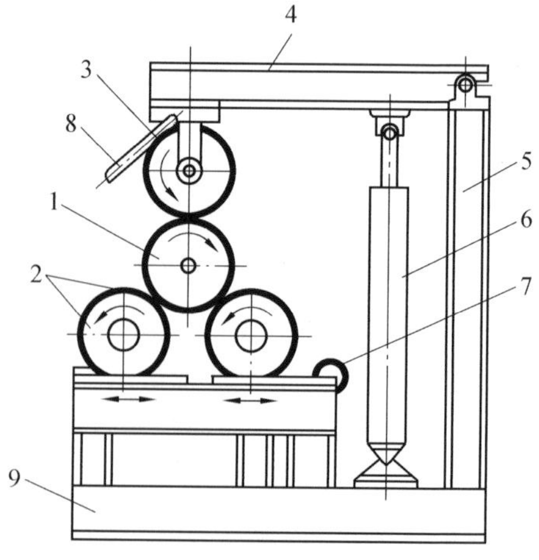

图1.34　三辊辊压机示意图

1—辊子；2—支承胶辊；3—挤压胶辊；4—悬臂；5—立柱；6—汽缸；7—传动装置；8—开关杆；9—支架

利用出胶片在辊面上贴合胶料的方法有许多缺点，主要是不能或难于使用黏度较大而黏合性较差的胶料，劳动强度大，不能保证所需的黏合质量。为此，可用压出机压出热胶条，以螺旋状缠卷在辊芯上，然后再进行辊压，如图 1.35 所示。该方法除能克服以上缺点外，还具有生产效率高以及省去了压延胶片和展开压延垫布、裁料、用溶剂清洗表面及接缝等手工操作的优点。

凡已成型好的胶辊半成品，表面必须贴一层纸作隔离，两端用“闷头”挡住，防止硫化时流胶，如图 1.36 及图 1.37 所示。缠两层用水浸泡的湿帆布，然后在车床上用“扎铁丝器”，再均匀地绕一层铁丝，如图 1.38 所示。

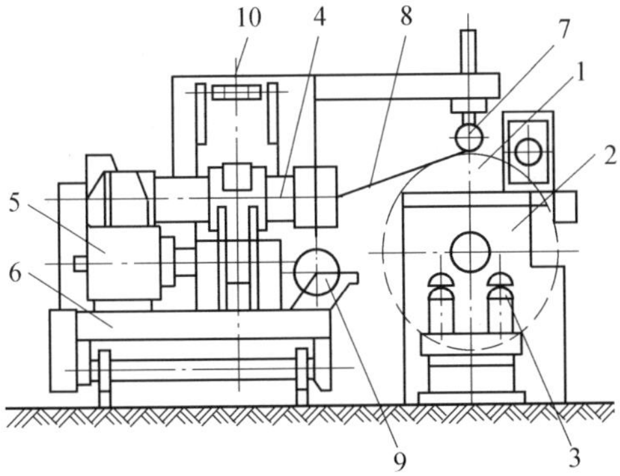

图 1.35　辊面压出胶条螺旋缠绕装置示意图

1—待加工辊子；2—主轴；3—活动支架；4—压出机；5—传动装置；6—台车；7—辊压机；8—胶条；9—缠绕装置；10—喂料辊

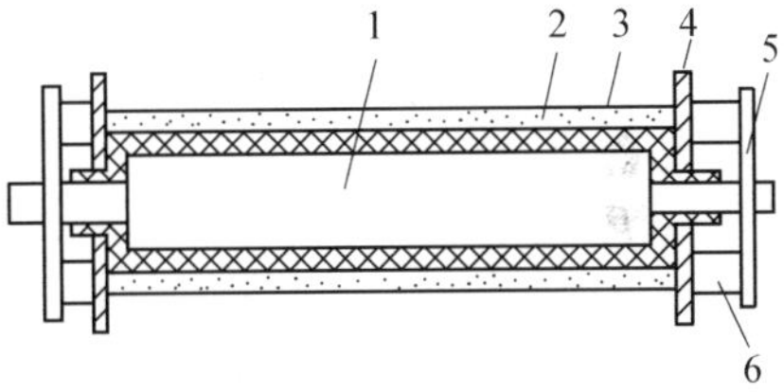

图 1.36　一般胶辊上闷头（不贴头）示意图

1—金属芯；2—橡胶层；3—铁丝层；4—金属闷头；5—夹具；6—填料（木块）

c. 硫化。胶辊的硫化应采取逐步升温和长时间硫化的方法。在实际生产中，硫化条件是根据辊芯壁厚、直径、长度、辊芯材质、胶层厚度、橡胶硬度等各种因素进行设计的，表 1.34 为部分工业胶辊的硫化条件。

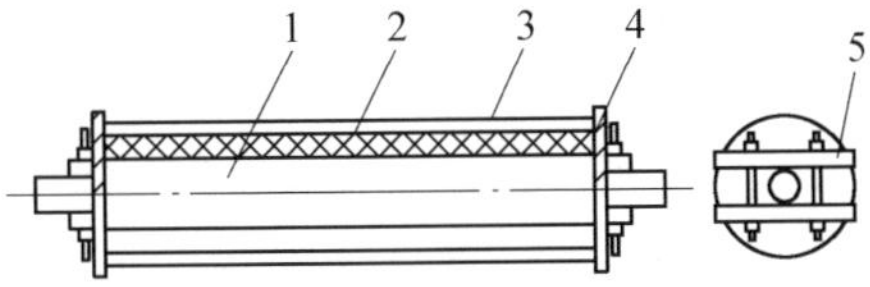

图 1.37　防腐蚀胶辊上闷头（贴头）示意图

1—金属芯；2—橡胶层；3—铁丝层；4—金属闷头；5—夹具

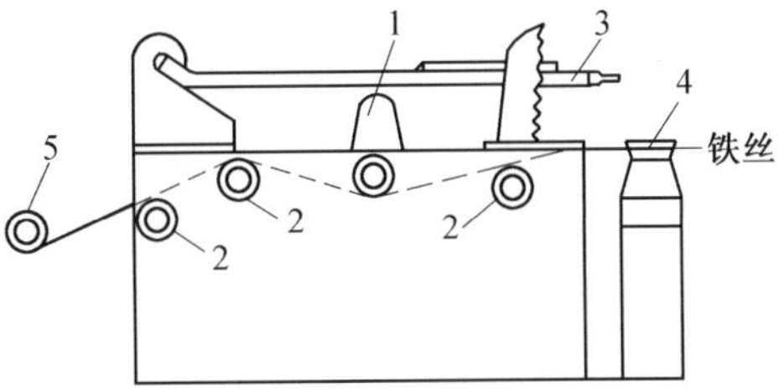

图 1.38　扎铁丝器

1—压辊；2，4—定滑轮；3—压板；5—胶辊

大型胶辊在硫化时最好辅以机械转动，这样可使硫化均匀和硬度一致。硫化完毕后不能立即出罐，以防止因急剧冷却而导致脱壳。出罐后也必须经过充分冷却（一般以铁丝可以松动为准）才能去除铁丝和包布。

表 1.34　一般工业胶辊的硫化条件(登峰式)

名称	印刷胶辊	造纸压榨辊	真空吸水压榨辊	人造石辊	印花胶辊	印染胶辊
蒸气压力/MPa	规格 ϕ160×2 000×20	规格 ϕ400×2 000×25	规格 ϕ840×4 000×25	规格 ϕ400×2 000×40	规格 ϕ1 000×1 200×25	规格 ϕ300×1 200×25
	硫化时间/min	硫化时间/min	硫化时间/min	硫化时间/min	硫化时间/min	硫化时间/min
0. 07	60	60	60	120	60	60
0. 14	60	60	60	120	60	60
0. 21	90	90	90	120	90	90
0. 28	60	120	60	240	120	120
0. 35	60	420	60	240	150	180
0. 21	—	—	30	—	—	—
合计/min	330	750	360	840	480	510

注:规格表示为直径(mm)×长度(mm)×胶层厚度(mm)。

d. 胶辊的表面加工。硫化好的胶辊表面要进行加工,硬度在 60 度(邵氏)以下的胶辊可先在车床上旋切至比要求直径大 2 ~3 mm 后,再以碳化硅(50 粒)砂轮磨光。硬度大于 65 度的胶辊在车床上旋切至要求规格后,也可用砂布进行砂光。旋切用的车刀形状如图 1. 39 所示。

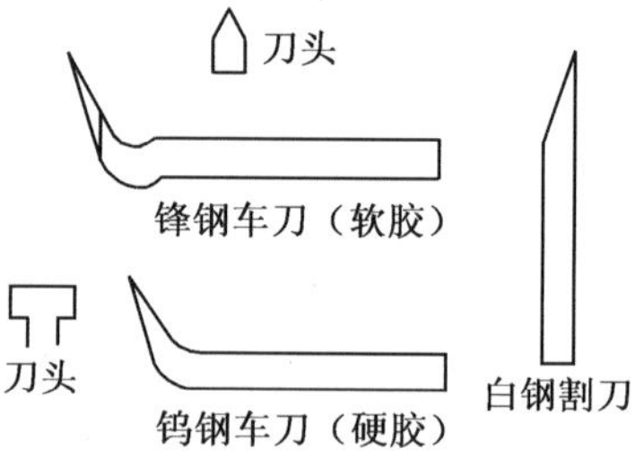

图 1. 39　胶辊旋切用车刀形状

造纸压榨辊除表面磨光外,还必须有适宜的中高率(即胶辊中间直径与端边直径之差),这样,中间直径大,而向两端直径逐渐变小,从而起到弥补胶辊弯曲度的作用。

(2)模压工艺法

对于一些不太大的胶辊,例如砻谷胶辊,可以采用模压工艺法,即利用模具来硫化的方法。硫化可采用两种方法:一种是将模具放在平板硫化机上硫化;另一种是将胶料冷压在模具内,然后将模具上紧,放入硫化罐成批硫化。其工艺流程如图 1. 40 所示。

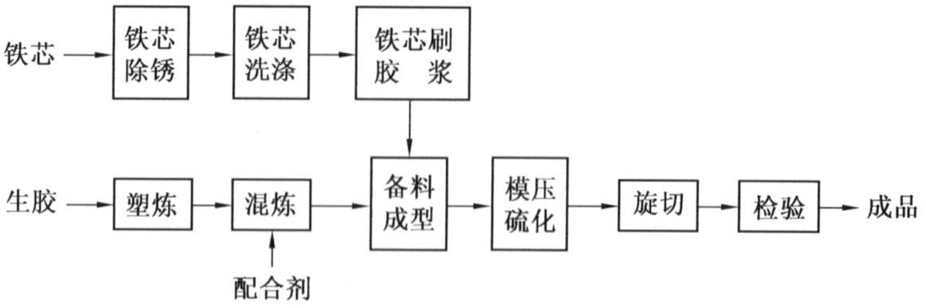

图 1. 40　胶辊模压工艺流程图

(3)注压工艺法

注压工艺法是利用普通螺旋压出机，将胶料压入圆筒状模具中，再放入硫化罐进行成批硫化的工艺。例如，印刷胶辊和油印胶辊可以采用该工艺方法生产，其工艺流程如图1.41所示。

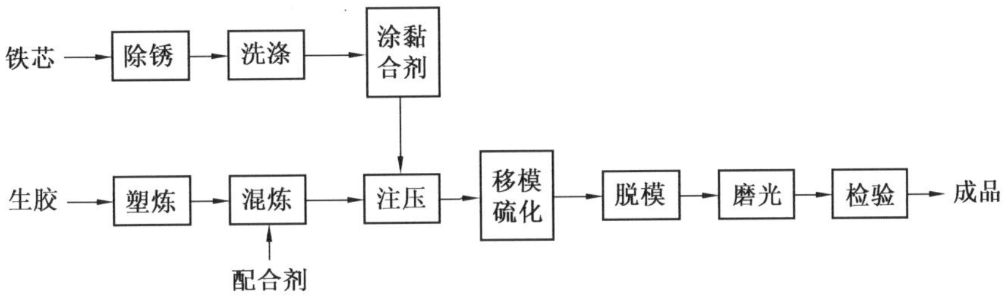

图1.41　胶辊注压工艺流程图

1.4.6　胶鞋的生产技术

1. 胶鞋的品种和特点

胶鞋是一重要品种，它既要适应地区、气候和工作性质的差异，又常随着人们的生活习惯和服饰的变化而变化，因而品种繁多。据介绍我国目前已有1 000个左右品种。胶鞋一般可分布面胶鞋、胶面胶鞋和橡塑鞋三大类。

①布面胶鞋有运动鞋、劳保鞋、生活用鞋、医疗保健用鞋和特种鞋，如戏剧鞋、芭蕾舞鞋等。

②胶面胶鞋有低统靴、鞋，轻便胶靴，高、半筒靴，皮鞋式雨鞋，少数民族雨靴(鞋)等。

③橡塑鞋有凉鞋、拖鞋、轻便鞋、旅游鞋、一般运动鞋、专业运动鞋和滑冰鞋、登山鞋等。

胶鞋按功能可分为运动鞋、劳保鞋、生活用鞋等；按结构可分为高筒、半高筒、低筒、系带、拉链、坡跟、高跟、平跟等。

胶鞋近年来正朝着“轻量、卫生、舒适、美观”四化方向发展，并通过专业化而促进胶鞋品种多样化。

胶鞋品种确实多而繁，且越分越细，但主要的品种特点则是：运动鞋如球鞋、跑鞋、室内运动鞋、滑雪靴、登山靴、登山鞋等，发展特点是按照运动项目要求趋向专业化；童鞋适于儿童穿用；便鞋讲究款式，趋于时尚，轻便而贴脚；长筒靴、半筒靴要轻盈屈挠自如，选型漂亮，且能经受苛刻环境作用等；劳保靴、鞋的重要性能是鞋底跟区具有吸震能力、防滑、防刺穿以及防被重物砸伤的功能；拖鞋、凉鞋的款式众多，变化快，如海滨拖鞋、厚平底拖鞋、高跟水凉鞋等，结构形形色色，特点是穿着方便、美观、轻便等；保健鞋、矫形鞋兼具保健防治功能，如磁疗鞋、矫形鞋以矫正脚部畸变等；防寒鞋、靴加衬保暖材料以改善防寒功能，如满帮高腰、长筒、半筒靴等。

2. 胶鞋结构和所用材料

(1)胶鞋结构

胶鞋主要由鞋帮和鞋底组成，还有防护和加固等附属部件配制而成。布面胶鞋由鞋面布和里布用胶浆贴合制成；胶面胶鞋由鞋面胶片与里布贴合而成，鞋帮里布用缝成袜筒状的双面针织布，套楦后刷胶浆与胶片贴合，注压成型胶面胶鞋里布用薄绒坯布以防透胶。鞋底由大底和中底组成。靴类加有底后跟，中底有海绵中底和硬中底。

防护部件有内、外围条，包头、后缝胶条、大梗子、底后跟、衬胶、护趾布、防水布等。附属部件有鞋眼、鞋卡、鞋扣、鞋带、沿口布、胶鞋专用松紧带等。

(2)胶鞋用主要原材料

①主体材料除橡胶外有热塑性弹性体、聚氨酯橡胶和橡塑并用等，用做鞋底、底后跟、胶面鞋的帮、筒及其他部件。

②配合剂包括硫化剂、活性剂、补强剂、填充剂、软化剂、防老剂、发泡剂和着色剂等。

③胶黏剂主要有热硫化粘贴工艺用，冷粘成型工艺用，帮里、衬里合布用三类胶黏剂。

④装饰材料主要有亮油、胶鞋帮面装饰材料等。

⑤帮面、衬里材料主要有纤维材料，包括棉麻毛等天然纤维；合成纤维，如锦纶、涤纶、维纶和丙纶等；皮革如天然皮革、人造革和合成革等；此外还有缝纫线。

3. 胶鞋结构设计

(1)楦型设计

鞋楦是制造鞋的模具，标志脚的形态和大小。鞋楦设计是根据脚的形态，脚在运动或劳动时受力状态的变化及产品销售地和穿着对象而设计的。鞋楦设计包括楦底设计、楦体造型和楦体测量三部分。

(2)鞋帮和鞋帮附件设计

按照舒适、美观、耐穿等要求进行设计，根据各部件的使用要求，选择不同帮材和底材，结合生产工艺，设计出不同形状的几何图形样板。

(3)外底样板、海绵内底样板设计

以楦底样板为根据，同时结合鞋的品种、生产工艺方法和材料在鞋底成型时的伸缩性等加以调整。

(4)压延花纹辊筒和模具设计

用压延出型、辊筒花纹要考虑实用性、工艺条件、胶料消耗及全鞋结构的相互协调等，同时要考虑美观以及耐磨、耐屈挠与防滑性能。也有一些如围条、包头、大底等采用模压成型或注射成型，而使用模具。要进行模具设计，须考虑胶料收缩率、加工精度等确定尺寸形状的设计。

(5)配色

色彩对鞋具有美化的效果。各部件的配色协调是美观的一个重要因素，应根据地理、气候、穿用条件、生活习俗、性别、年龄及喜爱等种种情况来科学合理选配。

4. 胶鞋配方设计

胶鞋配方设计必须以胶鞋的使用要求、工艺条件为依据，使胶鞋能满足穿着的需要，适用、耐用、美观、经济并符合国家质量标准。主要考虑各部件之间的配合，胶料含胶率的合理确定和硫化速度的配合及胶料配色协调，然后根据各部件的性能要求进行胶料配方设计实验。

5. 胶鞋的制造工艺

(1)准备工艺

①胶质部件的出型。已混炼好的胶料经过压出、压延和冲切等工序，得到一定形状和大小的胶坯，压出机压出成胶条。压延机经花纹辊压延出带一定花纹的胶片，再经连续冲

切出外底以及其他出型的部件。

②布面胶鞋鞋帮的制备大致经合布、裁断、缝纫等工序。

③胶面胶鞋衬里的制备。胶面胶鞋的帮、筒是胶片和里布的复合,里布经裁剪、缝纫而成。

(2)胶鞋主要的成型工艺

①粘贴成型工艺。热硫化粘贴成型法,适于布面胶鞋和胶面胶鞋;冷粘贴成型法,适于胶鞋各部件粘贴;粘缝成型法,适于运动鞋等类围条用线缝加固。

②直接注模成型工艺。注压法、注塑法,适于橡塑鞋;浇注法与反应注压法适于聚氨酯材料制鞋工艺。

③直接模压成型工艺。已套帮的鞋帮上贴合胶坯放入鞋底模型腔,加热加压定型硫化。

④浸渍成型工艺。

⑤搪塑成型工艺。

⑥装配成型工艺。

(3)胶鞋硫化

①贴合成型胶鞋的硫化。用贴合法成型的布面胶鞋或胶面胶鞋硫化时,需将其连同鞋楦挂在硫化车上,进入硫化罐,采用热空气硫化。罐内空气应有适当压力使黏合牢固,以免胶料产生气泡。

②胶鞋模压硫化。胶鞋模压硫化即前述的直接模压成型法,用注压硫化机进行硫化。该法已在我国开始采用,效率高,但投资大。

硫化后胶鞋成品应进行外观检查,并作物理性能实验和穿着实验。

1.4.7 胶布制品的生产技术、配方设计与制造工艺

1.胶布制品的生产技术

胶布制品是由纺织物表面或中间夹层上覆橡胶薄膜制成的橡胶薄膜制品,至今广泛应用于工、农业、建筑、捕捞及水利等行业中。由于其用途不同,结构、配方及制作工艺各不相同。

(1)胶布制品的品种与用途

胶布制品按其用途可分为以下两类:

①防护胶布制品类。

a.防水胶布制品用以制作雨衣、下水服装、救生衣、救生圈、苫布、坐垫、气床等的胶布或胶布制品,多数用于日常生活及捕捞业方面。

b.特殊性能胶布制品如耐油、耐酸碱、耐寒、耐燃、防辐射等胶布制品,多数适用于工厂、矿山、井下的防护、除尘、导风等方面。

②工业用胶布制品类。适用于各种条件下使用的橡皮艇、水坝、气垫、气囊、油囊、导风筒等。

有时由于用途接近,很难严格划分。

(2)胶布用纺织物简介

纺织物是胶布制品的骨架材料,它决定胶布制品的强度及工艺加工方法、使用性能。近年来,由于纺织材料不断发展和更新,胶布的骨架材料品种也日益繁多。如生活用

胶布制品类，由棉织品逐渐向着轻型、美观、牢固等需求发展；丝绸、涤纶绸等材料，工业用胶布制品也逐渐由棉帆布骨架发展为尼龙、维尼龙、玻璃纤维等材料。下面将常用几种纤维性能介绍如下：

①蚕丝类。细而柔软，吸湿性强，密度小，但不易压延。

②棉纤维类。吸湿性强，黏合力高，密度大，加工性能好，但强度较低。

③化纤类。强力高，密度小，耐屈挠性好，但热伸张及变形较大，黏合性能差，不适于压延、成型、贴合工艺。常用品种有锦纶、涤纶、维纶等。涤纶密度小，柔软性及屈挠性优于锦纶；维纶在吸湿性和黏合性能方面均优于前两种，并且强力高于棉纤维。

④人造纤维类。常用黏液人造丝，它的一般性能介于化纤及棉纤维之间，其强力虽然低于化纤，但吸湿性及黏合性均优于化纤，在柔软性、强力方面又优于棉纤维，而且密度较小。

⑤矿物纤维类。常用的有玻璃纤维、石棉纤维。具有优异的耐燃、耐热、耐酸碱性能，但屈挠性能差，密度大，质发脆。

2. 胶布制品的配方设计

胶布类是薄壁制品，在设计配方时除考虑不同用途及使用条件外，还应考虑胶布在制作工艺中的特殊要求，要合理设计配方，首先应了解胶布的技术要求。

(1)胶布制品的技术要求

①胶布必须质地柔软、弹性好、表面光滑。

②胶与纺织物之间黏合性能好。

③气密性强。

④耐老化性好。

(2)胶布的配方设计原则

①含胶率的确定。为满足技术要求的需要，胶布的含胶率一般应高于50%。但由于性能及用途不同，有以下几点区别：如要求高气密性、薄胶布（胶层厚度在0.3 mm以下者），含胶率在70 ~ 95；如丝绸胶布，若是防射线及导电性胶布，则含胶率低，约在20%左右；若胶层较厚者，含胶率不应高于60%，否则易造成压延时产生气泡、掉胶等质量问题。

②胶种的选择。根据性能要求来选择。一般性能可采用天然橡胶、丁苯橡胶、顺丁橡胶或与其并用；耐矿物油类采用氯丁橡胶或与丁腈橡胶并用；耐溶剂苯及汽油等，必须选用丁腈橡胶。但应注意压延工艺性能及黏合性能不易掌握。当要求耐酸碱时，可采用氯磺化聚乙烯橡胶，它除具有优越的耐腐蚀、耐油、耐臭氧老化外，工艺加工性能也较好，适于胶布的制作工艺。

③硫化体系选择（二烯烃类橡胶）。一般情况下是采用常规硫化体系，但由于胶布要求柔软和屈挠性好，工艺中必须经滤胶处理，应防止加工中的焦烧现象。既要有一定的硫化平坦性能，又要符合胶布快速硫化的要求，因此，常规硫化时硫黄用量为1.5 ~2份，第一促进剂以M（DM）为主，用量1.5份左右，第二促进剂常用促进剂TMTDO，1份左右。促进剂总用量为1.5 ~1.8份。

当要求耐热老化或具有某些特殊性能时，也可采用半有效硫化体系，硫黄用量为0.5 ~1份，促进剂总用量2份左右，此时，促进剂TMTD用量为0.5 ~ 1份，M（DM）在0.5份左右。有效硫化体系因硫化速度慢、性能偏低，一般不常使用。

④防护体系的选择。为保证胶布制品耐天候及臭氧老化性能，必须使用高效防老剂，目前常使用的防老剂有 A、H、4010-4010-NA、AW、RD 等。物理防老剂石蜡，可以提高防臭氧老化性能，又能改善压延性能，提高表面光泽，可使用 0.5 ~1 份，过多时影响黏合性能。

⑤补强填充体系的选择。胶布的主要强度靠纺织物骨架支撑，因此，胶料部分不要求很高强力，只要求在耐屈挠、弹性、耐撕裂性能方面有较全面性能。因此不必使用硬质、高补强性填料。黑色填料以半补强型炉黑、通用型炉黑及低结构炉黑为主，一般只需使用 20 ~ 30 份。浅色填料以陶土、轻质碳酸钙、白炭黑等为主，用量根据含胶率确定。

⑥增塑、软化体系选择。要根据所用胶种选择适当的增塑、软化剂，但从胶布的工艺性能考虑，主要应选用既有利于增黏及气密性好的软化剂，如松焦油、古马隆等，又要有利于压延出片工艺性能要求，如机油、油膏类等。

(3)配方举例

几种胶布胶料的物理机械性能指标见表 1.35。几种胶布配方举例见表 1.36。

表 1.35　几种胶布胶料的物理机械性能指标

项　目		指　标		
		单面胶布	双面胶布	夹层胶布
扯断强度/MPa	≥	12	12	12
扯断伸长率/%	≥	450	450	450
老化系数(70 ℃×120 h)	≥	0.8	0.8	0.8
胶与布附着力/(kN/m)	≥	0.6	0.8	0.8
胶布透水性(9.8×10^3 Pa/2h)		不漏水	不漏水	不漏水

表 1.36　胶布配方举例　　质量份

防雨布(单面胶布)		潜水服(多层夹胶布)		水坝(多层夹胶布)	
原材料名称	用量	原材料名称	用量	原材料名称	用量
天然橡胶	70	天然橡胶	100	氯丁橡胶	90
丁苯橡胶	30	硫黄	2.3	天然橡胶	10
硫黄	1.8	促进剂 M	1.5	促进剂 DM	1
促进剂 CZ	1.5	促进剂 TMTD	0.05	氧化锌	5
促进剂 TMTD	0.2	氧化锌	5	氧化镁	4
氧化锌	5	硬脂酸	1.5	硬脂酸	1
硬脂酸	2	防老剂 A	1	防老剂 A	1
防老剂 A	1	防老剂 4010	1	防老剂 4010	1.5
防老剂 4010	1	重油	5	机油	6
机油	4	石蜡	1	石蜡	1
石蜡	1	陶土	20	半补强炭黑	15
立德粉	5	黑油膏	5	高耐磨炭黑	25
群青	4	炭黑	10	古马隆	5
轻质碳酸钙	52	古马隆	7.5	轻质碳酸钙	16.5
合计	178.5	合计	160.85	合计	182

3. 胶布制品的制造工艺

胶布生产的工艺制作流程如图 1.42 所示。

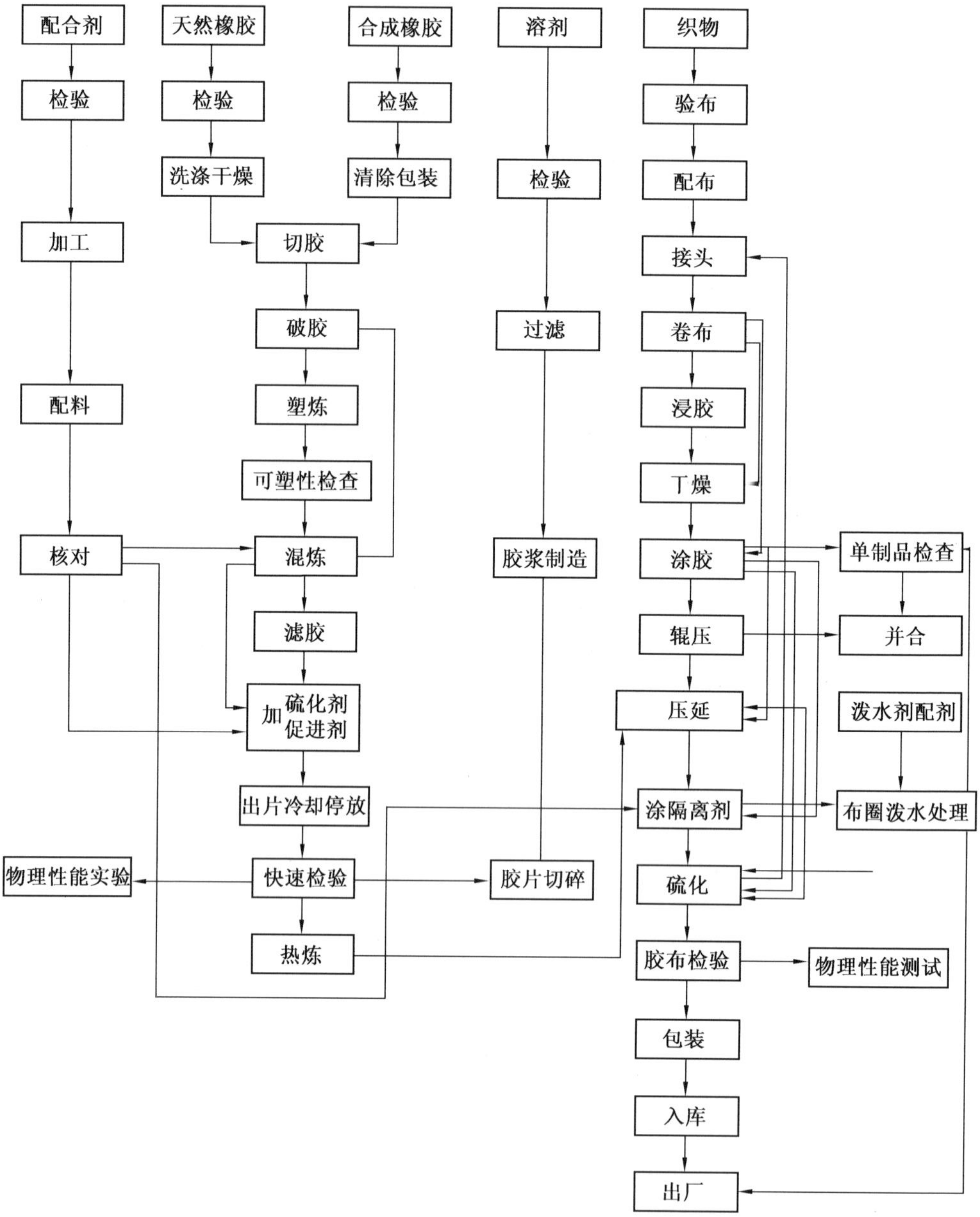

图 1.42　胶布制造工艺流程

(1)塑炼

天然橡胶必须塑炼,合成橡胶不必塑炼即可直接混炼。如天然橡胶与合成橡胶并用时,必须将塑炼的天然橡胶与合成胶合炼后,再进入混炼工序。丁腈橡胶塑炼效果很低,必须经多次塑炼。

胶布用塑炼胶可塑度较高，因为可塑度太低，压延后胶布表面不光滑，打折、出皱，胶与布渗透力差，黏合性下降等。胶布用塑炼胶可塑度要求见表1.37。

表1.37 胶布用塑炼胶可塑度

用途	可塑度	备注
胶浆用	0.5 ~ 0.6	含胶率在5%以上
压延用	0.35 ~ 0.45	胶层厚度0.1 mm以上
压延用	0.47 ~ 0.56	胶层厚度0.1 mm以下

(2)混炼

混炼方法及加药顺序与通用工艺相同，只是胶布胶料需经滤胶，所以采用二次混炼，第一次不加硫黄和促进剂，滤胶后再加。

(3)滤胶

胶布为薄壁制品，胶料在压延前必须经过滤胶，以除去杂质，保证胶布的气密性。

滤胶所用的金属丝筛网规格应根据胶布的厚度和使用要求确定。一般是采用两层筛网同时使用，并拢滤胶。第一层规格为20 ~ 40；第二层规格为60 ~ 80目(孔/cm^2)或80 ~ 100目不等。胶料过滤后再加入硫化剂、促进剂，充分精炼后薄通、捣炼下片，以备下一工序使用。

(4)浸、涂胶

纺织物为丝绸、化纤等材料的胶布，必须经过浸、涂胶。在浸、涂胶时应注意正确选择溶剂及合理确定胶浆浓度。

涂胶时要有大量溶剂挥发，应正确选择溶剂及采用必要的防火措施，以防溶剂中毒及着火。不同胶料所应选择的溶剂见表1.38。对于各种胶浆浓度的要求见表1.39。

表1.38 几种溶剂能溶解的橡胶

溶　剂	沸点/℃	胶　种	溶　剂	沸点/℃	胶　种
汽油	68 ~ 120	天然、丁苯、顺丁、丁基橡胶	醋酸乙酯	77	氯丁、丁腈橡胶
苯	80	丁腈、氯丁橡胶	丁酮	79.6	氯丁、丁腈橡胶
甲苯	139	丁腈、氯丁、硅橡胶	二氯乙烷	84	氯丁、丁腈、聚硫橡胶

表1.39 常用胶浆浓度

胶浆名称	浓度(胶与溶剂之比)
涂厚胶层(帆布)用	1 : (0.9 ~ 0.2)
一次底涂胶用	1 : (0.9 ~ 0.2)
浸胶用	1 : (0.9 ~ 0.2)

由于胶浆要经过溶胀及溶解两个阶段，所以溶解时，应先加入全部溶剂的20% ~ 25%浸泡切碎的胶片，然后搅拌至无胶块，再加入其余溶剂，搅匀即可备用。

涂胶是在专用涂胶机上进行，有立式和卧式两种。在织物上用压滚或刮刀将胶浆涂上薄薄一层，厚度约为0.05 mm。其设备简图如图1.43和图1.44所示。

浸胶是将纺织物在盛有稀胶浆液的专用槽中进行的，不经刮刀或压滚压挤，只轻轻地在槽中慢速转动，表面浸上薄层胶浆，其示意图如图1.45所示。

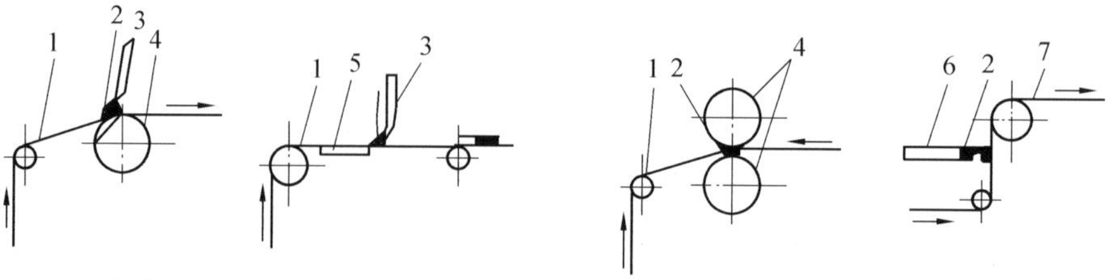

图 1.43　涂胶机涂胶方式示意图

1—织物;2—胶浆;3—涂胶刀;4—工作辊;5—金属板;6—喷嘴;7—已喷胶织物

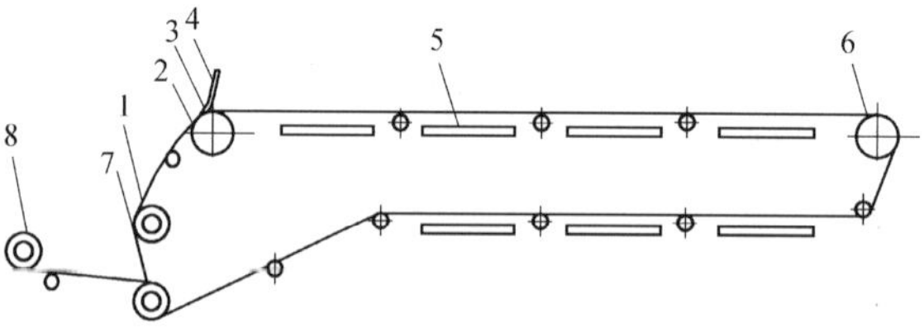

图 1.44　卧式涂胶机工作示意图

1—未涂胶织物;2—工作辊筒;3—胶浆;4—涂胶刀;
5—蒸汽干燥板;6—传动辊;7—涂好胶布卷取;8—垫入布

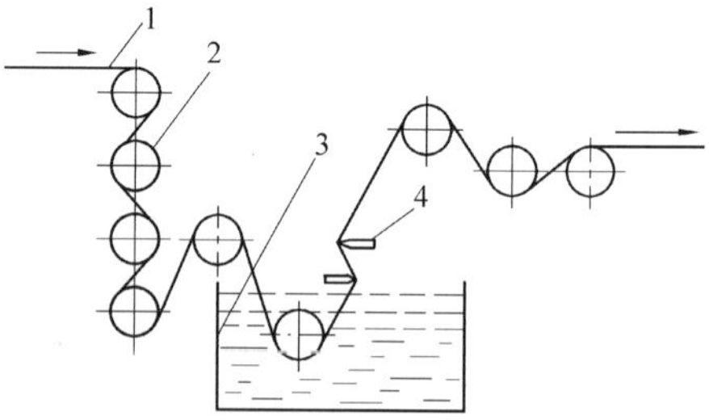

图 1.45　浸胶槽示意图

1—织物;2—张力辊;3—浸胶槽;4—刮液刀

(5)压延

胶布所用骨架材料不同,压延方法及工艺条件不同,一般有以下几种方法:

①先涂(或浸)再粘胶。用于气密性较高的下水用胶布制品,如丝绸、化纤、细布等。

②先擦胶后贴胶。用于帆布、玻璃布、细布。

③直接贴胶或一次压力贴胶。适用于细布(防水雨布)。

各种胶布压延辊温参照表 1.40。

表 1.40　几种胶布的压延辊温

胶布名称	胶　　种	含胶/%	胶层厚度/mm	辊温/℃		
				上	中	下
单面胶布	天然橡胶 50 丁苯橡胶 50	50	0.1 ~ 0.13	90 ~ 95	90 ~ 95	45 以下
单面胶布	天然橡胶 50	45	0.45 ~ 0.5	80	80 ~ 85	45 以下
双面胶布	天然橡胶 60 丁苯橡胶 40	45	0.15 ~ 0.85	85 ~ 90	85 ~ 90	45 以下
双面胶布	丁腈橡胶	42	0.25 ~ 0.3	80 ~ 90	50 ~ 60	65 ~ 76
单面胶布	氯丁橡胶	50	0.35 ~ 0.4	100 ~ 115	95 ~ 100	45 以下
单面胶布	天然橡胶 70 天然橡胶 30	80	0.15 ~ 0.2	95	95	45 以下

(6)成型与硫化

①成型。胶布成型方法有两种,一种是胶布先成型后硫化,适于制作下水及潜水制品,采用一次配合胶浆,配方见表 1.41;另一种是胶布先硫化后成型,适于黏合性能要求

较低的胶布制品，采用双组分自然硫化胶浆，配方见表1.42和表1.43。

表1.41　一次配合胶浆配方　　质量份

原材料	用　量	原材料	用　量
天然橡胶	100	氮	1.5
促进剂TMTD	1	一氧化碳	1
促进剂DM	1	甲烷	1
氧化锌	5	乙烯	10
硫黄	1.5	二氧化硫	10

表1.42　双组分胶浆配方　　质量份

甲				乙			
原材料	用量	原材料	用量	原材料	用量	原材料	用量
天然橡胶	100	防老剂H	1	天然橡胶	100	古马隆	10
促进剂TMTD	3	硬脂酸	1	硫黄	3	松香	10
促进剂DM	2	古马隆	10	氧化锌	5		
氧化锌	5	松香	10	氧化镁	7		
氧化镁	5	合计	137	防老剂H	1	合计	136

表1.43　氯丁胶双组分胶浆配方　　质量份

甲		乙	
原材料	用　量	原材料	用　量
氯丁橡胶	100	氯丁橡胶	100
氧化锌	10	NA-22	2
氧化镁	10	酚醛树脂	20～80

②硫化。

a.硫化罐硫化有间接汽硫化和混汽硫化法两种。间接汽硫化风压为0.2 MPa，罐内温度为125～140 ℃，将胶布缠在直径为25～30 cm的空心铁筒上，胶布包卷厚度不超过10 cm，硫化采用逐步升温，可分为2～3段进行，总时间约50～60 min。单面胶布升温时间分段为：0～20 min，达到110～120 ℃；20～40 min，达到120～130 ℃；40～60 min，恒温140 ℃。双面胶布升温时间要适当缩短。

间接蒸汽硫化胶布的外观质量好，但升温较慢，一般目前均采用混汽硫化。

混汽硫化分两段进行，第一段用间接汽硫化，热空气为介质，时间约20 min，达到120 ℃。第二段为直接汽硫化，饱和蒸气为介质，硫化约30 min。混汽硫化的胶布制品传热效率高，物理机械性能高，兼具有间接汽硫化和直接汽硫化的双重优点，是目前常用的工艺方法。

直接蒸汽硫化胶布，适用于双面胶布等工业制品，生产效率高，但外观不如以上两种方法。具体硫化条件与升温方法根据具体情况而定。胶布制品因骨架多为棉织物，不宜高温硫化，因此，无论哪种方法最高温度均为140～145 ℃。

b.连续硫化采用压延与箱式热空气硫化同步进行的方法，特点是制品外观质量好，硫化均匀，质量稳定，物理机械性能高，生产效率高，连续化操作，劳动强度低，设备占地面积小。

硫化箱体是由双层铁布中间夹保温材料制成，箱内装有多层蒸汽散热片及不同规格的导布辊。未硫化胶布由一端进入，箱内温度保持 140～160 ℃，胶布在箱内硫化时间为 10～20 min，约 1 min 可硫化 15～25 m 胶布，由另一端出来即完成整个硫化阶段。硫化箱体内结构有立式、卧式两种，如图 1.46 和图 1.47 所示。

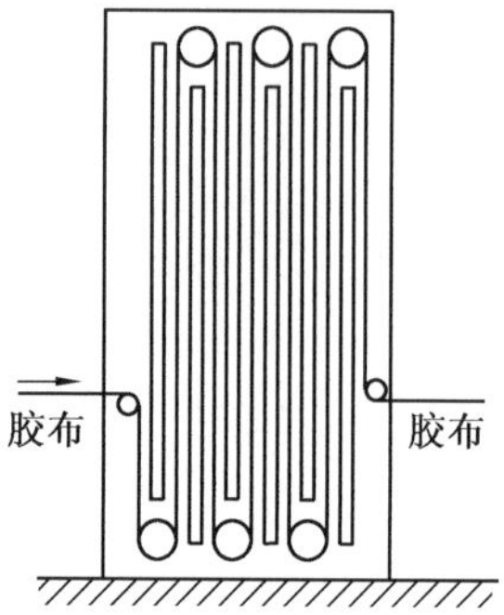

图 1.46　立式硫化室示意图

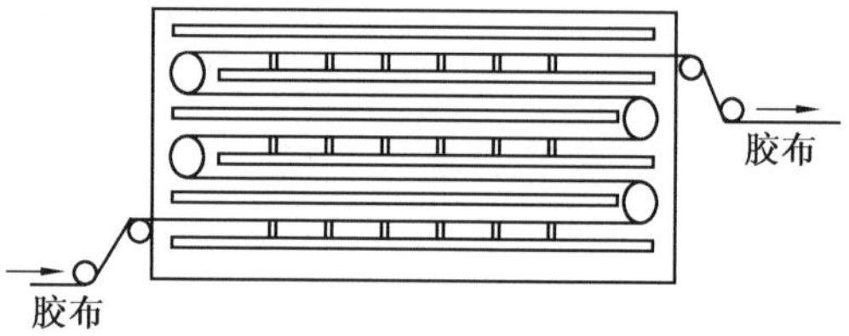

图 1.47　卧式硫化室示意图

硫化箱体内也可装入红外线装置，硫化效率高，但耗电量高。并且当红外线的发射波长与胶布的接受波长不一致时，效果极差。

c. 鼓式硫化机硫化。鼓式硫化机工作示意图如图 1.48 所示。硫化鼓用电热或蒸汽加热，连续硫化，所制成品表面光泽，密度高，黏合性好，适用于硫化多层骨架的厚型胶布制品。

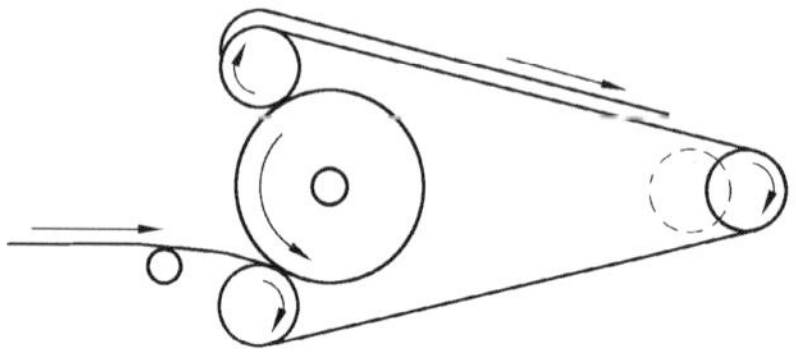
图 1.48　鼓式硫化机工作示意图

1.4.8　橡胶密封制品的生产技术与质量控制

1. 概述

橡胶密封制品是以橡胶为基材制造的、用于防止流体介质从机械、仪表的静止部件或运动部件泄漏，并防止外界灰尘、泥沙及空气（对于高真空而言）进入密封机构内部的部件。橡胶是具有独特力学性能的高分子材料，主要表现为在低应力下会产生大变形，在变形后具有能恢复其原始形状的高弹性；其泊松比接近 0.5，即在压缩下体积可以基本保持不变，与液压和气动工作液或润滑剂有较好的相容性，通过变换橡胶品种及其配方可以调节它的各种性能。然而，孤立的橡胶密封件并不能表现出它的工作性能，必须与特定外界因素联系起来才有可能表现出工作特性。

密封装置是由橡胶密封制品（零件、复合件和组合件的结构形式和材质）、润滑介质（液体或其他减摩材料）、安装腔体（形状、表面特征、加工精度以及相对运动方式）三部分组成的不可分割的整体。在橡胶密封件的设计、制造和应用过程中，必须与密封装置的相关部分相互衔接，配套实施。

2. 橡胶密封制品的分类

橡胶密封制品的分类原则基本是按运动状态分类，即按相对静止和相对运动分为静密封和动密封两大类。由于运动方式不同，又把橡胶密封件基本密封类型分为五类：

①沿两个静止表面维持压降的密封称为静密封，所采用的橡胶密封件为静密封件。

②沿轴向两个方向作相对运动表面维持压降的密封称为往复密封，所采用的密封件

为往复运动密封件。

③相互作360°以上相对运动(一般为一个方向)的表面间的密封件,称为旋转密封件。

④相互间的相对运动小于360°的来回运转的表面间的密封称为震荡密封,所采用的橡胶密封件为震荡密封件。

⑤其他类型密封,包括径向密封(活塞、杆两种),面密封(内部、外部两种)。

ISO国际标准密封装置分类系统基本上也是按运动方式进行分类的。根据这个分类系统,我国橡胶密封制品标准化归口单位早在1982年就制定了"橡胶密封制品标准化体系表",现根据该体系表,结合我国现状,将橡胶密封制品分类如下:

- 橡胶密封制品
  - 隔膜(膜片)
    - 波纹型(蝶型)
    - 滚动型
    - 平面型
  - 衬垫
    - 垫片
    - 垫圈
    - 印刷密封件
  - O形圈
    - 气动系统
    - 液压系统
    - 真空系统
    - 精细系统
    - 其他
  - 往复运动密封件
    - L形皮碗
    - V形密封件
    - U形密封圈
    - J形密封圈
    - 蕾形密封圈
    - 鼓形密封圈
    - 同轴密封圈
    - 其他(往复油封)
  - 螺旋轴唇形密封圈
    - 防尘唇包金属骨架型
    - 有防尘唇金属外壳型
    - 无防尘唇包金属骨架型
    - 无防尘唇金属外壳型
    - 无防尘唇金属外壳组装型
  - 其他模压和压出密封件
    - 密封套
    - 密封条
    - 油气田封隔器胶筒
    - 蓄能器胶囊
    - 石油管道封堵器胶囊
  - 填函
  - 专用密封制品

3. 橡胶密封制品的生产工艺

橡胶密封制品是以橡胶及其他各种配合剂为原料,经配料、混炼、半成品制造、硫化和修整等工序生产的。在橡胶工业制品中,上述主要生产工艺过程具有通用性。由于橡胶密封制品的品种、规格、结构复杂,除上述主要工艺过程外,还有很多辅助工艺过程。例如骨架油封,该制品的生产除橡胶材料外,还要有骨架材料、黏合剂、弹簧等配件的配套工艺。

其典型橡胶密封制品的生产工艺流程如下:

(1)橡胶O形圈

除O形圈外,还包括截面为异形的O形密封圈以及矩形圈,其工艺流程如图1.49所示。

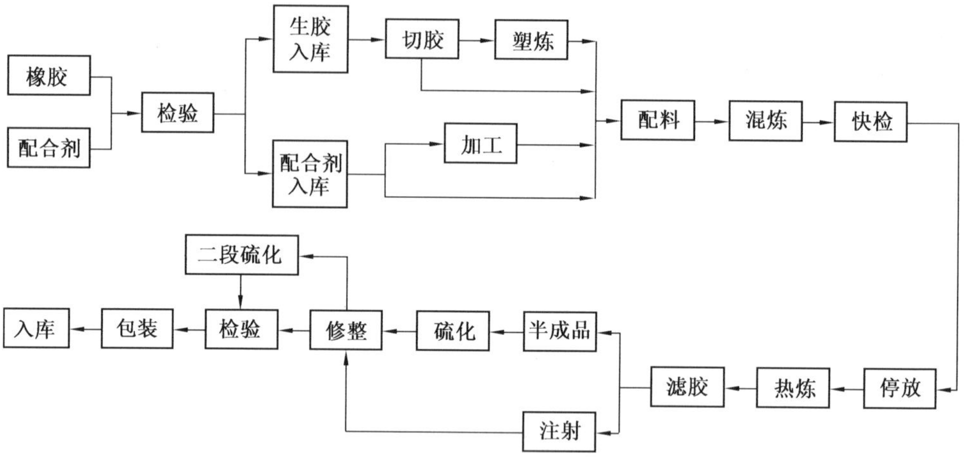

图1.49 橡胶O形密封圈工艺流程示意图

必须进一步说明,工艺流程中有些工序也有一些特殊情形和具体规定。例如,配合剂中炭黑的库存必须与其他配合剂分开;液体配合剂必须与固体配合剂分别储存。橡胶塑炼不是所有橡胶都必须进行。众所周知,天然橡胶、丁苯橡胶、国产硬丁腈橡胶需要塑炼,大部分合成橡胶不需进行塑炼。混炼一般采用开炼机或密炼机两种方法进行。有的产品也可采用捏炼机和三辊研磨机进行混炼。配合剂的加工,应根据不同情况进行,很多配合剂不需再加工粉碎,可直接进行配料。硫化通常采用平板硫化和烘箱二段硫化。有的橡胶密封件需要二段硫化,例如含硅、氟橡胶,丙烯酸酯橡胶的胶料,有的则不需二段硫化。

某些特殊有复合结构的O形圈,例如包覆氟塑料的O形圈,其中包括外径包氟塑料、内径包氟塑料;半包或540°全包。黏合包覆或非黏合包覆的,则在工艺流程中还应增加氟塑料的表面处理或加工工艺。

(2)橡胶骨架油封

橡胶骨架油封一般是指旋转轴唇形密封件,也称轴封。此外,还有往复运动的橡胶骨架油封,例如减震器油封和阀杆油封。也有介于两者之间的油封,即橡胶密封件既有旋转又有往复运动的骨架油封,例如液压马达和方向机上的超高压油封。这类密封件的工艺流程如图1.50所示。

应当说明的是,橡胶骨架油封有多种形式,除内包骨架、外露骨架,还有装配式双骨架油封。另外,无骨架橡胶油封、无弹簧式油封也属于油封的范围。其工艺流程图可以去掉骨架、黏合剂、弹簧或某一个不需要的工艺环节。另外,有的油封如装配式外露骨架油封,在修整时还要进行装配。有的还要在金属骨架的侧壁喷漆;有的油封则应在主副唇之间注入润滑油脂。对于某些特殊场合使用的油封,例如要求提高耐磨性和降低摩擦系数的往复油封,在挂弹簧之前还应在卤化液中进行卤化处理,有的油封例如AF油封则需在唇口粘贴聚四氟乙烯薄膜,因此还应在工艺流程中加入聚四氟乙烯的表面处理及黏合工艺。其他特殊油封则可按同样原则在工艺流程中加减其特殊工艺,在此不一一列出。

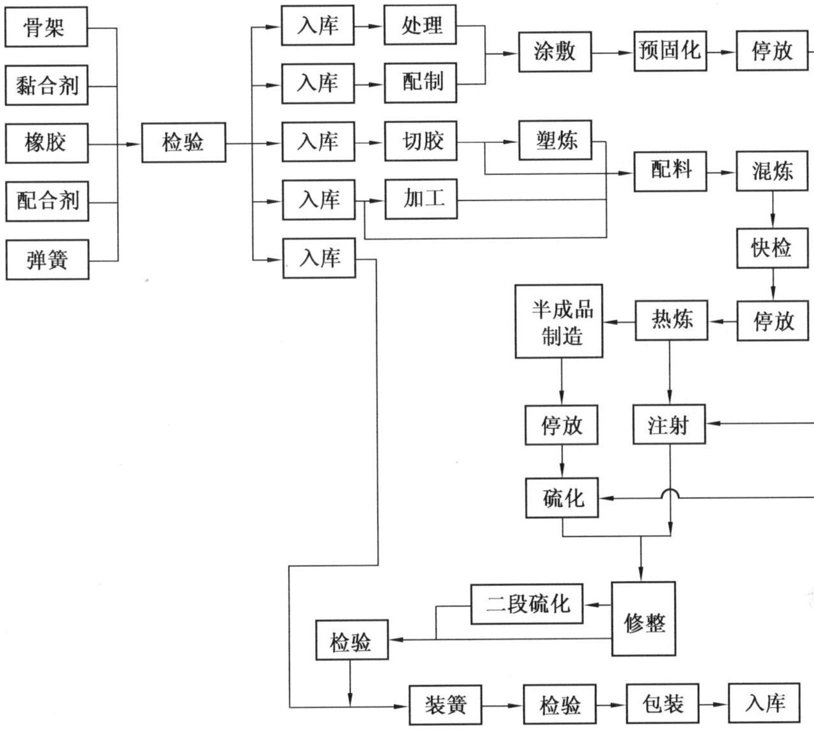

图 1.50　橡胶骨架油封工艺流程图

(3)橡胶夹布密封件

橡胶夹布密封件的生产工艺流程如图 1.51 所示。

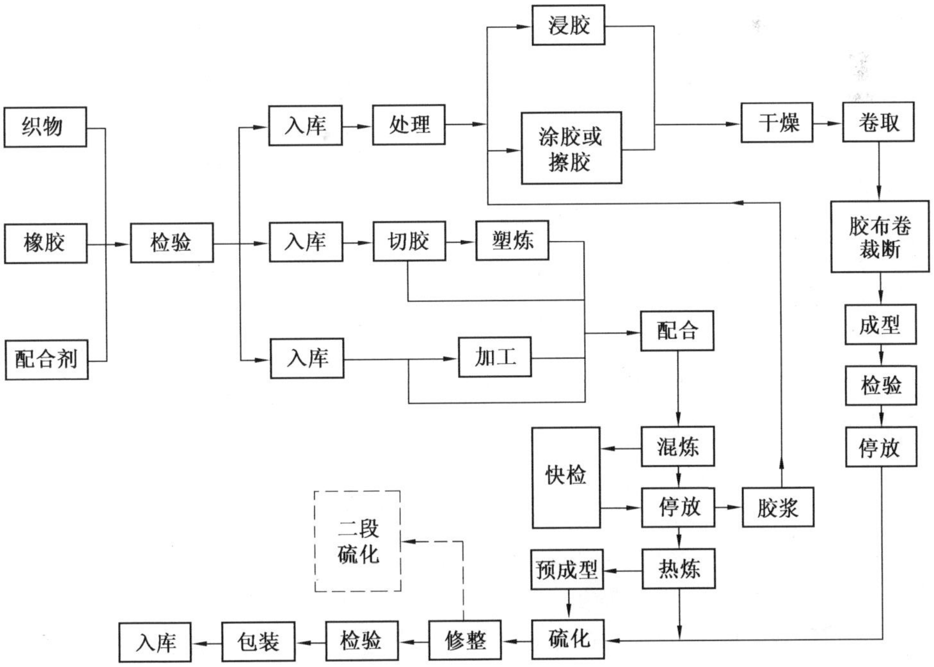

图 1.51　橡胶夹布密封件工艺流程图

橡胶夹布密封件的加工工艺，主要特点是胶布制品的制造，包括胶布的浸胶、涂胶或擦胶、胶布的裁断、夹布半成品的制造。因夹布密封制品所涉及的范围很宽，这里仅以模压的橡胶密封件如蕾形图、V形图、鼓形图以及膜片（隔膜）为代表加以介绍。对于夹布胶囊、胶带以及精密的薄膜制品，其工艺流程还有很大区别，图1.51中的工艺流程仅作为参考。

应当说明，夹布密封件的擦胶胶糊的制备，国外采用圆筒状设备。将混炼胶加溶剂后，在此设备内搅拌成黏稠状半流体胶糊。擦胶在专用设备上进行，该设备的主要部分包括精度较高的辊筒、刮胶板、胶布烘干装置、夹塑料薄膜装置及卷取装置。纤维帘布的拉紧力由调速牵引装置保持恒定。通过调整辊筒与刮板之间的间隙控制擦胶厚度（通常为0.3～0.4 mm），辊筒与刮板之间的距离在擦胶前用塞规校订。擦胶过程中用厚度计随时检查胶布的厚度，搅拌好的胶糊用泵抽到辊筒上方的刮擦板之前的纤维帘布上，通过纤维帘布的不断运动，使胶糊擦在布上。单面擦胶后烘干卷取。预成型之前，先将擦胶帘布卷按不同产品要求用锋利的无齿锯切成所需宽度的卷，然后在一多工位帘布裁断机上按重量要求裁成一定长度的帘布条，裁好的布条摆放在一个金属盘内待用。用一个专用小型设备将裁好的帘布条卷成圆柱形。小型设备的简单构成为固定有4～6条带子的往复运动棒。将裁好的帘布条以45°角搭接缠在棒上，通过棒的往复运动，将布条卷成圆柱形。混炼胶预成型采用巴维尔精密预成型机，用于制造各种规格和形状的胶坯。值得注意的是，巴维尔精密预成型机在使用之前，机筒内腔和口型应涂防黏剂。硫化设备分两类：平板硫化机和注射硫化机。硫化方式有三种：模压，注压，注射。大部分夹布件采用模压硫化（硫化机吨位约为200 t），所有模具均为单腔组合结构，模具的推拉、开启、闭合均自动进行。一般每人可控制、操作4～6台设备，产品的直径多数为10～60 mm，部分可达400 mm。

夹布类密封件分为全夹布密封件和部分夹布密封件两种。两种夹布密封件的硫化装模方式有所区别：全夹布密封件的预成型件可直接装模硫化；而部分夹布密封件的上模装擦胶纤维预成型件，下模装擦胶纤维成型件，还要装胶坯，然后合模硫化。

注射硫化机也可用来生产部分夹布密封件。所用设备为190 t立式注射机，程序自动控制，合模、抽真空、启模均为自动化操作。在生产外圈为纤维布、内圈为橡胶的密封件时，由操作工置入胶布圈，自动合模注射硫化。某些夹布胶件还需进行二段硫化。

夹布密封件的修整：全夹布密封件用冲床冲去飞边，部分夹布密封件夹布部分无飞边结构，不需修整；橡胶部分用切割的办法完成。

（4）其他橡胶密封件

由于橡胶密封件的结构差异较大，不可能将所有的工艺流程逐一列出。除上述三种典型橡胶密封件外，还有一些比较突出的橡胶密封件，例如门窗密封胶条、浇注型聚氨酯橡胶密封件、印刷密封件、液体密封胶、橡胶储囊以及火箭发动机耐烧蚀和包覆材料，现将其特点分别介绍如下。

①门窗密封胶条的主要工艺特点是半成品挤出的截面形状要与产品一致。而胶条的结构多种多样，例如，有纯胶的、带金属骨架的、海绵的、三者复合的和静电植绒的。半成品可直接进入硫化的称为连续硫化，即前面挤出后面硫化，像沸腾床硫化、盐浴硫化和微波（远红外）硫化；挤出后的胶条不能直接硫化需采用硫化罐或烘箱硫化的硫化方法，这称为间歇硫化；如产品采用热塑性弹性体制作，则应高温挤出、用冷水冷却，不必进行硫化。通常，这类产品硫化后

一般不需修整去边，只要按规格裁断、检验、包装即可入库。有的产品需在拐角处接头，例如集装箱门框密封胶条，硫化后的胶条还要用接头模具在硫化机上于产品拐角处硫化接头。静电植绒胶条还要在硫化后涂黏合剂植绒。典型件的工艺流程图如图 1.52 和图 1.53 所示。

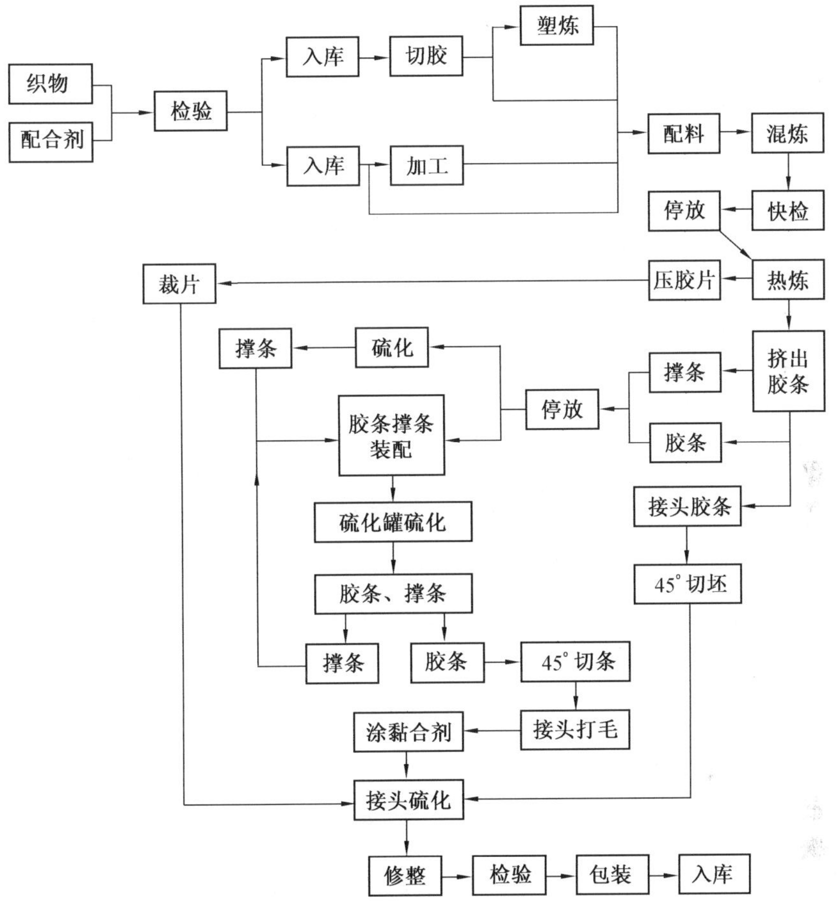

图 1.52　典型门窗密封胶条(硫化罐硫化)生产工艺流程图

②浇注型聚氨酯橡胶密封件基本上是一种不需炼胶和制造半成品的工艺，它将聚氨酯的预聚体和硫化剂分别加热熔化成液体，用手工或机械按比例混合，然后向模具中浇注、模压硫化。硫化后的零件可以是成品，也可以是半成品，可采用车削、磨光、铣、锯、钻等机加工手段，将其加工成所需密封件。其典型件工艺流程如图 1.54 所示。

③印刷密封件一般采用液体胶料如聚氨酯、液态丁腈橡胶和 PVC 发泡料，用印刷方式将胶料压入带感光的尼龙网板的模框中，从网板通过的胶料印在金属和纸基底板上，然后进行加热硫化。如果需要两面印刷，则应先在一面印刷后进行预固化，然后再印第二面，最后一起置入烘箱中或管道中硫化。胶料的制造一般不用炼胶机而是采用三辊研磨机，而且也不用平板硫化机硫化。在印刷前，所用金属和纸基板必须进行预处理，并涂黏合剂固化。其典型生产工艺如图 1.55 所示。

④液体密封胶通常是指以液体聚硫橡胶为主要原料的胶液或腻子，这类材料的工艺特点是按油漆的加工方法制造，混合时采用三辊研磨机，而且一般要做成甲、乙两组分，其中乙组分

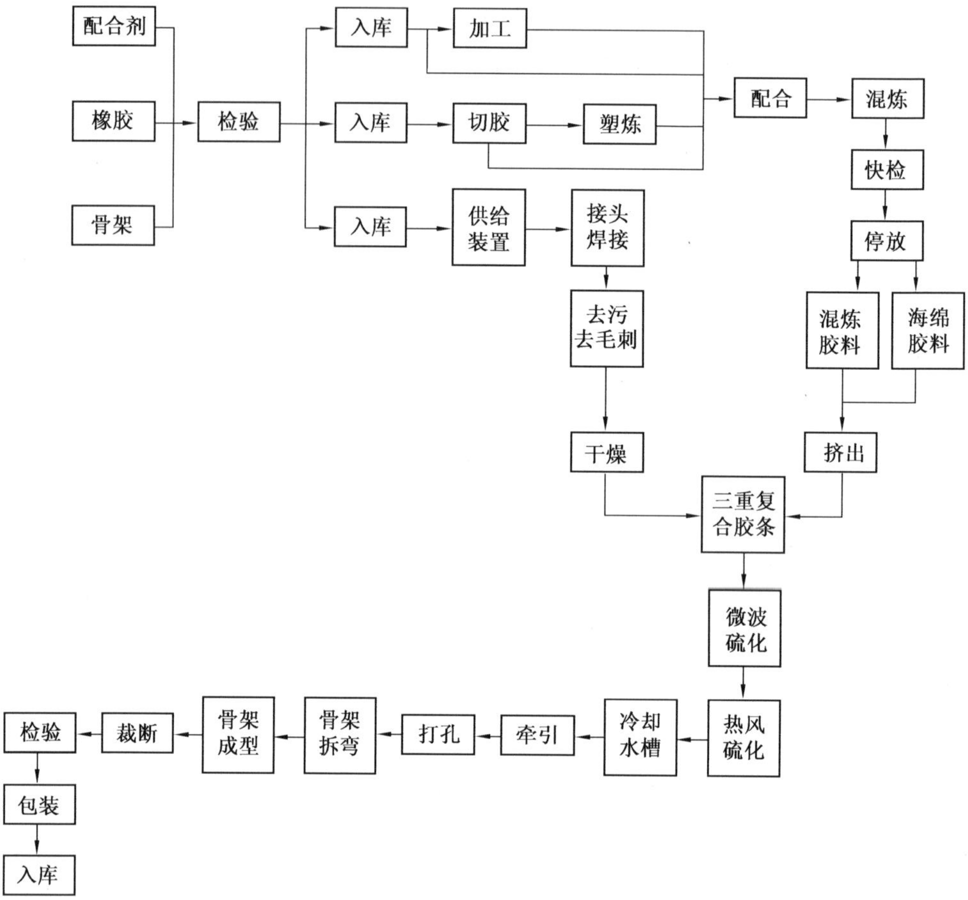

图 1.53 微波连续硫化三重复合门窗橡胶密封胶条生产工艺流程图

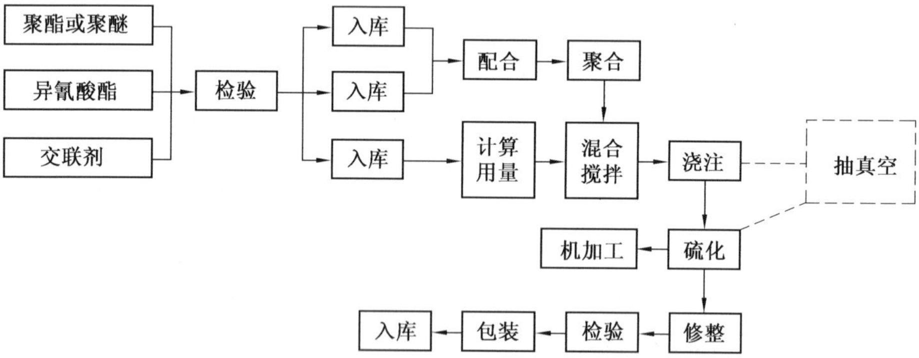

图 1.54 浇注型聚氨酯橡胶密封件生产工艺流程图

往往是固化剂，一般在室温即可硫化，不需加热，混合方法同印刷密封件。由于主要用于填缝作为密封胶或密封腻子使用，所以其成型、硫化不需通常用的加工设备和模具。其典型工艺流程如图 1.56 所示。

⑤橡胶储囊的成型采用手工方法。半成品裁成多块片（瓜瓣），在瓜瓣边缘涂本体胶浆，使其互相连接在软芯模（球胆）上，连同半硫化的模压橡胶嘴子一起，在其边缘涂本体胶浆黏合、

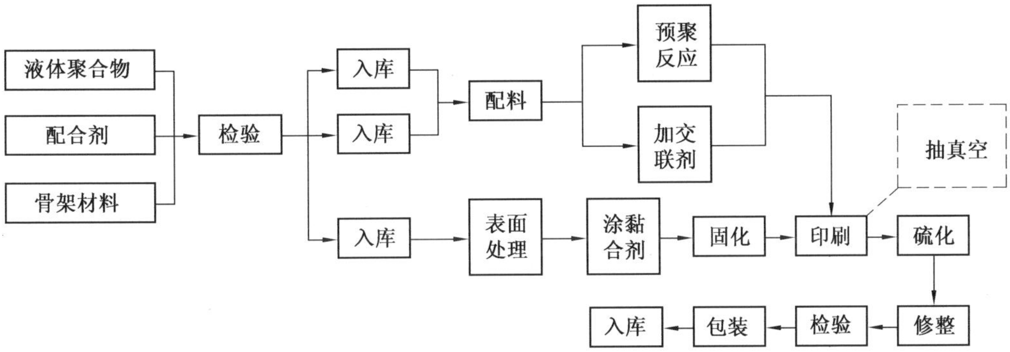

图 1.55　聚氨酯印刷密封件工艺流程图

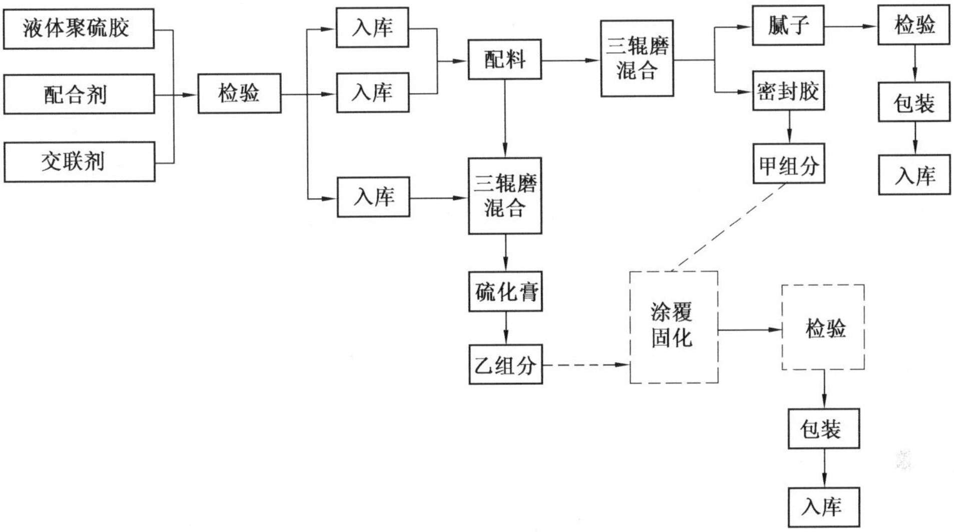

图 1.56　聚硫密封胶(密封腻子)制造工艺流程图

压实,组成一个均匀的完整的球体。硫化时两个半球外模用螺栓固定,软芯模内充气迫使胶片压向外模,模具在烘箱中硫化,产品表面有肉眼可见的接缝。如采用整体成型,将半成品胶片和嘴子均匀地放在硬芯模上,合模后在平板硫化机上加压硫化,使胶料挤满模型,内芯模是可拆卸的瓜瓣状组件,硫化后从嘴子一一抽出,所制造的产品是无接缝的橡胶储囊。前者很容易脱模,尤其是小口径嘴子的大储囊;后者脱模困难,但外观和内在质量均优于手工成型胶囊。其他工艺流程同模压橡胶制品。典型的橡胶储囊生产工艺流程图如图 1.57 所示。

⑥火箭发动机耐烧蚀和包覆材料是防止固体燃料烧穿壳体和燃料泄漏的特种多功能密封材料,通常是橡胶石棉树脂之类板材。硫化前先将其粘贴在发动机壳内壁上,然后采用耐热橡胶囊充气加压定型。有的产品也可用芯模压注定型,然后将其置入硫化罐中或成型后连同壳体一起,充加热介质硫化。在耐烧蚀材料或包覆材料成型时,其壳体的金属表面要进行处理,同时还要选用适当的黏合剂。由于这类密封要求比较严格,因此,无论对材料本身还是对加工成型后的产品质量,都要进行一系列的监控。例如,耐烧蚀材料要进行烧蚀实验,即模拟固体

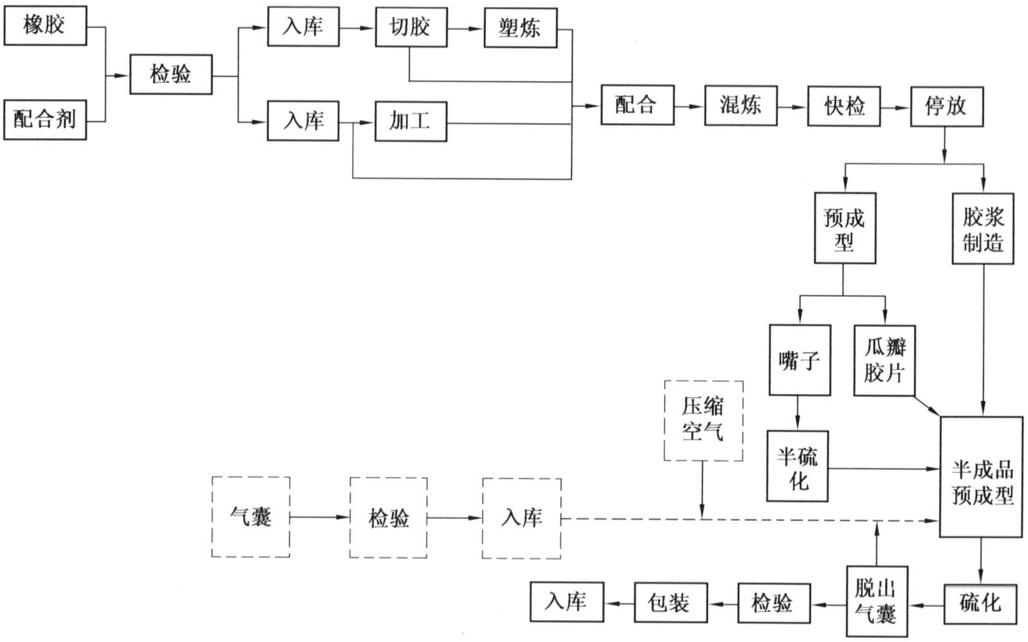

图 1.57　橡胶储囊手工成型生产工艺流程图

火箭发动机燃烧状态,采用氧-乙炔火焰对材料进行烧蚀,测定其烧蚀速率和结炭情况。包覆材料是介于固体燃料和烧蚀材料之间的材料,要求它与上述其他材料间具有很好的黏合性和很好的相容性。为了检验硫化后材料与壳体之间是否有缺陷,应用各种无损探伤仪器,对其进行检测。典型的耐烧蚀材料加工和成型工艺流程如图 1.58 所示。

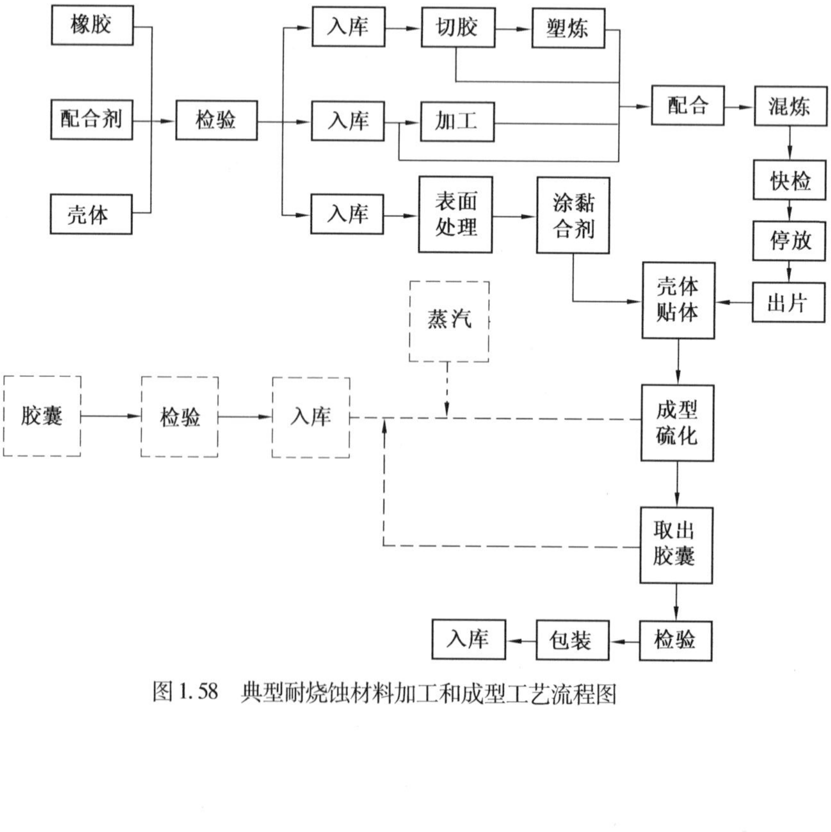

图 1.58　典型耐烧蚀材料加工和成型工艺流程图

⑦机加工橡胶密封件最常见的是用胶板冲制垫片、胶筒切割矩形圈。奥地利 SealJet 公司全部采用硫化后的胶筒加工成唇形密封件,橡胶密封件的最终尺寸是机械车削出来的。据称这种加工出来的密封件的质量在奥地利是最好的,被称为密封件中的异军突起。它的工艺流程是将硫化好的胶筒坯料采用专用的机加工设备定位,产品严格按图纸要求的尺寸和精度加工,自动化程度较高,生产效率很高。对于硬度较低的密封件机加工比较困难时,则采用该公司的专利产品——临时增硬剂,喷涂在胶筒或胶坯上,胶坯瞬间变硬,待机加工完成后,其硬度可恢复。其质量的性能对比见表 1.44。

表 1.44　SealJet 公司密封件与通用加工工艺密封件性能对比表

性能	压缩变形	剪切	磨损	撕裂	膨胀
SealJet 公司	2	1	2	1	1
Disognin 公司	4	2	4	3	1
Parker 公司	1	3	1	4	2
Polyseal 公司	5	4	3	2	3
Hallite 公司	3	5	5	5	5

注:表中数字,1—最好;2—稍差;3—较差;4—差;5—最差。

典型的 SealJet 密封件机加工工艺流程如图 1.59 所示。

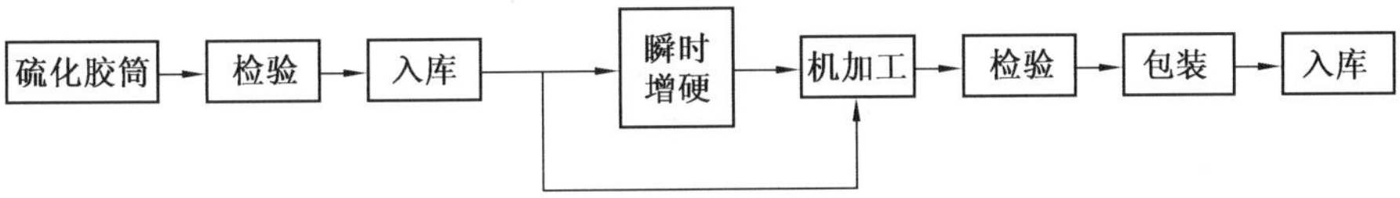

图 1.59　典型的 SealJet 密封件机加工工艺流程图

1.5　橡胶的性能测试

橡胶主要进行原料、半成品和成品的性能测试。其中门尼黏度为生胶黏度测试,而门尼焦烧为半成品混炼胶硫化点测试,可塑度为塑炼胶或混炼胶半成品性能测试,而拉伸强度、扯断伸长率、硬度和磨耗为橡胶产品性能测试。

1. 门尼黏度

用门尼黏度计测量橡胶的本体黏度,原理是将胶料填充在黏度计的模腔和转子之间,合模,在一定温度下(一般 100 ℃)预热(一般 1 min),令转子转动一定时间(一般 4 min)测得转矩值(N · m),该值越大,表明胶料的黏度越大,常用 ML(1+4)100 ℃表示。

门尼黏度是衡量橡胶平均分子量及可塑性的一个指标。门尼黏度用门尼黏度计测量,门尼黏度计是一个标准的转子,以恒定的转速(一般 2 转/分)在密闭室的试样中转动。转子转动所受到的剪切阻力大小与试样在硫化过程中的黏度变化有关,可通过测力装置显示在以门尼为单位的刻度盘上,以相同时间间隔读取数值可作出门尼硫化曲线。当门尼数先降后升,从最低点起上升 5 个单位时的时间称门尼焦烧时间,从门尼焦烧点再上升 30 个单位的时间称门尼硫化时间。

2. 可塑度

可塑度是指快速确定生胶的塑炼程度及评价加工性能的好坏,常用威氏可塑度 P 来表示胶料的流动性。用威氏塑性计测量，其值越大可塑度就越大。

3. 拉伸强度

拉伸强度是指材料产生最大均匀塑性变形的应力。

①在拉伸实验中，试样直至断裂为止所受的最大拉伸应力即为拉伸强度，其结果以 MPa 表示。有些地方错误地称之为抗张强度、抗拉强度等。

②用仪器测试样拉伸强度时，可以一并获得拉伸断裂应力、拉伸屈服应力、断裂伸长率等数据。

③拉伸强度的计算可表示为

$$\sigma t = p/(b \times d)$$

式中，σt 为拉伸强度，MPa；p 为最大负荷，N；b 为试样宽度，mm；d 为试样厚度，mm。

【注意】计算时采用的面积是断裂处试样的原始截面积，而不是断裂后端口截面积。

4. 扯断伸长率（拉断伸长率）

橡胶经硫化后，其原有的线型高分子结构被交联成网状结构，分子间作用力增大，具有一定的强度，能承受一定的作用力，将橡胶试样在拉力机上以一定速度拉断时，以试样拉伸前断面积上所承受的力（MPa）来表示拉伸强度。当橡胶试样拉断时，其伸长部分与原长度之比称为扯断伸长率，以百分率（%）表示。

5. 硬度

材料局部抵抗硬物压入其表面的能力称为硬度。以邵尔硬度计测试，测试压入被测样品的深度的大小来表示，压入深度越深，硬度越小；越浅，硬度越大，以邵尔 A 的度表示。

通常橡胶产品的硬度测试主要用邵氏 A 型硬度计，在 6 mm 厚的试样上进行测试，单位为“度”。

6. 磨耗

将规定的轮形试样（或条形试样牢固粘在轮子上）与规定的砂轮对磨 1.61 km，计算试样磨掉的体积，以 $cm^3/1.61$ km 表示。值越大表明越耐磨。

磨耗指一物体对另一物体的表面作相对运动，从而使后者工作表面上的物质逐渐损耗。严格讲，英文 abrasion 是指用磨料进行摩擦所造成的损耗；wear 是指固体之间滑动摩擦所造成的损耗。根据具体的相对运动形式，可分为滑动磨耗、滚动磨耗和冲击磨耗等。有时，磨耗也称为磨损。

（1）黏着磨耗

固体表面接触时，其高高低低的峰端，会妨碍两个固体表面百分之百的接触。

磨耗实验（Wearing Test，rattlertest）的目的在于测定材料的耐磨耗性，其设备有磨耗实验机和精密电子天平。

（2）刮除磨耗

两个硬度不同的固体表面相接触时，较硬固体表面的峰端刺入较软物体的表面，经磨耗作用而刮除较软固体的表面而形成坑孔，此种磨耗称为刮除磨耗。在两个接触面间，如果有外界的硬质颗粒（如砂）介入也会引起刮除磨耗。

（3）表面疲劳磨耗

疲劳所导致的磨耗常发生于滚动接触的场合，这时反复的周期变化应力作用在一固体表面,经连续操作后,微小的裂缝在物体表面或内层产生,并且继续扩大,当裂缝延伸至表面后,致使材料成碎块而脱落。此种磨损常在表面留下大小不一的坑孔,此类疲劳磨耗的形式经常发生在齿轮、轴承等机件上。

(4)腐蚀磨耗

两固体接触面暴露在腐蚀性气体或液体的环境下,表面因受到腐蚀而产生硬脆的氧化物,这些氧化物与母材的结合力较弱,在磨耗时很容易被剥离,此种现象称为腐蚀磨耗。磨耗的单位为 cm^3/km;阿克隆磨耗单位是 $cm^3/1.61\ km$。

习　　题

1. 概念题

(1)橡胶弹性;(2)运输带;(3)传动带;(4)胶带种类;(5)橡胶杂品;(6)橡胶的弹性模量;(7)橡胶制品的使用温度;(8)橡胶力学状态;(9)橡胶三态;(10)弹性体;(11)橡胶的"弹性记忆效应";(12)橡胶的"巴拉斯效应";(13)橡胶的"Baras Effect"。

2. 填空题

(1)________和合成橡胶统称为橡胶,而合成橡胶又分为________和________。

(2)橡胶具有________、________和________三种不同的力学聚集态。

(3)________、________和________统称为橡胶硫化体系。

3. 简答题

(1)橡胶加工中有几种主要的化学反应?

(2)橡胶的弹性与哪些因素有关,为什么?

(3)橡胶随温度的变化呈现几种状态?

(4)橡胶加工处理的前提是什么?

(5)黏流态橡胶在外力作用下产生什么样的变形?

(6)用黏弹性原理解释橡胶加工过程。

(7)橡胶的应力-应变曲线是否会出现屈服现象?

(8)橡胶随着温度的升高,模量如何变化?

(9)橡胶界于玻璃化温度和黏流温度之间呈什么状态?

(10)为什么要对生胶进行加工?

(11)橡胶有几种力学状态,分别是什么?

(12)如何扩大橡胶使用范围?

4. 论述题

(1)简述橡胶的共性。

(2)简述空心轮胎结构及每一部分作用。

(3)简述弹性、耐热性、耐磨性、耐油性最好的橡胶。为什么?

(4)解释橡胶弹性。

第2章　橡胶制品的原材料

2.1　橡胶分子结构、组成和性能

2.1.1　橡胶分子链的结构

橡胶和一切高分子化合物的性质,除与分子量有关外,还取决于它们的几何形状。橡胶分子的形状,可以分为线型、支链型和交联型三类(见图2.1)。

(a)线型　(b)支链型　(c)交联型

图2.1　橡胶分子形状示意图

(1)线型结构

绝大部分的橡胶分子都为线型结构。通常分子链呈卷曲状,分子链越长,卷曲程度越大。线型分子可以溶解,溶解后所得溶液黏度很高,比浓度相同的低分子化合物溶液高几倍至数百倍,可制成黏稠胶浆。线型高分子化合物受热时易发黏变形,即使在常温下,也可以在外力作用下渐渐发生不能恢复的永久变形。

(2)支链型结构

当长链两侧有相当数量的无规则排列的侧链时,称为支链型结构。支链与主链组成相同的称支化橡胶;若侧链与主链组成不同,则称接枝橡胶。由于支链结构的不均匀性,增加了橡胶分子间的距离,分子作用力减少,同时支链的存在会影响橡胶分子拉伸时的结晶作用,因而会降低橡胶的强度等机械性能。两种聚合物的化学组成和分子量相同时, 其中支链结构的溶解度比线型结构的溶解度要高,但强度和溶液的黏度较低。

(3)交联型结构

当橡胶分子链之间用交联键连接起来时,形成网状结构。橡胶的硫化是用硫化剂将线型分子连接成网状分子的过程。通过少数交联点连接起来的橡胶分子,其性质与线型分子非常相似,但由于大分子间形成了牢固的化学键,因而不具有流动性;它不能溶解,受热不发黏,拉伸后永久变形不明显。随着交联密度的增加,阻碍了分子链的自由活动,使橡胶的弹性模量增加，最后失去高弹性能而变成硬质胶。

2.1.2 橡胶的化学组成

橡胶主链根据原子类型的不同分为以下三类。

(1)碳链橡胶

主链由相同的碳原子以共价键相连而成的为碳链橡胶。大多数橡胶属碳链橡胶，例如天然橡胶、丁苯橡胶、顺丁橡胶、丁腈橡胶、氯丁橡胶、乙丙橡胶等。

碳链橡胶又分饱和碳链和不饱和碳链橡胶。乙丙橡胶主链只含碳碳单键结构，丁基橡胶主链上双键含量不到千分之一的碳原子，属饱和结构，称饱和碳链橡胶。天然橡胶、顺丁橡胶等分子主链上含有碳碳双键，属不饱和结构，称不饱和橡胶。一般来说，橡胶分子的化学组成和结构主要决定了橡胶的化学性质。

饱和橡胶主链中碳碳单键的化学稳定性好，不易断裂，不易与硫、氧或臭氧起反应，因而具有良好的耐热、耐老化和耐臭氧龟裂性能；它不能用硫黄硫化，通常用过氧化物、树脂或醌类做硫化剂。不饱和碳链橡胶主链上的双键不稳定，且双键容易极化，使2次甲基上的氢原子活性增大，造成此类橡胶不耐热、不耐老化、容易硫化的性质。

橡胶的化学组成除主链外，与主链相连的有不同的侧基，如—H、—CH_3、—C_6H_5、—CN、—Cl 等。这些侧基的组成对橡胶的性能也有很大的影响。

顺丁橡胶含—H 侧基，H 原子不显电性，对双键性质没有影响，且 H 原子的空间体积小，不会阻碍单键内旋转，使橡胶具有良好的弹性。天然橡胶或异戊橡胶含—CH_3基团，甲基有推电子作用，增大了双键的活性，使橡胶容易与氧、硫起氧化和硫化反应；与顺丁橡胶相比，由于—CH_3的空间体积较大，阻碍了单键的内旋转，天然橡胶的弹性稍低。丁苯橡胶含有—C_6H_5侧基，苯环对主链的定向阻碍作用较大，因而弹性较差。当橡胶主链含有极性侧基时如氯丁橡胶的—Cl 侧基，丁腈橡胶的—CN 侧基，氟橡胶的—F 侧基等，使橡胶带有极性，因而具有较好的耐非极性烃类油性质；又由于这些基团的电负性较大，对邻近的双键有屏蔽作用，使橡胶不易被氧化。

(2)杂链橡胶

杂链橡胶主链上除了含有碳原子外还有其他杂原子，如氮、氧、硫等，又称非碳链橡胶。

杂链橡胶的主链组成不同，如聚硫橡胶含—C—S—键，聚氨酯橡胶含—C—N—键等，其各自特性不同。杂链橡胶的主链组成都为饱和的单键结构，它们与 C—C 键一样可以自由旋转，且化学活性低，使橡胶具有弹性。其耐氧化性能好，耐热性高，一般不能用硫黄硫化。

(3)无机链橡胶

主链中完全不含有碳原子而由杂原子组成的为无机链橡胶。例如硅橡胶主链由—Si—O—键构成，该键的键能最高，具有较高的耐热性，是耐高温材料的发展方向。

2.1.3 橡胶分子链的柔性

橡胶分子多为线型长链。其结构具有高度的不对称性(长径比为 5×10^4)，其分子的长径比达几千甚至几万，类似一根钢丝。经验告诉我们，如果没有外力的作用，钢丝不可能保持直线形状，一定要卷曲成团。橡胶的线型分子链比钢丝更为柔软，极易形成无规线团状的无定形态(见图 2.2)。

常温下，橡胶分子链的热运动使链中的任何原子或原子团不停地运动着，除了平移、转动和振动之外,还有分子链的内旋转(见图2.3)。由于键的旋转永不停息,分子链的构象也就在不停地发生变化。对于一个含有千万个键的长链分子来说,这种变化将是非常惊人的,时而卷曲收缩,时而扩张伸长,这称为柔性。旋转运动的结果,使橡胶分子成为柔软、具有高度变形的弹性分子链。

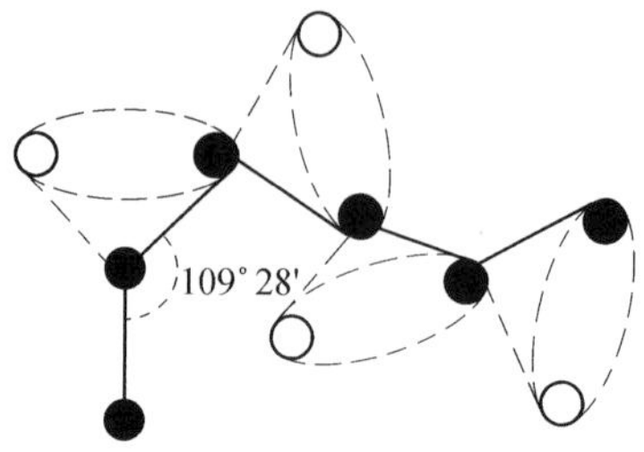

图2.2　C—C原子内旋转示意图

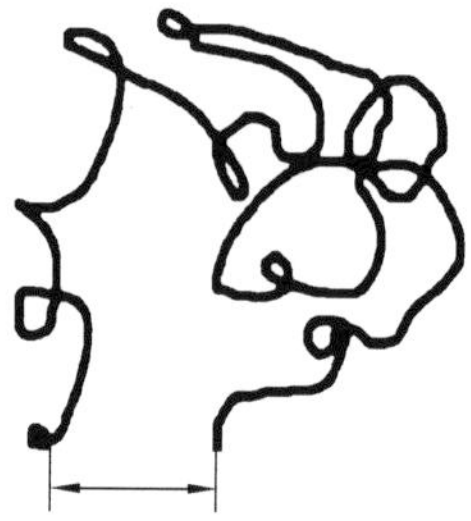
图2.3　橡胶无规线团分子链示意图

实际的高分子链,其内旋转受到键角和取代原子或基团的影响。高分子主链上任何一个单键的内旋转必定牵连着前前后后的链节,而受到牵连的若干链节组成的部分,可以看做是主链上能够独立运动的单元,这个单元称为链段。当温度一定,对不同结构的大分子而言,可以独立运动的链段越短,每个大分子所包含的可以独立运动的链段数目越多,则大分子柔性越好。链段的大小作为衡量分子链柔性的标准。柔性的对立面为刚性。

链段运动是橡胶获得弹性的根本原因,凡影响分子链段运动,即影响柔性的因素都对橡胶的弹性有影响。影响分子链柔性的主要因素如下:

(1)主链结构的影响

主链结构对高分子链的柔性起决定性的作用。如果主链全部是由单键组成,链上每个键都参加内旋转,柔性就很大。Si—O键的内旋转比C—O键容易,C—O键又比C—C键容易,因此硅橡胶具有极高的弹性,即使在很低的温度下,仍能显示出高弹性。当主链中含有孤立双键的大分子时,也属柔性链,如天然橡胶、顺丁橡胶、氯丁橡胶等,虽然双键不能旋转,但它隔开了相邻的单键,减少了单键内旋转时的互相干扰,有利于单键的自由旋转,因此这些橡胶具有较好的弹性。

(2)取代基团的影响

取代基极性的大小决定了橡胶分子间作用力的大小。当为非极性基团时,分子间作用力小,分子内旋转容易,分子链柔性好;当为极性基团时,分子间的作用力大,分子链柔性小。故天然橡胶的弹性比丁腈橡胶高。此外,取代基体积的大小也会影响分子的内旋转。如丁苯橡胶含有体积庞大的苯基,对分子内旋转阻碍很大,弹性较低。当大分子链上连有适当长的脂肪族支链时,使分子间距离增大,吸引力减小,因而使分子链变柔。

链段的运动是橡胶具有弹性的根本原因。

2.2 生胶和再生胶

2.2.1 生 胶

生胶指未经过加工处理的橡胶,由线形大分子或者带支链的线形大分子构成。随着温度的变化,它有三态,即玻璃态、高弹态及黏流态。例如,天然橡胶在玻璃化温度以下为玻璃态,高于熔点为黏流态,两温度之间为高弹态。当然,在外力作用下,由于作用速度不同也会出现相应的这三种状态。即使在高弹态下生胶也是黏弹体,在外力作用下表现出明显的黏性变形,且随着温度升高其黏性变形愈加突出,直到流动态。未硫化的橡胶低温下变硬,高温下变软,没有保持形状的能力,且力学性能较低,基本无使用价值,必须经过硫化才有使用价值。也就是说生胶需要通过一系列的加工才能制成有用的橡胶制品,由此便产生了橡胶加工业。

1. 天然橡胶

(1)天然橡胶的来源

天然橡胶(NR)是从自然界的植物中采集的一种高弹性物质。自然界含有橡胶成分的植物很多,已经发现的就有两千多种。如生长在热带地区的橡胶树,寒带及温带地区的橡胶草、橡胶菊等。它们的树干、根基、叶和果实等细胞组织以及树皮中,都会有橡胶成分。其中三叶橡胶树(见图2.4)含胶多,产量大,质量好,采集也容易。因此,目前全世界天然橡胶总产量的98%以上都是产自三叶橡胶树,其在天然胶的来源中占最重要的地位。

图2.4　三叶橡胶树

(2)天然橡胶的组成、结构、性质和用途

刚从树上流出来的新鲜胶乳为近中性的液体,如不加入保存剂很快就会腐败变质。因此,新鲜胶乳收集起来以后,必须经过一定的处理和加工,制成浓缩胶乳或干胶。前者直接应用于胶乳制品,后者就是我们所指的生胶(天然橡胶),在橡胶制品中用量最大。

①胶乳的组成。首先在橡胶树上割胶,如图2.5所示。从树上收集的胶乳如图2.6所示,其含有35%左右的橡胶成分,其余大部分是水。此外还含有少量蛋白质、树脂物(丙酮抽出物)、糖分、灰分等非橡胶成分。

图2.5　割胶

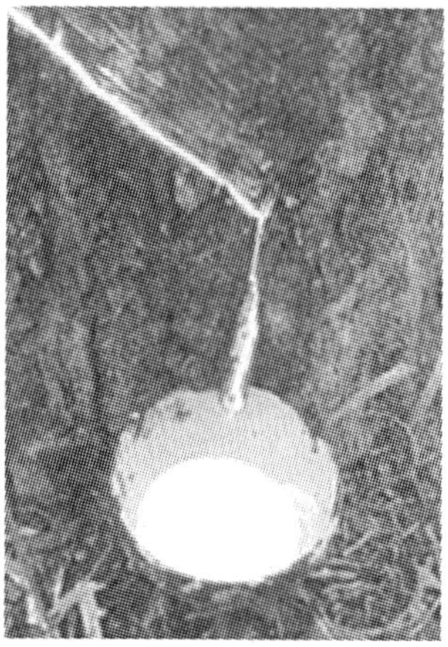

图2.6　天然橡胶收集

②天然橡胶的组成。无论哪个品种的天然橡胶都不是纯净的橡胶,仍然会有一定量的非橡胶成分。其制造方法不同,含量则不同。生胶的主要品种有:烟片胶(产量多,消耗量最大,经凝固压片、熏烟等加工工序)、绉片胶(白色或褐色,制造方法与烟片胶相似,只是干燥时不熏烟,直接用热空气干燥而成)。两种胶的组分见表2.1。从表中可以看出:烟片胶和绉片胶中只含有6%～9%的非橡胶成分。这些成分的含量虽少,但是它对橡胶的加工性能、生胶和硫化胶的质量都有一定影响。

表2.1　天然橡胶的成分　　%

胶种＼成分	烟片	绉片	国产烟片
橡胶烃	91.07～95.80	91.02～95.04	94.48
丙酮抽出物	1.52～3.50	2.26～3.45	3.23
蛋白质	2.18～3.50	2.37～3.76	2.75
灰分	0.20～0.85	0.15～0.87	0.19
水分	0.30～1.08	0.18～0.90	0.39

含水量过多,不但会使生胶在储存过程中容易发霉,而且影响橡胶的加工。如混炼时配合剂容易产生团结而分散不均匀,压延、压出过程中易产生气泡,硫化过程中产生气泡或海绵等。1%以内的少量水分,在橡胶加工过程中可以除去。

灰分是一些无机盐类物质,除了因其吸水较大会降低制品的电绝缘性能外,还会因含有微量的钢、锰等变价金属离子,会使橡胶氧化、老化的速度大大加快。因此,它是一些极为有害的物质,必须严格控制它的含量。

蛋白质具有吸水性,影响橡胶电绝缘性和耐水性能。但它可以促进橡胶的硫化和减缓生胶的老化过程。

丙酮抽出物是一些树脂状物质,主要是一些高级脂肪酸和固醇类物质。其中一些起到天然防老剂和促进硫化剂的作用,有些还起着帮助粉状配合剂在混炼过程中的分散和对生胶软化的作用。因此,丙酮抽出物是一种天然的增塑剂、防老剂和硫化活性剂,对硫黄的塑炼、混炼和硫化过程都有促进作用。

③天然橡胶的分类与分级。天然橡胶主要根据制法分类，在每类中，又按质量水平或原料的不同而分级。天然橡胶的分类如下：

- 三叶橡胶树产的橡胶
  - 通用类
    - 颗粒胶
    - 烟片胶
    - 风干片胶
    - 绉片胶
  - 特种胶
    - 恒黏橡胶，充油橡胶
    - 低黏橡胶，胶清橡胶
    - 易操作橡胶，炭黑共沉胶
    - 纯化橡胶，黏土共沉胶
    - 轮胎橡胶，散粒橡胶
  - 改性类
    - 难结晶橡胶，环氧化橡胶，氯化橡胶
    - 接枝橡胶，液体橡胶，氢氯化橡胶
    - 环化橡胶，热塑性橡胶
  - 其他植物产的橡胶
    - 银菊橡胶
    - 杜仲橡胶

通用 NR 及其分级：天然橡胶有两种分级方法，一种是按外观质量分级，如烟片胶及绉片胶；另一种按理化指标分级，这种方法比较科学，一般颗粒胶按这种方法级。

④天然橡胶的分子结构。天然橡胶的主要成分是橡胶烃，它是由异戊二烯组成的线型高分子化合物，为顺式-1，4 结构，其分子式为

$$\left[CH_2-\underset{\displaystyle CH_3}{\underset{|}{C}}=CH-CH_2 \right] \tag{2.1}$$

橡胶烃的结构是指橡胶大分子的链结构、分子量及其分布和聚集态结构。

a. 天然橡胶的大分子链结构。天然橡胶的大分子链结构单元是异戊二烯，大分子链主要由顺-1，4-聚异戊二烯构成，三叶橡胶中顺式含量占 97% 以上，可以认为约有 2% 的以 3，4-聚合方式存在于大分子链中。分子链上有醛基，至于醛基数量说法不一，一种说法是每条大分子链上平均有 9～35 个醛基，另一种说法是每条大分子链上平均有 1 个。正是醛基在储存中发生缩合或与蛋白质分解产物发生反应形成支化、交联，使橡胶储存中黏度增加。也有人推断天然橡胶大分子链上还有环氧基，环氧基也是比较活泼的，也可以引起交联反应。

天然橡胶的大分子末端推断一端为二甲基烯丙基，另一端为焦磷酸酯基，这样可以将天然橡胶的分子式写成

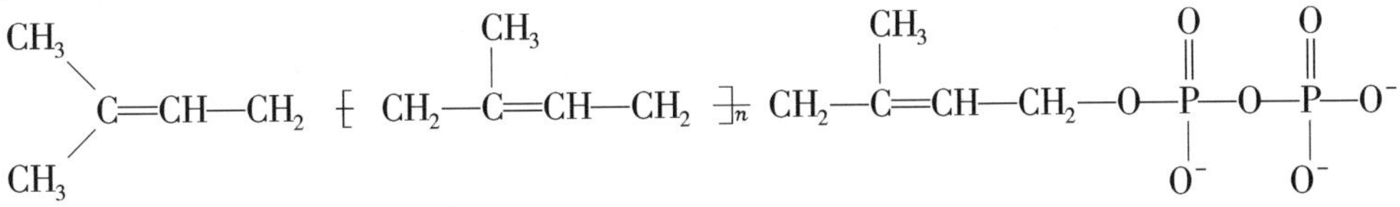

（2.2）

实际上，并不写那么复杂，因端基、分子链的醛基以及3,4-聚合都很少。

b. 天然橡胶的分子量及其分布。三叶橡胶分子量的范围较宽。据国外报道，绝大多数分子量在3万~3 000万之间，分子量分布指数在2.8~10之间。国产PB86无性系树的橡胶Mn为21.6万，国产实生树橡胶的Mn为26.7万，分布指数为7。三叶橡胶分子量分布一般为双峰，如图2.7所示的三种类型。Ⅰ、Ⅱ型的均有明显双峰，在低分子量区域20万~100万之间出现一峰或“肩”，而高分子量区域在100万~250万之间出现一峰；Ⅲ型低分子量区域几乎看不出峰，只有一个“肩”，这种类型的分子量高。双峰形成的原因在于橡胶树内有两种酶系统参与天然橡胶的生物合成。由双峰可以推断低分子量部分对加工性能有益，高分子量部分能提供好的机械性能。

三叶橡胶在分子量较高时有支化，用GPC测定可求出支化程度，有三分支和四分支，随分子量增大，支化程度增大，如图2.8所示。由曲线外推，推断分子量在0.65×10^5 ~ 1×10^5以下基本上无支化。

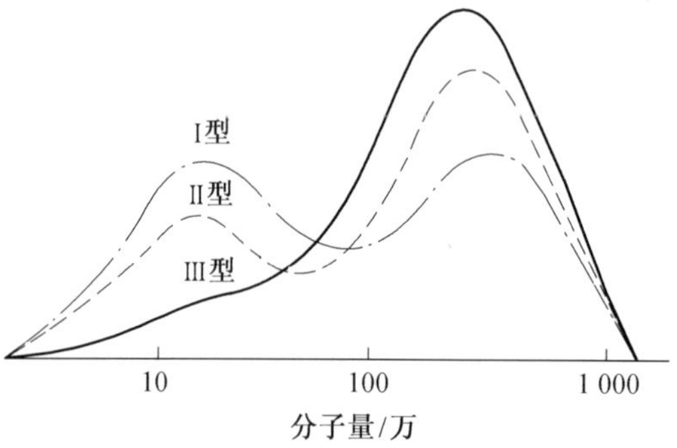

图2.7　三叶橡胶分子量分布图

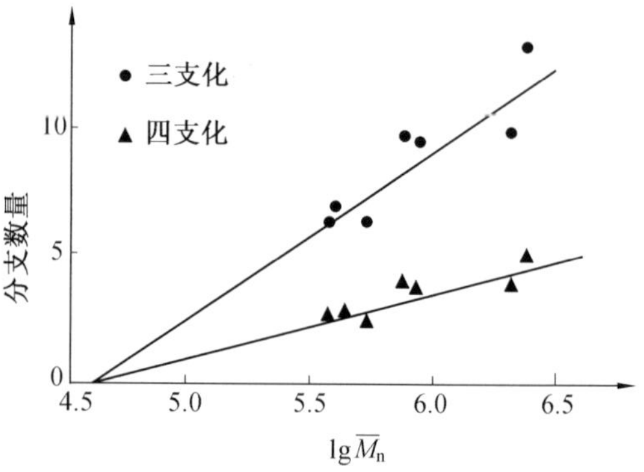

图2.8　天然橡胶的支化程度

天然橡胶中有10%~70%的凝胶不能被溶剂溶解，凝胶是由于交联引起的，其中含有松散凝胶及紧密凝胶。凝胶含量受树种、产地、季节、溶剂等因素的影响。橡胶溶解达到平衡的时间大约需半个月。凝胶中含氮比较多，其中可溶部分的含氮量为0.05%，不溶的凝胶部分含氮为57%。素炼后松散凝胶被破坏，变成可以溶解的，但仍有约120 mm的紧密凝胶粒子不能溶，而能分散在可溶性橡胶相中。天然橡胶凝胶可用图2.9所示表示，其高格林强度可能与这种凝胶有关。

c. 天然橡胶的聚集态结构。天然橡胶在常温下是无定形的高弹态物质，但在较低的温度下或应变条件下可以产生结晶。正因为如此，天然橡胶是一种自补强橡胶，不需加补强剂自身就有较高的强度。

天然橡胶的结晶为单斜晶系，晶胞尺寸为$a=1.246$ nm，$b=0.889$ nm，$c=0.81$ nm（为等同周期），$\alpha=\gamma=90°$，$\beta=92°$，晶胞中有4条分子键，共有8个异戊二烯单元，晶胞中分子排列如图2.10所示。其中每条分子链中的碳原子基本上呈平面锯齿状，根据计算晶格中分子链的长度，即一个等同周期的长度应为0.913 nm，但实际仅为0.810 nm。因此可以认为其分子链不完全是平面锯齿的，可能略有旋转，所以只能说它基本上是平面锯齿排列的。天然橡胶每条分子链碳原子排列如图2.11所示。结晶天然橡胶的密度为1.00

g/cm^3。天然橡胶在拉伸应力作用下易发生结晶，拉伸结晶度最大可达45%，用软质硫化橡胶作出的伸长率与结晶度的关系曲线如图2.12所示。

从理论上讲，在-72(Tg)～30 ℃(Tm)之间天然橡胶均可以发生结晶，但实际上它在-50～10 ℃范围内才产生结晶，0 ℃以下时结晶极慢，需几百小时，而在-25 ℃结晶最快。该温度下的半晶期仅为2 h，该温度称为Tk。若以某一温度结晶度一半所需要时间$\frac{t}{2}$的倒数$\frac{2}{t}$作为结晶速度，天然橡胶的结晶速度与温度的关系如图2.13所示。

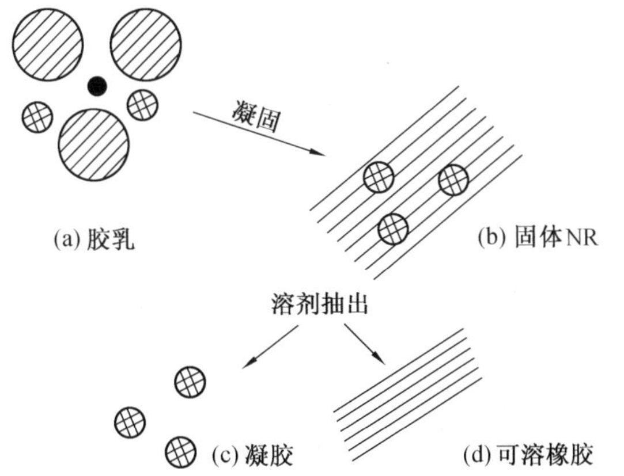

图2.9 天然橡胶中凝胶示意图

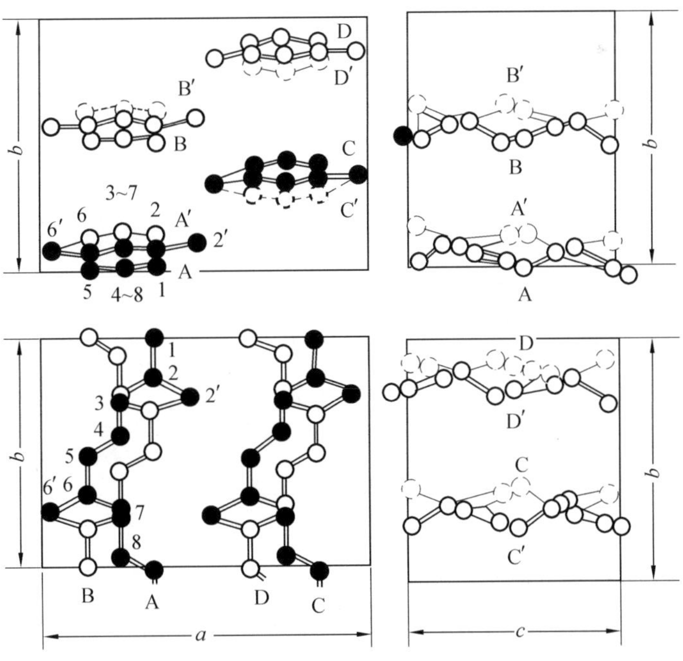

图2.10 天然橡胶的结晶构造

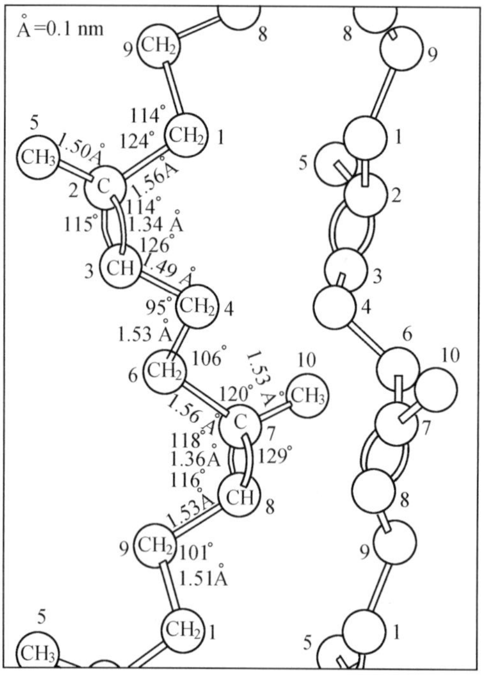

图 2.11　天然橡胶的单个分子链构造

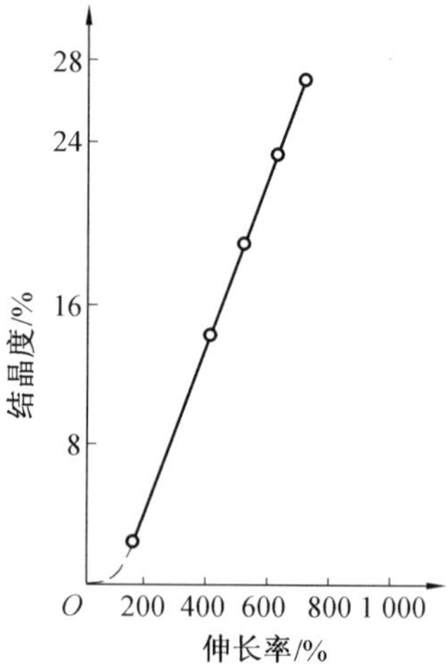

图 2.12　硫化天然橡胶结晶度与伸长率的关系

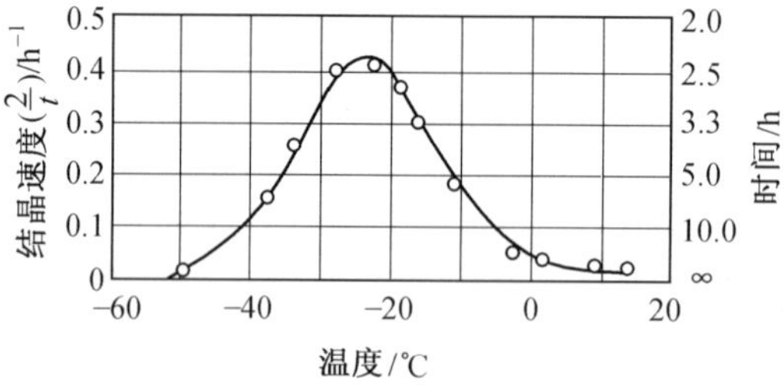

图 2.13　天然橡胶的结晶速度与温度的关系

杜仲胶是反式聚异戊二烯。反式聚异戊二烯在常温下就有较高的结晶度，例如 40 ℃下有 40% 的结晶度，所以室温下是硬的非弹性体。按现在的观点应该称它为树脂，但传统上称它为橡胶。这种反式的结晶有两种，一种是 α 型，另一种为 β 型；α 型结晶等同周期为 0.88 nm，β 型为 47 nm；α 型结晶属单斜晶系，β 型结晶属斜方晶系。

⑤天然橡胶的性质。天然橡胶的性质包括物理性质、化学性质和力学性能等。

a. 天然橡胶的物理力学性能。

(a)天然橡胶的物理常数如下：

密度	0.913 g/cm^3
折光指数(20 ℃)	1.52
内聚能密度	266.2 MJ/m^3
燃烧热	44.8 kJ/kg
体积膨胀系数	66×10^{-4}K^{-1}

热导率	0.134 W/(m·K)
介电常数	2.37
体积电阻率	10^{15} ~ 10^{17} Ω·cm
介电强度	20 ~ 40 MV/m
比热容	1.88 ~ 2.09 kJ/(kg·K)

(b)天然橡胶的热行为。生胶的玻璃化温度为-72 ℃,黏流温度为130 ℃,开始分解温度为200 ℃,激烈分解温度为270 ℃。当天然橡胶硫化使线型大分子变成立体网状大分子时,其Tg上升,也不再会发生黏流。

(c)天然橡胶的弹性。生胶及交联密度不太高的硫化胶的弹性是高的,例如在0 ~ 100 ℃范围内回弹性在50% ~ 85%之间,其弹性模量仅为钢的1/3 000,伸长率可达1 000%,拉伸到350%后,缩回永久变形仅为15%。天然橡胶的弹性较高,在通用胶中仅次于顺丁橡胶。键本身不能旋转,但与它相邻的σ键内旋转更容易。例如,在聚丁二烯结构中 $—CH_2—CH═CH—CH_2—$ 的双键两侧的σ键内旋转位垒值仅为2.070 kJ/mol,在室温下近似地可以自由旋转。第二个原因是天然橡胶分子链上的侧甲基体积不大,而且每四个主链碳原子上才有一个,不密集,因此对主链碳—碳键旋转没有大的影响。为便于对比,根据Small的基团摩尔体积数据和计算方法,将天然橡胶分子链中各基团及其他几种通用合成橡胶的基团摩尔体积按比例绘制成图2.14,由图可见,天然橡胶侧基少而不密。第三个原因是天然橡胶为非极性物质,大分子间相互作用力较小,内聚能密度仅为266.2 MJ/m^3,所以分子间作用力对大分子链内旋转约束与阻碍不大,因此天然橡胶弹性很好。

(d)天然橡胶的强度。在弹性材料中,天然橡胶的生胶、混炼胶、硫化胶的强度都比较高。未硫化橡胶的拉伸强度称为格林强度,适当的格林强度对于橡胶加工成型是必要的。例如,轮胎成型中上胎面胶这一操作过程,胎面胶毛坯必须受到较大的拉伸。若胎面胶格林强度低则易于拉断,无法顺利成型。一般,天然橡胶的格林强度可达1.4 ~ 2.5 MPa,同样是聚异戊二烯的异戊橡胶,其格林强度就没有天然橡胶的高,由图2.15中NR与IR的应力应变曲线就可以看出这一点。纯天然橡胶硫化胶的拉伸强度为17 ~ 25 MPa,经炭黑补强以后可达25 ~ 35 MPa。不论生胶或是硫化胶的拉伸强度都随温度上升而下降,详见表2.2。天然橡胶撕裂强度也较高,可达98 kN/m,其耐磨耗性也较好。天然橡胶机械强度高的原因在于它是自补强橡胶,当拉伸时会使大分子链沿应力方向取向形成结晶,晶粒分散在无定形大分子中起到补强作用。例如拉伸到650%时,可能产生35%的结晶。未硫化胶的格林强度高的原因除上述主要因素外,天然橡胶中微小粒子的紧密凝胶也可能有一定作用。

(e)天然橡胶的电性能。天然橡胶是非极性物质,是一种较好的绝缘材料。材料的电性能常用直流电压下的电阻率、交流电压下的介电常数、介电损耗、介电强度来表征。绝缘体的体积电阻率在 10^{10} ~ 10^{20} Ω·cm范围内,天然橡胶生胶一般为 10^{15} Ω·cm,纯化天然橡胶为1 017 Ω·cm。而当天然橡胶经过硫化后,因又进一步引入极性因素,如硫黄、促进剂等,使绝缘性能下降,见表2.3。

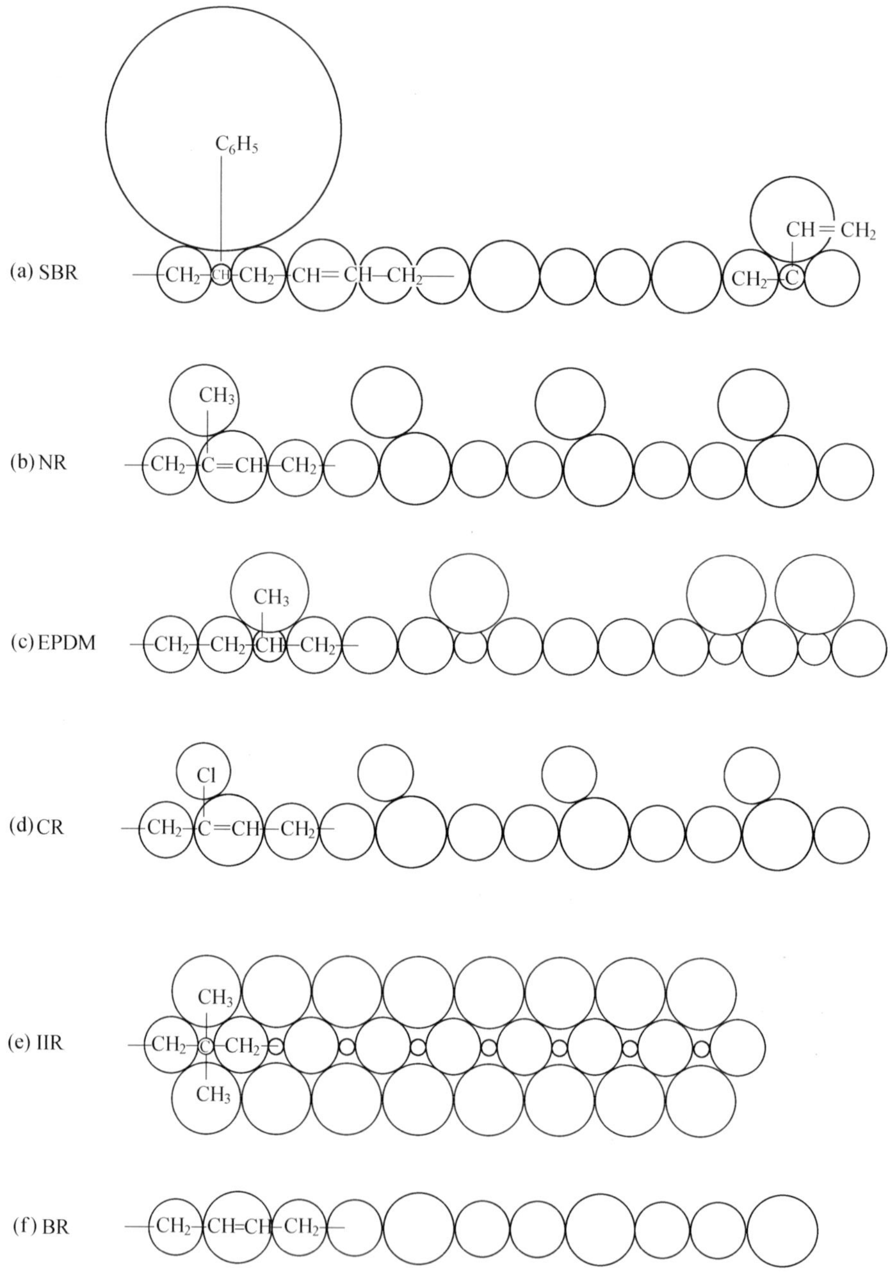

图 2.14　几种通用橡胶分子链中各基团摩尔体积示意图

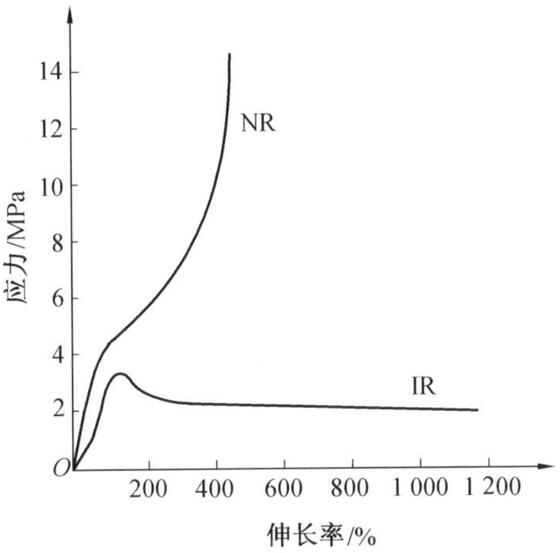

图 2.15　天然橡胶与异戊橡胶混炼胶的应力应变曲线

NR 配方：SMR-5L100，S 2，M 0.75，ZnO 5，SA 3，HAF 45，防老剂 1

IR 配方：异戊橡胶除 M 为 1.75 份外，其余同天然橡胶的配方（测试温度为 25 ℃）

表 2.2　生胶在不同温度下的拉伸强度及伸长率

实验温度/℃	拉伸强度/MPa	伸长率/%
-185	57.8	0
-20	30.4	1 250
0	6.9	1 000
20	2.5	1 280
40	1.1	1 140
60	0.7	2 000
80	0.3	1 920

表 2.3　天然橡胶的电性能

性能	硫化胶	生胶
体积电阻/(Ω·cm)	10^{14} ~ 10^{15}	10^{15} ~ 10^{17}
介电常数	3 ~ 4	2.37 ~ 2.45
介电损耗	0.5 ~ 2	0.16 ~ 0.29
介电强度/(MV·m^{-1})	20 ~ 30	20 ~ 40

(f)天然橡胶的耐介质性能。介质通常指油类、液态的化学物质等。如果橡胶与介质之间没有化学作用，又不相溶，则这种橡胶一定耐这种介质。如果有一个条件不满足，则这种橡胶就不耐这种介质。天然橡胶是非极性物质，按溶解度参数相近相溶原则，它溶于非极性溶剂和非极性油中，不耐环己烷、汽油、苯等介质，未硫化胶能在上述介质中溶解，硫化橡胶则溶胀。天然橡胶不溶于极性的丙酮、乙醇中，当然更不溶于水中，耐 10% 的氢氟酸，20% 的盐酸，30% 的硫酸，50% 的氢氧化钠等。

b. 天然橡胶的化学反应性。天然橡胶属二烯类橡胶，是不饱和碳链聚合物，顺丁橡胶、丁苯橡胶及氯丁橡胶均属此类。这类链烯烃和低分子烯烃有类似的反应性。链烯烃反应性的一般特点如下：

(a)链烯烃的化学反应都是由于双键存在造成的，尽管在离开双键的地方仍有链烷烃。

(b)双键是一个 σ 键和一个 π 键组成的，π 键的电子云在原子平面的上下，π 键结合没有 σ 键牢固，因此可将 π 键看成是电子源。实际上双键是一种路易斯碱。

(c)π 键有与缺电子物质，亦即亲电试剂(路易斯酸)通过亲电加成进行反应的倾向。

(d)自由基能吸电子，所以链烯烃也与自由基反应，氧、过氧化物、紫外光及自由基抑制剂与链烯烃反应就是自由基反应的标志。

(e)亲电加成反应分两步进行。第一步，正碳离子形成，双键上 π 电子与 H^+结合，这步反应困难，控制整个加成速率，反应为

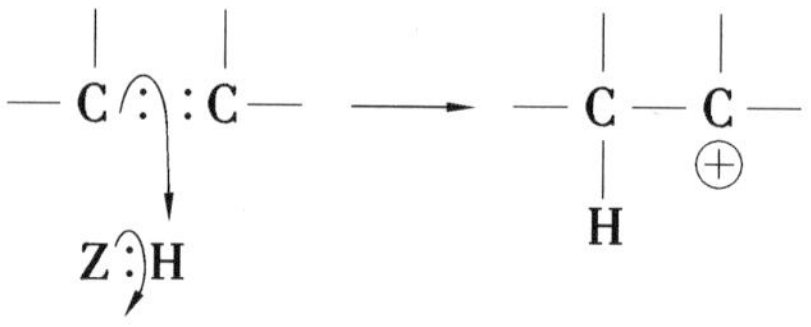

(2.3)

第二步，正碳离子与路易斯碱 Z:结合

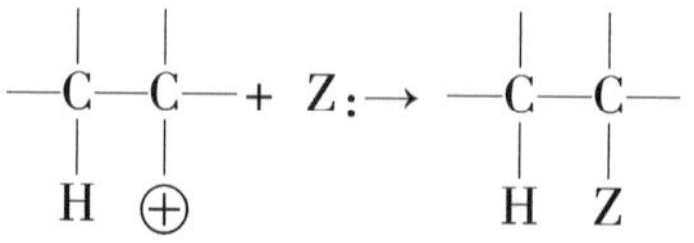

(2.4)

(f)形成正碳离子的速度如下:叔碳原子>仲碳原子>伯碳原子。

(g)正碳原子易发生重排，如下式仲正碳离子可重排成叔正碳离子，因后者比前者稳定

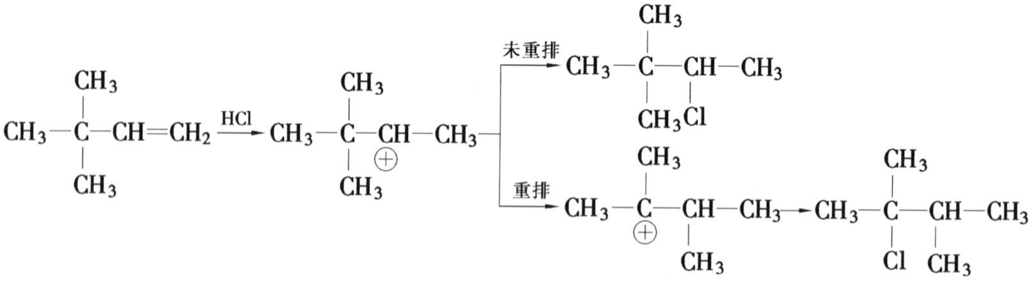

(2.5)

(h)卤素分子可以被双键电场极化。阳性较强的卤原子与链烯烃形成卤鎓离子，它再与负的卤原子反应生成二卤化物，反应为

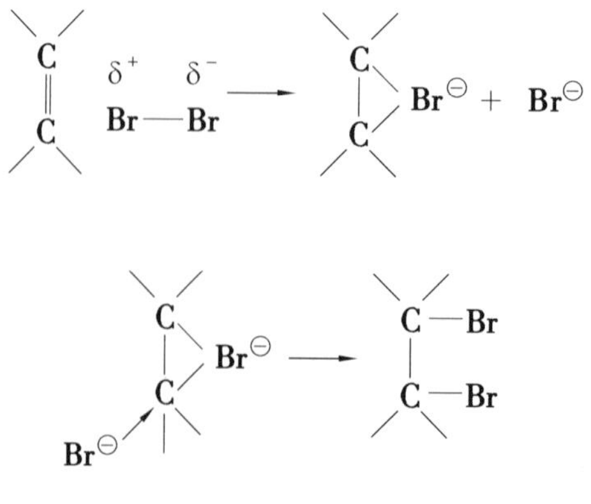

(2.6)

(i)许多链烯烃反应涉及自由基反应，像正碳离子那样，叔碳自由基的形成比仲碳自由基快，而仲碳自由基又比伯碳自由基快。

(j)碳原子上脱氢容易程度顺序：烯丙基>叔基>仲基>伯基>CH_3>乙烯基。烯丙基氢最易脱去，乙烯基氢最难脱去。

天然橡胶的化学反应性：

天然橡胶平均每四个主链碳原子便有一个双键，所以它既可以发生自由基型反应，也可以发生离子型反应，且主要取决于反应条件。自由基反应能力受分子中电子结构及周围取代基的影响，通常在自由基引发剂作用下产生，或引起大分子中的双键加成或 α 位的 C—H 键断裂。对于天然橡胶，双键的 α 位置上 C—H 键易于解离发生 α 氢取代反应，且该取代反应是主要的，双键的自由基加成反应则较少，也不是主要的。

天然橡胶分子链中 1,4 聚合链节中双键旁边有三个 α 位置 a、b、c。确证三个位置上—的解离能是不相同的，其反应活性 a>b>c。三个 α 位置上的 C—H 解离能与反应难易程度见表 2.4，表示式为

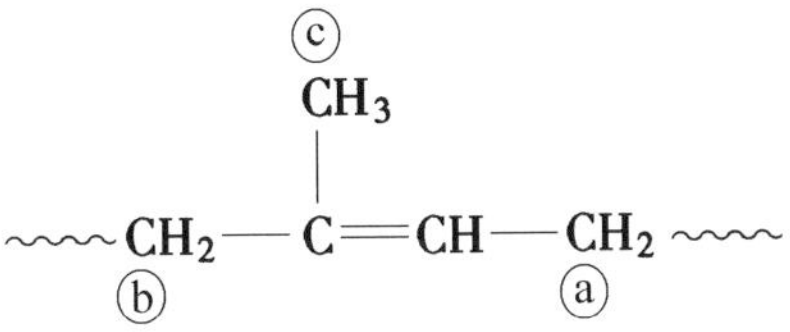

(2.7)

表 2.4　α 氢的活性

位　置	C—H 解离能/($kJ \cdot mol^{-1}$)	C—H 断裂容易程度
a	320	11
b	331.4	3
c	349.4	1

这是由于异戊二烯单元中的侧甲基具有推电子作用，从而使双键的电子云密度增加，并使 α—H 易于发生取代反应。a、b 两位与 c 位比较，前两者是仲氢而后者是伯氢，一般脱仲氢比脱伯氢容易，所以 a、b 比 c 反应活性大，a 与 b 相比，活性大的原因在于脱氢后形成的大分子自由基

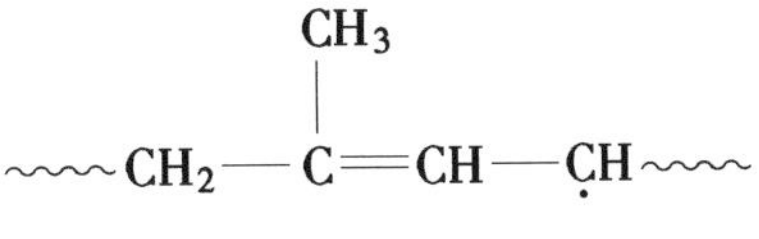

(2.8)

与大分子自由基

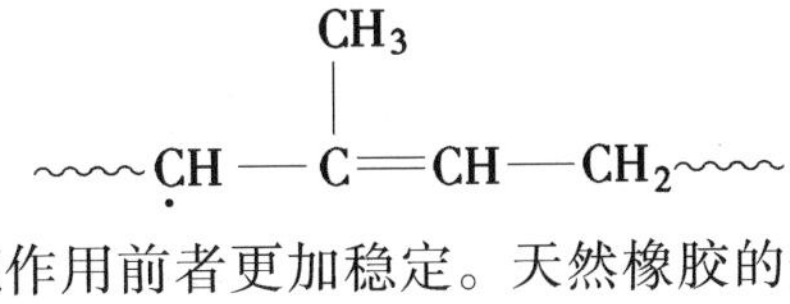

(2.9)

比较，因与侧甲基的超共轭作用前者更加稳定。天然橡胶的热氧化反应是 α—H 自由基取代反应的典型例子。过氧化物硫化大约有 80% 是在 α 位置发生的，约 20% 在双键上进行自由基加成。E. H. 法默根据他人及自由基的研究结果提出马来酸酐与天然橡胶的作用也不在天然橡胶的双键上，而是在位置上取代了氢原子，马来酸酐本身的双键发生了加成反应。所以在有自由基引发剂存在下，天然橡胶与马来酸酐的反应是天然橡胶的 α 氢

对马来酸酐的加成。

二烯类橡胶一般用硫黄促进剂硫化体系硫化。大量实践证明，天然橡胶的硫化活性大于顺丁橡胶，而氯丁橡胶一般不能用硫黄促进剂体系硫化。这是由于它们结构不同的缘故。异戊二烯是天然橡胶的结构单元，丁二烯是顺丁橡胶的结构单元，氯丁二烯是氯丁橡胶的结构单元。异戊二烯由于有推电子的侧甲基，双键的电子云密度比不带任何侧基的丁二烯的双键上电子云密度高，聚丁二烯双键上电子云密度正常，聚氯丁二烯双键上电子云密度较正常的低。双键上电子云密度高的 α 位置上碳氢键断裂比较容易，也就是说易于发生 α 氢的取代反应。

在离子反应中，其聚合物的反应能力取决于双键的极化程度及其在离子型试剂影响下再发生极化的程度。天然橡胶双键受甲基的作用不仅电子云密度较大且易被极化，所以易与亲电试剂作用，发生离子加成，例如与 Ag^+离子的加成反应，与氢卤化物的加成反应等。聚丁二烯的双键没有聚异戊二烯上双键那样容易被极化，所以发生亲电离子加成反应也就困难一些。聚氯丁二烯双键因氯的吸电子效应，电子云密度较低且轻微极化，所以氯丁二烯进行离子反应的速度更慢。

三种聚二烯烃双键碳原子上取代基、双键电子云密度、双键极化情况如下

顺式－1，4－聚丁二烯

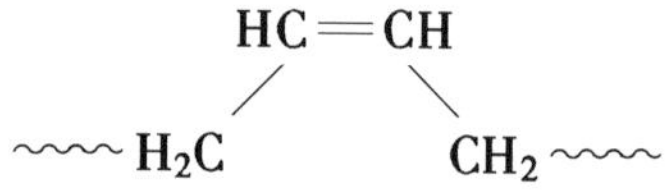

(2.10)

双键碳原子上无取代基，双键电子云密度正常，未被极化。

顺式－1，4－聚异戊二烯

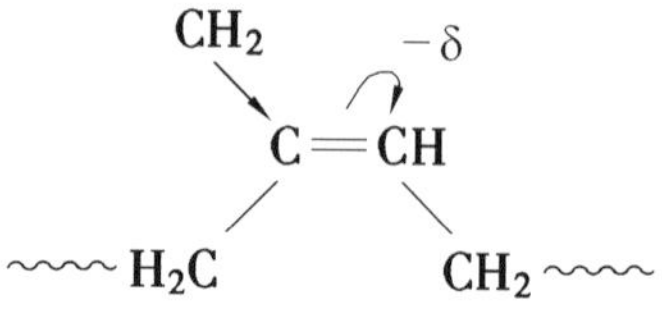

(2.11)

双键碳原子上有推电子的甲基，双键电子云密度较大，易被极化。

反式－1，4－聚氯丁二烯

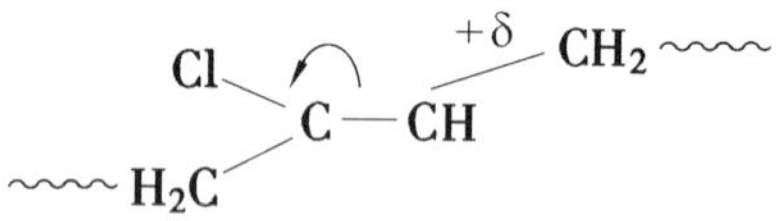

(2.12)

双键碳原子有吸电子的氯，双键上电子云密度较低，轻微极化。

天然橡胶的化学性质活泼，反应能力强。工业上使用的天然橡胶因含非橡胶组分及天然的防老剂，才使其比较稳定。然而，天然橡胶的耐臭氧老化和耐热氧老化性能依旧较差。

由于天然橡胶是一种不饱和的烯类高分子化合物，所以它具有烯类高分子有机化合物的一切化学反应特性，如反应速度慢，反映不完全、不均匀。同时具有多种化学反应并存的现象，如氧化裂解反应和结构化反应并存等。此外，天然橡胶还能进行氯化、溴化等加成反应。

在橡胶的各类化学反应中，从工艺角度来看，最重要的是氧化裂解反应和结构化反应。前者是橡胶大分子的氧化裂解过程，它是生胶进行塑炼加工的理论基础，也是硫化胶老化的重要原因；后者为橡胶分子间发生化学交联，形成空间网状结构的过程，是橡胶进行硫化加工的理论基础。因此，必须正确掌握这两类化学反应的规律，以期达到所期望的裂解程度和交联程度。

优点：高弹性，较高的机械强度（抗张强度）；耐屈挠疲劳性能；滞后损失率小，耐寒性，气密性，防水性，电绝缘性和绝热性，化学反应性质活泼（不饱和烯烃）。

缺点：耐热性差（易溶于汽油和苯等非极性有机溶剂），耐热氧化和耐臭氧化性能差。

⑥用途。由于橡胶具有一系列宝贵性能，特别是高弹性和工艺加工性能较为优异，因此，它已成为用途最广泛的一种通用橡胶，大量用于制造各类轮胎，特别适用于制造载重量大的大规格轮胎。还可用于胶管、胶鞋、胶带、工业用橡胶杂品、雨衣以及卫生制品的制造。总之，除某些具有特殊性能要求的制品（如特别耐油、耐热、耐腐蚀和耐辐射的制品）外，其他各种橡胶制品都可以用天然橡胶制造。

2. 合成橡胶

合成橡胶（Synthetic Rubber，缩写为 SR）是以某些低分子物质做原料，经过复杂的化学反应制得。合成橡胶的种类较多，按性能和用途可分为通用合成橡胶和特种合成橡胶两大类。

通用合成橡胶：凡是性能与天然橡胶相同或接近，物理机械性能和工艺加工性能较好，能广泛用于轮胎和其他橡胶制品的橡胶。

特种合成橡胶：凡是具有特殊性能，专供耐热、耐寒、耐化学腐蚀、耐溶剂、耐辐射等特殊制品使用的橡胶。

应该指出，这两种胶之间并没有严格的界限，有些合成橡胶能够具上述两方面的特点。根据合成橡胶的性能和用途，其品种和分类如下：

- 合成橡胶
  - 通用合成橡胶
    - 丁苯橡胶
    - 顺丁橡胶
    - 异戊橡胶
  -
    - 氯丁橡胶
    - 乙丙橡胶
    - 丁基橡胶
  - 特种合成橡胶
    - 丁腈橡胶
    - 硅橡胶
    - 氟橡胶
    - 聚氨酯橡胶
    - 聚硫橡胶
    - 丙烯酸酯橡胶
    - 氯醇橡胶
    - 丁吡橡胶

（1）丁苯橡胶

丁苯橡胶（SBR）是丁二烯与苯乙烯在乳液中聚合而得到的共聚物，为浅黄褐色弹性体,有苯乙烯气味。它是较早出现的一种合成橡胶,其产量和消耗量在所有合成胶中最大(60%),是一种用途广泛的通用型合成橡胶。其化学结构如下

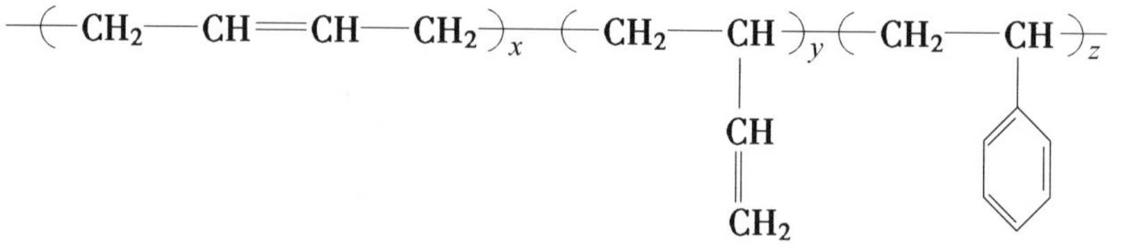

(2.13)

丁苯橡胶依据苯乙烯的含量比例来分主要有丁苯-10、丁苯-30 和丁苯-50,后面的数字表示苯乙烯所占的质量百分比。

根据聚合温度不同,丁苯橡胶又分为两类:50 ℃下聚合的称为高温丁苯橡胶,5 ℃下聚合的称为低温丁苯橡胶。低温丁苯橡胶的产量目前占丁苯橡胶总产量的 80% 左右。

采用低温聚合的苯乙烯(丁苯橡胶),用歧化松香皂做乳化剂制成的分子量较低、可塑度较大的丁苯橡胶,称为软丁苯橡胶。它不需塑炼,工艺加工性能良好。

优点:与天然橡胶相比具有较大的耐热、耐老化、耐磨性,成本低。

缺点:弹性、耐寒性、耐屈挠性、耐撕裂、黏着性差,加工性也不如天然橡胶。苯乙烯含量越多,其加工性能越差。

(2)顺丁橡胶

顺丁橡胶(BR,严格来说,应包括所有的聚丁二烯橡胶)是顺式-1,4聚丁二烯橡胶的简称。其化学结构为(白色)

$$\left(CH_2—CH=CH—CH_2 \right)_n$$

顺丁橡胶由于其分子结构主要是顺式,分子排列规整,所以它具有很高的弹性。它比天然橡胶还好,是所有橡胶中弹性最大的一种橡胶。另外,顺丁橡胶具有很好的耐低温性能,高顺式顺丁橡胶(顺式-1,4 结构的含量在 94% 以上)的玻璃化温度为-105 ℃,它是通用橡胶中耐低温性能最好的一种橡胶。此外,顺丁橡胶的耐磨耗性能优异,滞后损失小,生热性低,这对制品在多次变形下的生热性能和永久变形的降低都十分有利。

但是,顺丁橡胶的抗张强度比天然橡胶和丁苯橡胶都差,撕裂强度也比天然橡胶差;其抗湿滑性能不良;工艺加工性能和黏着性能较差;对加工温度的变化比较敏感。当辊温在 60 ℃以上时,开炼机混炼容易产生脱辊现象,从而给加工带来一定困难。顺丁橡胶一般需要与天然橡胶和丁苯橡胶并用,以改善工艺加工性能;它的冷流性比较大,这对生胶的包装、储存和半成品的存放都提出了较高的要求。

优点:弹性最大(比天然橡胶还大),耐低温,耐磨耗,价廉。

缺点:抗张强度低,撕裂强度、黏着性差。

根据顺丁橡胶的特点,它大部分被用于轮胎工业。用顺丁橡胶的轮胎胎面在苛刻的行驶条件下,如高速、路面差、气温很低的条件下,可以显著改善耐磨性能,提高轮胎的使用寿命。顺丁橡胶还可以制造其他耐磨性制品,如胶鞋、胶带、胶管、胶辊等以及各种耐寒性能要求较高的制品。

由于制造顺丁橡胶的原材料来源丰富,价格低廉,加之顺丁橡胶性能优异,所以,它是

合成橡胶中发展较快的一种橡胶，在全世界的合成橡胶产量及耗量中仅次于丁苯橡胶，居第二位。

(3)乙丙橡胶

乙丙橡胶是以乙烯和丙烯为主要单体定向共聚的高分子弹性体。二元乙丙橡胶只用乙烯和丙烯两种单体合成。三元乙丙橡胶除乙烯、丙烯外，还加入二烯类第三单体，如环戊二烯和1,1-亚乙基降冰片烯等。

二元乙丙橡胶的结构式为

$$\left[\left(CH_2—CH_2 \right)_x \left(CH_2—\underset{\displaystyle CH_3}{\underset{|}{C}H}— \right)_y \right]_n \tag{2.14}$$

二元乙丙橡胶结构呈完全饱和，在橡胶工业上习惯称其为饱和橡胶。与不饱和橡胶(如天然橡胶、丁苯橡胶、顺丁橡胶)相比，二元乙丙橡胶不能用硫黄体系进行硫化，只能用过氧化物进行硫化。

二元乙丙橡胶具有极好的耐热性，其长期使用温度为150 ℃，短时使用温度可达200 ℃。它的使用温度在通用橡胶中是最高的。

二元乙丙橡胶耐老化性能特别优异。在高的臭氧浓度环境下，乙丙橡胶比所有通用橡胶都好，被誉为“无龟裂”橡胶。其在日光下暴晒3年不出现裂纹，用它做成防水屋面卷材，使用寿命可达20～30年。

二元乙丙橡胶具有极好的化学稳定性。由于它不易被极化，不产生氢键，属非极性化合物，所以，它对各种极性的化学药品、酸碱都有极强的耐蚀性，可长时间在腐蚀介质中使用。

乙丙橡胶是非极性橡胶，故其电绝缘性能优良，尤其是耐电晕性能优异。其体积和表面电阻率比天然橡胶高1～2个数量级；耐电晕性可达2个月以上，而耐电晕性较好的丁基橡胶一般不超过2 h。乙丙橡胶的吸水性很小，故在潮湿条件下，其电绝缘性能也很好。

乙丙橡胶耐油性特别是耐非极性油类性能不够好，它不耐汽油、苯等。

乙丙橡胶具有很好的弹性。乙烯、丙烯的组成比对乙丙橡胶的弹性有很大影响。一般丙烯含量在30%～40%时是较好的弹性体，如果丙烯含量太少，乙烯含量太高时，则容易产生结晶，弹性就会降低。乙丙橡胶的弹性仅次于顺丁橡胶和天然橡胶。

乙丙橡胶的加工工艺不如天然橡胶，在开炼机上进行混炼时其包辊性很差，操作困难。在密炼机混炼时，不易“吃”进炭黑，必须采用逆混方法才能混合均匀。乙丙橡胶本身缺乏黏合性，自黏性和互黏性都很差，故在操作上要提高黏着处的温度和压力。

乙丙橡胶主要用于耐臭氧、耐老化、耐腐蚀、耐水、电气绝缘等方面的需要，如轮胎的胎侧材料，耐热运输带、电线、电缆、耐化学品腐蚀的密封制品、减震材料、轨道枕垫、门窗密封条、高压锅密封圈、建筑防水卷材等。

三元乙丙橡胶是二元乙丙橡胶的重要改性品种。由于所用第三单体不同，三元乙丙橡胶又有很多品种，现以双环戊二烯三元乙丙橡胶为例加以说明。

双环戊二烯三元乙丙橡胶(EPDM)结构式为

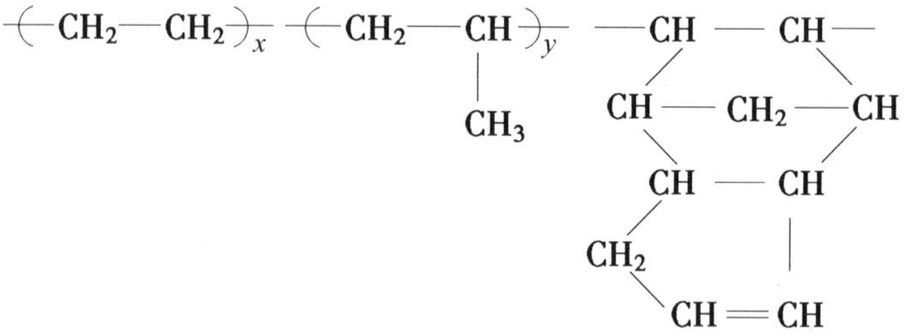

(2.15)

由结构式可知，三元乙丙橡胶虽然引入了第三单体，且第三单体中含有不饱和双键，但其主链完全饱和，不饱和第三单体含量仅为1% ~2%（质量分数），即不饱和度仍很低，所以，三元乙丙橡胶克服了二元乙丙橡胶由于完全的饱和性，不能用硫黄硫化的缺点。但因其不饱和度仍较低，其硫化速度无法与二烯烃类橡胶相比，故难于和二烯烃类橡胶并用。

三元乙丙橡胶的性能和二元乙丙橡胶相同，可用于塑料改性、耐热运输带、屋顶防水卷材、工业制品等。

乙丙橡胶有许多改性品种。改性乙丙橡胶是将乙丙橡胶进行溴化、氯化、氯磺化、接枝丙烯腈或丙烯酸酯而制得。

（4）丁腈橡胶

丁腈橡胶（NBR）是丁二烯与丙烯腈两种单体共聚的高分子弹性体。其分子结构式为

$$\left[\left(CH_2—CH═CH—CH_2 \right)_x \left(CH_2—\underset{\displaystyle CN}{\underset{|}{CH}} \right)_y \right]_n \tag{2.16}$$

工业上的丁腈橡胶大多是在低温（5 ~10 ℃）下制得的乳液法聚合物。丁腈橡胶中的丙烯腈是一种强极性化合物，随着丙烯腈含量增加，其极性增加、Tg 增高、分子链柔性减小、材料的耐油性增加。常用的国产丁腈橡胶为丁腈-18、丁腈-26 和丁腈-40，其中的数字为丙烯腈的质量分数。

丁腈橡胶中两种单元之间是无规则排列的，大部分丁二烯是以 1,4 方式键合，少量以顺 1,4 式或 1,2 式键合，故丁腈橡胶是非结晶性不饱和橡胶。

丁腈橡胶具有良好的耐油性。丁腈橡胶耐石油基油类、苯等非极性溶剂的能力要比天然橡胶、丁苯橡胶等非极性橡胶优异，但耐极性油和极性溶剂（如乙醇等）的能力则不及天然橡胶。

丁腈橡胶的耐热性能优于天然橡胶、顺丁橡胶和丁苯橡胶，可在 100 ℃以上连续工作，耐臭氧性能也比天然橡胶好。此外，丁腈橡胶的耐磨性、气密性和导电性也很好。例如，它的体积电阻率为 $10^9\ \Omega \cdot cm$，相当于半导体的体积电阻率。所以，它是一种半导体橡胶。利用这一特性，丁腈橡胶可用于制作抗静电的橡胶制品。

丁腈橡胶的加工性能不如天然橡胶。其自黏性较低、塑混炼较困难、包辊性不够好、加工制品收缩率较大、生热高。其中所含丙烯腈会使硫黄溶解度下降，随着所含丙烯腈量增加，这些加工中的缺点会更加突出。

丁腈橡胶广泛用做各种耐油制品，如输油胶管、耐油胶鞋、手套、各种密封制品和储油容器衬里。丁腈-40 应用于高耐油制品，丁腈-26 用于普通耐油制品，丁腈- 18 用于低温耐油制品。丁腈橡胶还可用于制作抗静电制品，如纺织橡胶皮辊等。

丁腈橡胶是极性聚合物，因而与氯丁橡胶、改性酚醛树脂、聚氯乙烯等极性强的聚合物有良好的相容性，常进行并用。

(5)丁基橡胶

丁基橡胶(IIR)是异丁烯与少量异戊二烯共聚而成的一种合成橡胶，其中异戊二烯含量一般为 1.5% ~ 4.5%，白色到淡灰色，无臭、无味，其结构式为

$$\left[\left(\overset{\displaystyle CH_3}{\underset{\displaystyle CH_3}{\overset{|}{\underset{|}{C}}}} - CH_2 \right)_x CH_2 - \overset{\displaystyle CH_3}{\overset{|}{C}} = CH - CH_2 \right]_y \qquad (2.17)$$

丁基橡胶与乙丙橡胶一样，属于非极性饱和橡胶。由于它的分子结构规整，侧基无极性，体积庞大，空间位阻大，饱和程度高，故丁基橡胶有很多独特性能。

丁基橡胶有优异的气密性。在各种橡胶中，丁基橡胶的气密性是首屈一指的。其常温下的空气透过系数为天然橡胶的 1/20、顺丁橡胶的 1/30、丁苯橡胶的 1/8、乙丙橡胶的 1/13。

丁基橡胶的化学稳定性高。它的耐气候老化性、耐臭氧老化性、耐热老化性和耐酸、耐碱腐蚀性均优于天然橡胶、丁苯橡胶和顺丁橡胶，仅次于乙丙橡胶。丁基橡胶的电绝缘性和耐电晕性能优异，在橡胶中十分突出，可优于其他合成橡胶。

丁基橡胶可以结晶，属自补强橡胶。纯胶硫化胶的拉伸强度和断裂伸长率较高。丁基橡胶的饱和度较高，与不饱和橡胶相比具有难于硫化、难于黏接、包辊性不好等缺点。它不能用过氧化物硫化，而只能用硫黄硫化，且硫化速度很慢，需要在高温下和长时间进行。丁基橡胶使用炭黑补强效果差，与一般二烯烃类橡胶相容性也不好，所以不能与二烯烃类橡胶并用。为了进一步提高它的力学性能，仍需要加入补强剂如炭黑。为了改善其补强效果，除加入炭黑补强剂外，还需要添加热处理剂等助剂，才能充分发挥其补强效果。

(6)氯丁橡胶

氯丁橡胶是以 α-氯丁二烯为单体通过乳液聚合而得到的高分子弹性体，其分子结构式为

$$\left(CH_2 - CH = \underset{\displaystyle Cl}{\underset{|}{C}} - CH_2 \right)_n \qquad (2.18)$$

氯丁橡胶的品种牌号较多，是合成橡胶品种中牌号较多的一种。根据制法不同，有硫调节型、非硫调节型和专用型 3 种。

硫调节型是指最常用的国产通用氯丁橡胶，是用硫黄做其分子量调节剂。此类氯丁橡胶物理机械性能良好，弹性和抗撕裂性能优异，拉伸强度达 25 ~ 28 MPa，伸长率为 900%，但储存稳定性差，加工时容易焦烧和粘辊。非硫调节型是指聚合时使用硫醇化合物做分子量调节剂的氯丁橡胶。硫化胶的拉伸强度为 13 ~ 16 MPa，伸长率为 700%。其生胶的储存稳定性较好，加工时不易焦烧和粘辊。专用型是指黏接型氯丁橡胶用做黏合

剂。

氯丁橡胶的特点是综合性能较好。它的耐老化性能优良，耐气候老化性、耐臭氧老化性、耐热老化性在通用橡胶中仅次于乙丙橡胶和丁基橡胶，而优于天然橡胶、丁苯橡胶、顺丁橡胶和丁腈橡胶。

氯丁橡胶是含卤素的橡胶，具有自熄的特性，即接触火源时燃烧，但离火后便自熄。氯丁橡胶的耐油性优于其他通用橡胶，仅次于丁腈橡胶；气密性良好，比天然橡胶的气密性高出 5 ~6 倍；耐化学药品性也很好，耐酸、碱、盐，但不耐强氧化性酸。

氯丁橡胶一般不用硫黄硫化体系硫化，而用金属氧化物硫化，如氧化锌、氧化镁等。对非硫调节型的还要用促进剂，否则硫化速度太慢。

炭黑对氯丁橡胶的补强作用不够好，但对非硫调节型的补强性却比硫调节型要好一些，为了提高其耐磨性、撕裂强度，还需要添加其他补强填充剂。为了提高氯丁橡胶的加工性，常需要添加一些增塑剂和增黏剂以克服胶料塑化和结晶倾向。

氯丁橡胶储存变质是一个特殊的问题。存放时间过长，生胶会变硬，塑性会下降，压出表面不光滑，加工性变坏，这是由于氯丁橡胶由线型向支化甚至交联结构转化造成的。为了防止其发生变质的倾向，对氯丁橡胶的储存，可采取添加防老剂及降低储存温度等措施。

(7)氟橡胶

氟橡胶(Fluoropolymer，FPM)是由含氟烯烃通过聚合和缩聚而制得的高分子弹性体。目前用得较多的有两种，一种是偏氟乙烯与三氟氯乙烯的共聚物，称为氟橡胶-23，其结构式

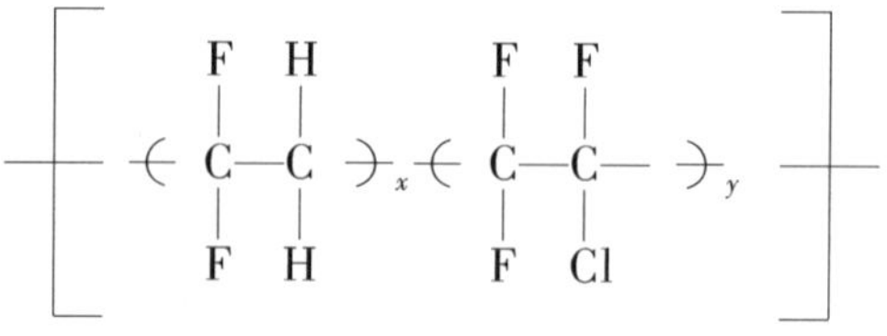

(2.19)

氟橡胶-23 为白色或琥珀色胶，无毒、无臭、难燃，它属离火自熄性橡胶。其耐高温性极好，可在 200 ℃下长期工作；有突出的耐氧化酸(如发烟硫酸、硝酸等)的特性，耐臭氧、耐辐射；低吸水性也很突出；还有良好的耐油性。它适宜制作各种耐热、耐强氧化剂、耐腐蚀介质的胶管、密封制品、防腐容器衬里、电线电缆外包皮。

另一种氟橡胶是偏氟乙烯和全氟丙烯共聚物，又称维通 A(Viton A)，其结构式为

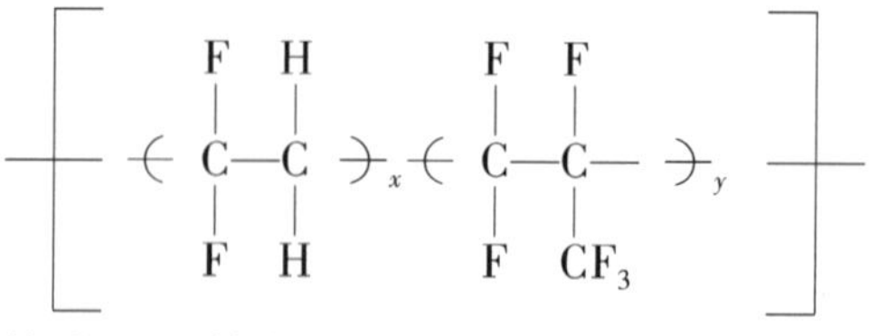

(2.20)

我国称这种胶为氟橡胶-26，其主要性能与氟橡胶-23 相似，但耐热性、耐溶剂性与化学稳定性都优于氟橡胶-23。例如，氟橡胶-26 有优异的耐热性，长期使用温度达 250 ℃；耐有机溶剂和浓酸，耐强氧化剂；能在含醇的燃料介质中工作。

氟橡胶-26 主要用于制造现代尖端技术工业部门的耐高温、耐腐蚀、耐油、耐高真空

和耐辐射的防护制品和密封部件,如各种飞机输油管、热空气导管、高温高压液体胶管、机械的液压系统、润滑系统、轴承及传动装置的管接头等密封件。

(8)硅橡胶

硅橡胶是指分子主链为—Si—O—的无机结构,侧基为有机基团的一类高分子弹性体。

硅橡胶属于饱和、杂链、非极性弹性体。其典型品种为甲基乙烯基硅橡胶,它的结构式为

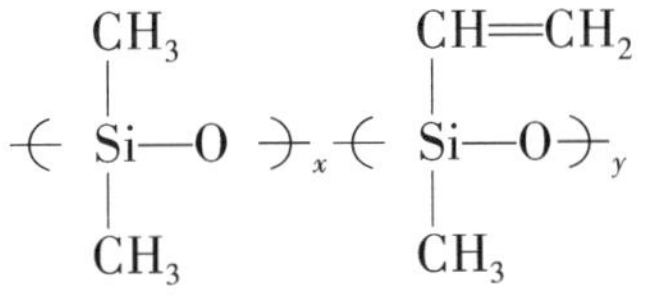

(2.21)

其中乙烯基单元含量为0.1%~0.3%(质量分数),可以起交联点作用。

硅橡胶中硅氧烷单体组成不同,可以得到不同品种的硅橡胶,其中甲基乙烯基橡胶为通用型。苯基链节在5%以下的甲基苯基硅橡胶为耐寒型,苯基链节为12%的甲基苯基硅橡胶为耐燃型。甲基苯基乙烯基硅橡胶为耐油型。此外,还有既耐高低温又耐油的腈硅橡胶(聚二甲基-甲基乙烯基-甲基β氰乙基硅氧烷橡胶)等。

硅橡胶的特点是耐高低温性能都好,其使用温度范围广,一般达-100~300 ℃,与氟橡胶差不多。由于Si—O键的链长比C—C键的大,甲基之间的相互作用减小,因此硅橡胶分子链的柔顺性高,耐寒性很好,是橡胶中最好的。硅橡胶具有优良的生物医学性能,可植入人体。它具有十分优异的耐氧化、耐臭氧化、耐气候老化和极好的疏水性,可制造高潮湿条件下的电绝缘材料。它还具有良好的透气选择性,可以控制O_2和CO_2透过的比例,是一种良好的果蔬保鲜材料,用它做成的保鲜膜,俗称“硅窗”。

硅橡胶的缺点是具有特殊的表面性能,表面张力极低,黏接性很差,对大多数材料都不能黏接。硅橡胶的另一缺点是常温下其硫化胶的强度、耐磨性均很差,不仅比天然橡胶差得多,而且也低于一般合成橡胶水平。其纯胶的拉伸强度只有约0.3 MPa,必须用补强剂(如气相法白炭黑),再辅以其他有效的助剂才能应用于工程中。

硅橡胶一般用有机过氧化物进行硫化。

硅橡胶主要用于电子工业、航空工业、国防尖端工业、机械工业、建筑工业和医疗卫生部门,制造各种密封材料,电气绝缘材料,防震材料,胶管,垫圈垫片,耐热、耐寒、耐油材料等。

(9)聚氨酯橡胶

聚氨酯橡胶(Polyurethane Rubber,缩写为PU)是聚氨基甲酸酯橡胶的简称,它是分子链中含$\left(NH-\overset{\overset{\displaystyle O}{\|}}{C}-O \right)$结构的高分子弹性体,是由聚酯(或聚醚)与二异氰酸酯类化合物缩聚而得。

按照所用原料、合成和加工方法及应用的不同,聚氨酯橡胶可分为浇注型、混炼型、热塑性弹性体、溶液分散型和反应注射型等5类。

浇注型聚氨酯橡胶一般为液体橡胶,它是利用端基扩链和交联作用进行成型加工的;

适合于制造各种制品浇注件，如飞机主起落架缓冲器皮碗、切割玻璃纤维垫辊、水泵密封口环、液压机的密封圈等，还可制作灌装电器元器件，如印刷电路和电子元件等。

混炼型聚氨酯橡胶主要采用模压、挤塑、压延等一般固体的加工方法。这类橡胶有很好的物理化学性能，如弹性高、机械强度高、耐磨、耐油、耐撕裂、耐臭氧、耐老化等。它适合制作各种要求有一定强度、耐磨、耐油的油封、活塞皮碗、密封材料、运输带、齿轮带、传动带等。

(10)丙烯酸酯橡胶

丙烯酸酯橡胶是由丙烯酸丁酯与丙烯腈或少许第三单体共聚而成，属饱和碳链极性橡胶，其结构式为

$$\left[\,CH_2-\underset{\underset{COOC_4H_9}{|}}{CH}\,\right]_x\left[\,CH_2-\underset{\underset{CN}{|}}{CH}\,\right]_y \tag{2.22}$$

这种橡胶的交联可用胺类、有机过氧化物。在引入第三单体时，可用皂类化合物交联。丙烯酸酯橡胶结构的饱和性以及带有极性酯基侧链决定了它的主要性能。它的耐热氧老化性能和耐油性能优异，而耐寒、耐水、耐溶剂性能差。在耐热氧老化方面，丙烯酸酯橡胶最高使用温度达 180 ℃，比丁腈橡胶使用温度高出 30 ~ 60 ℃；在 150 ℃热空气中老化数年，其物理机械性能指标无明显变化。

丙烯酸酯橡胶的极性酯基侧链，使其性质与多种油的性质相距甚远，因而它有很好的耐油性，其耐油性优于氯丁橡胶、氯磺化聚乙烯橡胶和硅橡胶。在高温油中，其性能明显优于丁腈橡胶；在低于 150 ℃油中，其耐油性接近氟橡胶。但是，由于极性酯基侧链的存在，因此降低了它的低温性能、耐水性和耐溶剂性。

2.2.2 再生胶

再生胶是废旧橡胶制品和橡胶工业生产中硫化胶的边角废料，经过一定的方法加工以后得到的具有一定可塑度、可重新硫化的橡胶。它可部分代替生胶，节约生胶、降低成本；可用于鞋底、中底、轮胎、胶条、胶板、胶管以及对机械强度和物理性能要求不高的制品。

1. 再生胶的生产方式

再生胶的生产方式有直接蒸汽法、蒸煮法、机械法、化学处理法、物理法。我国目前主要采用水油法、压出法和油法，它们属于蒸煮法、机械法和直接蒸汽法。其主要区别是再生工序，其他各生产工序基本相同。

(1)水油法

①切胶工序。由于废胶原料长度不一，薄厚差别大，直接投入粉碎设备中，将严重影响机械的安全，洗胶时效果也不好。故先切成一定规格的胶块，如胎面的胶厚度在 3 cm 内，宽度不大于 10 cm 时，切胶长度要求不大于 25 cm。

②洗涤工序。将切好的胶洗涤。

③粉碎工序。这个工序有的分为两道工序，即粗碎和细碎工序；有时两道工序同时进行，将胶碎成胶粉。

④再生工序。再生工序也称为脱硫工序，是再生胶生产的关键工序。再生胶性能好

坏与再生过程的再生条件有密切关系。水油法再生主要是在一立式夹套脱硫罐（再生罐）中进行。罐中装有搅拌装置，再生时先注入热水（80 ℃左右），再加入再生剂（应先加入软化剂，后加入活化剂），当再生剂充分搅拌后即可加入废胶粉。胶粉和水的比例为1∶2，再生剂的配制和再生条件随胶种不同而异，见表2.5。

表2.5　再生剂的配制和再生条件①

胶种 配比	天然胶胎面胶	天然胶面面胶	开发胶	球鞋胶	套鞋胶	1-2级杂胶
煤焦油/%	6～7	8～10	7～9	6～8	4～6	4～6
松香/%	3～4	3～4	3～4	1～2	0.5～1.5	0～1
双萜烯/%	2～3	3～4	3～4	—	—	—
活化剂420/%	0.2～0.4	0.4～0.6	0.3～0.5	0.2～0.3	0.2～0.3	0.2～0.3
再生时间/h	11.2～14.4	14.4～18.6	13.3～17.5	7.2～10.3	4.7～6.8	4.2～7.3
总用量/%	2～3	2～4	2～3	1～2	1～2	1～2

注：①废胶粉100，水200，蒸汽压力10 kg/cm^2。

再生后的胶料进入清洗罐后用温水清洗，把再生胶中的悬浮物、游离硫、纤维、污水等清洗出去；经过清洗后的胶料，送入螺旋压水机中，压榨出水分，使含水率降至15%左右；再送入螺旋干燥机中进行热空气干燥，至水分低于7%～8%的范围；最后经过提炼，压成片状。为了保证杂质不混入成品中，必须进行滤胶。

⑤精炼工序。精炼出片是最后一道工序，对再生胶质量有重要影响。由于精炼设备的辊筒呈腰鼓形，在窄辊距情况下操作，能排除再生胶中未再生好的硬颗粒，将硬颗粒挤向辊筒两侧，且有较大的速比；能够产生较大的剪切作用，促使大分子链断裂。故精炼辊温度低些，须控制在90 ℃以下。

(2)油法

油法生产过程，除再生工序以外，其他都与水油法相同，再生过程在卧式再生罐中进行，且不需加水。再生前，将大量的废胶粉装入卧式连续拌油机中，加入液态再生活化剂，在一定量的蒸汽下进行搅拌混合。搅拌均匀后出罐装盘，最后装车送入卧式再生罐中再生。

(3)压出法

压出法是近十几年出现的一种再生胶生产的工艺方法。这种新方法可以连续生产，不需要蒸汽压力和干燥过程。压出法再生胶的特点是硫化胶在热、机械、氧的作用下，特别是在软化剂以及再生活化剂的参加下，短时间即可获得大的可塑性。它与水油法或油法再生作用根本不同之处在于，受机械作用的同时，还发生力化学反应，提高再生效果。

压出法再生胶生产的胶粉粉碎等过程与水油法相同，但粉碎要求过24、32、40孔筛，即比油法或水油法更细。然后再掺入软化剂及再生活化剂，将拌好油的胶粉连续加入再生压出机，经过压出过程，在热氧和机械剪切作用下，橡胶获得再生效果。为了保证再生所需热量，机身及螺杆中都设有加热的夹层和孔腔，利用蒸汽加热或油为热载体加热，废胶粉在压出机中经过3～5 min，即可排出，排出胶温达170～180 ℃。排出的再生胶，应尽快冷却，不然会促进橡胶的氧化作用、降低再生胶质量。再生胶精炼、压成、包装，即为成品。

这种生产方式给再生胶的连续化、自动化生产提供了有利条件，是再生胶生产的方向。但关键是压出机的压出性能，即再生用压出机的结构与再生效果有直接关系。此外，已出现双螺杆再生压出机，有很高的再生效率。

综上所述，几种方法的特点是，油法所用的设备比较简单，废胶粉经过拌油后，就可以在卧式再生罐中再生。这种方法适于生产鞋类及杂胶类的再生胶，轮胎类再生胶以水油法生产质量较好。油法投资少，易于投产，对小型生产较合适；水油法工艺比较复杂，需要有高压夹套的立式搅拌脱硫罐、清洗罐、压水机、干燥机等设备。这种方法利用水作为传热介质，再生剂能很好地与胶粉搅拌混合，再生胶质量均匀，再生时间短，所以水油法生产适用于大型工厂。但该法不适于繁杂废胶的再生。这两种方法均属长周期再生，而压出法周期短，操作可连续化，胶粉可带少量纤维，并且是干态再生而无废水。

2. 再生机理

再生过程的主要反应过程称为“脱硫”，这本来是指从硫化橡胶中把结合的硫取出，使之成为未硫化状态的橡胶。也就是说，这是与硫化反应相反的一个变化过程。然而，实际上在再生过程中，既没有使硫化胶中的结合硫与橡胶分子分开，也没有使橡胶分子的结构完全恢复到生胶状态。真实的情况只能使硫化胶发生部分降解，破坏原有的网状结构，从而使硫化胶可塑性得到一定恢复，如图 2. 16 所示。

再生作用的能量来源是热、氧、机械和化学再生剂的综合降解作用。通过这些降解作用促使硫化胶分子结构破坏，而通常由于氧的作用使破坏后的结构稳定下来。

硫化胶网状结构的破坏是在交联点及交联点间的分子链处发生断裂。这种无规则的断裂，导致再生胶中包含了两部分物质：一部分是可溶于三氯甲烷的溶胶部分，另一部分保留的交联网较多，成了不溶于三氯甲烷的凝胶部分。三氯甲烷中溶胶量是检查再生胶质量的重要指标之一。

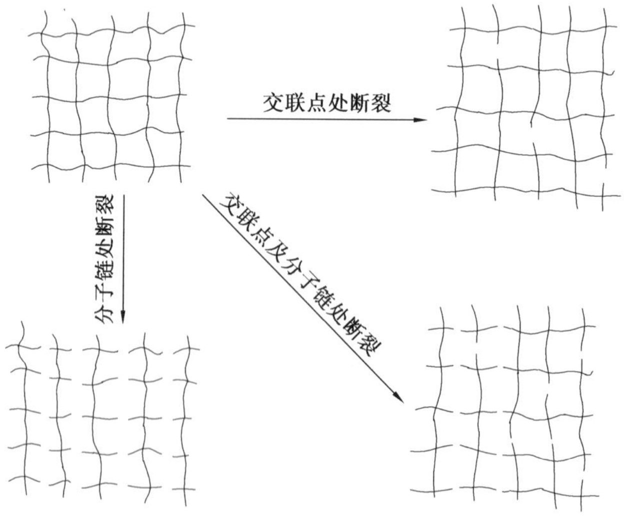

图 2. 16　再生胶的再生机理

2.3 配 合 剂

橡胶是性能优越、用途广泛的高分子聚合物材料，但是纯粹的聚合物却极少应用或者说几乎没有什么使用价值，这是因为它们在物理机械性能和使用性能上都有局限或不足，难以满足制品的各种使用性能要求；其工艺加工性能也不好，价格也比较贵，故必须在聚合物中同时添加各种化学物质，以改善和提高制品的物理机械性能和使用性能及使用寿命，改善其工艺加工性能，节约聚合物原材料和降低成本等。这些化学物质在橡胶中习惯称为配合剂。

虽然橡胶具有极其宝贵的高弹性和其他一系列优良性能，但生胶本身在性能上存在许多缺点，单纯使用生胶并不能制得适合于各种使用要求的橡胶制品。配合剂的加入能改善橡胶性能并降低成本，得到符合实际使用要求的橡胶制品。

橡胶用的配合剂已有几千种，它们在橡胶中所起的作用也很复杂，不仅决定着硫化胶的物理机械性能和制品使用性能与寿命，也影响着胶料的工艺加工性能和半成品加工质量，同一种配合剂在不同的生胶中起的作用不一样，不同的配合剂在同一生胶中起的作用不同，甚至同一种配合剂在同一种橡胶中所起的作用也不止一个。因此，只能根据配合剂在橡胶中所起的主要作用，把它们分成硫化剂、硫化促进剂、硫化活性剂、防老剂、防焦剂、补强填充剂、软化增塑剂、其他专用配合剂等。

2.3.1 硫化剂

凡是能与橡胶发生硫化反应或使之交联的物质统称为硫化剂，又称为交联剂。

硫化剂种类很多，还在不断增加。已经使用的硫化剂有硫黄，硒，碲，含硫化合物，金属氧化物、过氧化物，树脂，醌胺类和胺类等。

自从发明橡胶的硫化方法以来，硫黄一直是天然橡胶和大多数二烯烃类通用合成橡胶的主要硫化剂，虽然后来许多新型硫化剂的出现对提高橡胶制品的性能起了显著的作用，但价格一般都较贵，故仍以硫黄为主。金属氧化物是氯丁橡胶的专用硫化剂，除硒、碲外，其他非硫化合物类硫化剂主要用于饱和性橡胶和特种合成橡胶硫化，最重要的是过氧化物。

1. 硫黄

橡胶工业使用的硫黄一般由含硫矿石经干馏、冷却结晶制得，也可从石油精制废气中分离出的硫化氢回收制得。经不同加工处理后制得的硫黄品种有如下几种。

粉末硫黄是块状硫黄经粉碎、脱酸处理后的硫黄粉末。其细度一般在200目以下，特殊可达600目左右，是橡胶工业中用量最多、使用最普遍的硫黄品种，适用于包括轮胎在内的绝大多数通用橡胶制品。

沉降硫黄，又称沉淀硫黄，是用稀酸使多硫化钙分解制得的沉淀物。其平均粒径为1 ~ 5 μm，在橡胶中分散性极好，适用于高级橡胶制品、胶布和乳胶薄膜制品。

胶体硫黄又称高分散性硫黄，是将硫黄粉或沉淀硫黄与分散剂一起于球磨机或胶体磨中研磨制成的糊状物，再经干燥、粉碎后制成。其表面有胶体保护膜，平均粒径为1 ~ 3 μm。它主要用于乳胶制品。

不溶性硫黄又称弹性硫黄，是结晶硫黄熔体经急冷制成的透明弹性体链状高分子（聚合）硫黄。其在胶料中不易发生喷硫和焦烧，主要用于钢丝子午线轮胎等重要橡胶制品。

橡胶制品对硫黄的性能要求主要是纯度、粒度和酸度。杂质含量超过标准时应适当增加用量比例；粒度过细反易结团而不利于混炼和分散；酸度过大会迟延硫化，并易与其他组分作用产生气泡，这都会损害产品质量。

硫黄在胶料中先溶解，而后才能在硫化温度下发生硫化作用。硫黄在橡胶中的溶解度随生胶种类和温度不同而异，一般易溶于天然橡胶和丁苯橡胶，较难溶于顺丁橡胶和丁腈橡胶。其在天然橡胶中的溶解量与温度的关系如图 2.17 所示。

由图 2.17 可以看出，硫黄在橡胶中的溶解度随着温度升高而增加。当硫黄用量过多或温度降低时则形成过饱和的不稳定状态，过量的硫黄会迁移析出至橡胶表面形成结晶，这称为“喷霜”或“喷硫”。它不仅降低了胶料的混合质量，也损害胶料的黏着性能，故硫黄的用量应严格限制在规定范围以内。在软质硫化胶中的用量一般不超过生胶用量的3%，半硬质硫化胶一般在20% ~30%，硬质硫化胶中用量则大于30%。

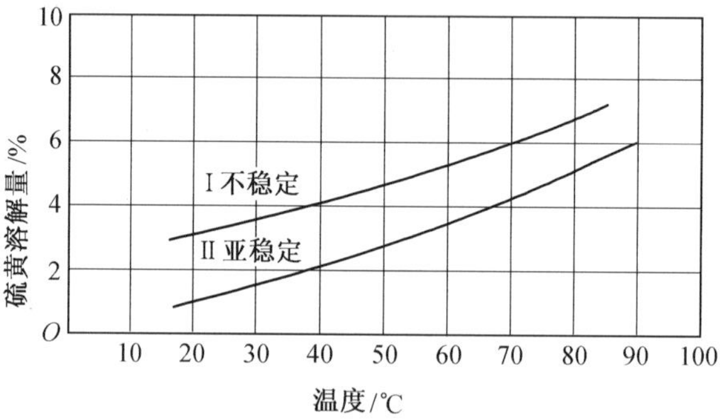

图 2.17　硫黄在天然橡胶中的溶解量和温度的关系

I—过饱和溶解量极限；II—饱和溶解量极限（溶解度曲线）

2. 含硫化合物

含硫化合物又称硫载体、给硫体，是分子中含有硫原子，在硫化温度下能释放出活性硫或含硫游离基使橡胶硫化的物质；也可与少量硫黄并用于橡胶的低硫硫化。其硫化胶的耐热性和弹性、抗压缩永久变形性都优于硫黄硫化胶。最常用的有以下两种类型：

秋兰姆类最常用的是四甲基秋兰姆二硫化物，商品名称为 TMTD，简称 T. T.，分子结构式为

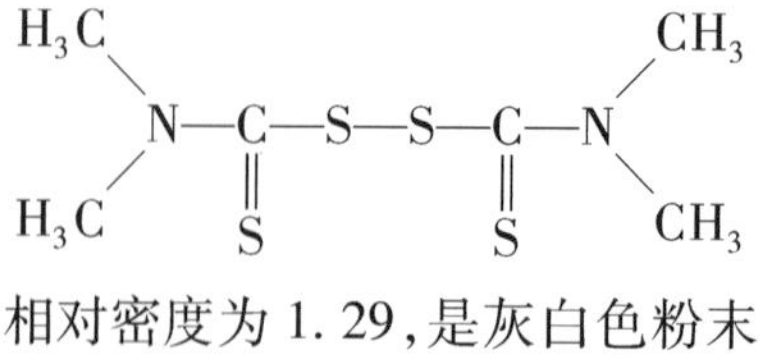
(2.23)

其纯品熔点为 147 ~148 ℃，相对密度为 1.29，是灰白色粉末。其有效硫含量约 13.3%，100 ℃时即分解生成游离基使橡胶硫化。单用做硫化剂时一般用量为 2.5 ~3.5 份，与硫黄并用时又是硫化的超速促进剂。

二硫代吗啡啉化学名称为 N,N′-二硫代二吗啉,分子的化学结构式为

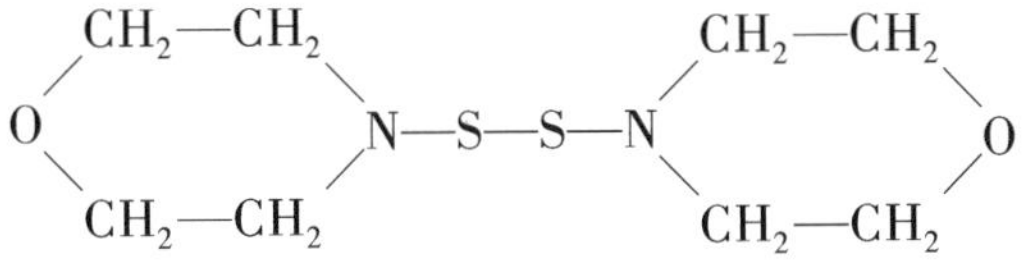

(2.24)

商品名称为 DTDM 或硫化剂 R。它是白色或淡黄色粉末,有效硫含量约为 27.2%,单独使用时硫化速度慢,与促进剂并用可提高硫化速度。DTDM 是比 TMTD 更为理想的硫化剂,在胶料中不喷出,不污染,分散性更好,硫化胶物性更优越。做硫化剂时用量为 1~3 份。

3. 非硫黄类硫化剂

非硫黄类硫化剂主要是金属氧化物、有机过氧化物和树脂类,前两者更重要。金属氧化物类硫化剂主要用于氯丁橡胶的硫化剂,也用于其他某些含氯原子的橡胶和羧基类橡胶等,如氯醚橡胶和氯化丁基橡胶等。常用的金属氧化物有氧化锌、氧化镁、一氧化铅和四氧化铅等,但很少单独使用,多是两种以上并用或与其他助剂配合使用。例如 G 型氯丁橡胶并用 4 份氧化镁(MgO)和 5 份氧化锌(ZnO),不用促进剂即能硫化。W 型氯丁胶除使用金属氧化物外,还必须用促进剂 NA-22 才能硫化。

过氧化物类硫化剂以有机过氧化物最重要。除丁基橡胶和氯磺化聚乙烯橡胶不能用之外,大部分橡胶,包括不饱和的和饱和的碳链橡胶和杂链橡胶在内都可采用。它又分含羧基与不含羧基两种类型,最常用的无羧基过氧化物硫化剂有过氧化二异丙苯(商品名称 DCP),有羧基过氧化物为过氧化苯甲酰(BPO)。DCP 分解温度较高(110~130 ℃)且对酸性物质敏感,使硫化受到影响;BPO 对酸性物质敏感性小,但分解温度低,有炭黑时硫化。DCP 的化学结构式为

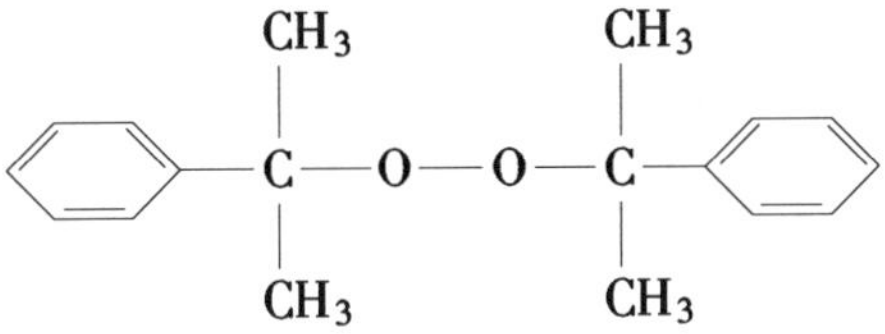

(2.25)

DCP 又名二枯基过氧、二枯茗过氧,常用于耐热、抗压缩变形、透明、白色制品硫化。硫化后副产物不易挥发,有强烈气味。1 min 半衰期温度为 171 ℃,10 h 半衰期的温度为 117 ℃。半衰期是当过氧化物分解时,浓度减少至原来一半所需的时间。用过氧化物硫化,其用量和交联效率随橡胶结构而异。DCP 对丁苯橡胶的交联效率为 12.5,对顺丁橡胶为 10.5,对天然橡胶、丁腈橡胶及三元乙丙橡胶为 1,对氯丁橡胶为 0.5。实践证明,对交联效率在 10 以上的丁苯橡胶和顺丁橡胶,DCP 用量在 0.005 mol 左右(即在 100 g 橡胶中,加入 0.005 mol 有效官能基为 1 的 DCP),对于交联效率为 1 的橡胶,DCP 用量在 0.008 mol左右。DCP 分子量为 270,所以在丁苯橡胶和顺丁橡胶中的用量是$270\times0.005=1.35$ 份,在天然橡胶中为 2.6 份。这是理论值,实际使用上应稍多一些。

BPO 的化学结构式为

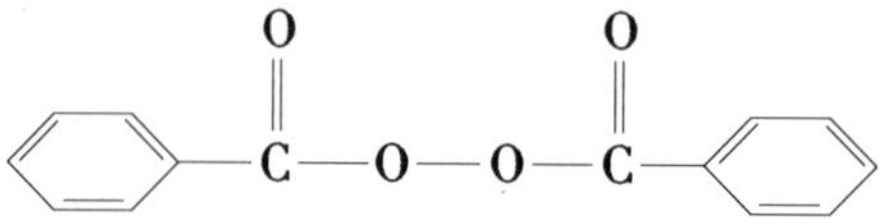

(2.26)

BPO 1 min 半衰期的温度为 133 ℃,10 h 半衰期的温度为 72 ℃。

树脂类硫化剂主要是一些热固性的烷基酚醛树脂和环氧树脂,最常见的是酚醛树脂用于丁基橡胶的硫化。用树脂做硫化剂能提高硫化胶的耐热老化和耐屈挠性能。

2.3.2 硫化促进剂

凡在胶料中能加快硫化反应速度,缩短硫化时间,降低硫化温度,减少硫化剂用量,并能提高或改善硫化胶物理机械性能的物质统称为硫化促进剂,简称促进剂。

促进剂还可以提高硫化生产效率和硫化胶质量,使厚制品硫化程度均匀,并降低产品成本。

橡胶工业使用的促进剂品种很多,按其化学组成和性质可分为两大类:无机促进剂和有机促进剂。目前除了个别情况外,普遍采用的都是有机促进剂。其促进效果大,硫化特性好,硫化胶的物理机械性能优良,发展迅速,种类繁多。

根据促进剂分子的化学结构通常将其分为 8 大类:噻唑类、秋兰姆类、次磺酰胺类、胍类、二硫代氨基甲酸盐类、醛胺类、黄原酸盐类和硫脲类。

以促进剂 M 为标准又可分为超超速级、超速级、准超速级、中速级和慢速级几种类型。国际上习惯以促进剂 M(巯基苯并噻唑)为标准,凡硫化速度快于 M 者属于超速或超超速级,硫化速度低于 M 者属于中速或慢速级,硫化速度等于或接近 M 者属于准超速级。天然橡胶和多数合成橡胶所用促进剂均采用该分类法。

促进剂又可按酸碱性进行分类,凡本身为酸性或与硫化氢反应后生成酸性产物者为酸性促进剂,如噻唑类、秋兰姆类、二硫代氨基甲酸盐类和黄原酸盐类;本身为碱性或与硫化氢反应后的产物为碱性者为碱性促进剂,如胍类、醛胺类和胺类;两种条件下都显中性的为中性促进剂,如次磺酰胺类和硫脲类。这种分类法多在生产或促进剂并用的情况下采用。

促进剂并用体系中,其中应有一种促进剂是主要的,称为主促进剂,也称第一促进剂,而另一种或两种是辅助的,称为副促进剂,也称第二、第三促进剂。

各类促进剂的典型品种结构、特性如下。

1. 噻唑类

噻唑类促进剂是应用最早的品种,能赋予硫化胶良好的综合物理机械性能。硫化速度较快,平坦性好,适用于天然胶及多数合成胶,也适用于炭黑配合及所有的硫化方法,应用范围广泛,耗量最大,是最重要的通用型促进剂品种。但随着轮胎工业的发展,噻唑促进剂的消耗量将会降低,典型品种如下:

①硫醇基苯并噻唑商品名称为促进剂 M(MBT),其分子的化学结构式为

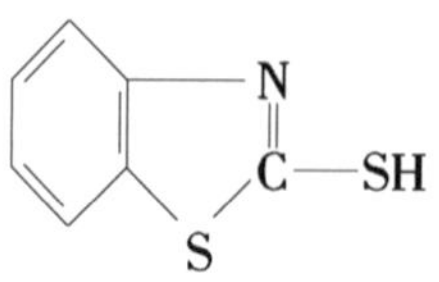

(2.27)

它为淡黄色粉末，味极苦，无毒，储藏稳定；临界温度 125 ℃，焦烧时间中等，用于炉黑时有焦烧可能；对不饱和橡胶有快速促进作用，硫化平坦性较好，对天然橡胶有增塑作用，对氯丁橡胶有防焦烧作用；在橡胶中易分散，不污染，但不适于食品用橡胶制品。一般用量范围为：做第一促进剂 1 ~1.5 份，做第二促进剂 0.2 ~0.5 份。

②二硫化二苯并噻唑商品名称为促进剂 DM. MBTS，化学结构式为

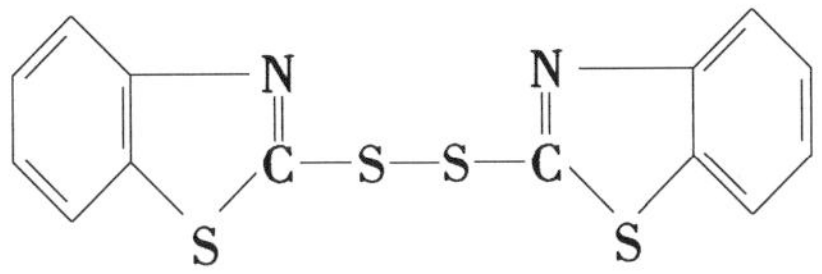

(2.28)

其主要特性和用途与 M 相似，但硫化临界温度较高，为 130 ~135 ℃，焦烧时间较长，硫化速度稍慢。一般用量范围在 0.5 ~2.0 份。

2. 秋兰姆类

秋兰姆类促进剂又分秋兰姆一硫化物、二硫化物和多硫化物三种类型。二硫化物和多硫化物还可用做给硫体硫化剂。

秋兰姆类促进剂的硫化临界温度低，焦烧时间短，易焦烧；硫化速度快，硫化平坦性差，加工安全性差，故一般并用做噻唑类和次磺酰胺类促进剂的第二促进剂，以提高硫化速度。但在硫黄硫化丁基橡胶、三元乙丙橡胶中可用做第一促进剂。在无硫和低硫配合时具有焦烧倾向小，硫化平坦性好，硫化程度比较高，硫化胶耐热老化性、抗压缩变形性好，生热少。秋兰姆类促进剂适用于各种通用的硫化方法，并具有不污染不变色、无毒特点，适于白色、浅色和透明制品及接触食品类制品。其典型品种为四甲基秋兰姆二硫化物，分子结构式为

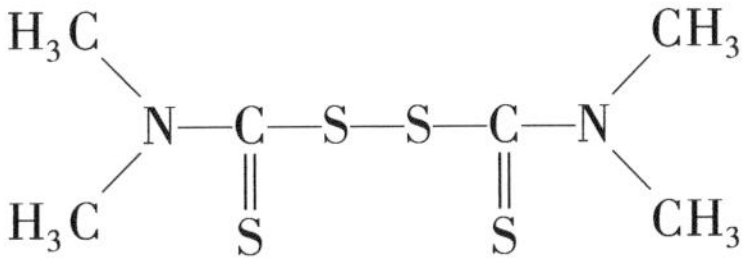

(2.29)

其商品名称为 TMTD，简称 T. T. 。它是白色或灰白色粉末，临界温度为 100 ℃。其用量范围为：一般与硫黄配合，做第一促进剂 0.3 ~0.5 份，做第二促进剂 0.1 份，合成橡胶可用 0.2 份，无硫配合时 3 ~3.5 份。

3. 次磺酰胺类

该类促进剂是促进剂 M 的衍生物，是硫化特性最理想的一类促进剂，具有独特的后效性，即焦烧时间长，硫化起点缓慢，硫化活性大，速度快，硫化平坦性也好，硫化安全；硫化胶结构均匀，硫化程度较高；综合物理机械性能好，尤耐老化性相当好等。它特别适用于大量填充炉法炭黑的合成胶以及现代化高温、快速加工生产，是各类促进剂中最主要的品种，也是今后重点开发的品种。目前最常使用的有 CZ，NOBS，NS，DZ 等。

①N-叔丁基-2-苯并噻唑基次磺酰胺，化学结构式为

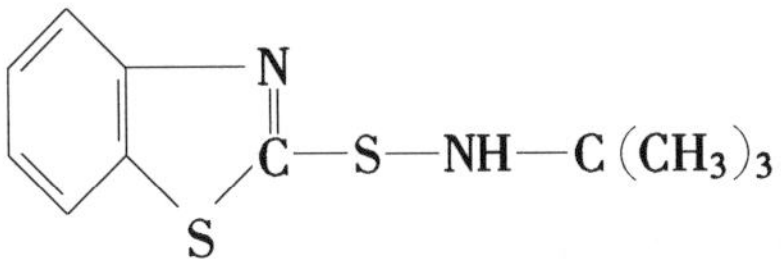

(2.30)

其商品名称为促进剂 NS,为淡黄褐色粉末,有特殊气味,性能与促进剂 CZ 相近。

②N-氧二乙撑-2-苯并噻唑基次磺酰胺,化学结构式为

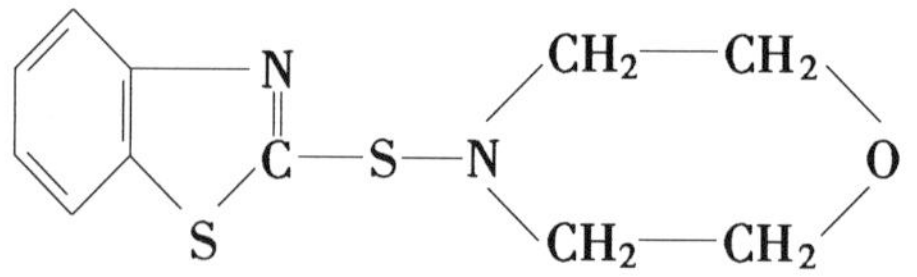

(2.31)

其商品名称为促进剂 NOBS,为淡黄色粉末,临界温度在 138 ℃以上,储存稳定期半年。其性能与 CZ 相近,但焦烧时间更长,在一般硫黄体系中的用量范围为 0.5 ~2.5 份。

③N-环己基-2-苯并噻唑基次磺酰胺,化学结构式为

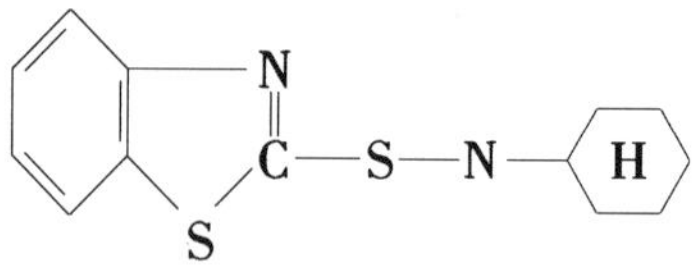

(2.32)

其商品名称为促进剂 CZ.CBS,为灰白或淡黄色粉末,临界温度为 138 ℃;稍有气味,无毒,相对密度为 1.31 ~1.34,储存稳定,不喷出;轻微变色,抗焦烧性强,硫化速度快,硫化胶耐老化性能优良;一般用量范围在 0.5 ~2.0 份。

④N,N-二环己基-2-苯并噻唑基次磺酰胺,化学结构式为

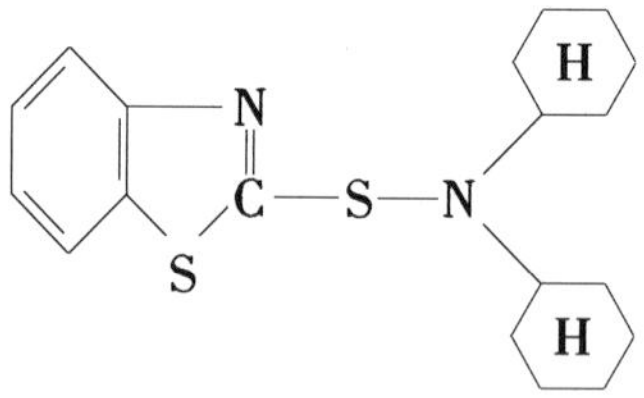

(2.33)

其商品名称为促进剂 DZ.DCBS,为黄棕色粉末,无臭,是抗焦烧性最好的促进剂品种,硫化平坦性与促进剂 CZ 相近;硫化胶物理机械性能,尤其是动态性能良好,能促进胶料与黄铜的黏合作用,特别适于钢丝子午线轮胎、胶带和减震制品;一般用量范围在 0.5 ~1.0 份(硫黄用量 2.5 份左右)。

⑤N,N-二异丙基-2-苯并噻唑基次磺酰胺,化学结构式为

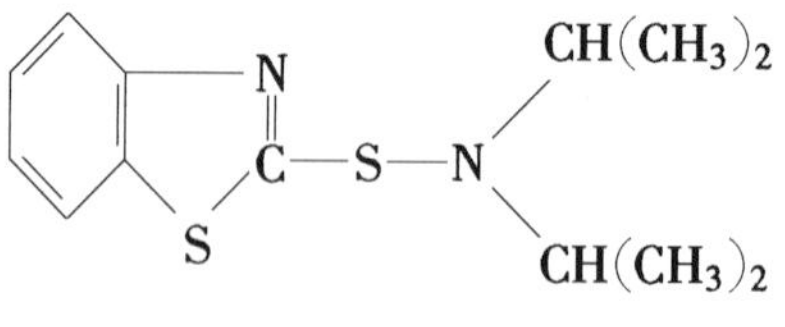

(2.34)

其商品名称为 SIBS,为淡黄或灰白色粉末,有特殊气味,性质与 NOBS 相近,但焦烧时间比 NOBS 长;用量范围为 0.4 ~1.5 份(S2.5 ~0.5 份)。

在天然橡胶中,各种次磺酰胺类促进剂的性能比较如下:

焦烧时间　CZ<NS<AZ<NOBS<DIBS<DZ

硫化速度　NS<CZ<AZ<NOBS<DIBS<DZ

其硫化曲线如图 2. 18 所示。

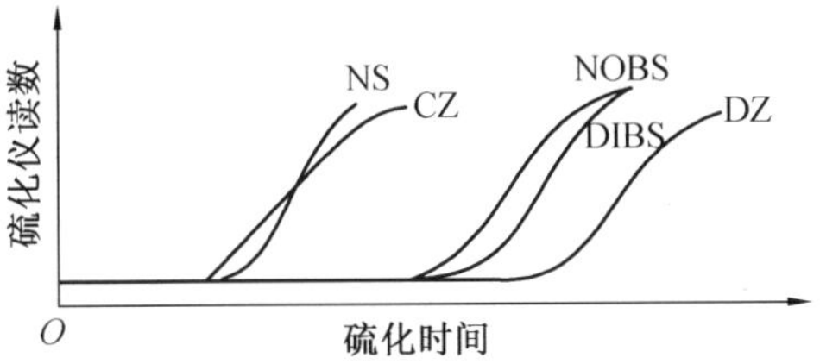

图 2. 18　几种次磺酰胺促进剂在天然橡胶中的硫化曲线

4. 胍类

胍类是目前用量最大的碱性促进剂。单用时硫化起步较晚，操作安全性大，混炼胶储存稳定性好，其焦烧时间与 NOBS 相近，但硫化速度仅为次磺酰胺类促进剂的$\frac{1}{2}$。其最大特点是硫化胶定伸应力和硬度高，耐热老化性能差，压缩变形大，易龟裂。故胍类促进剂一般不单独使用，常做第二促进剂与噻唑类和次磺酰胺类并用，起到很强的活化作用。适于胶板、鞋底、自行车外胎、工业制品及各种硫化方法生产，但不宜用于汽车胎面胶。胍类有污染性，光照后会变色；不适于白色和浅色制品，做第一促进剂时因硫化起点太慢而不能用于热空气硫化，适于硬质胶的缓慢硫化；质量均匀。

胍类促进剂的典型常用品种是二苯胍，其分子结构式为

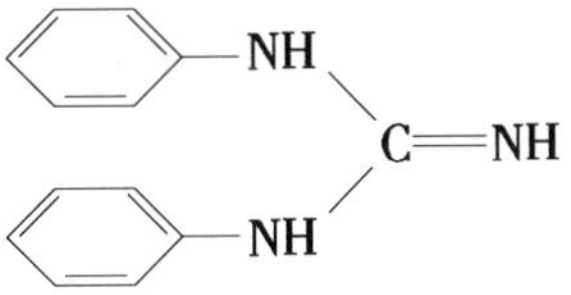

(2. 35)

其商品名称为促进剂 D、DPG，为白色粉末，无毒，临界温度为 141 ℃，用量为：第一促进剂 1 ~2 份，第二促进剂 0. 1 ~0. 5 份。

5. 二硫代氨基甲酸盐类

这类促进剂活性温度低，焦烧倾向大，硫化速度非常快，硫化平坦性很差，操作不安全，硫化条件不当很容易欠硫或过硫；使用得当，则硫化胶物理机械性能和耐老化性能优越，不污染。常用品种是其锌盐类，如促进剂 PZ、PX 和 EZ。

①二甲基二硫代氨基甲酸锌，化学结构式为

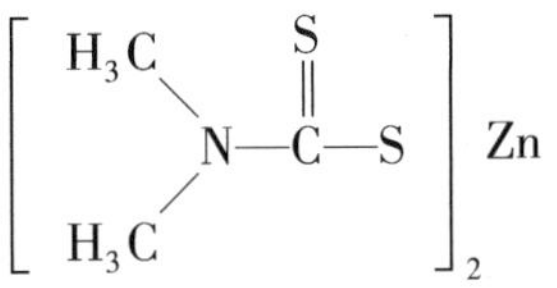

(2. 36)

其商品名称为促进剂 EZ、EDC，为白色粉末，无毒无味，不污染，接触皮肤易引起发炎；临界温度约为 100 ℃，低温下硫化活性和焦烧倾向大；硫化温度不宜超过 125 ℃，否则平坦性恶化，易过硫，做第一促进剂时特别适于热空气和蒸汽硫化，不适于模型硫化；多用于乳胶制品、胶布制品，室温硫化和冷硫化制品、食品用制品和浅色制品等。

②二乙基二硫代氨基甲酸锌，化学结构式为

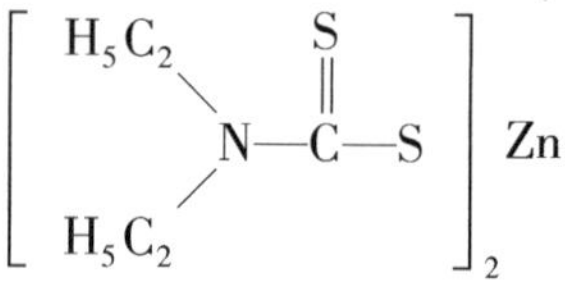

(2.37)

其商品名称为促进剂 EZ,EDC,为白色粉末,性质与 PZ 接近。

③乙基苯基二硫代氨基甲酸锌,化学结构式为

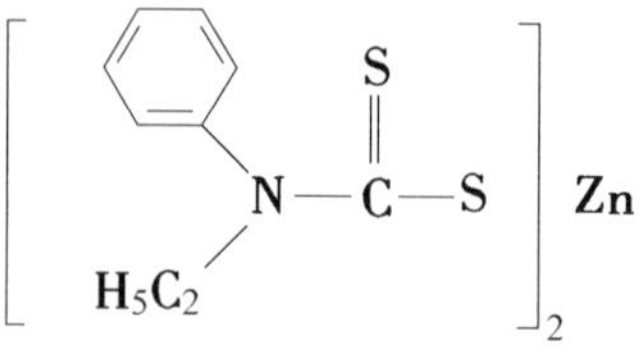

(2.38)

其商品名称为促进剂 PX,为淡黄色粉末,临界温度比 PZ 高,抗焦烧性稍好,性能与 PZ,EZ 相近。

6. 黄原酸盐类

黄原酸盐类促进剂比二硫代氨基甲酸盐类的促进效果还要大,但硫化平坦性差,一般不用于干胶胶料。适于乳胶制品和自然硫化胶浆。常用的品种为 ZBX 等。例如正丁基黄原酸锌,化学结构式为

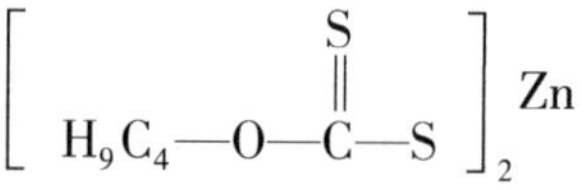

(2.39)

其商品名称为促进剂 ZBX,为白色粉末,无毒,有异味,不污染;储存温度应低于 10 ℃。

7. 醛胺类

醛胺类是脂肪族醛与胺或氨缩合产物。品种不同,其活性差别较大,从准超速级到慢速级都有,但总的来说是一类比较弱的促进剂。其焦烧时间不长,硫化平坦性较好,耐老化性较好,多用做第二促进剂与噻唑类、次磺酰胺类并用,与秋兰姆类并用可做第一促进剂。最常用的品种为促进剂 H、808 等。

①六甲基四胺(乌洛托品),化学结构式为

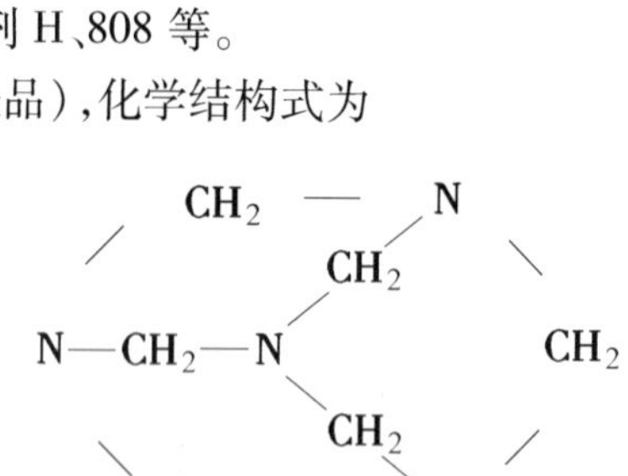

(2.40)

其商品名称为促进剂 H,为白色至淡黄色结晶粉末,味苦,几乎无臭,味甜,刺激皮肤,易燃,与空气混合易爆炸;临界温度为 140 ℃,硫化温度低时焦烧危险性小;氯化锌能增加其活性。炭黑、陶土有抑制作用,多用做第二促进剂。在胶料中不污染、不变色、不易分散,主要用于厚制品和透明制品。也可用做橡塑并用胶料的树脂催化剂,在酚醛塑料中应用较广。

②正丁醛和苯胺缩合物,化学结构式为

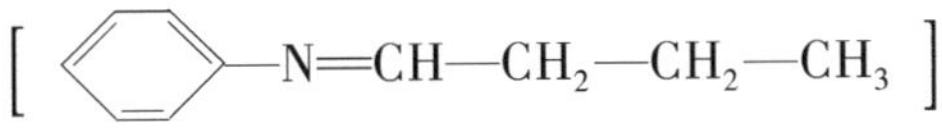

(2.41)

其商品名称为促进剂808,为棕红色或琥珀色黏稠油状液体,有特殊气味,储存过久色变深,但不影响促进效果。硫化平坦范围较宽,临界温度为120 ℃,最宜硫化温度为120~160 ℃。干胶分散良好,适用于含再生胶的胶料和硬质胶。

8.硫脲类

硫脲类促进剂的抗焦烧性能差,促进效果小,是一类专用于氯丁橡胶的促进剂,也适用于氯醚橡胶。最常用的品种为促进剂NA-22,其化学名称为1,2-亚乙基硫脲(2-硫醇基咪唑啉),化学结构式为

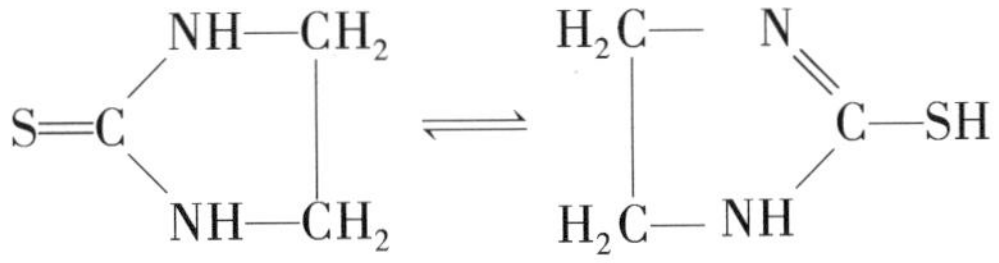

(2.42)

1,2 亚乙基硫脲　　2-硫醇基咪唑啉

其商品名称为促进剂NA-22、ETU等,为白色粉末,味苦,毒性中等;其粉尘与空气混合后有爆炸危险;在橡胶中容易分散,不污染,不变色;一般用量在0.25~1.5份;在W型氯丁橡胶耐水配方胶料中的用量为0.2~0.5份。

几种常用促进剂的门尼焦烧曲线如图2.19所示。

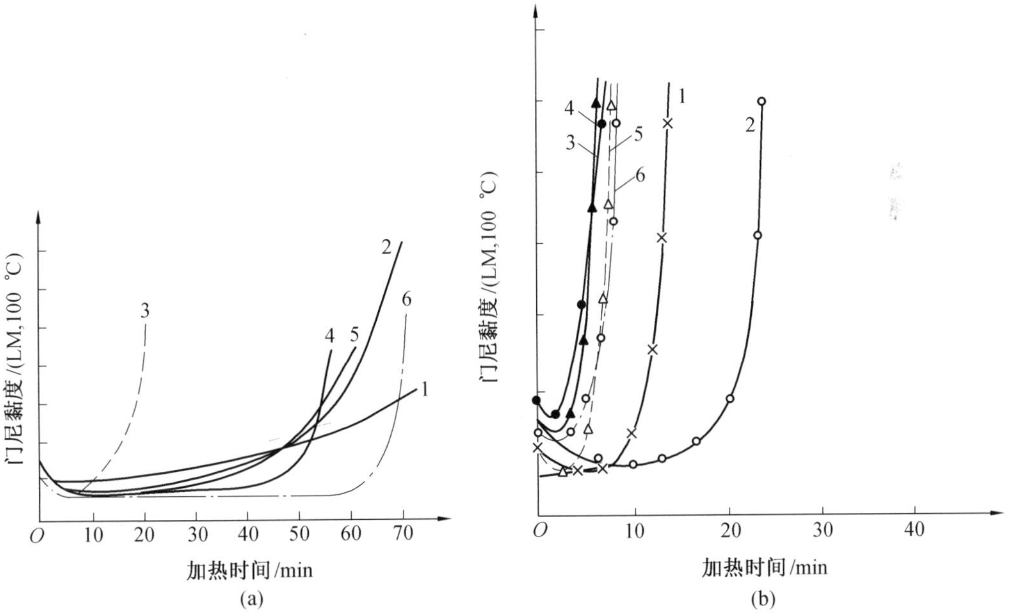

图2.19　几种常用促进剂的门尼焦烧曲线

(a)1—促进剂D;2—促进剂808;3—促进剂M;4—促进剂DM;5—促进剂MZ;6—促进剂CZ

(b)1—促进剂TMTD;2—促进剂TMTM;3—促进剂PZ;4—促进剂ZDC;
5—促进剂BZ;6—促进剂PX

9. 促进剂新品种

①三嗪类促进剂,其最重要的品种是双(2-乙基胺基-4-二乙基胺基-三嗪基-6)-二硫化物,其化学结构式为

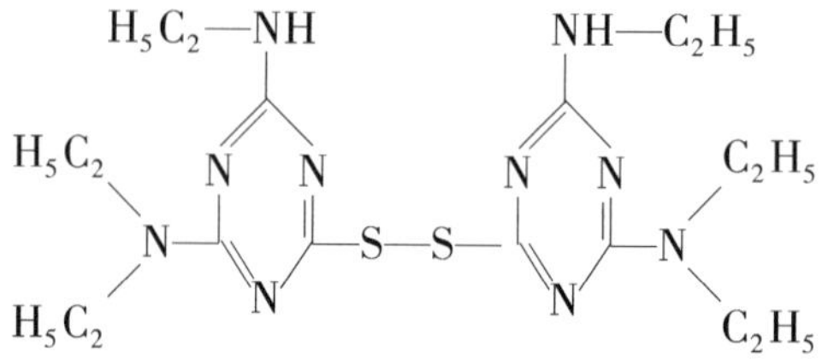

(2.43)

该产品促进效果比一般促进剂大,硫化速度快且加工安全。在天然胶中硫化速度与 NOBS 相近,安全性介于 NOBS 和 CZ 之间。在硫黄用量 1.5 ~2.35 份的天然橡胶中只用 0.3 份便可顶替 0.5 份次磺酰胺,能提高低硫配合胶料的抗返原性能。

②硫代氨基甲酰次磺酰胺,如 N-氧二乙撑硫代氨基甲酰-N-氧二乙撑次磺酰胺,化学结构式为

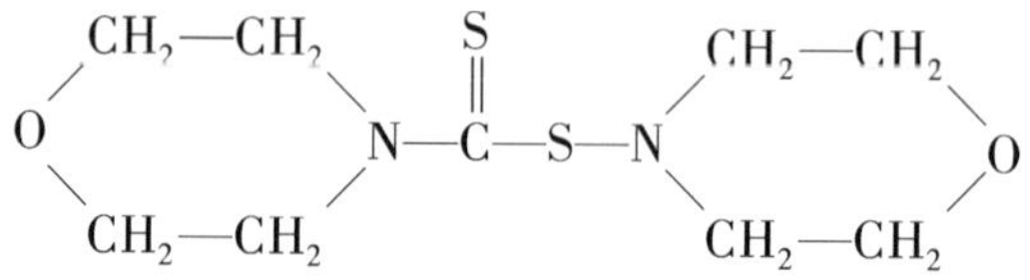

(2.44)

该产品硫化速度快,安全性高,用量 0.67 份即超过 1 份次磺酰胺的硫化速度。149 ℃以上活性非常大,在 149 ℃以下可并用少量 NOBS、M 或 DM。

③硫磷酰促进剂,为双(二乙基硫磷酰基)三硫化物,化学结构式为

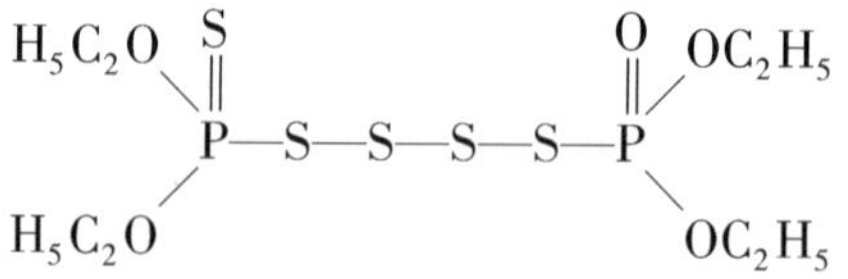

(2.45)

其在天然橡胶中可用做给硫体代替硫黄使用,硫化胶耐热性好,并改善硫化耐压缩变形性和高温下抗返原性;也是三元乙丙胶的优异的促进剂,硫化速度快,操作安全,不喷出,耐热、耐压缩变形性好。

2.3.3 活性剂

硫化活性剂简称活性剂、活化剂、助促进剂。它参与橡胶的硫化反应,提高促进剂活性并充分发挥其效能,减少促进剂用量,既能提高硫化速度,又提高交联程度,影响交联结构,改善硫化胶物理机械性能。

橡胶用硫化活性剂种类很多,分为无机物和有机物两类。最常用的是氧化锌和硬脂酸并用,用量分别为 3 ~5 份和 1.5 ~2.0 份。氧化锌对天然橡胶还有一定补强作用。硬脂酸对胶料还有软化增塑作用,帮助炭黑的混合分散。

2.3.4 防焦剂

防焦剂是能防止胶料加工和储存时产生焦烧现象,又不影响硫化速度的物质。其主要种类有有机酸类、亚硝基类和硫代亚胺类等化合物,目前最广泛使用的是后两种。其典型品种如下:

①N-亚硝基二苯胺，结构式为

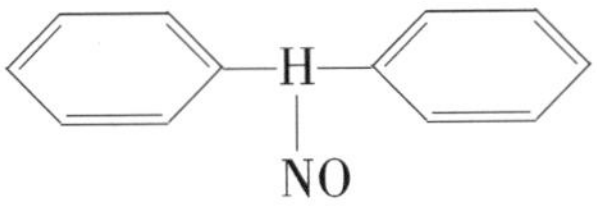

(2.46)

其商品名称为防焦剂 NA\NDPA，是天然橡胶及通用合成橡胶（不包括丁基橡胶）的有效防焦剂，并能使已经焦烧的胶料再塑化，对含胍类和次磺酰胺类促进剂的胶料特别有效，对含醛胺类促进剂胶料作用不大。不适于秋兰姆无硫硫化胶料，但对含炉黑胶料有特殊防焦作用，一般加工温度下易分散，不喷出。遇光严重变色，不适于白色胶料和热空气硫化；一般用量 0.3～1.0 份，做再塑化剂时为 1 份左右。

②N-环己基硫代邻苯二甲酰亚胺，结构式为

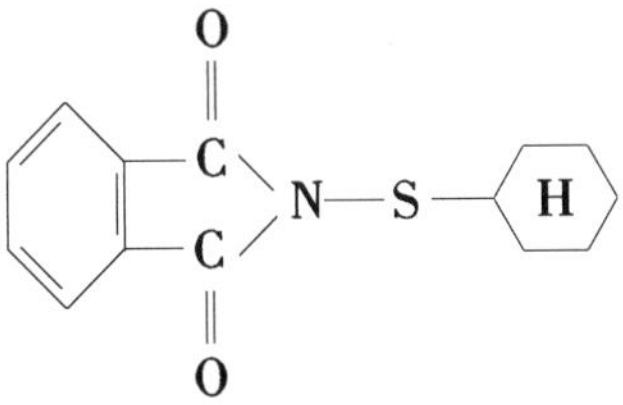

(2.47)

其商品名称为防焦剂 CTP、PVI，这是一种新型的高效、低毒防焦剂，对所有含硫黄的二烯类和低不饱和的橡胶均有良好防焦烧效果，对次磺酰胺类促进剂硫化体系效果更好，对各种硫黄硫化体系均有效。其用量少，通常为 0.1～0.5 份，且效果随用量而增加，能保证胶料高温下的加工安全。

2.3.5 防老剂

橡胶及其制品在储存和使用过程中，因受各种外界因素的作用，如热、氧、臭氧、变价、金属离子、机械力、光、高能射线、化学物质及霉菌等的作用，其弹性、物理机械性能和使用性能会逐渐下降，逐渐丧失弹性和使用价值，这种现象称为老化。为延长制品的使用寿命，必须在橡胶中加入某些物质来抑制或延缓橡胶的老化过程，这些特质统称为橡胶的防老剂。

防老剂种类繁多，按防护原理分为物理防老剂、化学防老剂和反应型防老剂；按防护作用分为抗氧剂、抗臭氧剂、屈挠龟裂抑制剂、有害金属抑制剂、紫外线吸收剂等。

1. 物理防老剂

物理防老剂是防护蜡，主要是由饱和直链烷烃组成的石蜡和饱和异构烷烃类地蜡。蜡类加入胶料后会喷出制品表面，形成一层保护性结晶膜，对静态使用的制品能有效地阻止臭氧老化。实际应用中以含少量石蜡的地蜡为好，但不适于动态使用条件。

2. 化学防老剂

化学防老剂是通过自身的化学作用阻止或抑制橡胶的老化破坏，它又分为胺类和酚类两大类。

(1)胺类

胺类防老剂使用最早，种类繁多，防护作用比酚类更优越、更全面；但污染、变色性大，不适于白色、浅色和透明性制品；有的还具有某些毒性，正趋于淘汰，如萘胺类。目前使用的种类除萘胺类之外还有酮胺类、醛胺类和芳胺类，其中以芳胺类中的对苯二胺类防老剂

最为重要，是目前重点发展的一类高效、多能、低毒型防老剂。主要品种有以下几种：

①N-苯基-N′-环己基对苯二胺，商品名称为防老剂 4010，CPPD。结构式为

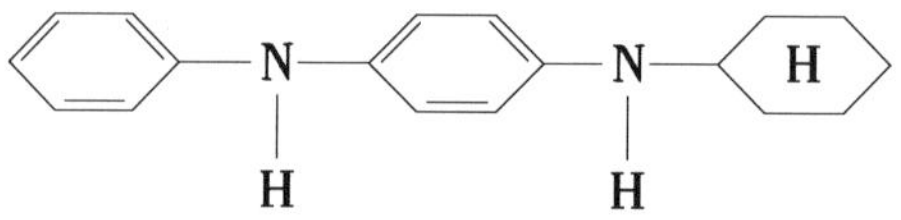

(2.48)

它为亮灰色粉末，对臭氧和屈挠疲劳老化防护效果卓越，对氧、热、有害金属、高能辐射也有显著的防护作用。其在胶料中分散性良好，但溶解度小，污染性大。一般用量为 0.15 ~ 1.0 份。

②N-苯基-N′异丙基-对苯二胺，商品名称为防老剂 4010NA，IPPD。结构式为

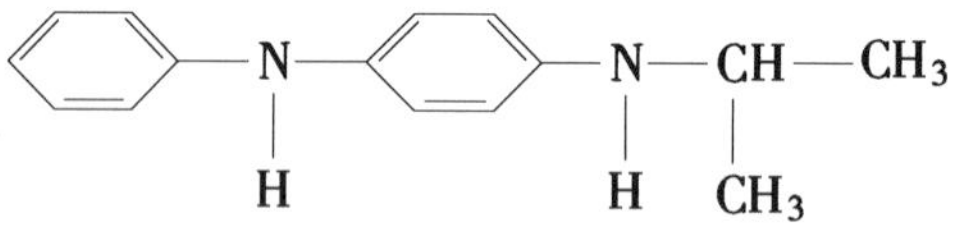

(2.49)

它为紫色粉末或片晶，防护效能优于 4010。其在胶料中易分散，溶解度人。用量：天然胶 2 ~ 3 份；合成胶 1 ~ 4 份。

③N′-苯基-N-(1,3-二甲基丁基)-对苯二胺，商品名称为防老剂 4020，DMBPPD，结构式为

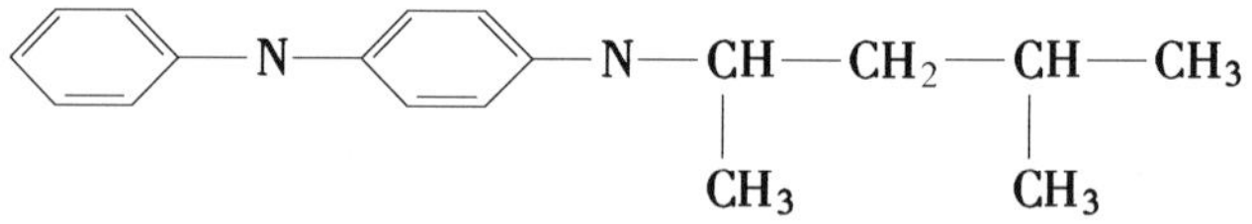

(2.50)

它为棕紫色颗粒或片状物，防护效能与 4010NA 相近，但对皮肤刺激性和毒性更小，被水的抽出性也更小。用量为 0.1 ~ 1.5 份，最高达 3 份。

④N，N′-二(β-萘基)-对苯二胺，商品名称为防老剂 DNP，DNPD，结构式为

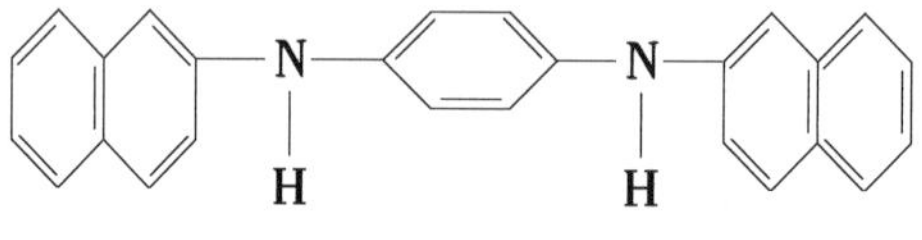

(2.51)

它为浅灰色粉末，对热氧、天候及有害金属老化防护效果优越，在胺类防老剂中污染性最小，但遇光及氧化剂会变红。

除以上品种外，酮胺类防老剂，如防老剂 AW(6-乙氧基-2,2,4-三甲基-1,2-二氢化喹啉)和防老剂 RD(2,2,4-三甲基-1,2-二氢化喹啉聚合物)也是防护效果优越的胺类防老剂。

(2)酚类

酚类防老剂的防护效果不如胺类，但最大特点是不污染，不变色，特别适于白色、浅色制品。常用的品种有防老剂 264，2246 和 2246-5 等。

(3)反应性防老剂

反应性防老剂是与橡胶大分子或其交联网络发生化学键合的不能迁移、挥发和被抽

出的防老剂,故防护效果持久。它又分加工反应型和高分子防老剂两种类型。

①加工反应型防老剂在混炼时加入,硫化时与橡胶反应而结合到硫化胶网络中。主要品种有芳香族亚硝基化合物,如对亚硝基二苯胺(NDPA)和N,N-二乙基对亚硝基苯胺(DENA)等。前者防护效果最好,其结构式为

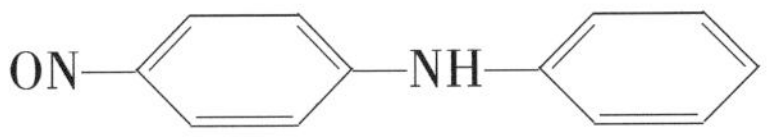

(2.52)

②高分子防老剂是胺类、酚类防老剂与液体橡胶或环氧聚合物的化学接枝物,如BAO-1,BAO-2。BAO-1是对氨基二苯胺与环氧化生胶的接枝物,结构式为

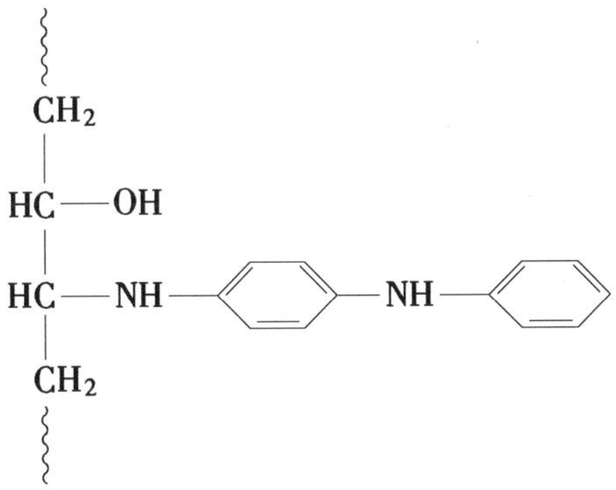

(2.53)

BAO-2是β-萘胺与环氧化生胶接枝物,结构式为

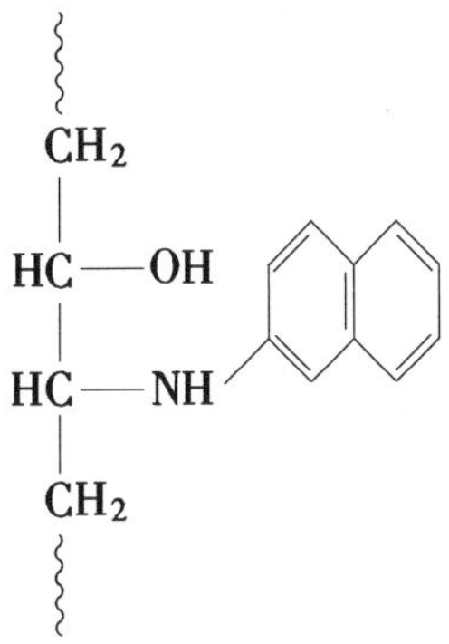

(2.54)

这两种防老剂分子中均有仲胺基和羟基,故有自发协同抗氧效果,优于一般防老剂。

2.3.6 补强填充剂

有些配合剂在胶料中主要是能显著提高硫化胶的物理机械性能,如拉伸强度、耐撕裂强度和耐磨耗强度等。这就是补强作用,因而称其为补强剂。有些则主要是增加胶料的容积,以节约生胶和降低成本,故称其为增容剂或填充剂。补强剂也有增容或填充作用,填充剂也有一定补强作用,二者没有严格界限,故也将其统称为填料。除了对胶料具有补强和填充作用之外,填料还能改善胶料的某些工艺加工性能。具体依种类而定。

橡胶用填料种类极为繁多,依其化学组成和形状可分为三大类:粉粒状填料、树脂类填料和纤维类填料。其中以粉粒状填料应用最广泛,品种最多,如炭黑、白炭黑和其他矿物类等。树脂类填料主要有改性酚醛树脂、高苯乙烯树脂和木质素等,属于新型补强性填

料。纤维类填料主要有石棉、玻璃纤维和有机纤维类的各种短纤维也是大有前途的新型补强填料。这里只重点介绍炭黑和白炭黑。

1. 炭黑

炭黑是橡胶工业中最重要的补强性填料,它能赋予硫化胶一系列优异性能,其总产量的90% ~ 95%用于橡胶工业,故橡胶工业离不开炭黑。

(1)炭黑种类

炭黑是烃类物质经高温不完全燃烧裂解而生成的物质。其种类很多,仅橡胶工业使用的就有几十种,但至今还没有一种能全面反映炭黑性能的分类方法。习惯上主要按炭黑的制造方法,再辅以制造时所用的原料、炭黑的性质及其在胶料中的作用进行分类和命名。

按制法和使用特点将现有炭黑分为三类:接触法炭黑,炉法炭黑和热解法炭黑。接触法炭黑包括槽法炭黑、滚筒法炭黑和圆盘法炭黑;炉法炭黑包括气炉法炭黑、油炉法炭黑、油法炭黑和灯烟炭黑、新工艺炭黑;热解法炭黑包括热裂法炭黑和乙炔炭黑。按 ASTM 系统类炭黑名称由四个符号组成,第一个符号有 N 和 M 两种,N 表示硫化速度正常的炉法炭黑,M 表示硫化速度慢的槽法炭黑或改性炉法炭黑,后面是三位数字符号,第 1 位数字表示炭黑粒径小范围,由 0 ~ 9,越大表示粒径越大。末两位数字符号任选,如 S315,N330,N339 等。各炭黑的粒径范围与 ASTM 分组号(第一位数字符号)见表 2.6。

表 2.6 橡胶用炭黑的种类和粒径范围

分组号(第一位数字)	粒径范围/mm	炭黑名称	英文名缩写
0	1 ~ 10	—	—
1	11 ~ 19	超耐磨炉黑	SAF
2	20 ~ 25	中超耐磨炉黑	ISAF
3	26 ~ 30	高耐磨炉黑、易混槽黑、可混槽黑	HAF、EPC、MPC
4	31 ~ 39	细粒子炉黑	FF
5	40 ~ 48	快压出炉黑	FEF
6	49 ~ 60	通用炉黑、高定伸炉黑	GPF、HMF
7	61 ~ 100	半补强炉黑	SRF
8	101 ~ 200	细粒子热裂法炭黑	FT
9	201 ~ 500	中粒子热裂法炭黑	MT

槽法炭黑产率低,原料缺乏且价格贵,产量也很少,不适于合成橡胶使用,但对天然橡胶补强效果良好,加工安全,仍占一定位置。与粒径相同的炉法炭黑相比,用槽法炭黑补强的硫化胶具有较高的拉伸强度和伸长率,抗撕裂性和抗切割性也很好,多用于以天然橡胶为主要原料的大型轮胎及越野胎的胎面胶以及其他高质量的工业制品中,此外还可作为着色剂用于油墨、涂料及塑料中。

炉法炭黑原料丰富,适于合成橡胶使用,是现有品种最多,使用最广泛的炭黑。大部分属于补强性高的硬质炭黑,少数属补强性较差的软质炭黑。新工艺炭黑价格低,补强性好,工艺加工性能优,是最受注目的开发品种。

(2)炭黑的组成、结构与形态

炭黑的主要成分是元素碳,含量在90%～99%;还含有0.1%～0.7%的氢,1%～4%的氧和少量硫等杂质。这些元素主要在炭黑粒子表面生成各种基团与活性氢原子。槽黑含氧量多呈酸性,炉黑含氧量较少,呈碱性。

根据X射线衍射法测知,炭黑中的碳原子是以共价键互相结合组成正六边形平面网格,称层面。每一个层面约含有100个碳原子,3～5个这样的层面层叠生成类石墨型微晶体,但微晶体中层面之间排列不如石墨晶体那样平行整齐,而是有扭转和平移,称为乱层结构。相邻两层面的碳原子之间以共价键相结合,层面边缘碳原子有剩余价和化学基团,如图2.20(a)所示。

炭黑粒子就是由类石墨微晶沿同一个中心周围旋转取向排列形成的"同心旋转石墨层向区域",如图2.20(b)所示。实际的炭黑形态是单一的准晶体石墨单元,它是一个或多个同旋转取向的区域由共有微晶体连成一个整体,如图2.20(c)所示。越靠近表层,微晶排列越规整,与表面平行,越往里越无秩序,这种基本单元就是炭黑的一次结构,或称聚结体、聚集体、聚熔体、永久结构。其在三度空间上的链枝状伸展程度越大,则称为一次结构性越高。每个单元都有其独特的外形,没有两个单元的外形完全相同。依其单元形态可分为三大类八小类,如图2.20所示。

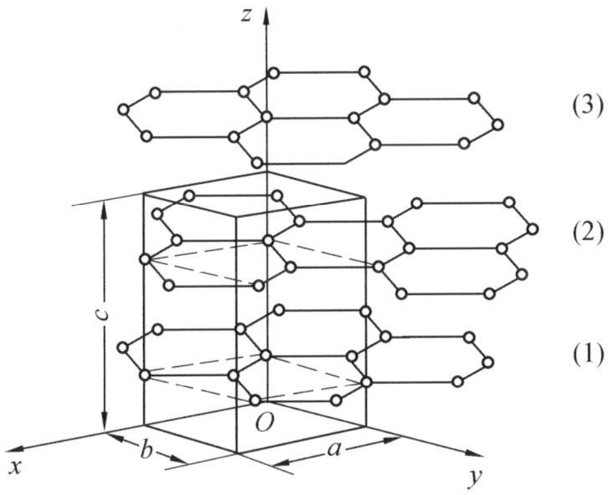

(a) 炭黑层面与微晶结构

(b) 旋转石墨层取向区域

(c) 炭黑一次结构(准晶体石墨单元)

图2.20　炭黑结构与形态示意图

①球形。

②椭球形，其中又分三小类。

③纤维形，又分为四小类：纤维1类是单轴线的，纤维2类是分支单轴线的，纤维3类是多轴线或有高度卷圈外形的，纤维4类是非线性的。

每一种炭黑或多或少都有这八类形态，但具体含量比例各有差别，见表2.7。

表2.7 炭黑单元形态分类的频率 %

炭黑	球形	椭球形			纤维形			
		1	2	3	1	2	3	4
HAF-H(N347)	1.4	1.6	14.2	11.3	5.5	33.4	12.2	19.8
HAF(N330)	8.6	5.8	23.4	8.4	5.3	26.5	7.5	14.5
HAF-1S(N327)	15.4	7.5	40.7	11.1	8.2	14.2	0.7	1.9
导电炭黑(N473)	2.5	1.5	16.1	3.4	30.7	21.2	4.7	19.7
MT(N907)	85.5	10.3	3.8	0.2	0.2	0	0	0

(3)炭黑的基本性质

炭黑的基本性质包括以下3个方面：

①炭黑的粒径与比表面积。炭黑粒子的平均直径在一至数百nm范围，依种类不同而异。粒径越小，细度越大，单位质量炭黑所具有的表面积(比表面积m^2/g)越大，与生胶混炼所需要的时间越长，生热量也越多，但对橡胶的补强效果也越大。

②炭黑的结构性。主要是一次结构。结构性越高，混炼时吃粉越慢，但吃粉后的进一步分散越快，胶料的压出速度也越快，压出膨胀率越小，对橡胶的补强效果也越大。炭黑的聚集形态如图2.21所示。

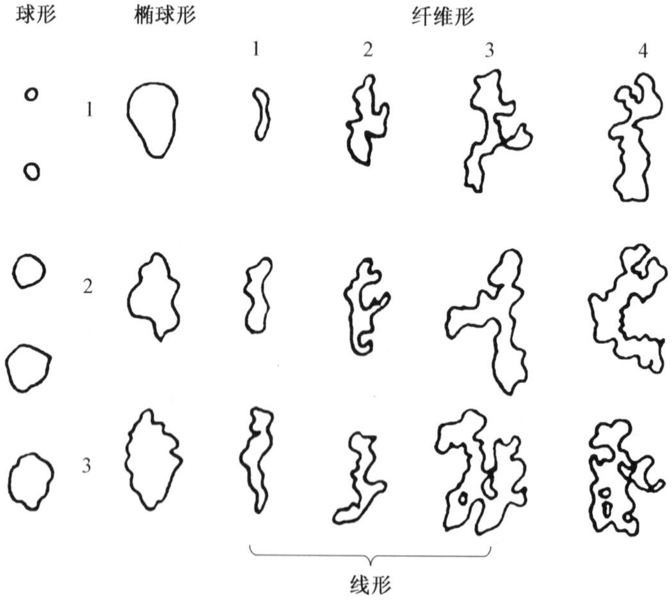

图2.21 炭黑聚集体形态分类

③炭黑的表面性质。包括炭黑粒子表面的粗糙度和化学性质。粒子表面的粗糙度高会降低炭黑的补强效果。炭黑层面边缘上的活性氢原子、未配对电子(剩余化合价)和含氧基团具有很高的化学活性,是炭黑具有补强作用的直接原因,其中最重要的是层面边缘少数缺陷处的剩余价或称游离基,具有特别大的能量。但含氧基团多者,炭黑呈酸性,会减慢硫化速度,反之呈碱性,会加快硫化速度,选用时应注意。

(4)炭黑的补强机理

炭黑的补强机理:物理吸附、化学结合(见图2.22)。

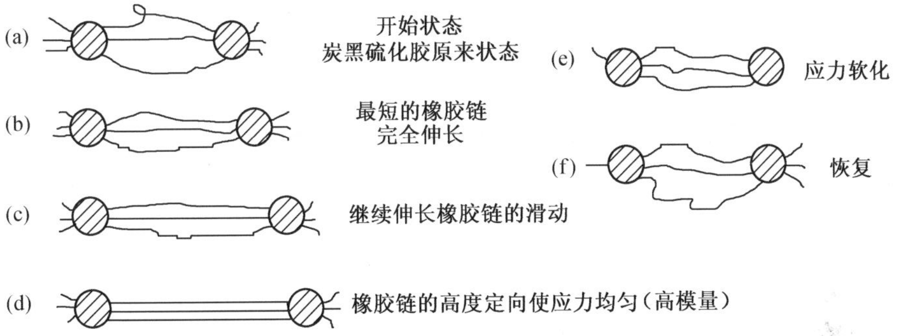

图2.22 滑动学补强机理机理示意图

物理吸附目前有如下解释:

①填料的补强作用是由于橡胶分子链在填料粒子表面上相互作用,形成了取向排列的二维状态所致。随着体系中补强填料粒子分散程度的提高,转变到粒子表面上这种取向的二维状态的橡胶量也增多,从而增大了整个被填充体系的机械强度。

②被吸附的炭黑粒子表面上的大分子链段有一定的活动能力,在应力作用下,炭黑粒子表面上吸附的链能够发生滑动现象,促使应力重新分布,阻止了因应力集中而引起的分子链断裂,从而提高了橡胶的断裂强度。

化学结合:

炭黑粒子表面的羧基团、苯酚基团、醌基团及炭黑粒子表面的多簇等,它们在混炼时,机械作用使炭黑粒子能够与大分子链段的自由基结合,生成不溶性的结合橡胶,提高了补强效果。

2. 白炭黑

白炭黑是最重要的补强性矿质填料,对橡胶的补强效果优于其他所有白色填料,仅次于炭黑。它是含硅类化合物,主要成分为二氧化硅(Silica),分子式为 $SiO_2 \cdot nH_2O$,是无定形粉状物,粒子大多在8 ~110 nm,当小于50 nm时补强性较高。按制法又分为沉淀法与气相法两种。

白炭黑能赋予硫化胶较高的拉伸强度、弹性、耐撕裂强度和耐热性,气相法白炭黑的补强效果优于沉淀法白炭黑,但价格高,永久变形大,使用有限。白炭黑是硅橡胶的优良补强剂,也适于天然橡胶及合成橡胶,用于白色、浅色制品。

3. 其他填料

橡胶工业使用的其他矿质填料主要还有陶土、碳酸钙、碳酸镁、硫酸钡、滑石粉等,种类很多，主要起增加体积、节约生胶、降低成本作用。近年来短纤维用于橡胶补强的开发工作发展也很快。

2.3.7 软化、增塑剂

软化、增塑剂是能降低胶料的黏度，提高其塑性流动性和黏着性，加快配合剂在胶料中的混合分散速度，减少生热和收缩变形，从而改善胶料的工艺加工性能的操作助剂。它还可降低硫化胶的硬度，提高弹性和耐寒性。

软化、增塑剂的种类繁多，按作用原理分为物理软化剂、物理增塑剂和化学增塑剂。

化学增塑剂是在生胶机械塑炼时参与大分子的力-化学反应，促进降解而增塑，故又称化学塑解剂。如苯硫酚和五氯硫酚及其锌盐类等。

物理软化剂如操作油、石蜡等适用于非极性橡胶，主要通过其分子对橡胶的溶胀和渗透作用，增加大分子间距离，减小相互作用力，提高分子链活动性和塑性。软化剂用量越多，这种稀释作用即增塑效果也越大，故良好的互溶性及活性基团之间产生的溶剂化作用有利于混合与增塑作用，如无溶剂化作用则与橡胶的互溶性差，用量有限，硫化后易喷出表面。

物理增塑剂如合成酯类适用于极性橡胶，通过增塑剂分子极性基团对大分子极性基的分割包围与隔离作用而使塑性增加，故增塑效果随增塑剂用量增加而增大。但二者极性差别不能太大，否则增塑效果差，也容易迁移析出，使制品加速硬化而失去使用价值。

按来源不同，软化与增塑剂可分为矿物油系（包括石油系和煤焦油系）、动植物油系（如脂肪油类和松焦油类）及合成物（酯类和液体聚合物）等几大类。

石油系软化剂增塑效果好，来源丰富，成本低廉，种类多，适用于各种通用型橡胶。常用的有各种操作油、重油、石蜡、凡士林、沥青和石油树脂等，是橡胶工业最常用的软化剂，有些品种如操作油还可用于增量剂降低成本。

动植物油系常用的有松香、松焦油、贴稀树脂、油膏及煤矿产品如煤焦油、古马隆树脂和煤沥青等。

合成酯类增塑剂有邻苯二甲酸酯类、磷酸酯类和脂肪族二烷基酸酯类等几大类。其用量一般为 10 ~ 30 份。用量多对物理机械性能损害加大。

液体聚合物软化剂主要有液体丁腈橡胶、液体聚丁二烯、半固态氯丁橡胶、氟蜡和聚丁烯，分别为用于丁腈橡胶、二元乙丙及顺丁橡胶、氯丁橡胶、氟橡胶和丁基橡胶的加工助剂。其用量一般为 10 ~ 30 份。

2.3.8 着色剂及其他专用配合剂

着色剂可使制品美观、目标醒目或隐蔽及蔽光防老化。其主要是各种颜料和染料等无机和有机类物质。有机着色剂着色力强，色泽鲜艳，但耐热性不如无机着色剂。

此外还有发泡剂、阻燃剂、溶剂、隔离剂、增黏剂、乳胶专用配合剂等。

2.4 橡胶配合剂的分离和分析

2.4.1 橡胶配合剂的分离方法

配合于硫化胶中的助剂种类繁多，其溶解性又不一致，因此分离起来比较困难。目前，多采用溶剂抽提法分离橡胶中的防老剂、促进剂、软化剂等有机助剂，对于生胶和未硫化的混炼胶样品，可以用甲醇沉淀法进行分离。为了确保尽可能完全、有效地分离，在制备试样时应将硫化胶在辊距很小的辊筒上辊轧 7 ~ 8 次，使之破碎，或者用剪刀剪成每边小于 1 mm 的条形试样，以便于溶剂抽出。目前常用的抽提器是索氏抽提器(见图 2.23)和快速抽提器(见图 2.24)。

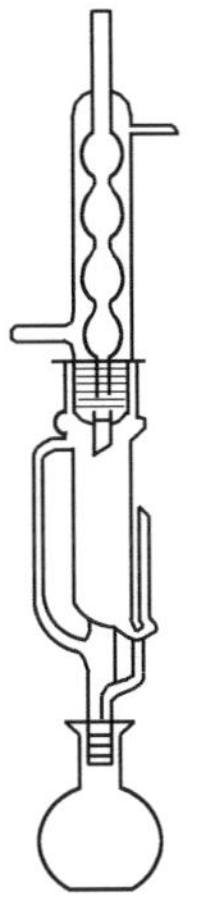

图 2.23　索氏抽提器

使用索氏抽提器时，称取剪成截面积约为 1 mm^2 的条形试样约 2 g (精确至 0.001 g)，装入用相应溶剂抽提过的滤纸筒(尼龙布袋、绸布袋、砂型坩埚均可)中，将滤纸筒放入虹吸杯，加入约为虹吸杯容积 1.5 倍(不超过接受瓶容积的 2/3)的溶剂于预先在(100±2)℃下烘至恒重的接受瓶内，安装好索氏抽提器，置于加热浴上加热，以 5 ~7 min 回流一次的速度，抽提(16±0.5)h。取下抽提器，在 100 ℃水浴上蒸发除去溶剂，接受瓶在(100±2)℃恒温箱中干燥。取出，置于干燥器中，冷却

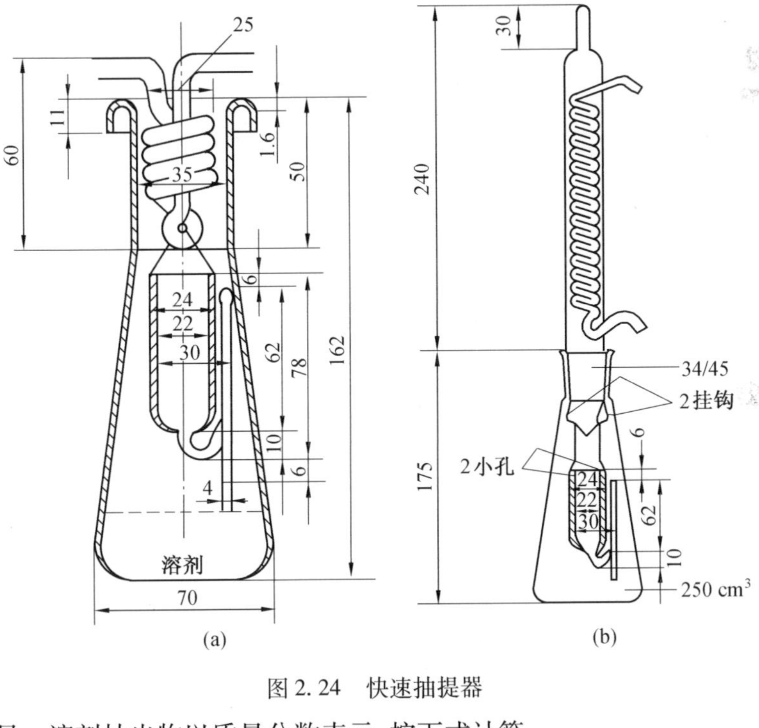

图 2.24　快速抽提器

至室温后称量。溶剂抽出物以质量分数表示，按下式计算

$$溶剂抽出物(\%)=\frac{m_1-m_2}{m}\times 100 \tag{2.55}$$

式中，m 为试样的质量，g；m_1 为接受瓶和抽出物的总质量，g；m_2 为接受瓶的质量，g。

使用快速抽提器时，称取剪成截面积为 1 mm^2 的条形试样约 2 g(精确至 0.001 g)，用相应溶剂抽提过的滤纸包好，放入虹吸杯中，在抽提器中注入 100 mL 溶剂，置于水浴上加热，回流抽提(6±0.5)h。取出滤纸包，将试样置于表面皿上晾干，将盛有试样的表面皿放入适当温度(根据不同抽提溶剂而定)的恒温烘箱中干燥 1 h 取出，置于干燥器中，冷却至

室温后称量。溶剂抽出物以质量分数表示,按下式计算

$$溶剂抽出物(\%)=\frac{m-m_3}{m}\times 100 \tag{2.56}$$

式中,m 为试样的质量,g;m_3为经抽提和干燥后试样的质量,g。

在实际应用中,可根据不同的橡胶品种和主要分离的对象来确定所使用的抽提溶剂和抽提程序,以下介绍几种分离方法。

(1)丙酮抽提法

使用丙酮做提溶剂,可抽出硫化胶中的游离硫黄、矿物油、石蜡、树脂、增塑剂、可溶于丙酮的防老剂和有机硫化促进剂或它们的分解物等。本法适用于天然橡胶、混炼胶、再生胶或硫化的天然橡胶、异戊二烯橡胶、聚丁二烯橡胶和丁苯橡胶制品。

(2)氯仿抽提法

将用丙酮抽提后的橡胶试料在烧瓶中以 50~70 mL 的氯仿抽提 4 h(硬橡胶及总硫黄含 10% 以上的橡胶需 24 h),然后在蒸汽浴上浓缩,除去溶剂,再于(70±5)℃干燥 2 h,冷却后称重。抽出物包括不被丙酮抽出的沥青、焦油、矿物油及少量的橡胶烃。该抽提法不适用于生胶、未硫化胶及再生胶。

(3)全抽提法

以丙酮和氯仿的混合溶剂(体积比为 30∶68)进行抽提,效果等于两者单独使用时的加和,抽提过程与上同。

(4)氢氧化钾-乙醇溶液抽提法

氯仿抽提或全抽提后的试料干燥除去溶剂后,置于 200 mL 锥形瓶中,加入 50 mL 1 mol/L的氢氧化钾乙醇溶液,回流 4 h(硬橡胶需要 16 h 以上)。过滤抽提液,滤液收集于250 mL 的烧杯中,分别用25 mL 热乙醇洗涤3 次,用25 mL 沸水洗涤3 次,并用盐酸溶液调节使溶液呈酸性(以刚果红为指示剂),再以 25 mL 乙醚提取,用水将抽提液洗至不呈酸性后,通过预先洗净的吸附棉过滤之,收集滤液,蒸除溶剂,并于(100±5)℃干燥至恒重。该抽提法可将试样中不溶于丙酮和三氯甲烷的硫化油膏、氧化油等皂化,再将皂化物转变为脂肪酸,用重量法测定。该法适用于天然橡胶、聚丁二烯橡胶、丁苯橡胶和异戊二烯橡胶中皂类、脂肪油、氧化油等含量的测定。

(5)非皂化物的抽提法

丙酮抽出物中含有蜡状烃或矿物油之类的非皂化物,其分离方法为:向丙酮抽出物中(抽提 2 g 试料)加入 50 mL 1 mol/L的氢氧化钾乙醇溶液,在蒸汽浴上回流 2 h 后,加入100 mL 水,以 25 mL 乙醚抽提。水层用乙醚洗涤 4 次,合并洗涤液和乙醚层;用水洗涤此乙醚溶液至洗涤水不呈碱性;蒸出乙醚,于(100±5)℃干燥至恒重。

蜡状烃的分离过程是向非皂化物中加入 50 mL 无水乙醇,在蒸汽浴上加热 30 min 后,将烧瓶放入冰盐水冷至 5 ℃,放置 1 h,以滤纸过滤,滤渣用冷却至 5 ℃以下的乙醇洗净,滤液供矿物油的定量用。滤渣再溶解于热氯仿中,倒入 100~150 mL 烧杯中,浓缩、干燥、称量。

上述滤液层浓缩后加入 25 mL 四氯化碳,倒入分液漏斗中,以硫酸反复洗至酸的着色消失后再加水洗涤。为了在水层上方形成清晰的乙醚和四氯化碳层,需加入充足的乙醚,

水洗反复进行到乙醚层不呈酸性为止,将乙醚层移放到烧瓶中,在蒸汽浴上以不沸腾的状态和空气流通下浓缩,于(100±5)℃下干燥。

抽提各种橡胶所用的溶剂见表2.8。

表2.8　抽提各种橡胶所用的溶剂

橡胶品种	硫化橡胶用溶剂	生胶和混炼胶用溶剂
天然橡胶	丙酮或丙酮-三氯甲烷混合溶剂	丙酮
顺丁橡胶		乙醇-甲苯混合溶剂②
丁苯橡胶、充油丁苯橡胶	丙酮或丙酮-三氯甲烷混合溶剂①	乙醇-甲苯混合溶剂
乙丙橡胶及上述橡胶的并用胶	丙酮或丙酮-三氯甲烷混合溶剂	—
氯丁橡胶	甲醇	异丙醇
丁腈橡胶	异丙醇	异丙醇
丁基橡胶	丁酮	丁酮

①丙酮-三氯甲烷混合溶剂:丙酮 + 三氯甲烷=32 + 68。

②乙醇-甲苯混合溶剂:无水乙醇+甲苯=70+30。

注:含沥青类的硫化橡胶试样必须使用混合溶剂,硫酸铝钾凝聚的生胶除外。

2.4.2　硫化剂的分离和分析

1. 硫的分离和测定

称取剪碎的试样20～30 mg,包在无灰滤纸中,夹在氧燃烧瓶的螺旋状铂丝中,以10 mL1%过氧化氢作为吸收液,通入氧气进行燃烧,待吸收完全后加热煮沸,取此溶液2 mL加入数滴100 g/L氯化钡溶液,如有白色沉淀(成浑浊)表示有硫存在。

2. 游离硫的分离和测定

橡胶中少量硫未与橡胶结合,成为游离状态的硫。游离硫用亚硫酸钠溶液抽出,以硫代硫酸钠的形式分离出来,用碘标准滴定溶液滴定所生成的硫代硫酸钠,从而换算出游离硫的含量。在丙酮抽提或全抽提的硫成分中,除含有元素硫黄外,还含有可溶性有机化合物中的硫。

称取1 mm^3以下的颗粒状试样2 g(称准至0.001 g),置于锥形瓶中,加入100 mL亚硫酸钠溶液(50 g/L)和4～5粒素烧瓷,以小漏斗覆盖,置于热浴上,在微沸状态下加热4 h。取出锥形瓶,加入100 mL氯化锶溶液(5 g/L)和10 mL乙酸镉溶液(30 g/L),摇匀后冷却至室温,用布氏漏斗抽滤(布氏漏斗上先铺一张滤纸,然后铺一层石棉,再铺一张滤纸。使用时只需经常更换上层滤纸,而石棉层可多次使用,不需更换)。以100 mL乙酸镉洗液(1.2 g/L)分3次洗涤,洗液与滤液合并于500 mL锥形瓶中,加入10 mL甲醛溶液、10 mL冰乙酸和5 mL淀粉溶液(10 g/L)。在冰浴或冰箱中将溶液冷至15 ℃以下,以0.05 mol/L碘标准滴定溶液滴定至溶液呈蓝色并在30 s内不褪色即为终点。同时做一空白实验,空白实验消耗的碘标准溶液不得超过0.3 mL。游离硫的质量分数按下式计算

$$\text{游离硫}(\%)=\frac{(V-V_0)\times c\times 0.032\,06}{m}\times 100 \qquad (2.57)$$

式中,V为试样消耗的碘标准滴定溶液的体积,mL;V_0为空白消耗的碘标准滴定溶液的体积,mL;c为碘标准滴定溶液的浓度,mol/L;m为试样质量,g。

3. 全硫量的测定

硫化橡胶中的硫，除游离硫以外，还有结合硫及有机化合物中的硫，全硫量可用氧瓶燃烧法测定（不包括无机硫化物和硫酸盐）。试样在以铂丝为催化剂的氧气中燃烧，其中烃类化合物的碳、氢及硫被氧化，硫的氧化物被过氧化氢溶液吸收转化成硫酸。以钍试剂为指示剂，用氯化钡标准滴定溶液滴定。

称取 0.02 ~0.04 g 试样（准确至 0.000 1 g），用无灰滤纸包好，夹在氧燃烧瓶的螺旋状铂丝中，瓶内加入 10 mL 过氧化氢吸收液（2%）。连接储氧钢瓶，通氧至少 30 s。当瓶中充满氧气后，点燃滤纸末端，迅速断开通氧系统，将瓶塞塞上，并用手压紧，瓶口用少量水密封，燃烧完后停放 2 h。瓶内应无黑灰残渣。

若吸收液中有干扰的阳离子（钙、镁、锌、锑、钡等），则将此溶液通过阳离子交换柱。溶液的流出速度以每秒 2 ~3 滴为宜。用 20 mL 水分 3 次洗涤瓶子，洗涤液均应通过交换柱，并与溶液收集于同一容器中。

加入一定量的乙醇（无水或95%乙醇均可），使溶液中醇含量为70% ~90%。加3 滴钍试剂（2 g/L），用 0.02 mol/L 氯化钡标准滴定溶液滴定至溶液中醇含量为70% ~90%。加 3 滴钍试剂（2 g/L），用 0.02 mol/L 氯化钡标准滴定溶液滴定至溶液由黄色变为稳定的粉红色即为终点。用相同条件做一空白实验。

全硫质量分数按下式计算

$$\text{全硫量}(\%)=\frac{(V-V_0)\times c\times 0.032\ 06}{m}\times 100 \tag{2.58}$$

式中，c 为氯化钡标准滴定溶液的浓度，mol/L；V 为试样消耗氯化钡标准滴定溶液的体积，mL；V_0为空白消耗氯化钡标准滴定溶液的体积，mL；m 为试样质量，g。

阳离子交换柱取一个端具有活塞的玻璃管，内径约为 10 mm，长约 250 mm，底部填充约 10 mm 厚的玻璃纤维，管中装入约 170 mm 高的处理好的阳离子交换树脂。

强酸性阳离子交换树脂处理合格后使用约 10 次需要再生。

再生方法：将 10 mL 2 mol/L 的盐酸溶液，以每秒 2 ~3 滴的速度通过树脂层，然后用水以较快的速度洗涤树脂层至无氯离子为止。

氯化钡标准滴定溶液的配制和标定：称取 5 g 氯化钡（$BaCl_2\cdot 2H_2O$）溶解于 1 L 蒸馏水中。称取 0.01 g 对氨基苯磺酸，准确至 0.000 1 g，按上述测定方法进行。氯化钡标准滴定溶液的浓度（mol/L）按下式计算

$$c(BaCl_2\cdot 2H_2O)=\frac{18.51\times m}{(V-V_0)\times 3.206} \tag{2.59}$$

式中，18.51 为对氨基苯磺酸中硫的含量，%；m 为对氨基苯磺酸的质量，g；V 为滴定对氨基苯磺酸消耗氯化钡标准滴定溶液的体积，mL；V_0为空白消耗氯化钡标准滴定溶液的体积，mL。

无灰滤纸：定量滤纸用 4 g/L 硝酸钾溶液浸湿并干燥，剪成旗形。

4. 非硫黄硫化剂的鉴定

（1）过氧化物的鉴定

有机过氧化物在交联过程中有些会被分解为苯乙酮、苯甲酸等产物，可以通过对分解

产物的鉴定来判断所添加的过氧化物的种类。

①苯乙酮的鉴定。利用酮能与2,4-二硝基苯肼反应生成黄色、橙色或红色2,4-二硝基苯腙沉淀的特性反应加以鉴别。取2 mL试样的丙酮抽提浓缩液于试管中,加1 mL 2,4-二硝基苯肼(50 mL 30%高氯酸中溶解1.2 g 2,4-二硝基苯肼,储于棕色瓶中),若溶液中出现特性现象,说明有苯乙酮存在,可能为异丙基过氧化物的热分解物。

②苯甲酸的鉴定。取1 mL试样的丙酮抽出浓缩液于试管中,加入少许固体钒酸铵,置于水浴上加热,不断摇动。冷却后用水稀释至2~4 mL,若上层溶液为黄色,表示有苯甲酸存在,可能为过氧化苯甲酰或叔丁基过氧苯甲酸酯热解产物。

(2)金属过氧化物和金属氧化物的鉴定

取一定量的硫化胶样,在电炉上炭化,在(500±60)℃马福炉中烧去全部碳素,用无机酸溶解灰分,然后用阳离子定性分析法中相应离子的特性实验法分别予以鉴定。硫化橡胶中除了以硫化剂形式加入的金属离子,可能还有以补强剂、填充剂、催化剂等其他助剂形式加入的金属离子,应加以综合判断。

(3)对苯醌二肟的鉴定

试样的丙酮抽提液浓缩后,在硅胶G薄层板上,以石油醚-乙酸乙酯(8+2)为展开剂,以浓氨水蒸汽显色,若在薄板上 R_f 值等于0.6处出现黄色或金黄色斑点,表示有对苯醌二肟存在。

(4)胺类硫化剂的鉴定

胺在硫化过程中会分解,可用胺类的通用薄层色谱法鉴定作为参考。样品以乙醇+水(1+1)抽提,在硅胶、薄层板上,以乙醇+冰乙酸+水(4+1+5)为展开剂,喷淋1 g/L苯并茚三酮丁醇溶液,并在80 ℃烘箱中加热10 min,未经过硫化的试样有葡萄紫色出现,经硫化的试样 R_f 值等于0.6左右处出现黄红色斑点。

2.4.3 纤维素的分离和鉴别

用丙酮-氯仿混合溶剂抽提0.5 g试样,倒入加有25 mL橡胶用矿物油的250 mL烧瓶中,在空气浴上于150~165 ℃放置3 h左右,至微小粒子变为透明液,以15 mL苯和200 mL石油醚稀释溶液,过滤后用温丙酮充分洗涤残渣,并用热盐酸反复洗涤,直到残渣中的酸溶性填充剂消失,然后用热水及少量丙酮将滤液洗至透明,再用乙醇洗涤后于105 ℃下干燥,最后进行称量。

用于橡胶中的纤维素种类很多,鉴别方法也有多种。一般可用燃烧法、酸碱性实验、溶解实验、碘-碘化钾溶液着色实验、薄层色谱法等进行综合分析,加以准确鉴别。表2.9为部分纤维的燃烧特征和溶解性能。

燃烧实验法;取少许纤维试样,用酒精灯点燃,观察其接近火焰、在焰中及离开火焰时的状况,对燃烧难易程度,燃烧剩余物的形状、硬度及放出的气味等情况进行观察分析。

溶解实验法:将纤维试样投入盛有20 mL溶剂的烧杯中,观察其溶解情况,必要时在电炉上加热。

表 2.9　部分纤维的燃烧特征和溶解性能

纤维种类	燃烧实验法			溶解实验法		
	燃烧特征	灰烬	气味	70% H_2SO_4	85%甲酸	冰乙酸
聚酰胺	燃烧慢,遇火先收缩,熔融淌滴,根部蓝色,上部黄色	玻璃状残渣,脆而硬	特殊臭味	溶解	溶解(快)	溶解(快)
维尼纶	遇火先收缩,燃烧时有白色沸腾的气泡,根部蓝色,少量黑烟	黑色残渣	乙烯味	溶解	部分溶解	不溶
聚酯	易燃,略膨胀,冒黑烟,发响,发亮	黑色玻璃状残渣	酯的香味	不溶	不溶	不溶
玻璃丝	不燃,遇火后收缩成白色的玻璃状态	—	—	不溶	不溶	不溶
黏胶纤维	易燃,很快连成一片,并带响声	灰色细灰	似烧纸味	部分溶解	不溶	不溶
棉花	易燃,很快连成一片	灰白粉末	烧纸味	溶解	不溶	不溶

2.4.4　硫化促进剂和防老剂的分离和鉴别

从硫化胶中分离促进剂及防老剂的方法很多,有丙酮抽提法(见图 2.25)、氯仿抽提法(见图 2.26)、酸抽提法(见图 2.27)及碱抽提法(见图 2.28)等。此外还可使用柱层析分离法及纸上层析分离法等进行分离。

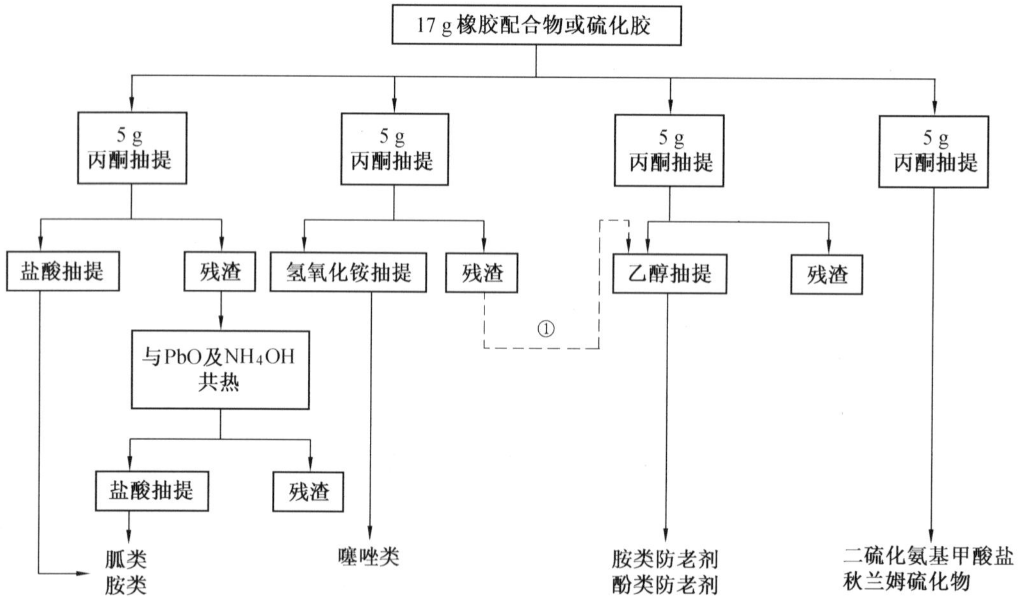

图 2.25　防老剂及硫化促进剂的分离操作(丙酮抽提法)

①在试料不足的情况下,为了取出残渣中所含防老剂,必须将残渣进行乙醇抽提

利用溶剂抽提法将防老剂和促进剂抽出以后,其鉴别方法有很多,如色谱法、光谱法、极谱法、电位滴定法及电导滴定法等。

1. 薄层色谱法

薄层色谱法是目前国内外鉴定促进剂和防老剂最为普遍采用的方法。这种方法设备

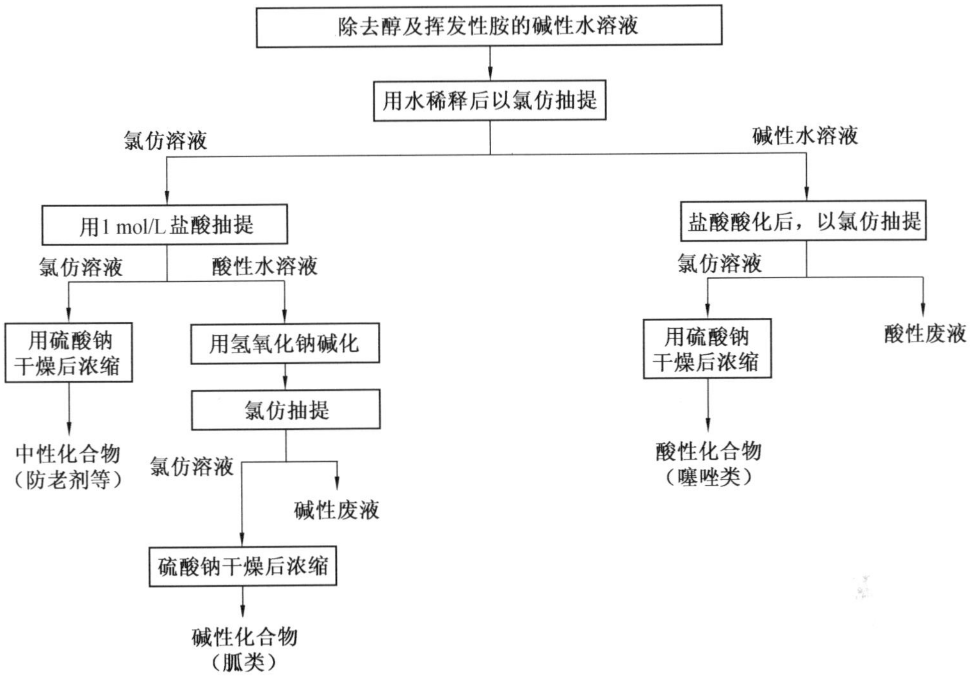

图 2.26　硫化促进剂及防老剂的分离操作（氯仿抽提法）

简单、测定快速、制作方便、效果较好。在薄层层析过程中，根据促进剂或防老剂及其转化物化学结构的不同，导致在液固相中分配系数的差异，以此达到分离的目的。在涂有硅胶的玻璃板上进行点样-展开和显色。然后按形成的谱图中斑点的颜色、形状及比移值 R_f 来确定相应的助剂种类。

(1)仪器

璃璃板：可选用规格为 200 mm×50 mm、200 mm×70 mm、200 mm×200 mm 的玻璃板。

涂布器：能在上述规格玻璃板上均匀涂布厚度为 0.2 ~0.3 mm 硅胶层的商品涂布器。

恒温烘箱：可控制温度为(110±5)℃。

点样器：玻璃毛细管或微量注射器。

色谱展开缸：选用适合于放置上述玻璃板的密闭玻璃缸。

抽提装置：使用溶剂抽提物测定装置。

喷雾瓶：玻璃喷雾瓶或医用喉头喷雾器。

(2)薄层板及展开缸的准备

①薄层板的制备。取 1 g 硅胶-G(薄层层析用)，加约 2 mL 前一天配制的 0.1% ~0.2% 羧甲基纤维素钠的清液，调成糊状，用涂布器将糊硅胶涂于玻璃板上。在室温下放置干燥至硅胶固化，涂层厚度应保持在 0.2 ~ 0.3 mm。然后放入恒温烘箱中，在(110±5)℃下干燥活化 1.5 ~2 h。活化后的薄层板应在干燥器内保存，但不得超过 4 天，否则应再次活化方可使用。

②展开缸的准备。在展开缸内加入实验所选用的展开剂，液面距缸底 15 ~20 mm。

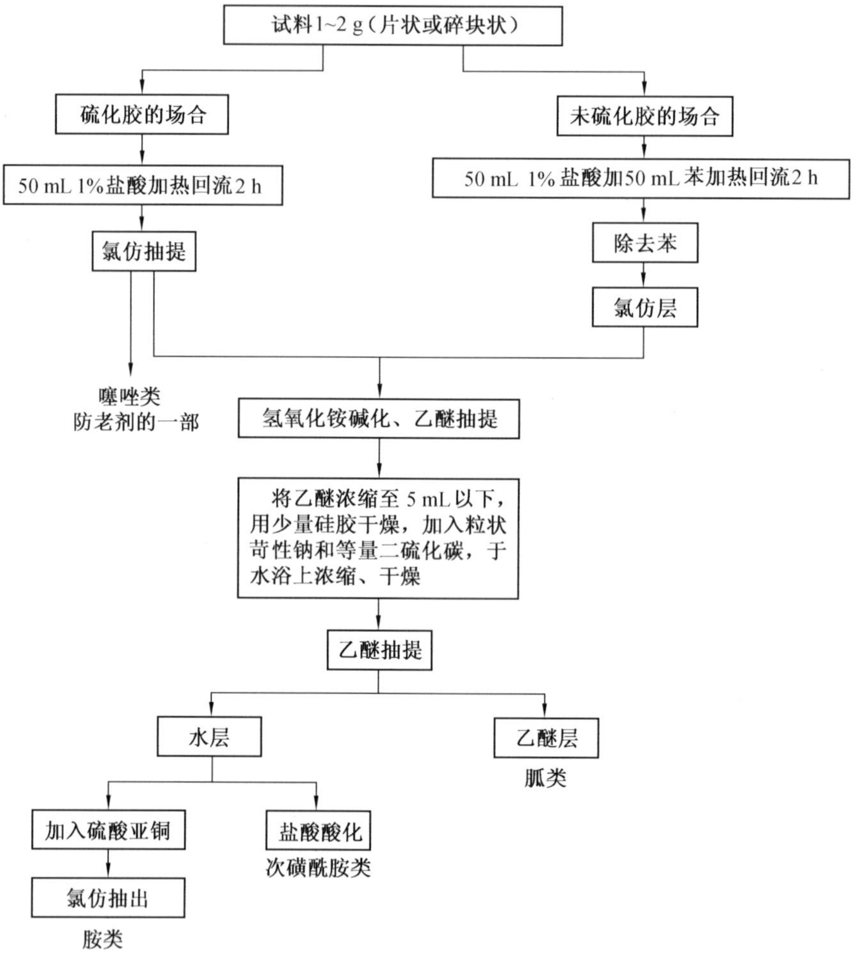

图 2.27　硫化促进剂的分离操作（酸抽提法）

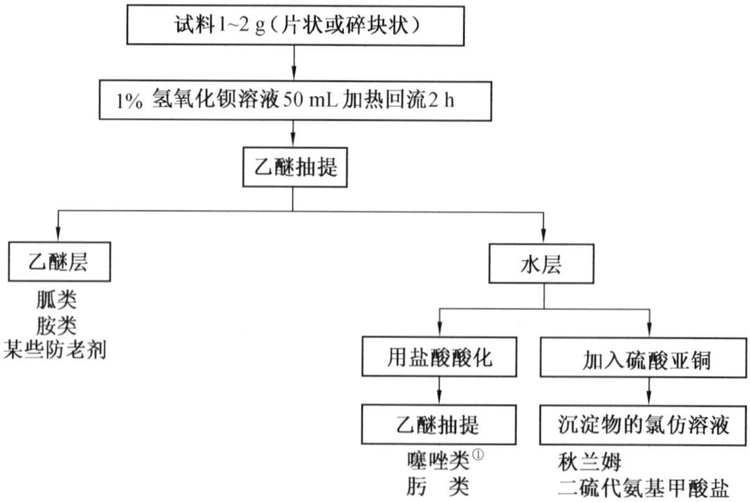

图 2.28　硫化促进剂的分离操作（碱抽提法）

①最有可靠性

轻微搅拌,静置即可使用。展开剂可重复使用数次。

(3)操作步骤

①试样的制备。称取已剪成1 mm^3的试样2.0~3.0 g,用滤纸包好放入抽提器中,用丙酮或无水乙醇抽提2~4 h,将抽提液在低于50 ℃的温度下浓缩至5 mL左右待用。为了避免助剂的热分解也可用其他方法,如用丙酮或无水乙醇在常温下浸泡过夜,也可用三氯甲烷在常温下浸泡30 min,取其清液待测。如果试样中含油量过大而影响测定结果时,可将点好试样抽出液的薄层板先在石油醚中展开至薄层板顶端,取出薄层板风干后,再在所需展开剂中展开、显色。

②点样。在距薄层板一端25 mm处轻划一条基线,距基线150 mm处轻划一条上限线,用毛细管或微量注射器于基线上点样,点样斑点要尽可能小,直径最大不得超过6 mm,太大会影响分离效果。同一块板上可点数个斑点,各点间隔不小于15~20 mm,待斑点稍干后即可展开。点样体积在0.005 mL左右时可得到最好的色谱图,最多不得超过0.1 mL。体积太大时展开后的斑点不易集中。为此可适当调节抽提液浓度以便在所限定的点样体积内得到最好的色谱图。

③展开。将已点好试样抽提液的薄层板有点样斑点的一端朝下置于展开缸中(点样斑点不可浸泡在展开液中)。为保证在展开缸内为展开剂蒸汽所饱和,可在展开缸内壁上贴一张滤纸。在展开过程中勿打开展开缸盖,成饱和状态待展开剂上升到上限线时将板取出,晾干后显色。展开时环境温度不要低于18 ℃,否则影响分辨率。

④显色。将展开后薄层板用实验所选用的显色剂喷淋后斑点颜色即可显现。待显色稳定后(约30 min左右)进行鉴定。

(4)展开剂的选择

在吸附薄层色谱中,展开剂的极性越大,对同一化合物的洗脱能力也越大,比移值R_f也相应增加。因此,如果用某一种展开剂展开某一成分,当发现它的R_f值太小时,就应该用另一种极性较大的展开剂,或者用两种或两种以上极性不同的溶剂相混合来调节,以适合于分离的要求。选择展开剂有两个原则,一是展开剂对被分离物质应有一定的解吸能力,但又不能太大。在一般情况下,展开剂的极性应该比被分离物质略小。二是展开剂应对被分离物质有一定的溶解度。在一般的促进剂或防老剂薄层色谱法鉴定中,可选用如下一些展开剂:

①甲苯+无水乙醇+浓氨水=100+0.5+0.05,一般分析均可选用。

②甲苯+丙酮+浓氨水=100+10+0.2,一般分析均可选用。

③甲苯+无水乙醇+冰乙酸=60+30+10,胍类促进剂可选用。

④正己烷+甲苯+无水乙醇=30+58+12,二硫代氨基甲酸盐类促进剂可选用。

⑤正己烷+甲苯=50+50,鉴定促进剂若有防老剂干扰时可选用。

⑥正庚烷+乙酸乙酯=90+10。

⑦甲苯。

⑧甲苯+正庚烷=50+50。

(5)显色剂的选择

薄层色谱法鉴定促进剂、防老剂常用显色剂的配制方法和适用对象见表2.10。

表 2.10 薄层色谱法鉴定促进剂、防老剂常用显色剂一览表

显色剂名称	配制方法	适用对象
2,6-二氯醌氯亚胺	0.2%(质量分数)乙醇溶液(现配),缓冲液,23.4 g 四硼酸钠和 3.5 g 氢氧化钠溶于 1 L 蒸馏水中	一般分析均可选用
漂白粉	5% 水溶液(取其现配清液使用)	胍类促进剂
硫酸铜	1%(质量分数)水溶液	秋兰姆、二代氨基甲酸盐类促进剂
苯并戊三酮	0.2% 乙醇溶液	能产生胺类的促进剂
重氮化对氨基苯磺酸	1 g 对氨基苯磺酸和 1 g 亚硝酸钾溶于 200 mL 1 mol/L 盐酸中	胺类防老剂
过氧化苯甲酰	4 g 过氧化苯甲酰溶于 100 mL 甲苯中(现配)	胺类防老剂
土伦试剂	在 0.5 mL 5% 硝酸银溶液中,加 2 滴 2 mol/L 氢氧化钠,再滴加 2% 氨水至沉淀消失,加入等体积 95% 乙醇(现配)	酚类防老剂
碘化钾-淀粉溶液	10% 碘化钾,1% 淀粉	原料次磺酸胺类与噻唑类促进剂
碘化钾-淀粉-硫酸溶液	10% 碘化钾,1% 淀粉,用稀硫酸溶化至 pH 值为 4~5	硫化二苯并噻唑与 2-硫醇基苯并噻唑及其锌盐

(6)比移值 R_f 的计算

$$R_f = a/A \tag{2.60}$$

式中,a 为基线至斑点中心距离,mm;A 为基线至线的距离,mm。

(7)结果判别

参照各自实验室的标准谱图与试样谱图进行比较,按斑点的颜色、形状及 R_f 值初步确定添加剂类别,然后在同一块薄层板上将试样抽出液和预测的添加剂或其转化物溶解液按上述方法点样、展开、显色,进行对比即可确定鉴别结果。标准谱图可取原料添加剂作用标准样品用适合溶剂溶解后,配制成 1~10 mg/mL 浓度的溶液,按上述方法点样、展开、显色,用彩色摄影或彩笔记录而得。

对于试样中添加剂成分复杂的样品,可先选用通用型展开剂展开,按照比移值 R_f 的大小划分成几组,再选择适当的展开剂分别予以展开分离。根据每次展开后的 R_f 值和显示的颜色,可作出初步判定,然后用已知物质做对照实验,就可进行准确鉴定。

表 2.11 为部分防老剂、促进剂以甲苯+乙醇+浓氨水=100+0.5+0.05 为展开剂,2,6-二醌氯亚胺为显色剂,在硅胶 G 薄层板上的 R_f 值及斑点颜色。

2. 气相色谱法

利用气相色谱法也可以有效地分离和测定防老剂和促进剂。在色谱分析前,需要把橡胶中含有的促进剂、防老剂等从样品中分离出来。一般用溶剂抽提法或甲醇沉淀法加以分离。R. W. Wise 用 20% 阿皮松 L Chromsor W 色谱柱,分离和测定了胺类防老剂的混合物,其色谱图如图 2.29 所示。

表 2.11　部分防老剂、促进剂在甲苯混合液中的 R_f 值和斑点颜色

序号	化学名称	溶剂	简称	R_f	颜色
1	N-异丙基 N′-苯基对苯二胺	丙酮	IPPD(4010NA)	0.232	灰色
2	N-环己基 N′-苯基对苯二胺	丙酮	CPPD(4010)	0.29	灰色
3	N-(1,3-二甲基丁基)-N′-苯基对苯二胺	丙酮	4020	0.88	黄色
4	N,N′-双(1,4-二甲基戊基)对苯二胺	三氯甲烷	BMPPD(4030)	0.99	红色
5	丙酮和二苯胺高温反应产物	丙酮	BLE	0.80	蓝色
6	N-苯基-α-萘胺	丙酮	PBNA(D)	0.85	紫色
7	N-苯基-β-萘胺	丙酮	PANA(A)	0.87	黄色
8	2,2′-亚甲基双(4-甲基-6-叔丁基)苯酚	丙酮	2246	0.75	黄色
9	4,4′-二羟基联苯	丙酮	DOD	0.00	灰色
10	2,6-二叔丁基-4-甲基苯酚	丙酮	264	0.95	黄色
11	亚磷酸三(壬基苯基)酯	丙酮	TNPP(TNP)	0.90 0.3	紫色
12	N,N′-二苯基对苯二胺	丙酮	DPPD(H)	0.73	灰色
13	N,N′-二-β 苯基对苯二胺	丙酮	DNP	0.51	红色
14	2,2′-二硫代双(4-甲基-6-叔丁基)苯酚	三氯甲烷	2246-2S	0.96	黄色
15	二硫醇基苯并噻唑	丙酮	MB	0.00	红色
16	N-环己基对甲氧基苯胺	乙醇	CEA	0.14	绿色
17	二巯基苯并噻唑	三氯甲烷	MBT(M)	0.17	红色
18	二硫化苯并噻唑	三氯甲烷	MBTS(DM)	0.38	红色
19	N-环己基-2-苯并噻唑次磺酰胺	三氯甲烷	CBS(CZ)	0.33	褐色
20	2-吗啉基硫代苯并噻唑	三氯甲烷	MBS(NOBS)	0.13	褐色
21	二硫化四甲基秋兰姆	三氯甲烷	TMTD	0.26	灰色
22	一硫化四甲基秋兰姆	三氯甲烷	TMTM	0.24	灰色
23	二苯胍	三氯甲烷	DPG(D)	0.00	灰色
24	二甲基二硫代氨基甲酸锌	三氯甲烷	ZMDC(PZ)	0.31	棕色
25	二乙基二硫代氨基甲酸锌	三氯甲烷	ZEDC(ZDC)	0.51	褐色
26	六次甲基四胺	三氯甲烷	HMT(H)	0.00	灰色
27	N,N′-二苯基硫脲	丙酮	CA	0.11	黄色
28	亚乙基硫脲	乙醇	ETU(NA22)	0.00	灰色
29	2-硫醇苯并噻唑锌盐	丙酮	MZ	0.16	黄色
30	正丁基黄原酸钾	水	KBX	0.99	红色

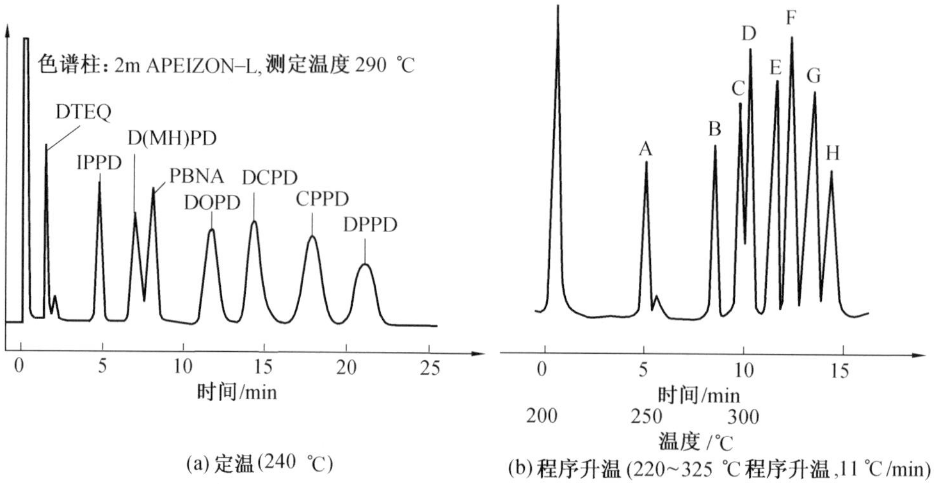

图 2.29　混合胺类防老剂气相色谱图（2 m 阿皮松 L 柱）

A—DTEQ；B—IPPD；C—D(MH)PD；D—PBNA；E—DOPD；F—DCPD；G—CPPD；H—DPPD

3. 高效液相色谱法

高效液相色谱具有高效分离的特点，使其在防老剂、促进剂的分离测定方面日益发挥重要的作用。用液相色谱法进行分离分析，是将未知试样成分与已知物成分在色谱的保留时间进行比较，两者一致时被认为是同一物质；如果两者不是同一物质而保留时间一致时，则需收集未知试样进行红外光谱、紫外光谱等加以鉴定。在液相色谱分析前，也应首先选用适当的方法将助剂从橡胶样品中分离出来。

部分促进剂在长 250 mm，内径 4 mm，Lichrosorb RP-18-5 μm（C_{18}改性的硅胶柱）柱上，以甲醇+水+碳酸铵（70+30+2，V/V/W）为流动相，流速为 1 mL/min 条件下的保留时间见表 2.12。

表 2.12　部分促进剂在 Lichrosorb RP-18-5 μm 柱上的保留时间

促进剂名称	保留时间/min	促进剂名称	保留时间/min
2-硫醇基苯并噻唑	3.2	2-硫醇基噻唑啉	3.0
2-硫醇基苯并咪唑	3.2	2-硫醇基咪唑啉	2.75
硫化四甲基秋兰姆	3.8	二硫化四甲基秋兰姆	4.7
二硫代二甲基二苯基秋兰姆	22.5	二硫化四乙基秋兰姆	12.9
N-乙基苯基二硫代氨基甲酸锌	3.7	N-二乙基二硫代氨基甲酸锌	3.3
N-二甲基二硫代氨基甲酸锌	3.0	N-戊甲基二硫代氨基甲酸锌	3.5
甲苯胍	3.3	二-邻甲胍	4.1
二苯胍	3.9	三苯胍	10.6

部分防老剂使用 2.6 mm×250 mm 3010# 日立胶柱，采用可调波长紫外检测器，流动相流量均为 1 mL/min，选择对样品有最大吸收的波长，室温测定等条件下，在不同流动相中的保留时间见表 2.13。

表 2.13　部分防老剂在 2.6 mm×250 mm 日立胶柱上的保留时间

化学名称	简称	流动相					
		甲醇	甲醇+三氯甲烷			正己烷+异丙醇	正己烷+异丙醇
			90+10	200+5	250+4	90+1	97+3
N-苯基-α-苯胺	A	60 min50 s	4 min	6 min2 s	6 min23 s	7 min4 s	5 min
N-苯基-β-苯胺	D	8 min55 s	4 min	7 min30 s	7 min45 s	10 min43 s	6 min42 s
2-硫醇基苯并咪唑	MB	1 min29 s	1 min55 s	1 min31 s	1 min47 s	—	2 min6 s
N-环己基-对乙氧基苯胺	CEA	4 min	—	3 min25 s	3 min30 s	—	—
酚类	NKF	2 min28 s	1 min55 s	—	2 min26 s	—	—
N-异丙基-N′-苯基对苯二胺	4010 NA	3 min12 s	—	2 min48 s	—	—	—
N-(1,3-二甲基丁基)-N′-苯基对苯二胺	4020	4 min12 s	—	—	—	10 min25 s	—
N-环乙基-N′-苯基对苯二胺	4010	5 min34 s	—	—	4 min55 s	—	—
2,6 二叔丁基-4-甲基苯酚	264	2 min20 s	—	2 min26 s	2 min15 s	—	—
2,2′-亚甲基双(4-甲基-6-叔丁基)苯酚	2246	2 min56 s	—	3 min30 s	—	—	—
2,2′-硫代双(4-甲基-6-叔丁基)苯酚	2246-S	3 min47 s	—	5 min15 s	—	—	—
2,2′-二硫代双(4-甲基-6-叔丁基)苯酚	2246-2S	6 min12 s	—	5 min27 s	—	—	—
N,N′-二苯基对苯二胺	H	6 min20 s	—	—	—	—	—
3,5-二叔丁基-4-羟基苄吗啉	354	2 min28 s	—	—	—	—	—
对亚硝基二苯胺	—	3 s	—	—	—	—	—
硫代双(3,5-二叔丁基-4-羟基)苯酚	—	4 min10 s	—	—	—	—	—

几种胺类防老剂的液相色谱分离结果如图 2.30 所示。几种酚类防老剂的液相色谱分离结果如图 2.31 所示。

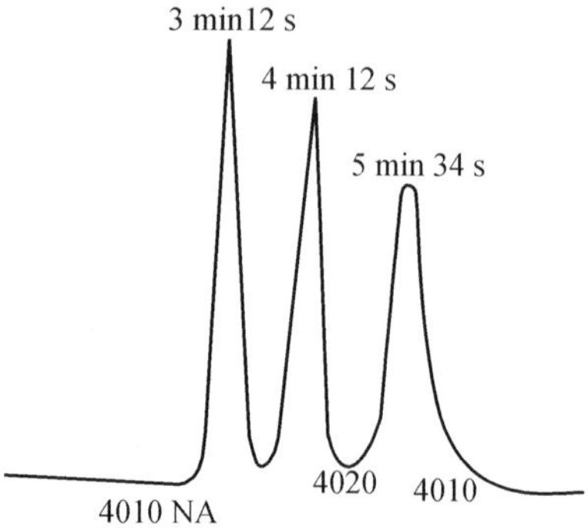

图 2.30　几种胺类防老剂色谱图

（2.6 mm×250 mm3010# 柱，流动相：甲醇）

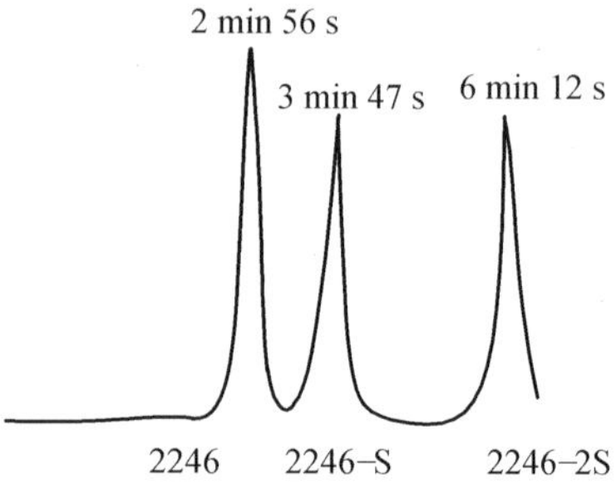

图 2.31　几种酚类防老剂色谱图

（2.6 mm×250 mm3010# 柱，流动相：甲醇）

不同种类常用防老剂的液相色谱分离结果如图 2.32 所示。

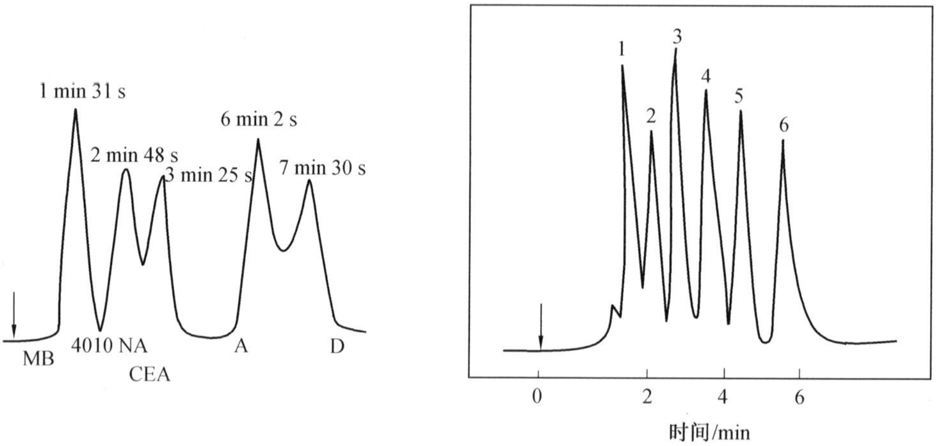

(a) 2.6 mm×250 mm 3010# 柱；流动相：甲醇+三氯甲烷= 40+1　(b) 3 mm×300 mm Partisil-5 柱（无定形硅胶-5μm）

流动相：正己烷+无水乙醇＝90+10

图 2.32　几种常用防老剂液相色谱图

1—DBH；2—CEA；3—D；4—4010；5—H；6—MB

4. 红外光谱法

应用红外光谱法对橡胶用促进剂、防老剂进行分析鉴定也是一种方便、有效的方法。在分析鉴定前，首先需要从聚合物中分离出添加剂，然后根据分离物的不同情况，采用适当的制样方法进行红外分析。测定聚合物溶剂抽提物的红外光谱可以大体上识别防老剂和促进剂，当含量较高时也可进行定量分析。此时添加剂的分离效果将直接影响鉴定的准确性，当抽提物所含成分复杂时，先用色谱法分离后再进行红外光谱分析可得到更高的准确性。随着红外光谱仪本身的发展，如傅里叶变换技术的应用，使得测定低浓度添加剂成为可能。多种分析、分离方法的联用，如以分离为主的毛细管气相色谱、高效液相色谱与傅里叶红外光谱及计算机辅助设备联机操作已用于各种添加剂的分析鉴定。图 2.33 所示为部分促进剂及防老剂的红外光谱。

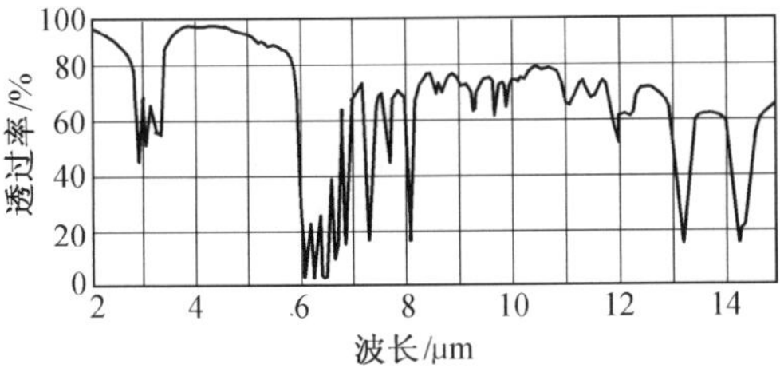

(a)促进剂 D(二苯胍)

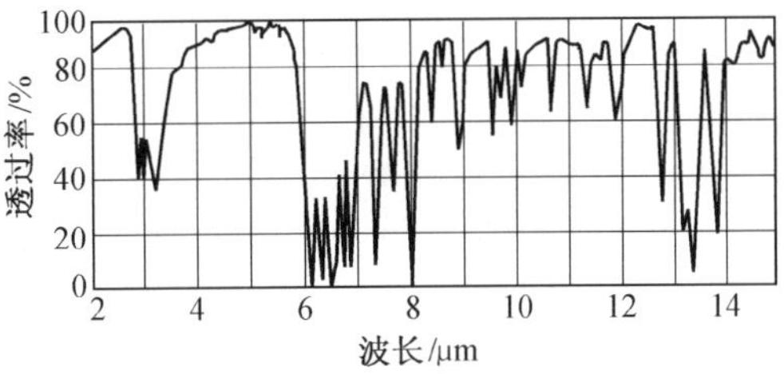

(b)促进剂 DOTG(二邻甲苯胍)

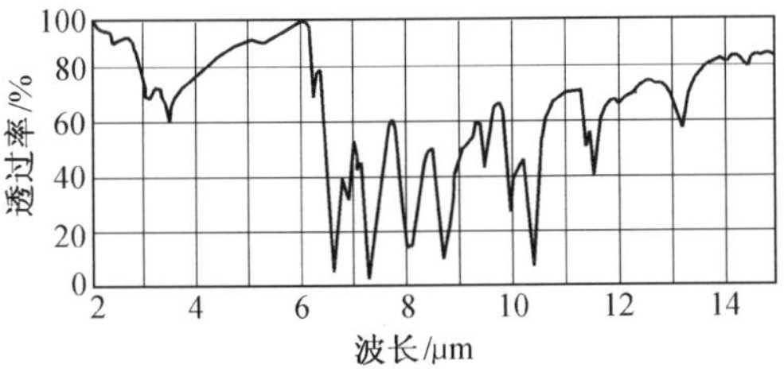

(c)促进剂 TS(四甲基秋兰姆一硫化物)

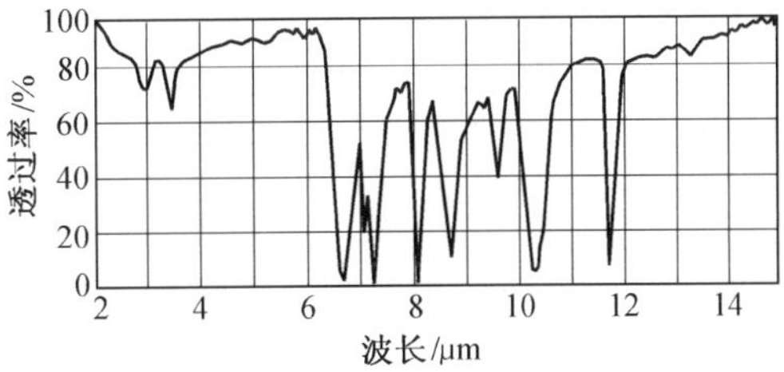

(d)促进剂 TT(四甲基秋兰姆二硫化物)

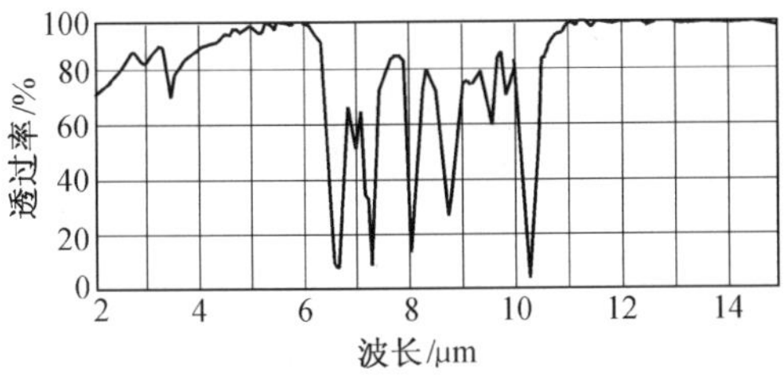

(e)促进剂 PZ(二甲基二硫代氨基甲酸锌)

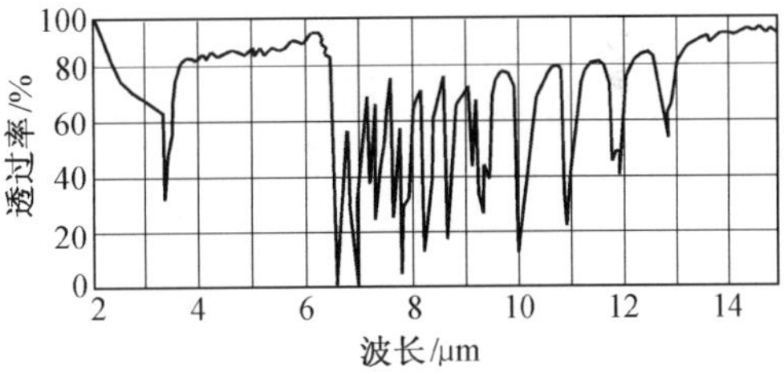

(f)促进剂 EZ(二乙基二硫代氨基甲酸锌)

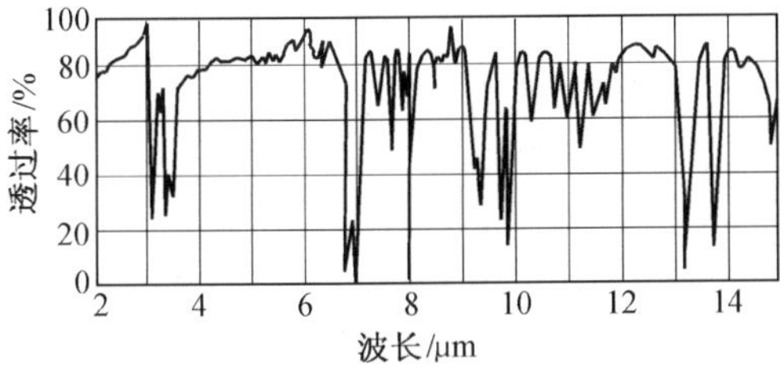

(g)促进剂 CZ(N-环己基-2-苯并噻唑次磺酰胺)

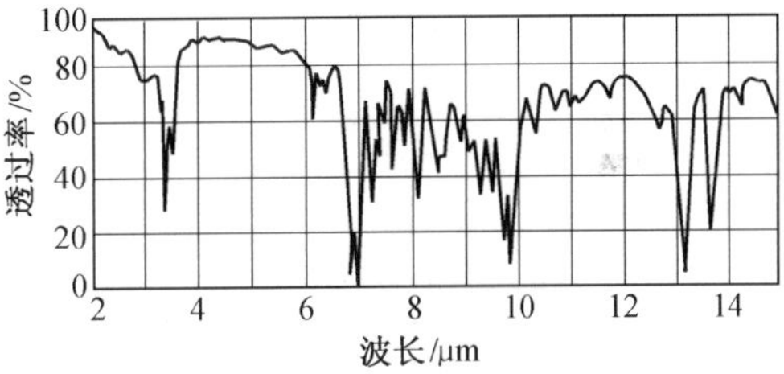

(h)(N-二乙基-2-苯并噻唑次磺酰胺)

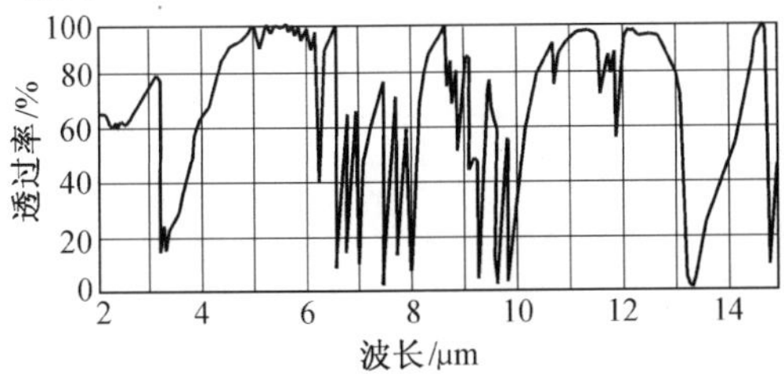

(i)促进剂 M(2-巯基苯并噻唑)

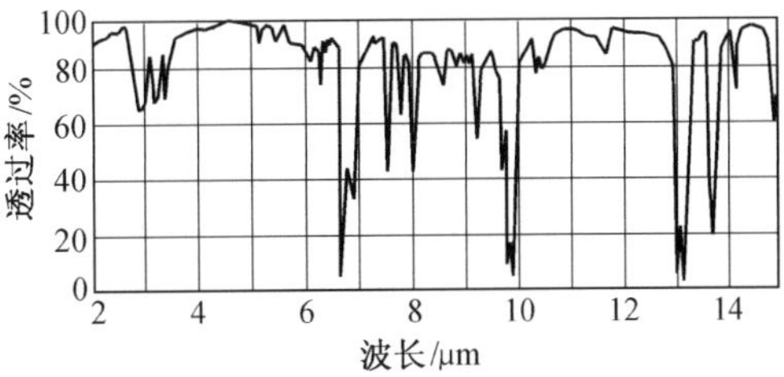

(j)促进剂 DM(二苯并噻唑二硫化物)

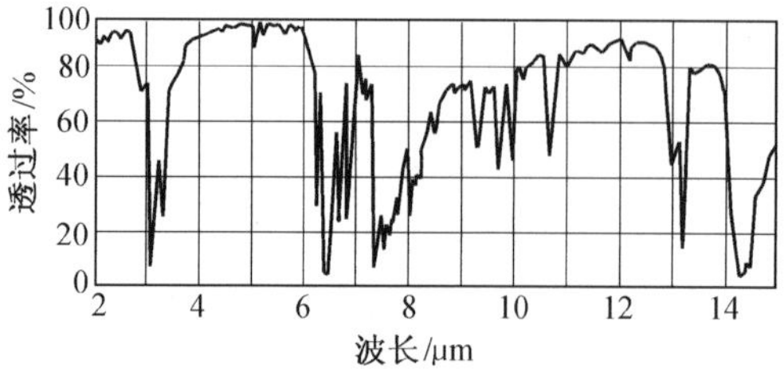

(k)促进剂 C(二苯基硫脲)

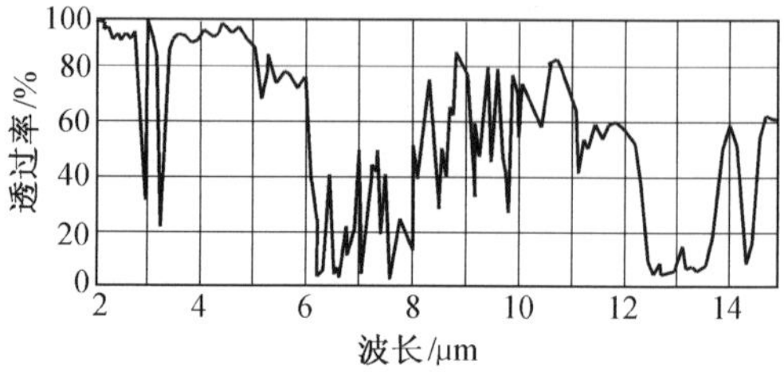

(l)防老剂 PA(苯基-α-萘胺)

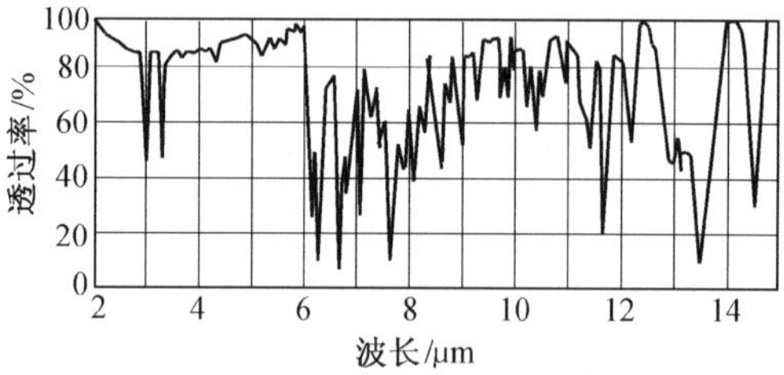

(m)防老剂 D(β-苯基萘胺)

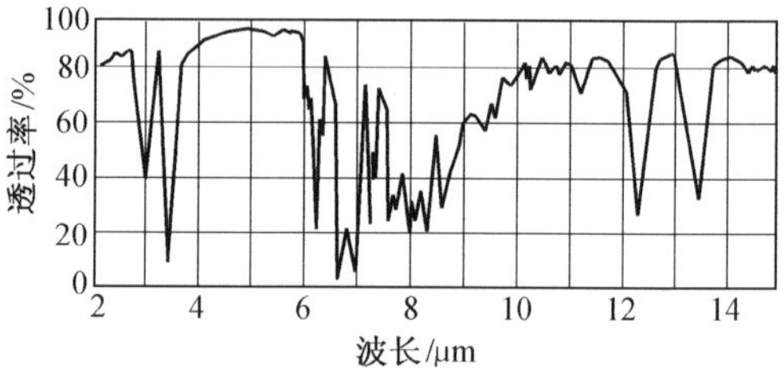

(n)防老剂 H(丙酮苯胺缩合物)

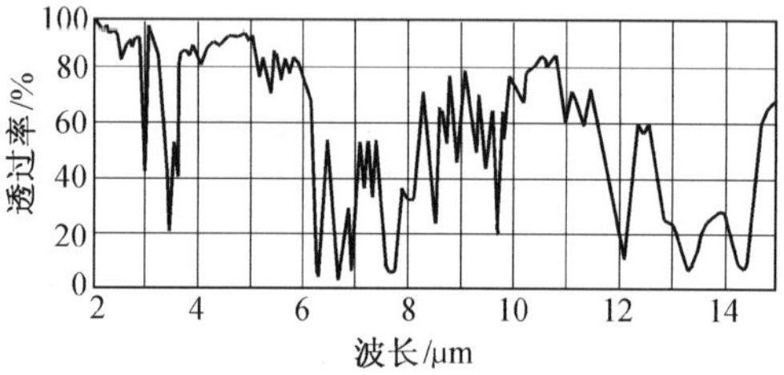

(o)防老剂 DDA(二苯胺衍生物)

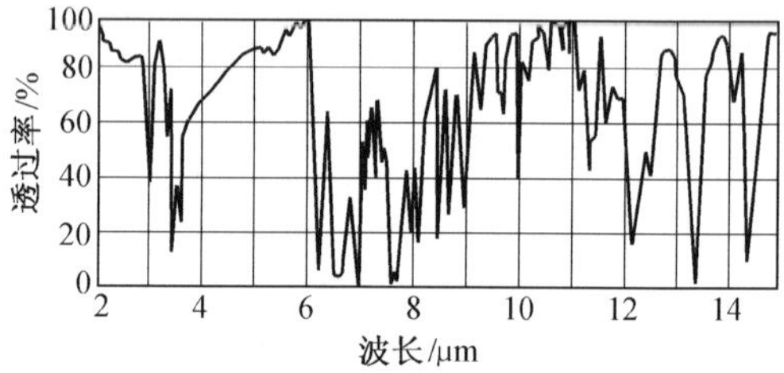

(p)防老剂 4010(N-苯基-N′-环己基对苯二胺)

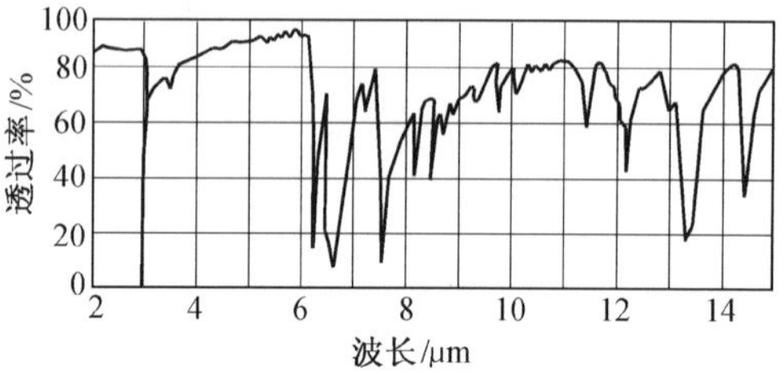

(q)防老剂 DP(N-N′-二苯基对苯二胺)

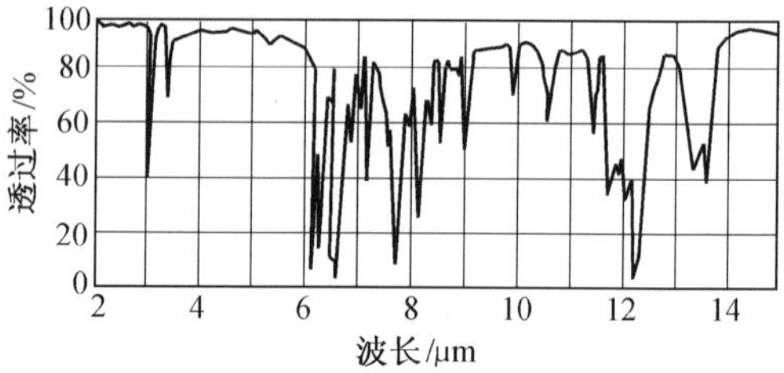

(r)防老剂 White(N-N′-二-β-萘基对苯二胺)

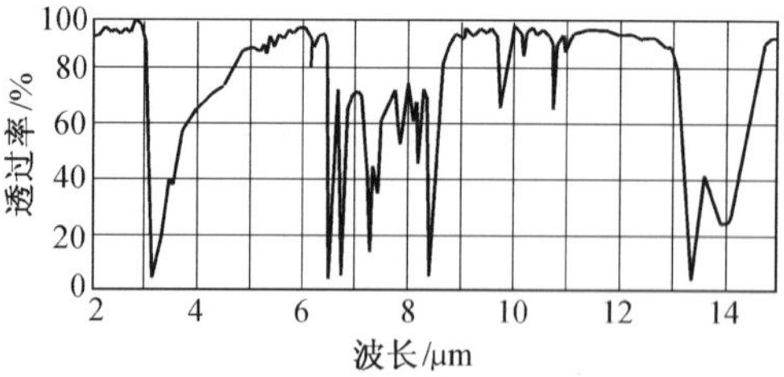

(s)防老剂 MB(2-巯基苯并咪噻)

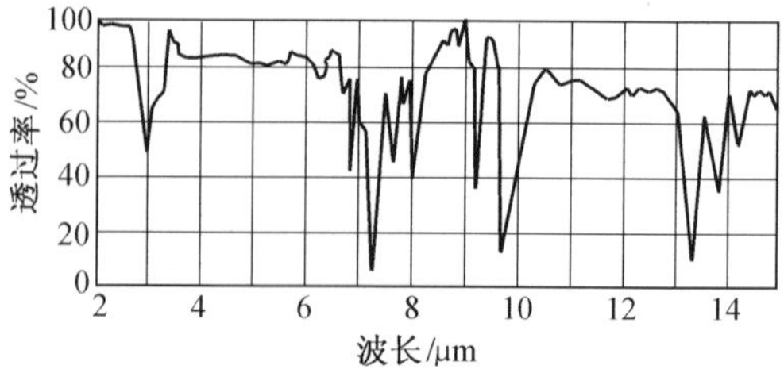

(t)防老剂 MBZ(2-巯基苯并咪噻锌)

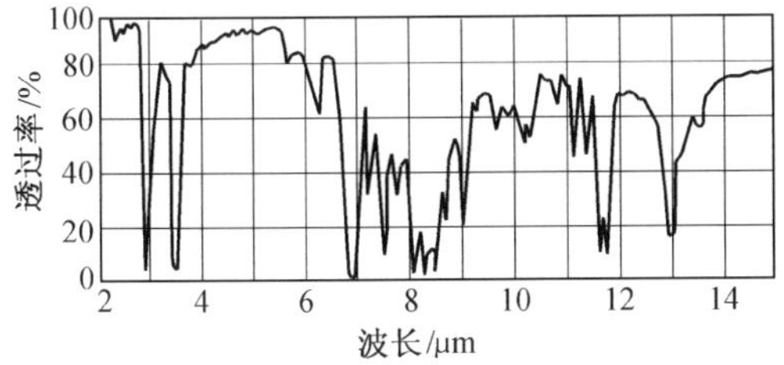

(u)防老剂 WSP(2,2′-亚甲基双烷基酚)

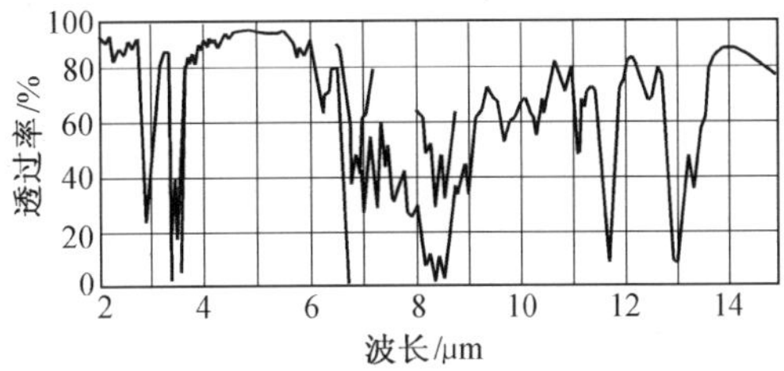

(v)防老剂 WSL(烷基环己基酚)

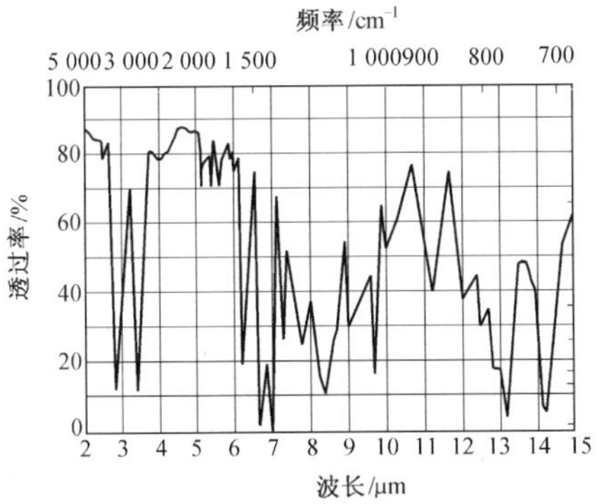

(w)防老剂 SP(苯乙烯化苯酚)

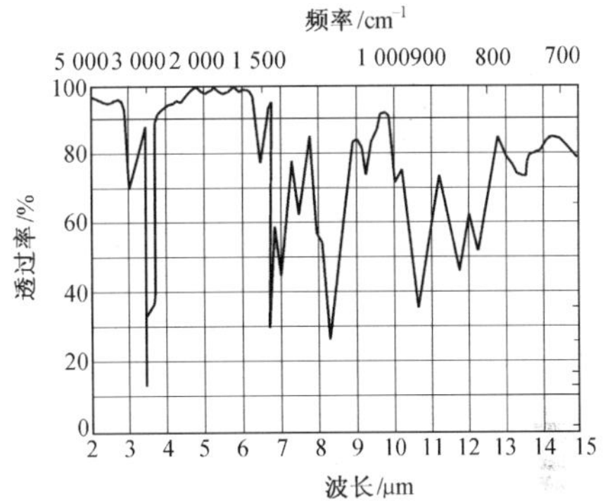

(x)防老剂 TNP(亚磷酸三壬基苯酯)

图 2.33 部分防老剂和促进剂的红外光谱

5. 紫外光谱法

紫外吸收光谱也是对防老剂和促进剂进行定性和定量分析的有效方法。对于纯净的化合物可直接与已知的紫外吸收光谱相比较进行鉴定;对于添加到聚合物中的促进剂和防老剂的分析,一般应选择合适的溶剂从试样中抽提出待测组分,必要时再对抽提物进行有效的分离,如色层法分离等,然后用紫外光谱法鉴定。表 2.14 为部分品种的紫外吸收光谱的特征。生胶中防老剂的定量分析,可以用适当的溶剂溶解或抽提,稀释、定容后在选定的波长下直接测定溶液的吸光度,以标准曲线法求得防老剂的含量。胶料中的促进剂可以用选择抽提法或抽提分解法分离后进行定量测定。

表 2.14 促进剂、防老剂的紫外吸收光谱

类别		化合物	最大吸收波长/nm	最小吸收波长/nm	溶剂	浓度/(mg/100 mL)
促进剂	噻唑及其次磺酰胺微生物	2-巯基苯并噻唑	238,325	267	乙醇	1.00
		2-巯基苯并噻唑	330	273	氯仿	1.00
		二硫化二苯并噻唑	275	253	氯仿	2.50
		N-环己基-2-苯并噻唑次磺酰胺	224,246	244,254	乙醇	2.00
			280,288	286,296	—	—
			299	—	—	—
		N-环己基-2-苯并噻唑次磺酰胺	280,299	256,297	氯仿	2.00
		N-氧二亚乙基-2-苯并噻唑次磺酰胺	224,274	252,296	乙醇	2.00
			288,299	—	—	—
		N-氧二亚乙基-2-苯并噻唑次磺酰胺	275,299	254,297	氯仿	2.00

续表 2.14

类 别		化合物	最大吸收波长/nm	最小吸收波长/nm	溶剂	浓度/(mg/100 mL)
促进剂	噻唑啉类	2-巯基噻唑啉	275	225	乙醇	1.00
	咪唑啉类	2-巯基咪唑啉	240	—	乙醇	1.00
	胍类	邻甲苯基双胍	240	223	乙醇	2.00
		二邻甲苯胍	—	—	乙醇	3.00
		二苯胍	257	227	氯仿	2.00
	秋兰姆类	四甲基秋兰姆一硫化剂	280	240	乙醇	1.00
		四甲基秋兰姆二硫化剂	—	—	乙醇	2.00
		双五次甲基秋兰姆一硫化剂	—	—	氯仿	1.82
	醛胺类	乙醛苯胺综合物	250, 292	226, 278	乙醇	2.00
		丁醛苯胺综合物	252, 302	279	乙醇	2.00
	二硫代氨基甲酸盐类	二甲基二硫代氨基甲酸锌	260, 278	275	氯仿	2.00
		二乙基二硫代氨基甲酸锌	263	—	氯仿	2.00
		二正丁基二硫代氨基甲酸锌	265	—	氯仿	2.00
		乙基苯基二硫代氨基甲酸锌	268	—	氯仿	2.00
		五次甲基二硫代氨基甲酸哌啶盐	280	—	氯仿	4.00
防老剂	萘胺类	丁间醇醛-α-萘胺	252, 335	240, 305	乙醇	1.00
		N-苯基-α-萘胺	253, 340	236,285	乙醇	1.00
		N-苯基-β-萘胺	272,311,348	232,284,332	乙醇	1.00
	亚苯基二胺类	N,N′-二苯基-对苯二胺	244, 305	235,254	乙醇	1.00
		N,N′二-β-奈基-对苯二胺	320	295	氯仿	1.00
	二苯胺类	二甲氧基二苯胺	240,258	230,255	乙醇	10.00
	酚类	4,4′-二羟基二苯基环己烷	278	254~258	乙醇	10.00
		2,2′-亚甲基双(4-甲基-6-叔丁基苯酚)	282	248	乙醇	10.00
		2,6-二叔丁基-4-甲基苯酚	280	252	乙醇	10.00

2.4.5 硫化橡胶中无机物的分析

硫化橡胶中无机物的来源有多种，大量的是以添加剂的形式加入的，如作为活化剂加入的氧化锌，作为补强剂和填充剂加入的碳酸钙以及加入含有一定金属离子的助剂等，另外，从催化剂、其他原材料以及生产工艺中带进的无机元素也很多，如铁、钙、钠、镁等元素。通常从硫化橡胶中分离无机物的方法是将硫化橡胶炭化、高温灰化使主体挥发掉，无机物残在灰分中从而达到分离的目的。对于含碳、氧及氮等元素的饱和及不饱和硫化橡胶可直接炭化、灰化。对于含卤素的硫化橡胶，应加入浓硫酸缓慢炭化，以防止金属离子的损失，从而予以准确测定。

1. 橡胶灰分的测定

称取 1~5 g 粉碎的试样(精确至 0.1 mg)于 50 mL 已在(950±25)℃的马福炉中加热约 30 min 冷却后称量的瓷坩埚中，在通风橱中用调温电炉慢慢加热坩埚，避免使试样着火，并防止试样溢出或溅出损失。当橡胶分解炭化后，逐渐升高温度至挥发性分解产物基本被赶尽，只留下干的炭化残余物。将盛有残余物的坩埚移入炉温为(950±25)℃的马福炉中,微启炉门,通入足量的空气使炭氧化。继续加热直至炭完全氧化成为净灰为止。从炉中取出盛灰的坩埚,放入干燥器中冷却至室温后称量并精确至0.1 mg。将此盛灰坩埚再放入(950±25)℃的马福炉中加热约30 min,取出放入干燥器中冷却至室温,再称量,直至连续两次称量结果之差不大于灰分含量的1%为止。灰分的质量分数按下式计算

$$灰分(\%)=\frac{m_2-m_1}{m_0}\times 100 \tag{2.61}$$

式中,m_0为试样质量,g;m_1为空坩埚质量,g;m_2为空坩埚与灰分质量之和,g。

对于含卤素的样品在灰化试样加入3.5 mL浓硫酸,防止部分无机物生成易挥发的氯化物等,使测定结果偏低。

2. 灰分中无机物的分离

称取2~3 g剪碎的试样,按上述方法制成灰分(如灰分呈蓝绿色,可能有钴存在),加5 mL 1 mol/L乙酸溶液,加热至沸腾,静止,取上层清液(试液A)鉴定钙离子、镁离子、锌离子、铅离子。残渣用乙酸溶液洗涤两次,加5 mL盐酸,加热溶解,静止,取上层清液(试液B)鉴定铁离子、铝离子、锑离子。残渣用盐酸洗涤两次,再用蒸馏水洗至中性,干燥后移入铂坩埚,加4 g等量的无水碳酸钠、无水碳酸钾混合物,搅拌均匀,放入800 ℃的高温炉中熔融至透明,冷却,加5 mL盐酸溶解(试液C)鉴定钡离子、钛离子和硅酸根离子。灰分中无机物的分离程序如图2.34所示。

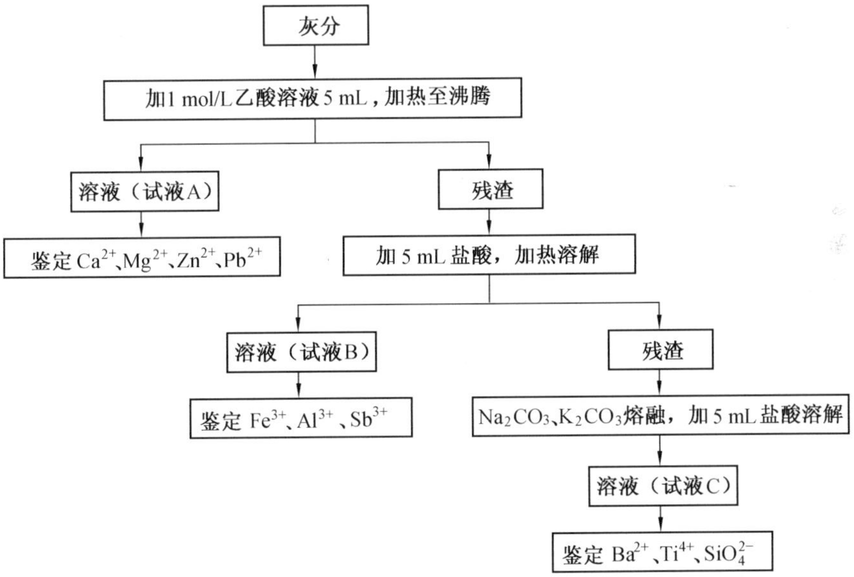

图2.34 灰分中无机物的分离程序

3. 无机离子的分别鉴定

鉴定各离子时需做空白实验和在试液中加入相应的比对溶液的比对实验。

(1)钙离子的鉴定

取1 mL试液A于试管中,加3~5滴氨水调至弱碱性,如出现沉淀,离心分离。取其清液,加入0.5 mL草酸铵饱和溶液,加热,如出现白色沉淀,表示有钙离子存在。

(2)镁离子的鉴定

取 2 ~3 滴试液 A,置于白色点滴板上,加 3 ~5 滴 250 g/L NaOH 溶液调节溶液至强碱性。然后加 1 ~2 滴 0.01 g/L 对硝基苯偶氮间苯二酚(镁试剂 I)溶液,用玻璃棒搅拌,如有天蓝色沉淀生成,表示有镁离子存在。

(3)锌离子的鉴定

取 2 ~3 滴试液 A,置于白色点滴板上,加 1 滴 1 g/L 硫酸铜溶液,1 滴 20 g/L 硫氰酸汞铵溶液,用玻璃棒搅拌并摩擦点滴板,如慢慢产生紫色沉淀,表示有锌离子存在。

(4)铅离子的鉴定

取 1 ~2 滴试液 A(如按含卤素橡胶制取灰分的试样,则取试液 B),置于白色点滴板上,加 1 ~2 滴 100 g/L 重铬酸钾溶液,如产生黄色沉淀,表示有铅离子存在。

(5)铁离子的鉴定

取 2 ~3 滴试液 B,置于白色点滴板上,加入 1 ~2 滴 100 g/L 亚铁氰化钾溶液,如有深蓝色沉淀产生,表示有三价铁离子存在。

(6)铝离子的鉴定

在小条滤纸上滴 1 滴 100 g/L 的亚铁氰化钾溶液,烤干后加 1 滴试液 B,将滤纸放在浓氨水瓶口熏 1 ~2 min,然后加 1 滴 0.5 g/L 1,2-二羟基蒽醌-3-磺酸钠(茜素磺酸钠)溶液于滤纸的潮湿斑点上。再用氨熏,小心烤干滤纸条,如滤纸上呈现玫瑰红色环,表示有铝离子存在。

(7)锑离子的鉴定

取 2 ~3 滴试液 B,置于白色点滴板上,加一小粒固体亚硝酸钾,待剧烈作用停止后,加 1 ~2 滴 0.1 g/L 罗丹明 B 溶液,如溶液变紫色,表示有锑离子存在。

(8)钡离子的鉴定

将试液 C 用氨水调 pH 值到 6 ~8,取 1 滴点在滤纸上,加 1 滴 5 g/L 玫红酸钠溶液,如出现红褐色斑点,再用盐酸溶液润湿斑点呈鲜红色,表示有钡离子存在。

(9)钛离子的鉴定

取 2 mL 试液 C 置于试管中,逐滴加入约 1 mL 过氧化氢,同时振荡,如溶液呈现金黄色,再加 100 g/L 氟化钾溶液,如黄色消失,表示有钛离子存在。

定性分析橡胶中无机组分至关重要,对拟定下一步的定量分析方法和判断橡胶产生的性能均具有重要意义。除用上述化学法鉴定无机物外,还可以用发射光谱法、原子吸收光谱法、薄层色谱分析法、极谱法等加以鉴定。

4. 无机元素的测定

橡胶中无机元素的定量测定方法有多种,如化学法、原子吸收光谱法、分光光度法、极谱法等。举例介绍如下。

(1)硫化橡胶中锌含量的 EDTA 容量法测定

将试样灰化,用盐酸溶解灰分,如含硅则用氢氟酸与硫酸处理不溶性残渣。加入氯化铝和氟化铵,使钙、镁以六氟合铝酸盐的形式沉淀。铁和钛与过量的铝和氟离子生成络合物而消除或减小了干扰。对大量的铁可以加入 2,4-戊二酮以进一步消除干扰。以双硫腙为指示剂,用 EDTA 二钠盐标准滴定溶液滴定锌,具体操作步骤如下:称取约 1 g 试样

(精确至0.000 1 g)于 30 mL 瓷坩埚中,在电炉上完全炭化(防止试样着火),在(550±25)℃马福炉中烧去全部碳素,得到纯净的灰分,在灰分中加入 10 mL 水和 10 mL 浓盐酸,加热煮沸,冷却后过滤于 100 mL 容量瓶中。从容量瓶中吸取 25 mL 滤液于 250 mL 具塞锥形瓶中,加 2 mL 氯化铝溶液[$c(AlCl_3 \cdot 6H_2O)=0.1$ mol/L]、5 mL 氯化镁溶液[$c(MgCl_2 \cdot 6H_2O)=0.1$ mol/L]和 10 mL 氟化铵溶液[$c(NH_4F)=3$ mol/L],滴加氨水调至 pH=7,煮沸 30 s,冷却至室温。加 20 mL 缓冲溶液(pH=4.7～4.8),60 mL 丙酮和 5 mL 2,4-戊二酮溶液[10%(V/V)的丙酮溶液]。在冰浴中冷却后再加 5 滴双硫腙指示剂(1 g/L 的丙酮溶液)和 1 滴次甲基蓝指示剂(1 g/L 的乙醇溶液),用 0.01 mol/L EDTA 标准滴定溶液滴定至溶液呈黄绿色即为终点。

测得的锌含量用氧化锌的质量分数表示,按下式计算

$$ZnO(\%)=\frac{c \times V \times 0.018\ 38}{m \times 25/100} \times 100 \qquad (2.62)$$

式中,c 为 EDTA 标准滴定溶液的浓度,mol/L;V 为滴定消耗 EDTA 标准滴定溶液的体积,mL;m 为试样质量,g。

如果灰分中有较多不溶性残渣,则应将残渣连同滤纸一起转移到铂坩埚中,低温炭化滤纸,并于(550±25)℃马福炉中灼烧至炭完全氧化为止。在坩埚中加几滴浓硫酸,再加 5 mL氢氟酸,轻轻摇动坩埚加热蒸发至干,重复处理两次。在坩埚中辊入 10 mL 盐酸,加热煮沸,冷却后过滤于上述 100 mL 容量瓶中,用水稀释至刻度,然后测定。硫化橡胶中钙、镁、锌、铝、铁、钡、铅、钛等无机元素均可用容量法测定。

(2)橡胶中铁含量的分光光度法测定

橡胶试样经灰化,灰分以盐酸溶解,用缓冲溶液调节 pH 值至 5 左右,再加盐酸羟胺和 1,10-菲罗啉溶液处理显色,形成红色铁络合物,用分光光度计在 510 mm 波长处测定吸光度,用标准曲线法测定试样的铁含量。

称取经剪碎的试样 0.5～2 g(称准至 0.1 mg),置于 50 mL 瓷坩埚中,按灰分测定法进行灰化,冷却后加入 5 mL 盐酸和 5 mL 水,置于水浴上溶解并蒸发至溶液剩留 1～2 mL。如果溶液呈橘黄色,表明有大量的铁存在,这时应再加 5 mL 盐酸,继续溶解并蒸发至 1～2 mL。用少量水稀释溶液并过滤于 50 mL 容量瓶中。若有残渣,把残渣转入 30 mL铂坩埚中,再进行灰化,待灰分冷却后,加几滴浓硫酸和 15 mL 氢氟酸煮沸,蒸干。重复此操作一次,加 1+1 盐酸 5 mL,然后并入上述 50 mL 容量瓶中,用水稀释至刻度。

向一系列 50 mL 容量瓶中分别加入 0.0 mL、0.5 mL、1.0 mL、5.0 mL、10.0 mL、15.0 mL、20.0 mL10 μg/mL的铁标准溶液,各加入 1 mL 盐酸、10 mL pH=5 的乙酸-乙酸钠缓冲溶液、1 mL 100 g/L 盐酸羟胺溶液及 10 mL 1 g/L 1,10-菲罗啉溶液,用水稀释至刻度,静置 15 min。在分光光度计波长 510 nm 下以空白溶液为参比,用 1 cm 比色皿测定吸光度。以50 mL测定溶液中含铁量(μg)为横坐标,其相应吸光度为纵坐标,绘制标准曲线。

从上述处理好的 50 mL 容量瓶样品溶液中汲取 2 mL 加入到 50 mL 容量瓶中,加入 10 mL pH=5的乙酸-乙酸钠缓冲溶液、1 mL 100 g/L 盐酸羟胺溶液及 10 mL 1 g/L 1,10-菲罗啉溶液,用水稀释至刻度,静置 15 min。同时做空白实验,在与测定标准系列相同仪

器条件下，以空白实验溶液为参比，测定吸光度。从标准曲线上查出铁的质量。

试样中铁的质量分数按下式计算

$$\mathrm{Fe}(\%)=\frac{m_1}{\frac{m\times 2}{50}\times 10^6}\times 100 \tag{2.63}$$

式中，m_1 为标准曲线上查得铁的质量，μg；m 为试样质量，g。

（3）硫化橡胶中铅的火焰原子吸收光谱法

该法规定含卤素试样用硝酸和硫酸进行处理，蒸发掉残余酸。不含卤素试样用干法灰化。灰分与乙酸铵溶液共煮，以溶解铅，如有不溶性硅酸铅存在，要用盐酸、硝酸和过氧化氢一起煮沸，以转化成氯化物。试样溶解后，配成适当浓度溶液，以铅空心阴极灯为灯源，选定仪器最佳测试条件，测定波长为 283.3 nm 的吸光度。根据在相同条件下确定的铅标准工作曲线，计算试样中铅的含量。

称取约 0.15 g 剪碎的试样（称准至 0.000 1 g）置于 75 mL 瓷蒸发皿中，在调温电炉上缓缓加热，使有机组分分解至无浓烟逸出，然后移入（550±25）℃的马福炉中灰化 1.5 h。如为含卤素试样，则用湿法灰化。称取约 0.15 g 剪碎的试样（称准至 0.000 1 g）置于 100 mL烧杯中，加 3 mL 硫酸和硝酸的混合液（1+1），在电炉上缓慢加热到试样完全分解，并冒白烟，然后把它转移到 75 mL 瓷蒸发皿中，蒸发至近干，移入（550±25）℃的马福炉中灰化1.5 h。待灰分冷至室温后，加 15 mL 180 g/L 乙酸铵溶液，煮沸，用定量滤纸过滤于 100 mL 容量瓶中，滤纸和残渣于（550±25）℃的马福炉中再进行灰化。冷至室温后，加 10 mL盐酸、5 mL 硝酸和 10 滴过氧化氢，煮沸约 10 min。冷却，过滤，滤液收集于上述 100 mL容量瓶中，用水洗涤残渣，用 1+100 盐酸溶液稀释至刻度，摇匀。

在一组 6 个 100 mL 容量瓶中，分别加入 0.0 mL、2.0 mL、4.0 mL、6.0 mL、8.0 mL、10.0 mL 100 μg/mL 铅标准溶液，用 1+100 盐酸溶液稀释至刻度，摇匀。在选定的仪器最佳分析条件下，依次测定在波长为 283.3 nm 处的吸光度。以每毫升标准溶液中含铅的微克数为横坐标，相应的经过空白校正的吸光度为纵坐标，绘制标准曲线。

在相同的测试条件下测定试样的吸光度，同时做空白实验。从标准曲线上查得试液和空白实验溶液中铅的含量，按下式计算试样中铅的质量分数

$$\mathrm{Pb}(\%)=\frac{C_1-C_0}{100\times m} \tag{2.64}$$

式中，C_1 为由标准曲线查得的试液的铅含量，μg/mL；C_0 为由标准曲线查得的空白溶液的铅含量，μg/mL；m 为试样的质量，g。

原子吸收法具有灵敏度高、选择性好、抗干扰能力强、能测定元素多等优点，对于测定硫化橡胶中微量金属元素具有快速、简便、准确的特点，是一种有效的定性、定量分析手段。

2.4.6 橡胶中树脂的分离和鉴别

随着橡胶工业的发展，添加到橡胶中的树脂逐渐增多，根据树脂在其中所起的作用不同，可将其分为几种类型：做软化剂用的古马隆树脂和松香改性树脂；做硫化剂用的环氧树脂和酚醛树脂；为改善橡胶制品的某些性能与橡胶并用的树脂，一般称为塑料。对这些树脂的鉴别，必须首先进行有效的分离才能取得满意的结果。

1. 树脂的分离

从橡胶中分离树脂的方法主要有抽提法、溶解法和色谱法。目前最常用的分离方法是抽提法，即选择适当的溶剂在一定的温度下将树脂从橡胶中抽提出来。对于要求精细一些的分离，可进行多级抽提，先用一定的溶剂将干扰物抽提出来分离掉，然后再用适当溶剂将树脂抽提出来。抽出物中不同的树脂类型可用溶解法进一步加以分离。图2.35所示为橡胶抽出物中树脂的溶解性分离示意图。

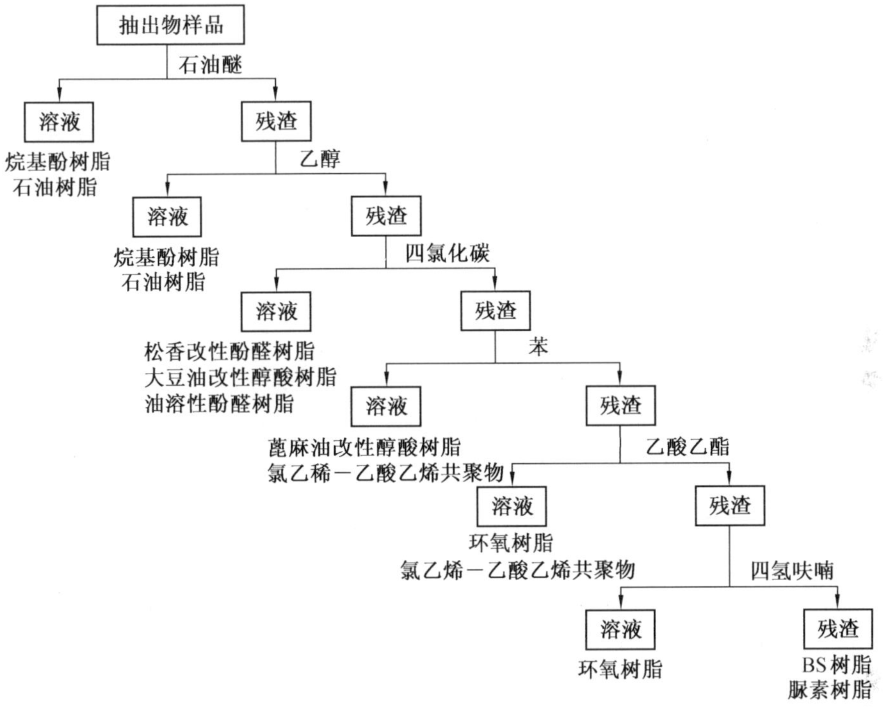

图2.35　橡胶抽出物中树脂的溶解性分离示意图

2. 树脂的鉴别

在进行有效分离的基础上，对橡胶中不同树脂进行鉴别主要有化学反应显色法、薄层色谱法、红外光谱法、裂解气相色谱法等，简便易行的是前面两种方法。

(1)化学反应显色法

①环氧树脂的鉴定。取1～2 mL试样的丙酮抽出浓缩液置于试管中，加入2 mL冰乙酸，2滴5%的过碘酸和2 mL 0.5 mol/L硫酸溶液，用力振荡之后静止10 min。然后加入1.5 mL亚硫酸和2滴席夫试剂，如果在10～30 min以内出现玫瑰红色，则说明有环氧树脂存在。

席夫试剂的配制：取0.2 g可溶性碱性品红溶解于100 mL水中，然后通入二氧化硫使之褪色，如果仍有棕色可加入活性炭消色。

②古马隆树脂的检出。取试样0.1～0.5 g用三氯甲烷溶解，加冰乙酸1 mL及10%的溴－三氯甲烷溶液1 mL，放置过夜。若呈红色，表示古马隆树脂存在。

③酚醛树脂的鉴定。将试样的丙酮抽出液或乙醇抽出液浓缩后，置于白色点滴板上，

加入1滴饱和三氯化铁水溶液，如果立即出现绿环或蓝环，表示有酚醛树脂存在。

④松香的检出。取1 mL抽提试液于试管中，加入1 mL甲苯+乙酸酐(1+1)混合液，再加入1 mL 50%硫酸，摇动1 min后，静止分层，松香存在时下层出现砖红色，在紫外灯下呈紫红色(上层为土红色)。或者取数滴试液于白色点滴板上，然后将点滴板放在100 ℃烘箱中烘干，取出后加2滴乙酸酐、2滴50%的硫酸，如出现红紫色，过1 ~2 min后红紫色带绿边，再过2 ~3 min紫色消失，表示含有松香树脂。

⑤甲醛的检出。取1小片含有甲醛树脂的试样置于试管中，加(3+2)硫酸溶液2 mL与少量铬变酸(1,8-二羟萘-3,6-二磺酸)，在60 ~70 ℃水浴中保持10 min，若变为紫色，表示样品中含有甲醛。

⑥间苯二酚实验。取含有树脂的样品0.5 ~1 g和间苯二酚1.5 ~3 g，加热裂解。冷却后，用沸腾水萃取，水萃取液加1滴50 g/L的氢氧化钠溶液。若溶液变为红色，有特征的绿色荧光，表示样品中有邻苯二甲酸存在。

⑦氯化聚醚的鉴定。取2 g剪碎试样，用丙酮+二氯甲烷(1+1)抽提8 h，弃去抽提液，再用二甲苯抽提4 h。取数滴抽提浓缩液于试管中，烘干后加少许草酸，在酒精灯上加热。试管口处放置已被2,6-双氯醌氯酰亚胺饱和苯溶液浸过的试纸条，然后将纸条移入氨气中显色，含羟酸酯类的化合物(如聚碳酸酯、环氧树脂和酚醛树脂等)均出现蓝绿色；氯化聚醚能使试纸迅速变成金黄色，用氨显色后变为蓝绿色，然后转化为蓝黑色并冒白烟。

⑧砜类塑料鉴定。取2 g剪碎试样，用丙酮+三氯甲烷(1+1)抽提8 h，弃去抽提液，再用二甲基甲酰胺抽提4 h。取数滴抽提浓缩液于试管中烘干，管口盖以氢氧化镍试纸(将滤纸浸入$c[1/2\ Ni(OH)_2]=1$ mol/L氢氧化镍溶液中，数分钟后取出用水冲洗，晾至近干即可)，在酒精灯上加热试管，绿色试纸上出现黑色或灰色的圆斑点，表明有砜类塑料(聚砜、聚芳砜)存在，其他塑料均无此反应。

⑨聚甲醛的鉴定。取2 g剪碎试样，用丙酮抽提4 ~6 h，再用二甲基甲酰胺或二甲基亚砜提出聚甲醛塑料。取少量抽提浓缩液于试管中烘干，加3 ~4 mL 12 mol/L硫酸，再加入少量变色酸，在酒精灯上加热，若产生紫色，表示有聚甲醛存在，其他塑料均无此反应。

(2)薄层色谱法

薄层色谱法鉴定树脂是一种简便有效的仪器鉴定法。在进行薄层色谱操作前，首先需要根据不同的橡胶及所要分析的树脂种类，选择合适的溶剂在快速抽提器中加热4 ~8 h，必要时进行多级抽提，使树脂进入抽提液。将抽提液加热浓缩，然后在硅胶G薄层板或三氧化二铝干板上点样、层析、显色、测R_f值，根据R_f值和斑点颜色即可判断树脂类别。常见树脂在硅胶G板上的薄层色谱R_f值和斑点颜色列于表2.15。

表 2.15　常见树脂在硅胶 G 板上的薄层色谱数据

树脂名称	展开剂	R_f值	显示剂	斑点颜色
古马隆树脂	苯	0.96	3% 香草醛乙醇溶液	紫　色
松香树脂	苯	0.37	3% 香草醛乙醇溶液	灰黑色
2402#树脂	甲苯+乙醇+三氯甲烷 (2 + 1 + 0.2)	0.95	10% $FeCl_3$水溶液	灰褐色
2423#树脂	甲苯+乙醇+三氯甲烷 (2 + 1 + 0.2)	0.67	10% $FeCl_3$水溶液	红　色
210#树脂	甲苯+乙醇+三氯甲烷 (2 + 1 + 0.2)	0.46	10% $FeCl_3$水溶液	黄　色
548#	甲　醇	0.93	1% 溴甲酚氯乙醇溶液	金黄色-黄绿色
聚氯乙烯树脂(抽提液裂解)	己烷+二氯甲烷+甲苯 (15+10+25)	0.14	2%二苯卡巴脲乙醇溶液	紫　色
聚芳砜树脂	丙酮 + 己烷 (1+1)	0.45	碘蒸气熏	黄棕色(原点橙红色)
ABS 树脂	乙酸乙酯	0.99	碘蒸气熏	黄　色
聚碳酸酯	乙酸乙酯+苯(1+1)	0.98	碘蒸气熏	黄色(原点粉红色)
氧化聚醚树脂(抽提液裂解)	苯+三氯甲烷 (1+1)	1.0	碘蒸气熏	黄　色

2.4.7　硫化橡胶中炭黑含量的测定——硝酸消化法

试样用热硝酸消化,炭黑和不溶于酸的填料经过滤、洗涤、干燥、称量,再于高温下将炭黑烧尽,称量。两次质量之差为炭黑质量。

称取0.5 g约1 mm^3的试样,称准至0.002 g,用滤纸包好,经丙酮-三氯甲烷混合液抽提4 h,转移试样于150 mL烧杯中,在水浴上加热至没有较大的三氯甲烷味,加30 mL硝酸,盖上表面皿于水浴上消化至液面没有较多的泡沫和气泡为止(1～1.5 h)。若按上述条件不能被消化的试样,则首先要在试样中加5 mL硫酸和1 g硫酸铵,在水浴上加热约20 min使其溶胀,冷却后加30 mL硝酸消化。趁热把溶液和沉淀一并转移到古氏坩埚中,以真空泵抽滤,用20 mL热硝酸洗涤,倾出硝酸滤液和洗涤液。之后用20 mL热丙酮洗涤,再用40 mL 1+1丙酮-三氯甲烷混合液洗涤。取下古氏坩埚并擦净外壁,放入(110±2)℃的恒温烘箱中烘干,称量,直到恒重,再转移到550～600 ℃的高温炉中灼烧赶尽炭,再称量,直至恒重。两个质量之差即为测定炭黑的质量。炭黑的质量分数按下式计算

$$炭黑含量(\%)=\frac{a-h}{1.05m}\times 100 \qquad (2.65)$$

式中,m为试样的质量,g;a为110 ℃测得的坩埚及其内容物的质量,g;b为550～600 ℃测得的坩埚的质量,g;1.05为测定值的经验系数。

古氏坩埚的准备:在古氏坩埚底部铺一层圆形无灰滤纸,用湿法铺一层石棉,厚度以炭黑不漏滤为宜(约1 g)。在石棉上压一块多孔圆瓷片,于(110±2)℃恒温烘箱中烘干,再转移到550～600 ℃高温炉灼烧至恒重。取出置于干燥器中备用。

炭黑是橡胶工业中使用的主要补强填料,它的类型也有多种,可用其悬浮溶液的比色指数和平均吸光度进行炭黑类型的鉴别。对于有条件的实验室,硫化橡胶中的炭黑含量,

也可使用管式炉高温热解法进行测定。硫化橡胶中炭黑的鉴定和测定，由于聚合物的类型对测定结果有影响，惰性无机填料也妨碍测定，所以首先必须进行聚合物鉴定和无机定性，之后再进行炭黑的鉴定与测定，否则影响测定结果。

习　题

1. 概念题

(1)生胶；(2)生橡胶；(3)BR；(4)合成橡胶；(5)合成橡胶的种类；(6)EPM；(7)通用合成橡胶包括的胶种；(8)饱和橡胶；(9)不饱和橡胶；(10)极性橡胶；(11)橡胶来源；(12)天然橡胶等级；(13)通用合成橡胶；(14)特种合成橡胶；(15)再生胶；(16)配合剂；(17)防焦剂；(18)橡胶软化剂；(19)炭黑；(20)橡胶补强剂；(21)橡胶填充剂；(22)促进剂 M；(23)白炭黑；(24)$SiO_2 \cdot nH_2O$；(25)NBR；(26)橡胶硫化剂；(27)硫化活性剂；(28)NR；(29)NR 的 Tg；(30)NR 的 Tf；(31)NR 的 Td；(32)NR 密度；(33)NR 溶剂；(34)BR 溶剂；(35)SBR 溶剂；(36)SBR；(37)BR 的 Tg；(38)MVQ 的 Tg；(39)碳链橡胶；(40)杂链橡胶；(41)无机链橡胶；(42)天然橡胶；(43)丁苯橡胶；(44)顺丁橡胶；(45)异戊橡胶；(46)硫化胶；(47)SR；(48)CR；(49)EPDM；(50)IIR；(51)IR；(52)MVQ；(53)硫化体系；(54)热塑性橡胶；(55)粉末橡胶；(56)液体橡胶；(57)过期橡胶；(58)熟橡胶；(59)交联橡胶；(60)硫化橡胶。

2. 简述题

(1)轮胎的胎面主要用什么胶，为什么？

(2)汽油在橡胶加工过程中起什么作用，为什么？

(3)炭黑补强机理是什么？

(4)氧化锌在橡胶加工过程中起什么作用，为什么？

(5)为什么缓冲减震器多采用橡胶做原料？

(6)简述再生橡胶再生机理。

(7)简述非硫类硫化剂适用范围。

(8)简述橡胶填充剂的作用。

(9)橡胶中常用的补强剂(或填充剂)是什么？

(10)汽车密封圈多用哪种橡胶，为什么？

(11)阻燃运输带多用哪种橡胶，为什么？

(12)橡胶的良溶剂是什么？

3. 论述题

(1)设计汽车密封圈的配方。

(2)橡胶的弹性与哪些因素有关，为什么？

第3章　炼　　胶

3.1　塑炼前准备工艺

各种生胶在制造、包装、运输和保管过程中，表面常会黏附木屑、铁屑、碎纸、沙子等机械杂质，还会有老化发黏、发霉等现象。在冬季，胶块常会发生硬化、结晶，甚至冻结的现象，这样的生胶如果不经加工即投入生产，势必直接影响硫化胶的物理机械性能，而且给生产工艺带来困难，给设备的安全带来威胁。因此，橡胶的准备工艺具有相当重要的作用，它可以保证产品质量，减少工艺加工困难，提高生产效率，保证设备安全。

对于检验合格的生胶，必须经过洗胶、烘胶、选胶、切胶和破胶等加工处理，使之符合以下的质量标准方能投入生产。

(1)生胶表面清洁，不黏附任何杂物，无老化发黏、发霉现象。生胶等级要严格分清。

(2)生胶无硬化、冻心现象，胶块温度一般不低于 30 ℃。

(3)生胶切块后的重量不大于 15 kg。

3.1.1　洗胶工艺

(1)洗胶目的

洗胶的目的是清除生胶表面黏附的机械杂质和污物，以免混入胶料中，影响工艺加工性能和硫化胶的物理机械性能。

(2)洗胶操作

将仓库送来的各种生胶用清水和钢丝刷进行洗刷，除尽表面所有的粘污物。若发现表面有老化发黏或发霉等现象，必须剥去外皮。

洗胶操作也可用洗胶机进行。

3.1.2　烘胶工艺

(1)烘胶目的

生胶在常温下黏度较高，冬季时硬度更大，难以切割和进一步加工。烘胶的目的是为了加温软化，清除结晶、硬化现象，减少加工困难，缩短加工时间，降低电能损耗。

(2)烘胶操作

烘胶在烘房中进行。生胶必须按批号、等级、送入顺序等分别堆放，整齐排列；必须离热源 30 cm 以外，避免胶块受高温而老化；胶块之间应稍有空隙，使各部位受热均匀。烘胶温度和时间应严格按工艺条件执行，如果温度太低或时间不够，则达不到软化目的；温度太高或时间太长，胶块会发生老化变黏，致使性能下降。烘胶工艺条件应该根据生胶品种及其规格大小不同而选择。天然橡胶和一般的合成橡胶可按表 3.1 所示工艺条件执行。氯丁橡胶的烘胶条件应为24~40 ℃,4~6 h。

表3.1 橡胶的烘胶工艺条件

月份	生胶规格	烘胶时间/h	温度/℃
6~11	100 kg以上	36~48	50~70
	50 kg以下	24~36	50~70
12~5	100 kg以上	60~72	60~70
	50 kg以下	48~60	60~70

3.1.3 选胶工艺

(1)选胶目的

不同性能要求的胶料,要求使用质量不同的生胶,但同一包装块的生胶,其各部位的质量也不尽相同。例如,天然橡胶中的烟片胶一般都是用稍次于本胶的胶片包成的。另外,同一等级的生胶,其色泽也不尽相同。选胶的目的是根据胶料性能要求不同而选用不同外观质量的生胶,以满足产品的需要。

(2)选胶操作

对于气密性要求较高的产品,如内胎或者薄壁制品,要选择外观较清洁的生胶,如烟片胶要剥掉外皮。外皮胶另行降级处理。对于色泽要求较浅的产品,要选择外观色泽较浅、较透明的胶块。若发现胶块中有发霉变黏或机械杂质,应予割除。

挑选好的生胶应按质量等级分别存放。

3.1.4 切胶工艺

(1)切胶目的

进口天然橡胶一般每包装块质量为110 kg左右,国产烟片胶为50 kg,标准橡胶为25 kg,合成橡胶为25~35 kg。这样的胶块如果直接投入炼胶机,势必会损坏机器。切胶的目的是使胶块质量达到规定要求,减少机械电能消耗,保障设备的安全。

(2)切胶操作

经软化后的生胶块,按批号、等级、加温先后顺序,用切胶机切成符合要求的小胶块,以便于塑炼。各种合成橡胶在切胶前应将包装塑料薄膜剥清,否则也会影响胶料质量。胶块的质量依胶种而定,天然橡胶每块一般为10~20 kg左右,氯丁橡胶每块不超过10 kg。切好的生胶需经外观检查,并注明胶种,放在架内,严禁落地。

3.1.5 破胶工艺

(1)破胶目的

用开炼机塑炼天然橡胶时,需要先行破胶,目的是提高塑炼效率。

(2)破胶操作

破胶一般在专用的破胶机上进行。破胶辊距为2~3 mm,辊温控制在45 ℃以下。若采用开炼机破胶,应将挡板适当调窄,并在靠大牙轮一端投胶,辊距为1.5~2 mm,辊温控制在45~55 ℃。

破胶时要依次连续投料,不宜中断,以免胶片弹出伤人;容量应适当,防止损坏设备。破胶后一般通过7~8次辊距,然后打成质量为25 kg左右的胶卷,注明胶料代号,以备塑炼。

在夏季高温季节，胶块比较柔软，有时也可以不经破胶而直接塑炼，但此时操作应特别小心，确保设备安全，塑炼时间也应相应加长。如果采用密炼机塑炼，也可省去破胶工序。

3.1.6 橡胶准备加工的设备

(1)洗胶机

洗胶机是一种清除生胶表面和内部机械杂质的专用设备。选胶机的构造和开炼机基本一样，不同的是辊筒较短，并刻有沟纹，在辊筒上端安有喷水装置。一般生产规模较小的工厂无专用洗胶机时，可将直径 360 mm 的普通炼胶机改装为小型洗胶机。改装方法很简单，采用龙门刨床和普通车床，将后辊筒加工出沟纹。后辊沟纹为锯齿形，螺旋角为 10°～11°。

当胶片通过洗胶机的辊筒时被机械力撕碎，此时，由于受水的冲洗，使夹杂的机械杂质沿着辊筒表面的沟纹流走，如图 3.1 所示。

(2)切胶机

切胶机通常分为单刀切胶机和多刀切胶机两大类。单刀切胶机适用于中小型工厂；多刀切胶机的生产能力较大，适用于大型工厂。单刀切胶机常用 660 型、760 型两种，单刀切胶机生产能力约为每小时 1 000～1 500 kg，具有占地面积小、安装较方便简单的优点。多刀切胶机的生产能力约为每小时 340 kg，是一种生产效率高、生产过程半自动化的切胶机，除了装胶之外，全部过程可自动完成，如图 3.2 所示。

图 3.1　洗胶机

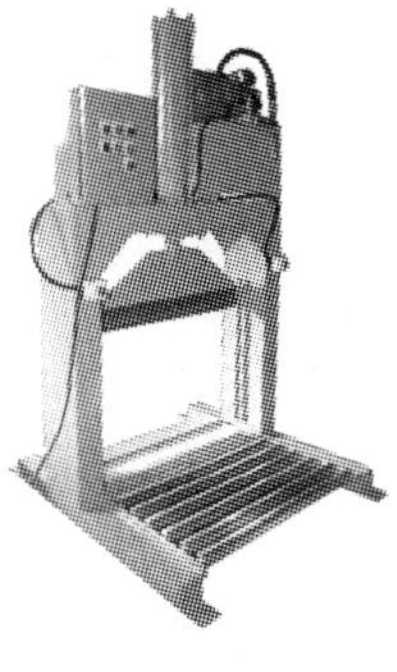

图 3.2　切胶机

3.2 配料工艺

配料工艺是对橡胶制品所用的橡胶和配合剂进行准备加工、称量、配合的工艺，它是橡胶制品生产的第一工序。配料工艺的目的意义在于橡胶和配合剂在制造、运输和保管过程中，有时会混进一些机械杂质或吸收了空气中的水分，或者其体积、颗粒度、黏度、湿度等未能符合工艺要求。如果直接投入生产，不但会给生产工艺带来困难，而且会影响产品的物理机械性能。因此，橡胶和配合剂必须经过加工处理，使之符合工艺要求，然后，按照各个产品配方中的原材料名称、分量进行称量和配合，最后才能投入下道工序的生产。

配料工艺质量的好坏，直接影响下道工序的顺利进行。如果配料工艺出错，会造成废次品，给生产带来不可挽回的损失。因此，配料工艺是保证生产顺序进行和保证产品质量的第一关。

3.2.1 配料工艺的原则

配料工艺的原则是满足工艺要求,准确、不错、不漏。橡胶和配合剂的准备加工要严格按照工艺要求的投胶重量、配合剂颗粒度、黏度和湿度等进行。橡胶和配合剂的称量与配合要严格执行“准确、不错、不漏”的原则。

3.2.2 配合剂的准备加工

为使混炼顺利进行,确保混炼胶的质量,对称量配合前的配合剂有以下要求:

①纯度和杂质含量要符合国家规定的标准;

②水分含量要低,没有挥发性物质;

③有一定的颗粒度,便于分散;

④便于称量配合。

要符合上述要求,混炼前的配合剂要进行如下几方面的准备工作:

①工厂实验室按规定标准对原材料进行抽查检验,以便控制生产,保证质量;

②不符合要求的配合剂要补充加工(如粉碎、干燥、筛选等);

③软化剂的加热、过滤和蒸发;

④膏剂和母炼胶的制备;

⑤配合剂的称量和配合。

随着原材料标准化和系列化的实施,一般橡胶制品厂可以逐步取消上述前两项工作,第三、四项工作要根据生产需要而进行。下面分别介绍目前常用的配合剂准备加工项目。

1. 粉碎

(1)粉碎目的

颗粒度超过标准的块状或粗粒状配合剂,在使用前需经粉碎、切片或磨细处理,目的是使颗粒度变细,增加混炼时与生胶的接触面,使之易于分散均匀,减少混炼操作时间,提高产品物理机械性能。

(2)粉碎机及其选择

粉碎机械一般采用圆盘粉碎机、翼轮粉碎机、错柱式万能粉碎机、锤式粉碎机、刨片机和球磨机等。选择粉碎机与被粉碎物料的硬度、湿度、粒径大小、粉碎标准有关。圆盘粉碎机和刨片机主要用于硬脂酸和石蜡等的粉碎和切片;翼轮粉碎机主要用于粉碎块状配合剂,如防老剂A等;错柱式粉碎机和锤式粉碎机主要用于粉碎硬脆的物料,如沥青、矿质橡胶、固体古马隆、树脂、松香等;球磨机适用于乳胶生产中粉碎分散度要求高的配料工艺。没有粉碎设备时,也可用刨刀、铁锤或其他小工具进行处理。如日用量较少的脆性物料,可用铁锤敲击的方法来粉碎。

(3)颗粒度标准

粉碎后的配合剂,颗粒度必须达到如下标准:

硬脂酸、石蜡、防老剂A等	≤4 g/块
松香、树脂、固体古马隆、沥青、矿质橡胶等	≤10 g/块

(4)圆盘式粉碎机

如图3.3所示,圆盘式粉碎机的主要工作部件是旋转凡尔盘和旋转多盘刨刀。使用时将凡尔盘旋退至最高处，将块状配合剂加入，用旋转凡尔盘将其压紧，块状物料经旋转多盘刨刀破碎后，经出料口取出备用。这种设备构造简单、操作维修方便、效率较高、劳动强度低，生产能力每小时约 120 kg，主要用于粉碎硬脂酸、石蜡、防老剂 A 等。

图 3.3　圆盘式粉碎机

2. 干燥

(1)干燥目的

配合剂含水量超过规定标准时必须进行干燥加工，达到要求后方能投入生产。因为配合剂水分含量过大，会使筛选困难，容易结团，混炼时易压成块状，难以分散均匀，也易使硫化胶产生气泡或离层，造成废次品。

干燥的目的是除去或减少配合剂中所含的水分和低挥发性物质。配合剂与水分的作用，可分为两种情况：一是有些配合剂如氧化镁等，遇水后会变质，不能用干燥办法补救，必须在保管过程中严格防潮；二是大部分配合剂与水作用不起化学变化，但有吸湿性，如果含水量过大，则必须进行干燥。

(2)干燥条件

熔点不同的配合剂应分别执行不同的干燥条件。因为熔点低的物料在较高温度下会发生变化，甚至分解。各种配合剂的干燥温度如下：

熔点较低的硫黄、促进剂和防老剂	应比其熔点低 25 ~ 40 ℃
促进剂 M，DM，CZ 等	一般在 60 ℃以下
矿质填料如碳酸钙、陶土等	一般在 80 ℃以下

干燥时间应视各种配合剂所含水分多少而定。

(3)干燥方式

目前，一般橡胶厂配合剂干燥方式有如下几种：

①连续干燥。使用鼓式干燥机、螺旋式干燥机、带式干燥机等。

②间歇干燥。使用热空气循环干燥室，适用于少量配合剂的干燥，操作方便，故应用广泛。

③微波干燥。使用超高频的电场，令配合剂自身发热而干燥，此法效率高、速度快。

3. 筛选

(1)筛选目的

有些配合剂在粉碎后其颗粒大小混杂，需要筛选。有些配合剂在包装或运输过程中混入一些砂、石、铁屑等机械杂质，一旦混进胶料中，不但会影响产品的物理机械性能，还会在加工过程中损坏机械部件，因此必须筛选。有些薄制品，或要求气密性很高的产品如内胎，所用的配合剂细度要求较高，故也需进行筛选。筛选目的是除去配合剂中的机械杂质以及本身的粗粒子。

(2)筛选机及其筛网的选择

常用的筛选机有振动筛、圆鼓筛等。对于黏性小的物料，如硫黄和滑石粉等宜用振动筛筛选；黏性大的物料，如碳酸钙、炭黑等宜用圆鼓筛筛选。筛选机的主要部件是筛网，根据胶料用途，可选择不同型号的筛网。常用筛网规格见表 3.2，常用配合剂选用筛网规格见表3.3。

表3.2 常用筛网规格

筛网型号		10	25	40	60	80	100	120
筛孔数目	孔/in	10	25	40	60	80	100	120
	孔/cm^2	16	100	256	576	1 024	1 600	2 304

表3.3 常用配合剂选用筛网规格

配合剂	筛网规格	配合剂	筛网规格
促进剂M	60~100号	氧化铁	40号
硫黄	80~100号	松香	粉碎后用10号筛筛选
氧化锌	40~100号	固体古马隆	粉碎后用4号筛筛选
防老剂D	40号	明矾	40号
炭黑	12~18号	小苏打	60号
碳酸钙	60~100号	发泡剂H	40~60号
陶土	40号		

4.软化剂的加热、过滤和蒸发

(1)加工目的

软化剂加热和过滤的目的是使软化剂变成适宜黏度的液体,以便过滤,除去混入的机械杂质。蒸发是为了去除过多的水分和低挥发物,保证软化剂的质量。

(2)不同软化剂的处理方法

熔点在70 ℃以下的易熔化固体和黏性液体软化剂一般在加热至适当的温度时就会变成液体,可用趁热过滤的方法除去机械杂质。所用工具主要是专用筛网,如铜网筛和钢网筛等。熔点在70 ℃以上的难熔化固体软化剂,在拆包后须经表面净化处理,然后再粉碎和过筛。水分过大,挥发物过多,或黏度不合要求的液体软化剂,应加热蒸发脱水,脱水后再进行过滤,除去机械杂质。如果不经蒸发脱水,不仅影响胶料的工艺性能,而且还影响胶料的物理性能和外观质量。

(3)加工条件及设备

以两种软化剂的加工条件为例:松焦油,加热60~70 ℃,蒸发脱水,熔化过滤;液体古马隆,加热不高于120 ℃,蒸发4~6 h脱水。软化剂的加热时间,以其水分挥发量和黏度是否达到要求为标准。

常用的中温蒸发容器一般是用铁质的。例如,松焦油的加热蒸发是用一个铁质的加热蒸发罐进行,罐内设有蛇形蒸汽管,用以加热罐内的松焦油,使其水分和挥发物挥发。蒸发进行时要控制温度。

松焦油加工后的质量标准如下:水分不大于0.5%,挥发物不大于6%,黏度必须符合规定要求。

5.膏剂和母炼胶的制备

(1)膏剂和母炼胶的用途

为了使配合剂在混炼时易于分散,减少飞扬损失,改善劳动条件,有时预先将某些配合剂制成膏剂或母炼胶,再进行混炼。膏剂是软化剂和易飞扬配合剂的混合物,例如氧化锌、硫黄、促进剂等制成的膏剂。母炼胶是某些配合剂和生胶按一定比例预先制成的简单胶料，也称母胶。常用的母胶有促进剂母胶、硫黄母胶和炭黑母胶等。

膏剂和母炼胶适用于开炼机生产批量小、品种多和产品质量要求高的工厂。

(2)膏剂的制备

膏剂所用的软化剂随产品配方而定。大多数胶料中均含有硬脂酸，而且它具有分散性好、熔点低、凝固时体积收缩而便于脱模等特性，所以硬脂酸是最常用的膏剂分散剂。最常用的膏剂是通用促进剂和硬脂酸膏剂，重量比应该以 40∶60 或 50∶50 较为合适。硬脂酸含量过多或过少，对均匀程度都会产生不良的后果。

制备膏剂的设备比较简单，一般采用双层搅拌机，在两层壁间通入蒸汽加热，软化剂和配合剂在一定温度的搅拌器内搅拌均匀后排出，置于铁盘内冷却凝固后即可使用。操作时必须严格掌握搅拌温度、时间、加料方法等，这些都是决定配合剂分散均匀的重要因素。

(3)母胶的制备

制备母胶时，如果为了便于区别，可在各种母胶中加入不同颜色的着色剂。配合剂和生胶的比例是影响母胶分散程度的重要因素。配合剂含量过大会分散不均，甚至出现结团等不良后果，一般以 1∶1 为常见。但炭黑母炼胶的最大填充量则应根据炭黑的吸油值来确定。

母胶的制备在炼胶机上进行，将后用的配合剂和生胶在炼胶机上混炼均匀即成。但必须严格掌握工艺条件如加料方法、混炼温度等，这都是影响母胶均匀程度的重要因素。

3.2.3 配合剂的储存和保管

配合剂的储存和保管虽然属于制造厂应保证的指标问题，但制品厂也应留意，特别是对容易变质的原料、危险性高的原料尤应注意。

(1)防潮

有些配合剂如氧化镁、氧化钙等，遇水后会发生化学变化而改变本身的性质，失去无机活性剂的使用性能。因此，必须在保管过程中严格防潮。一般在开包后储存于密闭的容器内，且储存量不宜过多，一旦出现结团或硬化现象即不能继续使用。

其他配合剂也应注意存放在通风干燥之处，不能放在容易沾水或被雨淋的地方，如窗口边、水池边、茶缸边等等。

(2)防火防爆

橡胶厂使用的配合剂多数是可燃的，如常用的硫黄就是易燃品，所以必须远离火源。

有些配合剂如发泡剂、溶剂等，在燃烧时会引起爆炸。某些过氧化物受激烈振荡也可能引起爆炸，故须足够重视。

(3)防止混淆

各种配合剂必须按规定地点分批分堆放置，按先后顺序使用，不可混淆。如遇外包装模糊不清时，应开包鉴别是何品种，方可使用。

3.2.4 配料的工艺方法

生胶和配合剂经过加工准备后，需要进行称量和配合，即按照配方规定的配合剂品种、规格、数量分别称量，然后混合。这是制备胶料前最重要的工序。称量和配合是否准确,对胶料的加工性能和产品质量起重要的作用。因为配方再好,也得通过配料工序精确无误地加以实现,无论错配或漏配,都将造成不可挽救的损失,因此对配料的操作要求是细致、准确、不错、不漏。

配料工序中的称量操作一般多采用集中称量法。根据生产规模的不同,可分为手工称量法和自动称量法两种。

1. 手工称量法

此法用于小规模的生产厂,大中型厂在称量小料时,也有使用手工称量的。

(1)衡器的选择

为保证手工称量的准确性,应根据配合剂的用量选择合理的衡器,在不超过最大称量的条件下,尽量选用较小规格的衡器。例如,所称重量若小于最大称量的10%,则称量误差至少为0.4%,而在最大称量时,误差仅为0.1%,即在同一衡器上,称量的量越小,误差就越大。配料衡器的选择及其允许误差见表3.4。

表3.4 配料衡器的选择及其允许误差

配合剂的种类	适用衡器及其规格		允许误差
超促进剂	1 kg	粗天平	±0.5 g
小　料	5 ~ 10 kg	案　秤	±5 g
油　料	25 kg	自动秤	±50 g
中　料	50 ~ 100 kg	台　秤	±50 g
大　料	100 ~ 300 kg	台　秤	±200 g
生胶、塑炼胶	100 ~ 300 kg	台　秤	±200 g

另外,称量黏性物料的衡器必须区别使用。

(2)手工称量的操作顺序

采用手工称量操作时,应正确选择配合剂称量的先后顺序,根据其色泽间隔、数量、大小及其重要性,是否容易飞扬等因素来安排,依次分明,便于观察,确保称量的准确、不错、不漏。

以小料的称量为例:假设一个配方中的小料有氧化锌、硬脂酸、硫黄、促进剂M、促进剂DM、防老剂D、石蜡等,需分别称量于同一容器内,较为合理的称量顺序是氧化锌→促进剂M→防老剂M→防老剂D→促进剂DM→石蜡→硬脂酸,硫黄后下,另包装。因为促进剂M和防老剂的用量比氧比锌、硬脂酸要少,为减少飞扬损失,应放在容器的中间。促进剂M和DM都是黄色粉末,为方便复查,以防重配或漏配,用浅灰色的防老剂D作间隔。硬脂酸和石蜡不易飞扬,颜色也可区别,故放在容器的上层。

在操作过程中,每称完一种配合剂,都应检查有否错漏,然后再称下一种。每配完一批料后,要全部检查配合剂的重量是否与配方相符,有否超过允许误差。如有异常,应检查是否重配、漏配或错配。这样的操作可大大提高称量的准确度。

(3)称量配合的操作方法

称量配合的操作是指按配合剂的性质和混炼时的加料顺序进行称量,并分别存放。一般称量配合的操作方法如下:

①将生胶、再生胶、母炼胶等按配方称量后,放入指定的容器,然后存放在指定地点备用。

②炭黑、陶土、碳酸钙等大料称量后,放入指定的容器,存放在指定地点备用,若是自动称量则可直接送去混炼。

③硫化剂、促进剂、活性剂、防老剂或固体软化剂、专用配合剂等等,分别先下、后下归类称量,放于小容器内,然后按次序放在盛有大料的容器中,送去混炼。

④液体软化剂尽量利用自动输送自动秤,无此条件的只能用台秤称量,放于容器内,存放在指定地点备用。

手工称量法的缺点是生产效率低,准确性受人为因素影响,而且卫生条件差,配合剂飞扬损失较大等等。目前已普遍地被半自动或自动称量法代替。

2. 自动称量法

此法适用于以密炼机连续工作的大规模生产,它是利用自动称量设备进行的。目前国内已有较多的大中型厂采用自动称量和投料,如炭黑、浅色填料、小料和油料的自动称量等等。生胶的称量可以采用台秤称量,也可以使用皮带秤称量,然后再经过供料运输带投入密炼机。

自动称量可无距离操作,远距离指示,称量误差小,而且可以称量多种配合剂,有利于实现橡胶制品生产的流水作业。但自动秤的结构复杂,造价较高,维修较困难。

3. 常用配料衡器

(1)托盘天平

托盘天平是天平中精确度较低的一种,它的最大称量有 100 g,200 g,500 g,1 kg,2 kg,5 kg 多种,如图 3.4 所示。

(2)案秤和电子案秤

案秤具有结构较简单、体积小、重量轻、易于搬动、使用方便、检修容易等优点。它是杠杆秤中一种称量较小(5 ~ 20 kg)的常用衡器,它的产品型号,如 AGT-5 型,AGT 分别为案(An)、杠(Gng)、砣(Tuo)的第一个汉语拼音字母,数字 5 表示最大称量为 5 kg。如图 3.5 和图 3.6 所示。

图 3.4　托盘天平

图 3.5　电子案秤

图 3.6　案秤

(3)台秤和电子台秤

台秤是一种可以移动的轻型衡器。其规格为 50 ~ 1 000 kg,比较齐全,精确度可达 1/1 000以上,且零部件有很好的互换件,修理和使用都十分方便。它的产品型号如 TGT-500 型,TGT 分别为台(Tai)、杠(Gang)、砣(Tuo)的第一个汉语拼音字母,数字 500 表示最大称量为 500 kg。如图 3.7 和图 3.8 所示。

图 3.7　台秤

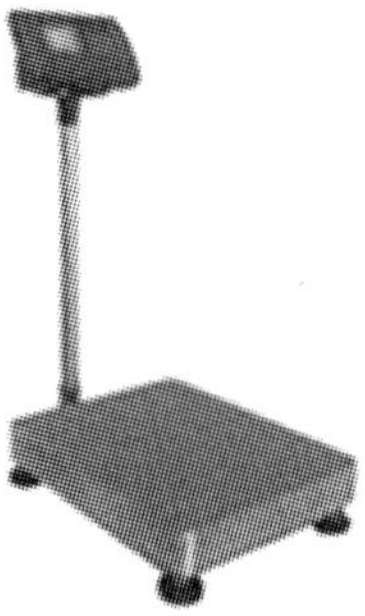

图 3.8　电子台秤

3.3 塑　　炼

生胶因黏度过高或均匀性较差等缘故,往往难于加工。将生胶进行一定的加工处理,使其获得必要的加工性能,这一加工过程称为塑炼。因加工中未加任何配合剂,所以一度曾称之为“素炼”。

3.3.1　塑炼目的

橡胶加工工艺对生胶可塑度有一定的要求。不同种类的生胶其原始可塑度不同,不同用途的混炼胶要求其塑炼胶的可塑度也不同。橡胶可塑性与胶料性能有密切关系,见表 3.5、表 3.6 和表 3.7。

表 3.5　几种生胶的原始可塑度

胶　　种	门尼黏度(ML_{1+4},100 ℃)
天然橡胶 SMRCV①	45~73③
天然橡胶 SMRCV②	40~70③
异戊橡胶(丁基锂催化)	40~55
软丁苯橡胶	54~64
软丁腈橡胶	29~47
氯丁橡胶(54-1A 型)	43~53
氯丁橡胶(54-1B 型)	30~42
顺丁橡胶	45~55③
三元乙丙橡胶(双环戊二烯型)	50~70
丁基橡胶	45±5④　65±4④
氯磺化聚乙烯橡胶-20	30±6③
氯磺化聚乙烯橡胶-30	31±7③
氯磺化聚乙烯橡胶-40	60±6③
氯磺化聚乙烯橡胶-45	37±6③

注:①系标准马来西亚恒黏度天然橡胶;　②系标准马来西亚低黏度天然橡胶;
③此为门尼黏度 ML_{-4},100 ℃;　④此为门尼黏度 ML_{-8},100 ℃。

表 3.6 常用塑炼胶的可塑性

性能	可塑性	
	高	低
收缩性	小	大
流动性	大	大
溶解性	大	小
黏着性	低	大
渗入性	小	小
混炼发热性	小	小
力学性能(温度、弹性、耐磨和耐老化等)	大	高

表 3.7 常用塑炼胶的可塑度

塑炼胶种类		可塑度(威氏)
胶布胶浆用塑炼胶	含胶率 45% 以上	0.52 ~ 0.56
	含胶率 45% 以下	0.56 ~ 0.60
	传送带布层擦胶用塑炼胶	0.49 ~ 0.55
	V 带线绳浸胶用塑炼胶	0.50 左右
薄膜压延用塑炼胶	胶膜厚度 0.1 mm 以上	0.35 ~ 0.45
	胶膜厚度 0.1 mm 以下	0.47 ~ 0.56
	海绵胶料用塑炼胶	0.50 ~ 0.60
压出胶料用塑炼胶	胶管外层胶	0.30 ~ 0.35
	胶管内层胶	0.25 ~ 0.30
	胶面胶用塑炼胶	0.21 ~ 0.24

总之,塑炼的目的就是要满足混炼胶工艺性能和制品性能对生胶可塑度的要求。尽管近年来大多数合成胶和某些天然胶在制造过程中控制了生胶的初始可塑度,塑炼任务已大为减轻,但是,严格说来经过充分塑炼的橡胶是一种改性橡胶,在混炼时能与活性填充剂(如炭黑)和硫化促进剂发生化学反应,对硫化速度和结合凝胶生成量产生一定影响。生胶经过塑炼后质地均一,对硫化胶力学性能也有所改善。因此,塑炼仍然是橡胶加工中一项具有重要意义的工艺。

3.3.2 塑炼的基本原理

橡胶可塑度与其分子量有密切关系。分子量越小,黏度越低,可塑度越大。总之,塑炼的目的就是要满足混炼胶工艺性能和制品性能对生胶可塑度的要求。实践证明,在塑炼中生胶可塑度的提高是通过平均分子量的降低来获得的。塑炼中的断链理论实质上就是使橡胶分子链断裂,大分子长度变短的过程。

1. 影响橡胶分子链断裂的因素

(1)机械力作用

塑炼时辊筒对生胶的机械作用力很大,可以直接影响到橡胶的分子上,使橡胶大分子链断裂。由于橡胶分子异常庞大,其分子间引力也很可观,当橡胶在塑炼中受机械力反复作用时,必然会产生局部应力集中,致使分子链断裂。然后断链的活性自由基被氧或其他自由基接受体所稳定,生成较短的分子。塑炼时间越长,分子断裂也越多,平均分子量越趋下降。

(2)氧的作用

氧是使橡胶大分子断链的又一重要因素。为了观察氧在塑炼中的作用,在相同温度下将生胶于不同介质中进行塑炼。结果表明,生胶在不活泼气体如氮气中长时间塑炼,黏度几乎不变;在氧气中塑炼,黏度迅速下降。由此可见,氧是塑炼中不可缺少的因素,没有氧的存在,即使有机械力的作用,塑炼也不能获得预期效果。

实验证明,生胶结合0.03%的氧,就能使分子量减少50%;结合0.5%的氧,分子量以10万为例,就会降低到5 000。可见,在塑炼中氧化作用对分子链断裂的影响是很大的。

(3)塑解剂的作用

使用化学塑解剂能提高塑炼效果,塑解剂在塑炼中的作用与氧相似。在不活泼气体(如氮气)中塑炼生胶时,如果采用硫酚做塑解剂,则可塑度显著提高(虽然其效果比氧为低)。在有空气存在下,若采用强氧化剂如过氧化氢做塑解剂,则塑炼效果更大。温度越高,增塑效果越大。

(4)温度的影响

温度对塑炼效果有重要影响,它对塑炼的作用具有两重性。以天然橡胶为例,在低温范围内(110 ℃以下),随着温度升高,塑炼效果下降,升温对塑炼起不良影响;低温塑炼时分子链断裂的主要原因不是氧的作用,而是机械力的作用(当然,并不是无需氧存在)。温度越低,生胶黏度越高,塑炼时所受作用力也越大,机械作用对橡胶分子链的断裂效应也越剧烈。相反,在110 ℃以上,温度越高,塑炼效果越大,升温对塑炼起着促进作用(见图3.9)。塑炼效果随温度升高而增大,这主要是依靠氧化使分子链断裂,而不是机械剪切力,在高温条件下首先是氧气作用下的脱氢反应,继续氧化可生成橡胶过氧化物基团,进一步使游离基稳定,产生塑炼效果。

由图3.9可见,温度对塑炼效果的影响曲线呈U形,中间范围效果最低。各种橡胶由于特性不同,对应于最低塑炼效果的温度范围也不相同,但是曲线的基本形状还是相似的。

在低温时(110 ℃以下,见图3.9曲线左半部),塑炼效果并不随升温而增大,相反却减小,其温度系数与普通化学反应温度系数相违背,表明这时氧化并不起主导作用。事实充分说明。

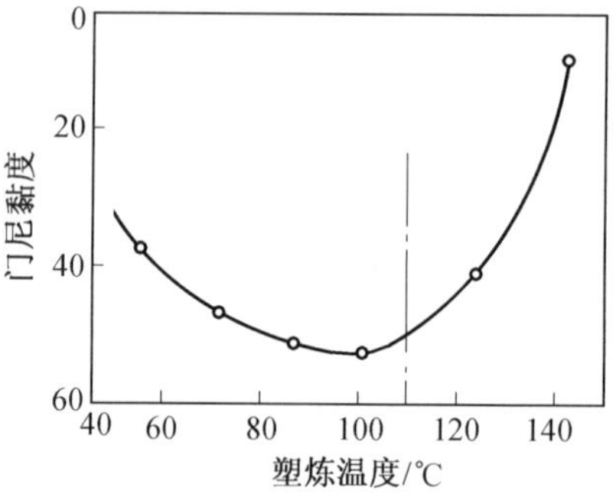

图3.9　天然橡胶塑炼温度对门尼黏度的影响

2. 低温与高温机理

(1)生胶在塑炼时的分子链断裂,是一种复杂的物理-化学反应

机械力、氧、电、热和化学增塑剂等因素的作用都与此有关,其中起主要作用的是氧和机械力,而且两者相辅相成。根据温度对塑炼全过程的影响,可将塑炼归纳为低温塑炼和高温塑炼两种,前者以机械力作用为主(机械力首先引起橡胶分子链断裂),属于机械-化学反应,氧起稳定游离基的作用;后者以自动氧化作用为主(使橡胶分子链降解),属于热-氧化反应,机械作用是增加橡胶与氧的接触。

(2)塑炼中的凝胶化反应

在塑炼过程中,机械作用使橡胶大分子链断裂,生成游离基团,与氧和其他低分子物质相互结合,生胶黏度下降产生塑炼效果。但是,机械作用使橡胶大分子断链产生的游离基团转移到低分子物上,而相互之间再结合产生类似交联的反应,那么生胶的黏度反而会更明显上升,这种现象即称为凝胶化反应。凝胶生成量与天然胶生胶初始(黏度)分子量有关,它随分子量增大而增加。为了保证塑炼效果,应研究凝胶化反应一般机理,防止有害的凝胶化反应大量产生。

(3)胶的黏着性问题

塑炼对加工性能的贡献不仅表现于能降低橡胶黏度,而且表现于能增加橡胶黏着性,这对制品的加工成型尤为重要。研究表明,橡胶黏度的降低,主要归因于橡胶大分子链的断裂,而黏着性的增加则主要归因于机械力使橡胶大分子链断裂后产生的过氧化物。氢过氧化物是橡胶塑炼中的中间体。塑炼胶黏着性的增加或降低,取决于氢过氧化物这一中间体的产生或消失。胶料表面氢过氧化物很容易受到日光、紫外线、臭氧和高温等因素作用,而逐渐消失。因此,胶料停放后,胶料表面形成的氢过氧化物慢慢消失,胶料黏着力也随之下降,故胶料停放环境、时间要有一定限制,以免影响胶料的加工性能。

3.3.3 塑炼工艺流程

在各类橡胶制品制造工艺中,其塑炼工艺流程可分为以下几个阶段,如图3.10所示。

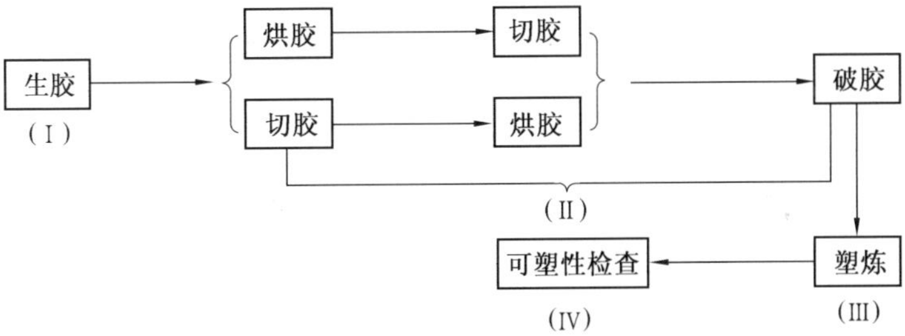

图3.10 生胶塑炼工艺流程图

由图3.10可知,生胶塑炼工艺主要有准备工序(Ⅱ)、塑炼工序(Ⅲ)和可塑性检查(Ⅳ)三个环节。

1.生胶塑炼方法

生胶塑炼方法有热塑炼和机械塑炼等多种方法,但目前广泛采用的是机械塑炼方法。按所用设备可分为开炼机塑炼、密炼机塑炼和螺杆机塑炼三种。

(1)开炼机塑炼

开炼机塑炼是最早使用的一种塑炼方法。它是将生胶置于开炼机辊筒之间,借助辊筒的剪切力作用使橡胶分子链受到拉伸断裂,从而获得可塑性。这种方法的劳动强度大、生产效率较低、操作条件差,但塑炼胶可塑性均匀、热可塑性小,适应面宽,比较机动灵活,投资较小。因此,适用于胶种变化较多、耗胶量较少的场合。目前工厂(特别是生产规模较小的工厂)生产中仍在使用。

①塑炼方法。开炼机塑炼通常有薄通塑炼、一次塑炼、分段塑炼及添加化学塑解剂塑炼等方法。

a. 薄通塑炼法。将生胶在辊距 0.5 ~ 1 mm 下通过辊缝，不包辊薄通落盘，重复薄通规定次数或时间，直至获得所需要的可塑性为止。薄通塑炼的操作方法及步骤（以天然橡胶为例）如下。

技术参数：胶种为国产 1 号烟片；设备型号为 XK/450；容量为 30 ~ 35 kg。

操作方法及步骤：按设备维护使用规程规定检查设备各部件，并开机空载运行，观察是否正常；调整开炼机前后辊筒温度至规定标准（前辊(45±1) ℃，后辊(40±1) ℃）；将辊距调至 4 ~ 5 mm，将切胶胶块靠主驱动齿轮一边连续投入破胶 4 ~ 5 min；辊距调小至 0.8 ~ 1 mm，将破胶后胶片薄通 10 ~ 13 次，第一次薄通的胶片，第二次应扭转 90°角加入；辊距调至 10 ~ 12 mm，将薄通后的胶片包辊后连续左右切割捣合 3 ~ 5 次，然后切割下片（下片至一半时，割取可塑性检查试样 3 ~ 5 块），下片胶片厚度为 13 ~ 14 mm，宽度为 300 ~ 400 mm，长度为 700 ~ 1 200 mm；将胶片放置中性皂液隔离槽中冷却 5 ~ 10 min，取出胶片挂置铁架上，进一步冷却（自然或强制冷却）晾干，至胶片温度为 45 ℃以下；晾干的胶片置于桌上停放，停放时间为 8 ~ 72 h，堆放高度应不超过 500 mm。

薄通塑炼法塑炼效果好，所得塑炼胶的可塑性较高且均匀，同时，对各种橡胶，特别是用机械塑炼效果差的一些合成橡胶（丁腈橡胶）都适用，因而在实际生产中应用广泛。其主要缺点是生产效率较低。

b. 一次塑炼法。一次塑炼法也称包辊塑炼法，是将生胶在较大辊距(5 ~ 10 mm)下包辊后连续过辊进行塑炼，直至所规定的时间为止。在塑炼过程中不经过停放，且多次割刀以利于散热及获得均匀的可塑性。此法适用于并用胶的掺和及易包辊的合成橡胶。这种方法的塑炼时间较短、操作方便、劳动强度低，但塑炼效果不够理想，表现在可塑性增加幅度小，塑炼胶可塑性不够均匀等。

c. 分段塑炼法。分段塑炼法是当塑炼胶可塑性要求较高，用一次塑炼或薄通塑炼达不到目的时，而采用的一种有效方法。先将生胶塑炼一定时间(15 min)，然后下片冷却并停放 4 ~ 8 h，再进行第二次塑炼，这样反复塑炼数次，直至达到可塑性要求为止。根据不同的可塑性要求，一般可分为两段塑炼或三段塑炼。对天然橡胶一段塑炼胶威氏可塑度可达 0.3，二段塑炼胶可达 0.45 左右，三段塑炼胶可达 0.55 左右，这种塑炼方法的生产效率高，塑炼胶可塑性高且均匀，因而生产中应用较为广泛。但生产管理较麻烦，占地面积大，不适合连续化生产。

d. 添加化学塑解剂塑炼法。添加化学塑解剂塑炼法是在上述的薄通塑炼法和一次塑炼法的基础上，添加化学塑解剂进行塑炼的方法。它能够提高塑炼效率，缩短塑炼时间（如天然橡胶用 0.5 份促进剂 M，塑炼时间可缩短 0.5% 左右），降低塑炼胶弹性复原和收缩。一般塑解剂的用量为生胶量的 0.5% ~ 1.0%，塑炼温度为 70 ~ 75 ℃。为避免塑解剂飞扬损失和提高其分散效果，通常先将塑解剂制成母炼胶，然后在塑炼开始时加入。塑炼胶威氏可塑度要求 0.5 以内时，一般不需要分段塑炼。

②工艺条件及其对塑炼效果的影响。开炼机塑炼需要在低温进行，因此降低炼胶温度、增加机械作用力是提高开炼机塑炼效果的关键。与温度及机械作用力有关的设备特性的工艺条件都是影响塑炼效果的重要因素。

a. 辊温。低温塑炼时，温度越低塑炼效果越好。当温度低时，橡胶的弹性大，所受到的机械作用力大，塑炼效率高。反之，温度升高，则橡胶变软，所受到的机械作用力小，塑炼效率低。以天然橡胶为例，温度与可塑性的关系如图 3.11 所示。

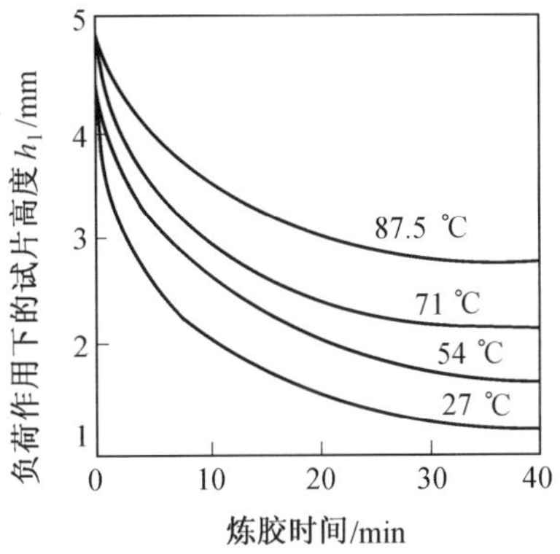

图 3.11　塑炼温度对生胶可塑性的影响

实验表明，在 100 ℃以下的温度范围进行塑炼时，塑炼胶的可塑性与辊温的平方根成反比，即

$$\frac{P_1}{P_2}=\frac{T_2}{T_1} \tag{3.1}$$

式中，P_1，P_2为塑炼胶可塑度；T_1，T_2为辊筒温度，℃。

由此可知，开炼机塑炼时，为提高塑炼效果，应加强筒的冷却，严格控制辊温（尤其是合成橡胶塑炼时，严格控制辊温则显得更为重要）。辊温偏高，会使生胶产生热可塑性而达不到塑炼要求。辊温偏低，则能提高塑炼效果，但动力消耗大，且容易损伤设备。实际生产中的辊温，天然橡胶一般掌握在 44 ~ 55 ℃，合成橡胶一般掌握在 30 ~ 45 ℃。

生产中，由于辊筒冷却受到各种条件的限制，如辊筒导热性差和冷却水温度不易降低等，使辊温不易达到理想要求。因此，采用冷却胶片的方法是提高塑炼效果的有效措施，如使用胶片循环爬架装置以及采用薄通塑炼和分段塑炼等均属于这类措施。

b. 辊距。当辊筒的速度恒定时，辊距减小会使生胶通过辊缝时所受的摩擦力、剪切力、挤压力增大，同时胶片变薄易于冷却，冷却后的生胶变硬，所受机械剪切力作用增大，塑炼效果随之提高。辊距与塑炼效果的关系如图 3.12 所示。

由图 3.12 可知，当辊距由 4 mm 减至 0.5 mm 时，天然橡胶门尼黏度迅速降低，可塑性则迅速提高。薄通塑炼就是基于这个道理。薄通塑炼不仅对天然橡胶，而且对合成橡胶均有很好的效果。如塑炼丁腈橡胶等，只有采取较小辊距（0.5 mm 左右）进行薄通，才能获得较好效果。

c. 辊速及速比。塑炼时，辊筒转速快，即单位时间内生胶通过辊缝次数多，所受机械力的作用大，塑炼效果好，如图 3.13 所示。但辊筒速度过快，塑炼胶升温快，反而会使塑炼效果下降，同时操作也不安全。因此辊筒转速不宜过快，一般为 13 ~ 18 r/min。

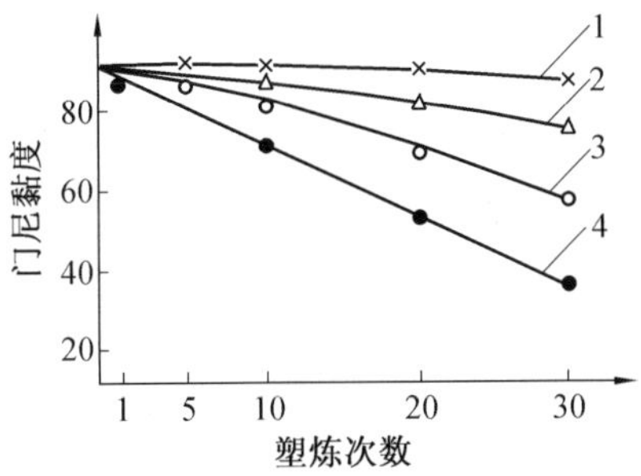

图 3.12　辊距对天然橡胶塑炼效果的影响
1—4 mm；2—2 mm；3—1 mm；4—0.5 mm

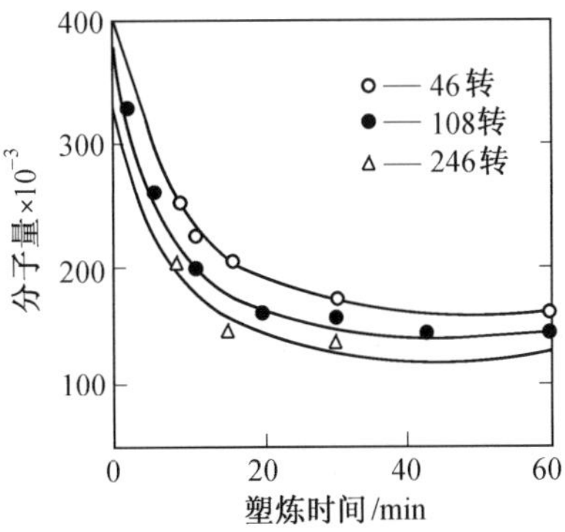

图 3.13　天然橡胶在不同转速下塑炼时的降解

辊筒之间速比越大，速度梯度越大，剪切力越大，塑炼效率越高。但速比太大时，过分激烈的摩擦作用会导致胶温上升得快，反而降低塑炼效果，而且电机负荷大，安全性差。所以必须合理地选择速比，通常应控制速比在 1∶1.15～1∶1.35 之间。如 XK－160 开炼机速比为 1∶(1.25～1.35)；XK－550 开炼机速比为 1∶(1.15～1.25)。

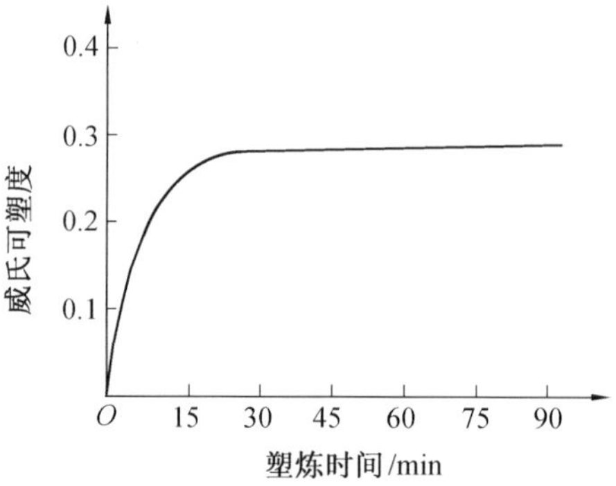

图 3.14　天然橡胶可塑度与塑炼时间的关系

d. 时间。生胶塑炼效果与时间有一定关系。在一定的时间范围内，塑炼时间越长，塑炼效果越好。超过这个时间范围，可塑性趋于平衡。天然橡胶可塑度与塑炼时间的关系如图 3.14 所示。图中表明，在塑炼周期最初的 10～15 min 内，塑炼胶的可塑性增加得较快。但在超过 20 min 后，可塑性增加甚少，并逐渐趋于平稳。产生这种现象的原因是，在经过一段时间的塑炼后，生胶的温度逐渐升高而软化，这时橡胶分子链容易滑移，不易被机械作用力破坏，从而降低塑炼效果。

由于塑炼胶可塑性增加与塑炼时间有上述关系，因此，在用开炼机作包辊塑炼时，一般塑炼时间不宜超过 20 min。当欲取得较大的可塑性时，则需采取分段塑炼的方法。

e. 装胶容量。塑炼时的装胶容量主要取决于开炼机规格，同时还要看生胶的种类。

开炼机规格一定时，容量过大，会因堆积胶过量而浮动，不易散热，塑炼效果差，且劳动强度大。容量太小，则生产效率低。实际生产中的装胶容量，如 XK－450 一次炼胶量为 40～50 kg，XK－550 一次炼胶量为 50～60 kg。合成橡胶塑炼时因生热性较大，装胶容量应比天然橡胶少 20%～25%。

f. 化学塑解剂。添加化学塑解剂塑炼，能提高塑炼效果(见表 3.8)，缩短塑炼时间，节省电力并减轻胶料收缩。为了使化学塑解剂产生最佳效果，炼胶温度应适当提高(见表 3.9)。但温度达 85 ℃时，塑炼效果反而下降。这是因为温度过高，机械作用显著减弱，而氧化尚未起主要作用的缘故。用促进剂 M 做塑解剂时，炼胶温度一般以 75 ℃为宜。

表 3.8　促进剂 M 或 DM 对天然橡胶的塑炼效果

类别	促进剂用量/份	辊温/℃	平均可塑度(威氏)
普通塑炼	0	50±5	0.20
M 塑炼	0.4	65±5	0.31
DM 塑炼	0.7	65±5	0.25

表 3.9　温度对促进剂 M 塑炼的影响

辊温/℃	可塑度(威氏)	
	4 h 后	24 h 后
40±5	0.33	0.32
55～60	039	0.38
70～80	0.42	0.40

(2)密炼机塑炼

密炼机是目前我国橡胶制品大规模生产的主要设备。密炼机塑炼与开炼机塑炼相比的特点如下：

(a)密炼机转速高，转子转速为 20 r/min，40 r/min，60 r/min 甚至高达 80 r/min 或 100 r/min，生产能力大。

(b)转子的断面结构复杂，转子表面各点与轴心距离不等，因此产生不同的线速度，使两转子间的速比变化很大(1∶(0.91～1.47))，促使生胶受到强烈的摩擦、撕裂和搅拌作用。此外，胶料不仅在两转子的间隙中受到剪切作用，而且还在转子与密炼室腔壁之间以及转子与上、下顶栓的间隙之间都受到剪切作用，因此可得到较高的塑炼效率。

(c)转子的短突棱具有一定导角(一般为 45°角)，能使胶料作轴向移动和翻转，起到开炼机手工捣胶作用，使生胶塑炼均匀。

(d)密炼室的温度较高(一般为 140 ℃左右)，因此能使生胶受到剧烈的氧化裂解作用，使胶料能在短时间内获得较大的可塑性。密炼机塑炼不仅生产能力大，塑炼效率高，而且自动化程度高，电力消耗少，劳动强度和卫生条件都可以得到改善。但密炼机塑炼时，由于胶料受到高温和氧化裂解作用，会使硫化胶的物理机械性能有所下降，而且设备造价较高，占地面积大，设备清理维修较困难，适应面较窄，故一般适用于胶种变化少，耗胶量大的工业生产。

①塑炼方法。密炼机塑炼的方法通常有一段塑炼、分段塑炼和添加化学塑解剂塑炼。

a.一段塑炼。一段塑炼是将生胶一次投入密炼室中，在一定温度及压力条件下连续塑炼至所需可塑性要求。此法与分段塑炼相比较，塑炼周期短，塑炼胶占地面积小，且操作较为简便。但塑炼胶的可塑性较低，适用于可塑性要求不太高的塑炼胶(如轮胎胎面塑炼胶)的制备。实际生产中，如用 11 号密炼机塑炼生胶，其工艺条件是，炼胶温度天然橡胶一般为 140～150 ℃，合成橡胶一般为 120～140 ℃(如丁苯橡胶为 137～139 ℃)；排胶温度天然橡胶不高于 170 ℃，合成橡胶不高于 150 ℃；上顶栓压力一般为 0.5～0.6 MPa；塑炼时间一般为 8～15 min；炼胶可塑度一般可达 0.21～0.35(威氏)。

b.分段塑炼。分段塑炼是用于制备较高可塑性塑炼胶的一种工艺方法。由于密炼机塑炼的塑炼胶热可塑性较大，所以实际生产中制备较高可塑性的塑炼胶(如轮胎帘布胶)时，常用分段炼法塑炼。

分段塑炼通常分两段进行。先将生胶置于密炼机中塑炼一定时间(20 r/min 密炼机塑炼时间为 10～15 min)，然后排胶、捣合、压片、下片、冷却，停放 4～8 h 后，再进行第二段塑炼(时间为 10～15 min)，以满足可塑性要求，二段塑炼胶可塑度可达 0.35～0.65(威氏)。生产中常将第二段塑炼与混炼工艺一并进行，以减少塑炼胶储备量，节省占地面积。如果塑炼胶可塑度要求 0.5(威氏)以上时，也可进行三段塑炼。

c.添加化学塑解剂塑炼。添加化学塑解剂塑炼对密炼机高温塑炼更为有效。此法与一段塑炼相同，化学塑解剂的添加量一般为生胶量的 0.3%～0.5%，并以母胶形式加入，以提高分散效果。使用化学塑解剂后，塑炼温度可以降低。例如，使用促进剂 M 进行塑炼时，排胶温度可以从纯胶提炼的 170 ℃左右降低到 140 ℃左右，而且塑炼时间可以比纯胶塑炼缩短 30%～50%。以天然橡胶添加化学塑解剂密炼机塑炼为例，其操作方法及步骤如下：

胶种为国产 1 号标准胶；设备为 11 号密炼机；容量为 146.3 kg，其中生胶 140 kg，促进剂 DM 0.7 kg，氧化锌 4.2 kg，硬脂酸 1.4 kg；速比为 1∶1.54；排胶温度 165 ℃以下；XK-660开炼机前辊温度 45～50 ℃，后辊温度 55～60 ℃，速比为 1∶1.08；塑炼胶可塑度为0.51（威氏）左右。

操作方法及步骤：在操作前，按设备维护使用规程的规定检查设备是否良好；开车后，打开加料口投料（加生胶、促进剂 DM），时间为 1 min，然后加压塑炼，时间为 16 min，再加氧化锌、硬脂酸塑炼，时间为 2 min；塑炼完毕发出压片信号，准备排胶，待回信号后排胶；压片机在密炼机发出排胶信号时，做好一切准备工作（调整后辊距为 10～15 mm，同时调整辊温至规定要求），然后给密炼机发出排胶信号；塑炼胶排到压片机上，包辊并切割 2 次，时间为 2 min，机械打扭 10 min；下片（并割取快检试片 5 块），时间为 2 min；胶片通过中性皂液隔离槽，再输送至胶片冷却装置，悬挂强风冷却；待胶片温度冷却至 45 ℃以下时，裁断成小片放置铁桌上停放 8 h 以上，供下道工序使用。

②工艺条件及其对塑炼效果的影响。密炼机塑炼属于高温塑炼，温度一般在 120 ℃以上。生胶在密炼机中受高温和强机械作用，产生剧烈氧化，短时间内即可获得所需的可塑性。因此，密炼机塑炼效果取决于炼胶温度、炼胶时间、化学塑解剂、转子转速、装胶容量以及上顶栓压力等因素。

a. 温度。塑炼温度是影响密炼机塑炼效果好坏的最主要因素，温度对密炼机塑炼的影响如表 3.10 和图 3.15 所示。从图 3.15 可以看出，随着塑炼温度的升高，天然橡胶可塑度几乎按比例迅速增大。但是温度过高会导致橡胶分子过度降解，使物理机械性能下降。所以天然橡胶塑炼温度一般以 140～160 ℃为宜；丁苯橡胶塑炼温度应控制在 140 ℃以下，温度过高，会导致发生支化、交联等反应，反而使可塑性降低。但是，塑炼温度也不能太低，否则达不预期的效果，降低塑炼效率。

表 3.10　密炼机温度对塑炼的影响

塑炼时间/min	转子和室壁温度/℃	排胶温度/℃	负荷作用下试片高度 h_1/mm
10	30	80	4.21
10	150	157	5.28

b. 时间。与开炼机不同，生胶的可塑性随在密炼机中塑炼时间的增长而不断地增大。图 3.16 为在 20 r/min 密炼机中塑炼时间对天然橡胶可塑性的影响。从图 3.16 中可以看出，在塑炼初期，可塑性随时间的延长而呈直线上升，但经过一定时间以后，可塑性的增长速度减缓。这是因为，随着塑炼时间的延长，密炼室中充满了大量的水蒸气和低分子挥发性气体，它们阻碍了橡胶与周围空气中氧的接触，也使氧的浓度下降，从而使橡胶的氧化裂解反应减慢。因此，随着塑炼过程的进行，可塑性的增长速度逐渐变缓。所以，制定塑炼条件的主要任务是根据实际情况确定适当的塑炼时间。为了提高密炼机的使用效率，通常对可塑度要求 0.50（威氏）以上的胶料采用二段塑炼或用促进剂 M，DM 塑炼的方法。

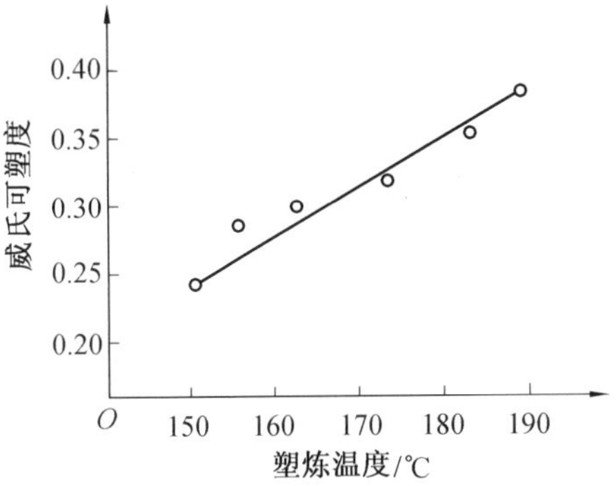

图 3.15　塑炼温度与威氏可塑度的关系

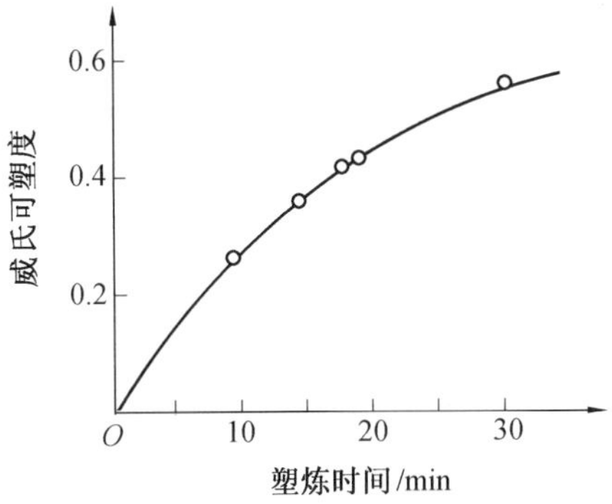

图 3.16　塑炼时间与威氏可塑度的关系

c. 化学塑解剂。在密炼机高温塑炼条件下，使用化学塑解剂比在开炼机中更为有效。因为高温对化学塑解剂的效能具有促进作用，从而能进一步缩短塑炼时间，并能相应降低塑炼温度，使塑炼温度低于纯胶塑炼温度。塑解剂对威氏可塑度和温度的影响如图 3.17 所示。不过，用密炼机塑炼时，由于高温下橡胶分子的氧化裂解过程甚为激烈，使用化学塑解剂塑炼的条件需严格控制，否则会影响胶料质量，使硫化胶的物理机械性能下降。

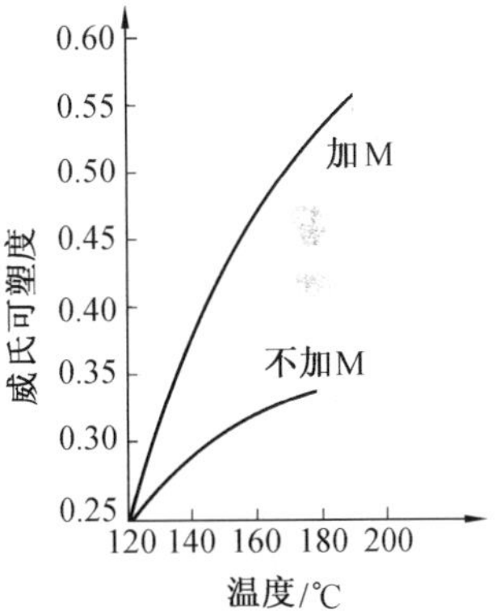

图 3.17　塑解剂对威氏可塑度和温度的影响

目前工厂中常用促进剂 M，DM 和 2,2′-二苯甲酰氨基苯基二硫化物（Peoton22）为塑解剂，它们对烟片胶的增塑作用见表 3.11。在不影响硫化速度和物理机械性能的前提下，使用少量塑解剂（为生胶量的 0.3 ~0.5 份），可缩短塑炼时间 30% ~50%，取得较好的经济效果。

d. 转子转速。在一定温度条件下，塑炼胶可塑度随转子转速的增加而增大。在实际生产中，转速通常是不变的，因而在制定塑炼条件时，转速一般不是考虑的因素。但如果存在不同转速的机台，则应根据转速的快慢确定不同的塑炼时间，以获得相同的塑炼效果。表 3.12 为实验室密炼机塑炼天然橡胶的可塑性测定结果。由表可知，在相同的塑炼温度下，达到相近的可塑性时，转子转速越快，则所需塑炼时间越短。但是，转子转速不宜过快，否则会使生胶温度过高，致使橡胶分子剧烈氧化裂解，或引起支化交联而产生凝胶。

表 3.11　几种化学塑解剂的增塑效果（11 号密炼机，20 r/min）

化学塑解剂	用量/份	温度/℃	时间/min	容量/kg	可塑度（威氏）
无	0	140	15	120	0.380
促进剂 M	0.5	140	14	120	0.420
五氯硫酚	0.2	140	10	120	0.483
2,2’-二苯甲酰氨基二苯基二硫化物	0.2	140	10	120	0.485

表 3.12　转子转速对密炼机塑炼效果的影响

转速/($r\cdot min^{-1}$)	时间/min	威氏可塑度实验压缩后的试片高度 h_1/mm		
		94 ℃	121 ℃	150 ℃
25	30	4.51	4.00	2.90
50	15	4.09	3.45	2.60
70	10	3.79	3.17	2.50

e. 装胶容量。密炼机塑炼时，必须首先合理确定装胶容量（称工作容量）。容量过大或过小，都影响生胶获得良好的塑炼效果。容量过小，生胶会在密炼室中打滚，不能获得有效塑炼；容量过大，会使生胶塑炼不均匀，排胶温度升高，设备因超负荷运转而易于损坏。装胶容量应根据密炼室壁和转子突棱磨损后的缝隙大小，通过实验确定。通常，装胶容量为密炼室容量的55% ~75%（即填充系数为0.55 ~0.75）。另外，有时为降低排胶温度，又必须适当减小装胶容量，这些都应该视具体情况而合理确定。装胶容量一般以质量（kg）计，可将装胶容量（m^3）乘以胶料密度（kg/m^3）换算得出。

f. 上顶栓压力。上顶栓压力的大小，对塑炼效果影响很大。实验表明，适当增加上顶栓压力，提高对胶料的剪切力作用，是缩短塑炼时间的有效方法。当压力不足时，上顶栓被塑炼胶推动产生上、下浮动，不能使胶料压紧，减小对胶料的剪切力作用。但压力太大，上顶栓对胶料阻力增大，使设备负荷增大。通常 20 r/min 密炼机上顶栓压力控制在 0.5 ~0.6 MPa，40 ~60 r/min 密炼机上顶栓压力一般为 0.6 ~0.8 MPa。除此之外，生胶本身的质量及操作技术水平等对塑炼效果也有一定影响。但是，在密炼机塑炼中，最重要的是必须严格掌握塑炼温度和塑炼时间。目前，国外多用快速（60 ~80 r/min、高压上顶栓压力大）密炼机，塑炼温度达 160 ~180 ℃，塑炼生胶仅需 3 ~5 min，若用化学塑解剂 2 ~3 min即可完成塑炼，大大提高了生产效率。

（3）螺杆机塑炼

螺杆机塑炼是借助螺杆和带有锯齿螺纹线的衬套间的机械作用，使生胶受到破碎、摩擦、搅拌并在高温下获得塑炼效果的一种连续塑炼方法。使用设备主要是单螺杆一段塑炼机和双螺杆两段塑炼机。螺杆机塑炼具有连续比、自动化程度高，生产能力大，动力消耗少，占地面积少，劳动强度低等优点，最适用于生胶品种少、耗胶量大的大规模工业生产。但从目前国内使用螺杆机塑炼来看，还存在一些如排胶温度高、塑炼胶热可塑性大、可塑性不均匀（夹生现象）和较低等缺陷，因此在应用上受到一定限制。目前，螺杆机塑炼仅适用于天然橡胶。塑炼的工艺过程是，先将螺杆机工作部件预热至规定温度（机头 80 ~90 ℃，机身 90 ~110 ℃，机尾 60 ℃以下），然后将预热至 70 ~80 ℃的天然橡胶胶块（质量为 10 kg 左右），通过输送带送入螺杆塑炼机加料口，并加压使生胶在机筒和螺杆间进行塑炼。当塑炼胶不断排出后，用输送带将塑炼胶片（或胶粒）送至开炼机上进行补充加工、下片、冷却并停放。塑炼胶必须停放 24 h 方可供下道工序使用。天然橡胶经螺杆塑炼机塑炼其可塑度一般可达：一段塑炼胶 0.21 ~0.30（威氏）；二段塑炼胶 0.31 ~0.40（威氏）。塑炼胶排胶温度一般为 170 ~180 ℃。

螺杆机塑炼效果取决于机温、胶温、填胶速度和出胶空隙等因素。温度是螺杆机塑炼时必须严格控制的主要工艺条件。机温过低不能获得良好的塑炼效果，设备负荷大；温度过高则影响橡胶的加工性能及物理机械性能。当机身温度高于 110 ℃时，生胶的可塑性增加不大，而当温度高于 120 ℃时，则排胶温度太高，使胶片（或胶粒）发黏而产生粘辊，不易进行补充加工，并使物理机械性能严重下降。生胶块在送入螺杆机之前，若胶温低于预热规定温度时，则容易产生塑炼不均匀（夹生）的现象，并易造成设备负荷过大而引起停机现象。填胶速度应均匀，并与机身容量相适应。填胶速度过快，机筒内积胶多，就会形成较大的静压力，使胶料容易析出机头，由于胶料在机筒内的停留时间短，得不到充分的塑炼，因而塑炼胶的可塑性小且不均匀；反之，填胶速度过慢，胶料在机筒内的停留时间长，致使塑炼胶可塑性过大，严重时会呈现黏流状。实际操作时，为让胶块连续自动进入机身内，必要时可利用风筒适当加压，以帮助胶块顺利进入螺杆机内，使塑炼顺利进行。出胶空隙主要指机头与螺杆端部之间的环形间隙，它可通过调整螺杆的装置来调节。如间隙大，机头部位阻力小，出胶量大，塑炼胶可塑性小；反之，间隙小，塑炼胶的可塑性则较大。例如，用 Φ300 mm 的螺杆机塑炼天然橡胶时，当出胶空隙调至最小时，塑炼胶的可塑度可达 0.4（威氏）左右。

2. 生胶的造粒

生胶塑炼工艺运用“造粒”先进技术是实现橡胶制品生产连续化、自动化的行之有效的手段。生胶造粒是将天然橡胶或合成橡胶用专业机械（造粒机）进行加工，制成一定粒子形状的塑炼胶胶粒（或生胶胶粒）的工艺过程。它可使塑炼胶（或生胶）在混炼前实现连续输送或自动称量。应用最广泛的造粒机是螺杆式造粒机。螺杆造粒机的螺杆直径为 380～450 mm，其生产能力一般为 6 000～7 200 kg/h。生胶造粒的一般工艺过程是将预热的切胶胶块（指不需要塑炼的合成橡胶）用输送带连续送入螺杆造粒机进行造粒，出料温度为 70～150 ℃。用陶土水分散体于造粒机头中进行喷淋冷却，以防胶粒在输送和储存中发生粘连。进行干燥处理后，用辅送带（或斗式提升机）将胶粒输送至间隔储斗中储存备用。

天然橡胶的造粒可以和塑炼同时进行，为此要在螺杆塑炼机机头上安装造粒机头。生胶造粒工艺适用于生胶品种较少，但用量很大的生产企业（如轮胎厂），但因工艺技术要求高，所以我国目前应用很少。

3. 塑炼胶的质量控制

各种橡胶制品依其使用性能和加工工艺的需要，对生胶的塑炼程度（即塑炼胶的可塑度）都有具体的要求，见表 3.13。生产中，应制定相应的质量指标，由工厂快速实验室通过可塑性的测定来衡量塑炼胶的可塑度是否符合要求及是否均匀。

可塑性是鉴定塑炼胶质量的主要指标。橡胶可塑性大小的测定通常有压缩法、旋转扭力法和压出法三种，它们均需在恒温下进行，测定的数据称为可塑度。由于各种测定方法均是在各自特定条件下测定的，所以不同方法测得的数据之间无换算公式。

（1）压缩法

压缩法因操作简单、测定准确而成为我国橡胶生产中可塑性测定的主要方法，常用的有威廉氏法、华莱氏法和德弗法三种。压缩法的缺点是测定时试样所受切变速率比较低，与实际生产有一定距离。

表 3.13　常用塑炼胶的可塑度

塑炼胶种类	威氏可塑度	塑炼胶种类	威氏可塑度
胶面胶用塑炼胶	0.22～0.24	运输带覆盖胶用塑炼胶	0.30 左右
胎侧胶用塑炼胶	0.35 左右	传送带布层擦胶用塑炼胶	0.49～0.55
内胎胶用塑炼胶	0.42 左右	三角带线绳浸胶用塑炼胶	0.50 左右
缓冲层帘布胶用塑炼胶	0.50 左右	薄膜压延胶料用塑炼胶	
海绵胶用塑炼胶	0.50～0.60	膜厚 0.1 mm 以上	0.35～0.45
胶管内层胶用塑炼胶	0.25～0.30	膜厚 0.1 mm 以下	0.47～0.56
胶管外层胶用塑炼胶	0.30～0.35	胶布胶浆用塑炼胶	
胶鞋大底胶(一次硫化)用塑炼胶	0.35～0.41	含胶率 45% 以上	0.52～0.56
胶鞋大底胶(模压)用塑炼胶	0.38～0.44	含胶率 45% 以下	0.56～0.60

①威廉氏(Williams)法。此法是在定温、定负荷下,经过一定时间后根据试样高度的变化来评定可塑性的。根据 HG4-555-82 规定,测定时将直径为 16 mm、高 10 mm 的圆柱形试样在(70±1)℃温度下,先预热 3 min,然后放置于两平行板之间加负荷 49 N,压缩 3 min 后除去负荷,取出试样在室温下恢复 3 min,测量试样高度的压缩变形量及除掉负荷后的变形恢复量,按下式计算可塑度

$$P = \frac{h_0 - h_2}{h_0 - h_1} \tag{3.2}$$

式中,h_0为试样原高,mm;h_1为试样压缩 3 min 后的高度,mm;h_2为去掉负荷恢复 3 min 后的试样高度,mm。

如果材料为绝对流体,即 $h_1 = h_2 = 0$,则

$$P = 1$$

如果材料为绝对弹性体,即 $h_2 = 0$,则

$$P = 0$$

橡胶是黏弹性物质,所以可塑度在 0～1 之间,数值越大表示可塑性越大。为了使可塑性测定简化,也有的直接以 h_1的数值来表示胶料的柔软性(通常以 1/100 mm 为单位),h_1值越小,表示可塑性越大。

②华莱氏(Wallace)法。又称快速塑性计法,其原理与威廉氏法相同。根据 GB 3510—83 规定,测定时将厚约 3 mm 的胶片,冲裁出直径约 13 mm、体积恒定为(0.4±0.04) cm^3的试样后,放到快速测定仪内,实验温度为(100±1)℃。然后迅速闭合压盘,将试样预压至(1±0.01) mm 进行预热 15 s 后,使试样达到(100±1)℃。再施加(100±1) N 负荷,持续(15±0.02) s,测厚计指示的读数即为塑炼胶的可塑度,整个操作时间仅为 30 s。规定 0.01 mm 表示 1 个华莱氏可塑度单位,如测厚计测出试样厚度变化为 0.42 mm 即表示华莱氏可塑度为 42。华莱氏可塑度数值越小表示可塑性越大。此法多用于工业生产中的快速检验。

③德弗法。以试样在一定温度和时间内压缩到规定高度所需的负荷值(g)来表示胶塑的可塑性。测定时将直径和高度均为 10 mm 的圆柱体试样,在(80±1)℃恒温下预热 20 min,然后放在直径为 10 mm 上下两玛瑙圆柱之间,加以适当负荷,在 30 s 内将试样压缩至 4 mm 所需的负荷数,即为可塑度。其数值范围在 50～20 000 g 之间,数值越小表示

可塑性越大。

(2)旋转扭力法—门尼(Mooney)黏度法

此法的测试原理是根据试样在一定温度、时间和压力下,在活动面(转子)和固定面(上、下模腔)之间变形时所受到的扭力来确定橡胶的可塑性。用门尼黏度计来测定,测定结果以门尼黏度表示。根据 GB 1232—82 规定,试样为两个圆形胶片,直径为 45 mm,厚度为 8 mm,在其中一片的中心打一个直径为 8 mm 的圆孔,测试温度为(100±1)℃。

门尼黏度值因测试条件不同而异,所以要注明测试条件。例如,将试样按要求放入模腔内,在 100 ℃下预热 1 min,使转子以(2±0.02) r/min 速度转动,转动 4 min 时测取的扭力值(用百分表指示)即为门尼可塑度,则以 ML_{1+4}100 ℃表示,其中 M 表示门尼,L 表示用大转子[直径为(38.10±0.03) mm,测试高黏度胶时则用小转子,直径为(30.48±0.03) mm],100 ℃表示预热温度,ML_{1+4} 中的下角$_{1+4}$ 分别表示试样预热时间为 1 min 和转子转动时间为 4 min。有时也可不经预热,转子转动时间分别为 4 min 或 8 min,则表示为 ML_{-4}100 ℃或 ML_{-8}100 ℃。门尼可塑度数值范围为 0~200,数值越小表示可塑性越大。

此法迅速简便,且表示的动态流动性接近于工艺实际情况。此外,它还可以简便地测出胶料的焦烧时间,能及时了解胶料的加工安全性,所以在科研和生产中应用较为普遍。

(3)压出法

压出法的测试原理是在一定温度、压力和一定规格形状的口型下,于一定时间内测定塑炼胶的压出速度,以每 1 min 压出的毫升数或质量克数表示可塑性。数值越大表示压出速度越快,胶料的可塑性越大。本法可更确切地反映胶料的流变性质,一般用于科研。

(4)塑炼胶的质量缺陷及改进措施

塑炼胶的可塑性过低或过高,都会给后续工艺过程造成不利影响。当生胶塑炼不足时,会导致混炼困难,配合剂分散不均匀,胶料流动性差而不易进行压延和压出操作,半成品收缩率大,胶与纺织物附着力差,成型时黏着性差,产品缺胶或花纹不饱满,海绵制品起发率低,胶料焦烧倾向大等。而塑炼过度又会导致半成品变形大,胶料硫化速度慢,硫化胶机械强度低,永久变形大,耐磨性和耐老化性能下降。因此,生产中必须严格控制塑炼胶的质量。对可塑度过低的胶料进行补充加工,或将可塑度过低和可塑度过高的塑炼胶搭配使用等。塑炼胶质量缺陷的产生原因及改进措施见表 3.14。

4. 塑炼设备

本节塑炼设备只介绍开放式炼胶机、密闭式炼胶机。

(1)开放式炼胶机

①概述。开放式炼胶机(简称开炼机)是一种以两个辊筒为主要工作部件加工各种橡胶胶料用的机器,它在一般橡胶加工中用做橡胶的塑炼、混炼、压片和热炼等,在再生胶生产中用做废旧橡胶的破碎、精炼等。开炼机最常用的结构形式如图 3.18 所示。传统结构的开炼机,主要由两个辊筒、左右机架、带过载保护装置的调距装置、紧急停车装置、底座、辊温调节装置、速比齿轮、大小驱动齿轮、减速器和电机等组成。两个工作辊筒的速比通过速比齿轮获得。

表 3.14　塑炼胶质量缺陷的产生原因及改进措施

塑炼方法	质量问题	产生原因	改进措施
开炼机塑炼	可塑度过低	塑炼时间短 辊距大 塑炼温度过高 塑解剂未加或用量不足	调整塑炼条件 (时间、温度、辊距等) 补充塑炼 检查塑解剂的使用及用量
	可塑度过高	塑炼时间过长 生胶初始黏度较低 塑解剂用量过多	调整塑炼时间 减少塑解剂用量
	可塑度不均匀	装胶容量过大 翻炼不均匀 塑解剂分散不均匀	减少装胶容量 进行补充塑炼,翻炼均匀 塑解剂制备成母胶使用
密炼机塑炼	可塑度过低	塑炼时间短 塑炼温度太低 上顶栓压力不够 塑解剂未加或用量不足	调整塑炼条件 (时间、温度) 增加上顶栓压力 检查塑解剂的使用和用量
	可塑度过高	塑炼时间过长 塑炼温度过高 塑解剂用量过多	调整塑炼条件 (时间、温度) 减少塑解剂用量
	可塑度不均匀	塑炼时间短 装胶容量太大 塑解剂分散不均匀 压片机上冷却捣合时间不足	增加塑炼时间 减少装胶容量 塑解剂制成母胶使用 增加压片机上的冷却和捣合时间
螺杆机塑炼	可塑度过低	机温过低 填胶速度过快 出胶空隙过大	提高机温 降低填胶速度 调整出胶空隙
	可塑度过高	机温过高 填胶速度慢 出胶空隙小	降低机温 提高填胶速度 调整出胶空隙
	可塑度不均匀	切胶胶块热不够或不均匀	增加切胶胶块预热时间 控制好填胶速度

图 3.18　分底座开炼机的结构

开炼机过载保护装置的功能是当开炼机过载时,可保护机器免遭破坏。这种装置是一块设置在调距螺杆端头的铸铁安全垫片,超载时安全垫片破坏,辊距随之放大,机器立即减载。辊筒轴承有滑动轴承(铜轴衬、尼龙轴衬或 FZ 型钢背复合材料轴衬)和滚动轴承两类,用稀油或润滑脂润滑。

紧急停车装置在机器发生意外事故时可使机器紧急停车。制动执行机构有机械抱闸制动和电气制动两类。开炼机的安装有用地脚螺栓和不用地脚螺栓两种方法，但目前国内以采用地脚螺栓安装的方法为主。国产主要开炼机的性能参数见表3.15和表3.16。

表3.15 通用开炼机的主要性能参数

机器型号	XK-160	XK-250	XK-360	XK-450	XK-550B	XKY-660	$XKR-660_{A1}^{A}$	$XKR-660_{B1}^{B}$
辊筒:工作直径/mm	160	250	360	450	550	660	660	660
工作长度/mm	320	620	900	1 200	1 500	2 130	2 130	2 130
前辊线速度/($m \cdot min^{-1}$)	11.3	13.4	15.36	24.3	27.94	30	22.7(A) 28.6(A_1)	22.6(B) 24.8(B_1)
辊筒速比	1:1.39	1:1.2	1:1.25	1:1.27	1:1.22	1:1.08	1:1.24	1:1.09
辊距/mm	—	—	—	—	0.5~15	0.5~12	0.5~15	0.5~15
一次加料量/kg	1~2	10~15	15~30	30~65	50~65	~165	396(A) 450(A_1)	396(B) 450(B_1)
安全片破坏压力/kN	—	—	—	—	1 100±30	1 000±30	1 500±30	1 500±30
主电机:功率/kW	5.5	18.5	30	55	110	115	180(A)、 245(A_1)	180
转速 r/min	50	970	730	980	882	985	585(A) 735(A_1)	585
外形尺寸/m	1.12× 0.78× 1.46	2.35× 1.2× 1.3	3.22× 1.9× 1.73	5.67× 2.4× 1.7	5.9× 2.5× 2.1	8.83× 3.4× 2.5	7.24× 3.4× 2.16	7.24× 3.4× 2.16
机器质量/t	1.1	4	7	12	27	37	43	43
说明	—	—	—	—	新结构	传统结构	新结构前辊光滑中空，后辊沟纹中空	新结构前辊光滑圆周钻孔，后辊光滑中空

表3.16 特殊用途开炼机主要性能参数

机器型号	XKP-400	XKJ-480B	XKP-560	机器型号	XKP-400	XKJ-480B	XKP-560
辊筒:工作直径/mm	400	480 610	560 510	主电机:功率/kW	55	75	75
工作长度/mm	600	800	800	转速/($r \cdot min^{-1}$)	—	980	980
前辊线速度/($m \cdot min^{-1}$)	18.36	25.6	25.6	外形尺寸/m	3.22× 1.9×1.85	4.7×2.5 ×1.75	4.75× 2.28×2
辊筒速比	1:1.27	1:1.815	1:1.3	机器质量/t	8	19	19
加工能力/($kg \cdot h^{-1}$)	200~400	—	2 000	用途	破胶	精炼	破胶

②维护保养。

a. 设备日常维护保养要点

(a)开车时注意辊距间有无杂物,并使两端辊距均匀一致。

(b)保持各转动部位无异物。

(c)保持紧急制动装置动作灵敏可靠,没有出现紧急情况时不要使用。

(d)保持各润滑部位润滑正常,按规定及时加注润滑剂。

(e)保持水、气、电仪表和阀门的灵敏可靠。

(f)操作时务必使辊筒两端辊距一致。

(g)各轴承温度不得有骤升现象,发现问题立即停车处理。

(h)维护各紧固螺栓不得松动。

(i)不要在加料超量的条件下操作,以保护机器正常工作。

(j)机器停机后,切断电源和水、气源。

b. 润滑规则。开炼机的润滑规则见表 3.17。

表 3.17　润滑规则

润滑部位	润滑剂	加油量	加、换油周期
辊筒轴承	干油泵:MoS_2 钙基润滑脂 +20% ~30% 机械油 N30 对于填充 MC 尼龙轴承, 用 4 号 MoS_2 钙基脂、2 号和 3 号 MoS_2 钠基脂、2 号 MoS_2 钙钠基脂 以及 2 号和 3 号 MoS_2 合成锂基脂。 稀油泵:饱和汽缸油 HG-11, 中负荷工业齿轮油 N680 或机械油 N100	自动加油适量 用油杯加油者 加油 3 圈	适时加油 油杯每班 2 ~4 次;尼龙轴承; 新机装配时,在轴颈和轴衬 上涂以适量 MoS_2 润滑脂, 使用 1 个月后每周加油 1 次; 新机器试车后换油,以后每季加油, 1 年清洗换油 1 次
减速器	中极压齿轮油 N320	规定油标	新机器试车后换油,以 后每年换油 1 次
速比齿轮	开式齿轮油 68 号或 中负荷工业齿轮油 N680	齿轮浸入油中	3 ~6 个月换油 1 次
驱动齿轮	开式齿轮油 68 号或 中负荷工业齿轮油 N680	大齿轮 浸入油中 40 ~50 mm	3 ~6 个月换油 1 次
传动轴承	中负荷工业齿轮油 N680	油杯适量	每班 1 次
手动调距装置	钠基脂 ZN-2 或钙钠基脂 ZGN-2, 或 MoS_2 润滑脂	适量	每季 1 次
电动调距装置	摆线齿轮减速器用工业齿轮 油 50 号,涡轮用钙基脂 ZG-3	按规定适量	半年换油 1 次,每班一次
尼龙棒销 万向联轴器	钙基脂 ZG-3 或 MoS_2 润滑脂	适量	每月 1 次

c. 日检、周检和月检要求。

(a)日检要求。检查机器各部位的紧固螺栓有无松动;检查各润滑部位润滑是否正常;检查各部位轴承温升是否正常;检查主电机电流是否正常;检查调温系统阀门、管路有无渗漏。

(b)周检要求。包括日检要求;检查减速器的油位;检查安全罩是否完好,安全装置是否灵敏可靠;检查调距装置有无毛病。

(c)月检要求。包括周检要求;检查减速器运行有无异常,有无泄漏润滑油;对稀油润滑的辊筒轴承,检查有无泄漏;检查齿轮磨损情况;检查和清扫电控柜。

d. 运行中常见故障和处理方法。开炼机运行中的常见故障和处理方法见表 3.18。

表 3.18　常见故障和处理方法

故　障	原　　因	处理方法
安全片损坏频繁	①安全片尺寸、处理符合要求 ②加料过多、太硬 ③辊距调偏	①按规定要求制作安全片 ②加料适量 ③按正常操作
辊筒轴承过热	①润滑不良 ②装配不当 ③辊筒冷却不好 ④轴承损坏	①改善润滑条件 ②重新装配 ③改善冷却 ④修理、改换轴承
减速器噪音大	①齿面接触不良 ②轴承损坏 ③齿轮与轴配合松动	①修理齿面 ②更换轴承 ③修理或更换
减速器轴承温度过高	①轴承损坏 ②游隙不当 ③润滑不好 ④输入、输出轴连接轴同轴度超差	①更换轴承 ②调整游隙 ③改善润滑 ④修理
干油泵供油不正常	①润滑脂太干 ②油泵柱塞与柱塞衬套间隙大于 0.015 mm	①加稀油调匀 ②更换零件
速比齿轮、驱动齿轮振动	①齿面粗糙 ②润滑不足 ③齿轮磨损严重	①进行抛光处理 ②改善润滑条件 ③调换齿轮
机身振动严重	①地脚螺栓或横梁螺栓松动 ②辊筒轴承座与机架滑槽间隙过大	①紧固螺栓 ②进行修理,使符合间隙要求
制动后辊筒转动距离超标	①机械抱闸接触不良或磨损 ②电气制动故障	①调整或更换抱闸片 ②修理

e. 设备安全运行注意事项。

(a)辊筒的加热冷却必须在辊筒转动条件下缓慢进行,不得在静止状态下加热或冷却,防止因局部温度突变使辊筒产生温度应力而产生裂纹甚至断裂。

(b)辊筒温度太低时不宜马上加料操作,在开始使用前应先通蒸汽预热,或用软胶料擦辊,使辊面具有一定温度(40 ℃左右)之后再使用,以防损坏机器。

(c)开炼机做热炼与压片时,辊距应从大逐渐调小,而做塑炼时,则辊距应从小(1 ~

2 mm)逐渐调大。胶块不宜过大，对大规格机器，最大不超过 5 kg 并需经预热，加料时应从速比齿轮一端或传动端加入。加料总量不要超过规定的量。热炼时每车下料时应留有适当的包辊胶。

(d)调节辊距左右要一致，以免损伤辊筒和轴承。减小辊距时应注意防止两辊相碰擦伤辊面。

(e)调距装置使用一段时间后要检查刻度盘指针是否与实际辊距相符，若不符，应将辊距调到零位，再次调整指针指示值。

(f)每班检查一次事故停车装置是否灵敏可靠，只有当发生异常事故时才准使用事故停车装置，不准作为正常停车使用。

(g)经常注意检查润滑系统的工作情况和温度，并按要求定期补充和更换新油。

(h)若机器停止使用或停放一段时间，应将辊筒内部积水排除干净，辊面、机架滑合面和调距丝杠处涂上防锈油加以保护。

(i)严禁机器长期超载或安全保护装置失灵情况下使用。

(j)机器的紧急停车。开炼机在运行过程中出现下列情况时，应紧急停车：

设备出现异常振动和杂音时；紧急制动装置失灵时；安全垫片破裂时；辊筒上方有异物掉落或发现胶料中有异物时；危及人身和设备安全时。

③设备检修。

a. 检修周期。开炼机的检修周期(按三班运行计)为：小修 6 个月，中修 2 年，大修 6 年。

b. 检修内容。

(a)小修内容。检查、紧固各紧固螺栓；检查更换辊筒轴承密封圈；检修紧急制动装置；检修挡胶板；检修调距装置；检查、清洗和修理润滑系统；检修辊温调节系统；检修联轴器；检修翻胶装置；检修电气系统。

(b)中修内容。包括小修内容；检修润滑系统各部位并清洗换油；检修辊筒轴承；检修调距装置；检查减速器轴承间隙及齿轮磨损情况，清洗换油；检修速比齿轮、驱动齿轮，清洗换油；检修齿轮罩。

(c)大修内容。包括中修内容；修理或更换辊筒、辊筒轴承和轴承座；修理或更换速比齿轮和驱动齿轮；检查、更换联轴器；检查校正机座和机架；检修电机、开关柜和控制线路；机台重新喷漆。

c. 检修方法和质量标准。

(a)辊筒。辊筒工作表面使用到冷硬层磨光时，应更换新辊筒，在辊筒出现裂纹及严重凹坑时，也应更换新辊筒。

辊筒工作表面粗糙度、轴颈圆度、圆柱度等严重超差时，可用磨削加工方法修复，如超差较小，可在一般机床上用油石和研磨粉修复。

辊筒轴颈出现磨损、拉伤或铸造缺陷时，采用车磨机械加工修复，或用刷镀方法修复。若轴颈在修复时达不到原直径，造成直径过小时，可采用镶钢套的方法修复至原尺寸。

轴头上的键槽损伤时，可用补焊或在相隔 90°位置上另开键槽的方法修复。

筒工作表面及轴颈表面粗糙度质量标准 $Ra \leqslant 1.6\ \mu m$。

辊筒轴颈的圆度、圆柱度公差应符合 GB 1184—80 公差等级的规定。辊筒轴颈的同轴度公差为 Φ0.03 mm。

(b)辊筒轴承。轴衬磨损超差时,需更换轴衬。对于铜滑动轴承最好采用二次加工方法,加工后与轴颈刮研,使之达到规定接触精度和间隙。也可在原铜衬上扩大孔径,镶入钢背复合材料轴衬。对于用尼龙轴衬做滑动轴承材料时,使用到极限时换新尼龙轴衬。对于用滚动轴承的辊筒轴承,滚动轴承不能用时换装新轴承,轴承座配合孔修整加工后用刷镀法修复,以使达到配合精度。

轴承座的工作平面超差时,可用刨磨及刮研工作平面的方法修复。质量标准符合衬内孔表面粗糙度表;轴衬内孔的圆度和圆柱度公差应符合附公差等级的规定;筒轴承轴衬内孔与轴颈的配合间隙,在检修时可参照表 3.19 所列数据。

表 3.19　轴衬内孔与轴颈的配合间隙

辊筒直径/mm		400	450	550	660
轴颈直径/mm		250	300	360	420
铜轴衬配合间隙/mm	干油	0.3～0.4	0.35～0.45	0.4～0.5	0.45～0.55
	稀油	0.25～0.35	0.3～0.4	0.35～0.45	0.4～0.5
尼龙轴衬配合间隙/mm		0.8～0.9	0.9～1.0	1.0～1.1	1.1～1.2
铜轴衬磨损后最大间隙/mm		1.0	1.0	1.2	1.5
尼龙轴衬磨损后最大间隙/mm		1.7	1.9	2.1	2.3
复合材料轴衬配合		H7/e7	H7/e7	H7/e7	H7/e7

轴承轴衬外径与轴承座内径的配合,检修时可参照表 3.20 于钢背复合材料轴衬,其配合可采用 H7/P7。

表 3.20　轴衬外径与轴承座内径的配合

辊筒直径/mm		400	450	550	660
过盈量/mm	铜轴衬	0.024～0.079	0.026～0.087	0.026～0.087	0.028～0.095
	尼龙轴衬	0.63～0.76	0.81～0.96	0.91～1.1	1～1.16

辊筒轴承采用滚动轴承时,轴承座内孔公差采用 H7,辊筒轴颈公差采用 K6。

轴颈与轴衬的接触应均匀,用涂色法检查时,圆周接触角不小于 120 ℃。轴向接触面:铜轴衬大于 70%,尼龙轴衬大于 50%。

辊筒轴承座的形位公差如图 3.19 所示:A,B 平面的平行度偏差为 0.05 mm/m;C 平面对 B 平面的垂直偏差为 0.12 mm/m;轴承轴线对 B,C 平面位置的负偏差绝对值不大于 0.05 mm;轴线对 B,C 平面的平行度公差,辊筒直径 400 mm 者为 0.025 m,辊筒直径 450,550 mm 者为 0.030 mm,辊筒直径 560 mm 者为 560 mm 及以上者为 0.040 mm。

(c)机架。检修方法:机架在使用过程中有两种损坏形式,一是产生裂纹,二是产生变形或磨损。产生裂纹时更换新件;产生变形或磨损时,当超差不大时,可采用磨削、刮研等方法修复,当超差较大时则可用机加工方法修复。

质量标准:机架修理后的精度要求参见图 3.20。机架靠后辊筒轴承座的平面 C 对平面 A 的垂直度偏差为小于或等于 0.15 mm/m;左右机架在平面 C 处于同一水平面上的平面度偏差为 0.03 mm/m;左右机架在平面 C 处在同一垂直平面内的平面度偏差为

0.04 mm/m。机架装在底座上时,平面 A 的水平偏差:纵向小于或等于 0.03 mm/m,横向小于或等于 0.04 mm/m,前辊筒轴承座在机架和压盖之间的配合为 0.10,后辊筒轴承座则为 2.34。机架检修质量标准也可参照前述新机安装时的技术标准执行。

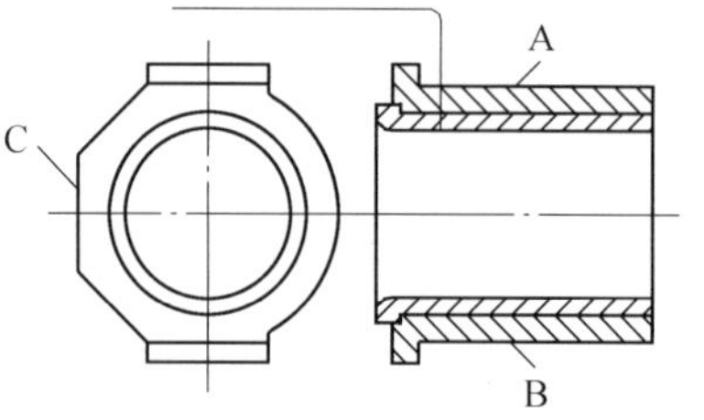

图 3.19　辊筒轴承座

A—上平面;B—下平面;C—侧平面

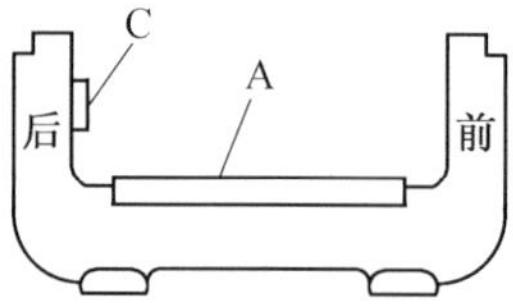

图 3.20　机架

(d)底座。检修方法:底座使用时间较长后会产生变形,当变形不大时,可用磨削、刮研等方法修复;当变形超差过大时,可根据其产生原因用机加工或重新安装找正修复。

质量标准:底座修复后的水平度允差,纵向小于或等于 0.03 mm/m,横向小于或等于 0.04 mm/m。

(e)速比齿轮和驱动齿轮。检修方法:传统结构开炼机的速比齿轮和驱动齿轮由于是开式传动,使用时间一长齿面磨损比较严重。当磨损量不大于齿厚的 1/5 时,可将其工作面调换使用,实践证明这种方法效果较好。但齿面磨损再大时,则需换用新齿轮。

质量标准:速比齿轮、驱动齿轮的齿啮合面,沿齿高方向不少于 60%,沿齿宽方向不少于 70%。速比齿轮、大驱动齿轮与轴的配合为 H7/f6,小驱动齿轮与轴的配合为 H7/n6。

(f)联轴器。电机辅出轴与减速器输入轴的同轴度公差为 Φ0.10 mm。两个半弹性联轴器端面之间的间隙为 3 ~5 mm,万向联轴器滑块磨损 1 mm 时需更换。

(g)调距装置。调距装置的螺杆、螺母正反方向的啮合应正常,其轴向间隙应符合要求,螺杆、螺母螺纹厚度最大磨损量不应超过 1/5,超过者更换。

(h)主减速器。主减速器轴承损坏时换新,齿轮磨损过度时换新,箱体变形时刮研修整。检修标准按齿轮标准执行。

d. 检修后的试车和验收。开炼机检修后的试车和验收通常可参照新机安装后的条件执行。先空运转,持续时间 3 h,然后按规定加料进行 8 h 负载运转。通过试车考核后,经试车小组鉴定,若一切正常,设备符合检修质量标准和工艺要求,即可办理检修验收手续交付生产使用,并将检修记录、试车记录整理后连同完工验收单交有关部门存档备查。

(2)密闭式炼胶机

密闭式炼胶机简称密炼机,在橡胶工业中主要用于塑炼和混炼。

①分类。密炼机可以按不同分类原则进行分类,见表 3.21。

表 3.21　密炼机分类

分类原则	Ⅰ	Ⅱ	Ⅲ	Ⅳ	Ⅴ	备注
按机器工作方式分	间歇式密炼机	连续式密炼机	—	—	—	—
按密炼室结构分	整体翻转式密炼机	前后四块组合式密炼机	上下对开式密炼机	—	—	Ⅱ、Ⅲ又可分密炼室壁钻孔与不钻孔，带夹套与不带夹套
按转子的转速分	低速密炼机	中速密炼机	高速密炼机	双速密炼机	变速密炼机	—
按卸料方向分	侧面卸料密炼机	下面卸料密炼机	—	—	—	—
按卸料门结构分	滑动式密炼机	摆动式(下落式)密炼机	—	—	—	—
按压砣对被加工物料的压力分	低压密炼机	高压密炼机	变压密炼机	—	—	—
按传动装置的位置分	左传动密炼机	右传动密炼机	—	—	—	—
按转子横截面几何形状分	三角形转子密炼机	圆筒形转子密炼机	椭圆形转子密炼机	—	—	—
按两转子配合工作的方式分	相切型转子密炼机	啮合型转子密炼机	—	—	—	—

②密炼机的基本结构。现在广泛应用于橡胶工业的密炼机都是由底座、密炼室、转子、传动装置、加热与冷却装置以及电气和温度控制系统组成。但由于密炼机的型号、规格、用途和生产厂家不同，具体结构差异较大。这里仅就密炼机的基本结构进行概略介绍。

a. 密炼室。

(a)密炼室的结构类型。目前中国生产和国外生产的密炼机(见图 3.21)，其密炼室的结构基本上分为前后组合式或上下组合式两种。前后组合式结构是由前后壁和左右侧壁 4 部分组成，并用螺栓与销钉连接固定为一体。上下组合式(对开式)结构的密炼室分成上下两个夹套，固定在上下机体中，分开面在转子轴线上。这两种结构相比较，第一种较简单，制造容易，但装配与维修不便。因此，有的厂家将左右侧面壁又从转子轴线处改成上下对开，这样，密炼室就由前后正面壁和左右侧面壁 6 部分组成。

图 3.21　密炼机

(b)密炼室的冷却形式。

水浸式。密炼室正面壁为一盛水器，冷却水从进水孔进入，到一定高度后由溢水管流出。

喷淋式。在密炼室的弧形筋上装有进水总管，在总管上装有很多支管和喷嘴，冷却水以一定的压力由喷嘴向壁上喷射。

夹套式。密炼机密壁制成夹套式，中有隔板。冷却水由一边进入后，在夹套中沿轴线方向循环流动，再由侧壁至另一边循环后流出。

钻孔式。在密炼机正面壁上沿轴向钻孔，使密炼室温控介质沿密炼室壁轴向孔迅速流动，方向是从下向上，流速达 3 ~4 m/s，进出口水温差为 3 ~5 ℃。

槽道式。在密炼室圆柱部分的外表面加工有平行的槽道，冷却水沿槽道高速流动。冷却水由集水管送入和排出。

上述 5 种冷却方式，第三种比一、二两种好，第四种与第五种相似，但钻孔式和槽道式的截面比夹套式的小，水流速较快，冷却效果好，制造也较方便。目前，国内外各种密炼机以第四种冷却方式为主。

b. 转子。

(a)转子的形状。转子工作部分的几何形状基本上有椭圆形、圆筒形和三角形 3 种，其中椭圆形转子又有两棱和四棱之分。椭圆转子的棱是由转子工作部分的两端成螺旋形向中心延伸，一个左旋，一个右旋，一个长棱，一个短棱，互不相连。

(b)转子的冷却形式。转子冷却形式不同，其冷却效果也不一样。传统的密炼机转子，一般采用内腔喷水冷却，称为开式喷水冷却，因棱顶冷却不良，且由于内腔不能进行加工，表面粗糙，导热条件差，所以冷却效果不佳。目前设计的强制循环冷却系统，不但转子内表面能进行加工，提高了传热系数，且突棱部位也能进行冷却。

c. 传动装置。传动形式一般有如下几种。

(a)带大驱动齿轮的传动形式。这种传动形式结构松散，寿命较短，且安装找正困难，占地面积大。但其结构简单、制造方便。另外，大驱动齿轮有储能作用，便于克服加料时的尖锋负荷。

(b)半封闭式的传动形式。这种传动形式的速比齿轮仍设在转子轴头上，但驱动齿轮设在减速器内，这样安装较方便，结构也算紧凑，但减速器的速比增大，减速器也相应增大。近年来设计制造了大功率的渐开线行星齿轮减速器，减轻了传动装置的重量。

(c)双出轴传动形式。这种传动形式的所有传动齿轮、速比齿轮都集中在减速箱内，构成组合式全封闭减速器，并集中润滑。从而改善了齿轮使用条件，减轻了转子轴承的负荷，但减速器体积较大，且结构复杂。

目前，各国生产的密炼机大都采用双出轴组合式减速器，减速箱内所有齿轮为人字齿或斜齿，传动平稳，可传递较大负荷。第一根轴一般制成具有两对齿轮的齿轮轴，其中一对为备用。当第一对齿轮磨损后，可将齿轮轴调头使用，这样可延长减速器的使用寿命。

d. 加料装置。密炼机的加料装置设在密炼室的上方，由加料斗和压料装置组成。压料装置的结构由上部汽缸和压铊组成，汽缸使压铊起落，对物料加压。压铊制成中空状，以便通水冷却(小型密炼机除外)。

e. 卸料装置。卸料装置有 3 种形式。

(a)滑动式卸料装置。滑动式卸料装置由汽缸和卸料门组成。卸料门呈三角形，固定在汽缸上部。汽缸安装在密炼室底座的导轨上，活塞杆一端固定在底座导轨端面的横梁上；当压缩空气进入汽缸时，可使汽缸沿着底座的导轨往复移动，将卸料门打开或关闭。

这种卸料门的结构比较简单，维修方便，使用可靠，但开闭门时间较长，且密封性能不太好,多用于低速密炼机上。

(b)摆动式卸料装置。这种装置是由卸料门和旋转油缸等部件组成。卸料门和支座都安装在旋转油缸的转轴上,油缸转轴旋转时,卸料门即打开或关闭。

这种结构的卸料装置胶料下落速度快,密封性能好,但结构较滑动式的复杂。

(c)翻斗式卸料形式。翻斗式密炼机没有卸料装置和卸料门,卸料时,压铊上提,密炼室通过其翻转传动装置向外翻转 140°或 110°,将炼好的胶料直接卸入接料斗或接料运输带上运走。这种密炼机可就地安装,安装使用比较方便。

f. 密炼机的冷却(温控)系统。此系统即是对密炼机的密炼室、转子、压铊、卸料门等部位通入冷却水进行冷却,并具有紧急排料功能,胶温一旦超值,就能进行紧急排料。

③密炼机维护保养。

a. 在密炼室中充满胶料的情况下,因停电或事故而停机时,先提起压铊,将转子反转并卸料,以免再次启动时过载。

b. 检查或清理加料斗时,必须将压铊提起插上安销再进行。

c. 经常检查转子密封装置的润滑情况,以免干摩擦,造成设备损坏。

d. 定期检修。

(a)发现传动齿轮与转子速比齿轮有早期磨损时,可翻面使用,如损坏严重,则应更换。

(b)密炼室内左右挡圈与密封装置磨损后可补焊,然后再进行机械加工。

(c)对于没有堆焊硬质合金或没有采取热处理的密炼室,以 XM-250/20 密炼机为例,工作表面每年磨损 1.5 ~3 mm(三班制),5 ~6 年就需大修一次。

(d)转子工作部分未堆焊硬质合金,表面每年磨损 1.5 ~2 mm(三班制),5 ~6 年需大修一次。

(e)检查压料装置活塞杆与压铊连接处的活塞杆孔与销轴的磨损情况,修补活塞杆和更换销轴。

3.4 混　　炼

3.4.1 概述

为了提高橡胶制品的性能,改善加工工艺和降低成本,通常在生胶中加入各种配合剂,在炼胶机上将各种配合剂加入生胶制成混炼胶的过程称为混炼。由于混炼胶组分复杂,混炼理论尚处在发展中,故仅就一些问题简述如下。

1. 混炼胶的结构

混炼胶是由多种配合剂与生胶结合的一种多组分的复合物。通过对各种配合剂粒子的精确测定,人们认为混炼胶是由各种细粒状配合剂做分散相,而生胶为分散介质的多组分的胶态分散体系。混炼胶的微观结构具有多重性、多相性(即非均相性),按物质结构的层次性原理,它可描述如下:

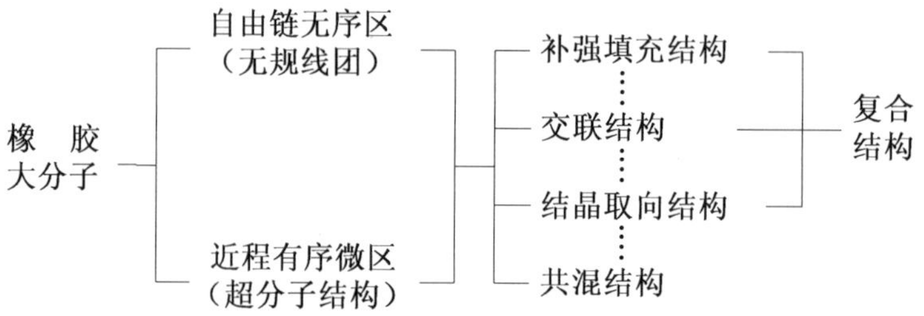

2. 表面活性剂的作用

为使配合剂在橡胶中能均匀分散，配合剂粒子与橡胶接触的表面应具有较高的活性。根据配合剂的表面特性，将其分为两类。一类为亲水性配合剂，如碳酸镁、碳酸钙、硫酸钡、陶土、氧化锌、锌钡白、氧化镁、氧化钙和其他无机物等，这种配合剂粒子表面的分子特性与生胶不同，两者界面极性相差较大，因此与生胶作用的活性较小，不易被橡胶所湿润，在混炼中难以均匀分散；另一类为疏水性即亲胶性配合剂，如各种炭黑等，这种配合剂粒子表面分子特性与生胶接近，两者界面极性相差较小，互相作用活性较大，易为橡胶湿润。为了获得良好的混炼效果，必须对亲水性配合剂的表面进行化学改性。表面活性剂如硬脂酸、高级醇、含氮有机化合物、某些树脂和增塑剂等，在混炼中能湿润粒状配合剂的表面，降低橡胶的表面张力，增大对生胶的亲和性，有利于配合剂的分散。

力化学现象机械力的作用不仅是将橡胶与配合剂机械地混合在一起，使粒状填料产生分散，制成胶料，更重要的是促使多组分胶料形成网络结构，从而使混炼胶的性能发生变化。在没有机械力作用下，采用溶剂法制备相同组分的胶料（如用苯溶解天然橡胶并搅拌混合配合剂组分，然后用真空法脱除溶剂），则不能形成结合橡胶结构（溶剂法测定），胶料性能极差。将该类胶料薄通后，可形成结合橡胶结构，性能也得以提高。化学因素是混炼中力化学的基础。如上所述，炭黑与橡胶之间的相互作用取决于粒子表面存在的活性基团，同样在混炼过程中环境介质等因素也起着重要作用。

混炼过程主要是各种配合剂在生胶中混合和分散的过程。人们将它分为四个阶段：混入、分散、混合和塑化。

①混入是橡胶在开炼机上包辊或在密炼机中的有效混炼区内（如转子与混炼室壁之间）产生拉伸流变时，粉状或液态配合剂开始附着其上，进而混入橡胶中成为聚集体，这一过程也称浸润阶段。

②分散是混入橡胶后的填料聚集体，在机械力作用下，发生分散，被逐渐打碎成微小尺寸的细粒。这一过程又称微观分散。

③混合是填料和其他配合剂在胶料中均匀分布的过程，这一过程也称宏观分散。此过程贯穿于整个混炼工艺中。

④塑化是橡胶分子受机械化学作用而断链、炭黑包容胶在分散作用下，使部分吸留橡胶释出，导致胶料黏度下降的过程。

由于分散阶段称为微观分散，混合阶段称为宏观分散，所以也有人将二者合称为分散阶段。事实上，混炼过程是很复杂的，上述四个阶段往往不能截然分开，几种现象同时存在是常有的。总的说来,初期以混入为主,后期则以分散为主,最后是捏炼塑化。

3.4.2 混炼前的准备

混炼前的准备工作主要包括:对原材料进行抽查、检验;对不适用的配合剂补充加工;油膏和母炼胶的制备;配合剂的称量与配合。

1. 原材料的质量检验

生胶与配合剂的质量都必须符合质量等级技术指标才能使用。各种原材料的质量虽然应当由生产供应者予以保证,但在长期的储存和运输过程中,由于各种原因往往会出现质量变化,造成性能不符合规定标准指标的要求。故在使用前必须按规定进行质量检验,合格者才能使用。

通常对配合剂的检验内容主要有纯度、粒度及其分布、机械杂质、灰分及挥发分含量、酸碱度。具体依配合剂类型不同而异。生胶一般除了检验化学成分和门尼黏度外,还检验物理机械性能。

2. 配合剂的补充加工

配合剂的加工包括固体配合剂的粉碎、干燥和筛选;低熔点配合剂的熔化和过滤;液态配合剂的加温和过滤;粉状配合剂的干燥和筛选。

(1)粉碎

块状和粗粒状配合剂必须经过粉碎或磨细处理才能使用。如防老剂 PANA、沥青和松香等脆性固体可用锤式粉碎机破碎;硬脂酸和石蜡用刨片机切片后再粉碎,以使其粒度符合标准。

(2)干燥

干燥的目的是减少配合剂中的水分和其他挥发分含量,防止粉末状配合剂结团,便于筛选和混炼分散,避免某些配合剂遇水变质和胶料内部产生气泡。

干燥方式可采用真空干燥箱、干燥室或螺杆式连续干燥机等。具体方法和工艺条件随配合剂性质和质量要求而定。例如低熔点配合剂的干燥温度应低于其熔点 25 ~ 40 ℃,促进剂、防老剂和硫黄即是。硫黄最好铺在干燥盘中呈薄层于 35 ~ 40 ℃下干燥,这样可除去其中的亚硫酸。干燥后的含水率均应小于 0.5%。

(3)熔化与过滤及加温

低熔点固体软化剂像石蜡和松香等须先进行加热熔化,达到干燥脱水和降低黏度作用后,再经过滤去掉其中的机械杂质。而对于黏度太高的液体软化剂如松焦油等,则应进行加温脱水并使其黏度减小,以便于进行过滤及利用管道输送和称量配合操作。

(4)筛选

粉末状配合剂粒度及粒度分布达不到规定标准者,或者已发生结团及含有机械杂质者必须进行筛选加工,去掉其中的机械杂质、较大颗粒与结团。如硫黄粉应采用规定的筛网全部过筛后才能使用。常用的筛选设备有振动筛、鼓式筛选机和螺旋式筛选机等。炭黑对筛网的附着力较强,故在鼓式筛网内还装有毛刷,以保证炭黑顺利通过网孔。常用配合剂的一般加工条件见表 3.22。

表 3.22　常用配合剂的一般加工条件

品名	加工条件	品名	加工条件
促进剂	MBT 用 60～100 号筛子筛选；	松香	粉碎，≤50 g/块
	MBTS 在 60～70 ℃下干燥 4 h	石蜡	粉碎，≤50 g/块
硫黄	在 35～40 ℃下干燥，用 80～100 号筛子筛选	明矾	用 40 号筛子筛选
氧化锌	用 40～100 号筛子筛选	发泡剂 H	用 40～60 号筛子筛选
硬脂酸	粉碎，≤10 g/块	小苏打	用 60 号筛子筛选
防老剂	PANA 粉碎，≤10 g/块；	氧化铁	用 40 号筛子筛选
	BLE 在不低于 50 ℃下干燥	固体古马隆	粉碎，≤20 g/块
炭黑	用 12～18 号筛子筛选	液体古马隆	加热（≤120 ℃）蒸发 4～6 h 脱水
碳酸钙	在 70～80 ℃下干燥 4 h，用 60～100 号筛子筛选	松焦油	加热（60～70 ℃）蒸发脱水，过滤
陶土	在 70～80 ℃下干燥 4 h，用 40 号筛选	沥青	粉碎，≤100 g/块
		树脂	粉碎，≤20 g/块

3. 膏剂、母炼胶制备

为了使配合剂易于在胶料中混合分散，减少粉尘飞扬损失造成的环境污染，保证胶料的混炼质量，有时需要将某些配合剂（如氧化锌）事先以较大比例与液体软化剂混合制成膏状混合物使用。膏剂的制备通常是将配合剂与软化剂先用加热混合器搅拌均匀，然后再用精研机研成细腻膏状物。所用的软化剂品种以及配合剂和软化剂的配比依胶料配方而定，通常以 2.5∶1 左右的配比为宜。

膏剂特别适合于混炼胶生产批量少，配方品种变换多，而胶料和产品质量要求又比较高的小型工厂中的开炼机混炼加工。

母炼胶又称母胶，它是将在通常混炼条件下短时间难以混合均匀且混炼生热量多、能耗较大的某些配合剂以较大的比例事先与生胶单独混合制成组分比较简单的混合物料，称为该配合剂的母炼胶，最常见的有促进剂母胶和炭黑母胶、塑解剂母胶等。炭黑母胶的制法有湿法和干法两种。湿法是在胶乳中使炭黑与之发生共沉，如各种充炭黑丁苯母胶和充油充炭黑丁苯母胶（SBR—1600，SBR—1800 系列）便是这类母胶的主要品种。只是由于湿法炭黑母胶中的炭黑与胶乳之间仅仅是物理混合，其中的炭黑分散颗粒也没有达到应有的分散度，所以在进一步混炼加工过程中仍旧需要消耗较多的能量，才能保证硫化胶获得必要的物理机械性能。因而，湿法炭黑母胶除减少配合剂飞扬损失、改善混炼操作环境外，在技术经济上的其他好处是不多的。

干法炭黑母胶是将炭黑以较大的比例与生胶预先在炼胶机上制成的混合物。通常还要加入一定量的硬脂酸、氧化锌和软化剂，以利于炭黑在生胶中分散，并避免胶温过高。母胶中的炭黑用量依生产要求而定，但其最大用量不应该超过其临界浓度，临界浓度依炭黑的吸油值来确定，因为炭黑的吸油值是充满炭黑聚集体内部空隙所需油类的体积，而在混炼加工过程中，炭黑内部的这些空隙要由生胶填满。例如某炭黑的吸油值为1.25 L/g，说明每 100 g 炭黑中最多能填充 125 mL（约 118 g）的生胶，据此可算出每 100 g 生胶中炭黑的最大用量为 85 g，即该种炭黑母胶中临界浓度为 85%。如果炭黑母胶中的炭黑含量超过临界浓度，那么炭黑母胶中必然会有许多的炭黑粒子，出现较大团块和分散不良的现象。

4. 称量配合

混炼胶所需的原材料应按照配方规定的品种、规格和数量进行称量和配合。称量和配合操作必须做到细致、精确、不漏、不错。

原材料的称量和投料方式有手工称量投料和自动称量投料两种。前者适用于技术程度不高的中、小规模生产,后者适用于技术程度高的大规模生产。手工称量可使用磅秤、台秤或天平等,选用磅秤、台秤时应注意所称的质量应不小于其最大容量的10%,否则会增大称量误差。对于用量很少而又重要的配合剂,需使用天平称量,称好的原材料按一定规则存放,混炼时按规定程序手工投料。自动称量设备由输送装置、称量装置两部分组成。生胶用皮带输送装置输送和称量,粉状配合剂用电磁振动输送装置控制送料速度,液体配合剂则可采用保温管道输送装置。

随着快速密炼机的应用,整个炼胶过程从原材料储存、输送、称量、投料到炼胶、下片、冷却和叠放形成了完整的系统装置,由计算机集中控制,实现了全过程的自动化。当炼胶机装胶容量在25 kg以上时,原材料称量的允许误差见表3.23。

表3.23　原材料称量的允许误差

品名	允许误差/g	品名	允许误差/g
橡胶(生胶、塑炼胶、再生胶等)	±200	氧化锌、油料	±50
硫黄	±5	炭黑、碳酸钙填充剂	±200
促进剂	±0.5	小料总量	±100

3.4.3　混炼工艺方法

橡胶混炼方法分间歇式和连续式两类。开炼机和密炼机混炼属间歇式,此种方法应用最早,至今仍广泛使用,并正在向着采用高压、高速密炼机进行快速混炼的方向发展,成为目前主要的混炼加工工艺。

1. 开炼机混炼

开炼机混炼生产效率低,劳动强度大,操作安全性差,粉料飞扬损失大,污染环境,胶料质量不高,所以在大规模生产中已不采用。但其灵活性大,适用于多品种、小批量生产,尤其适用于发泡胶料、硬质胶料等特殊胶料和某些生热大的合成橡胶、硅橡胶和混炼型聚氨酯橡胶以及浅色和彩色胶料的混炼。所以开炼机混炼仍占有一定的位置。

(1)开炼机混炼历程

开炼机混炼可分为包辊、吃粉、翻炼三个阶段。

①包辊。包辊是开炼机混炼前提。由于生胶的性质和混炼工艺条件不同,混炼时生胶在开炼机辊筒上的行为有四种状态,如图3.22所示。

为使混炼顺利进行,对一般橡胶应控制在第二种状态(聚氯乙烯高温塑化及与丁腈橡胶合炼需在第四种状态下进行)。这是因为此时温度适宜,橡胶既有塑性流动又有适当高的弹性变形,有利于配合剂的混入和分散。第一、三种状态应避免,第一种状态发生在辊温较低或生胶太硬的条件下,生胶停留在堆积胶处产生滑动;第三种状态发生在温度过高的条件下,由于橡胶流动性大、分子间力减小、弹性和强度降低,此时胶片不能紧包辊筒,出现脱辊或破裂现象,使混炼操作发生困难。

生胶在辊筒上的四种状态与生胶的特性(如黏弹性、强度等)、辊温、切变速率有关。

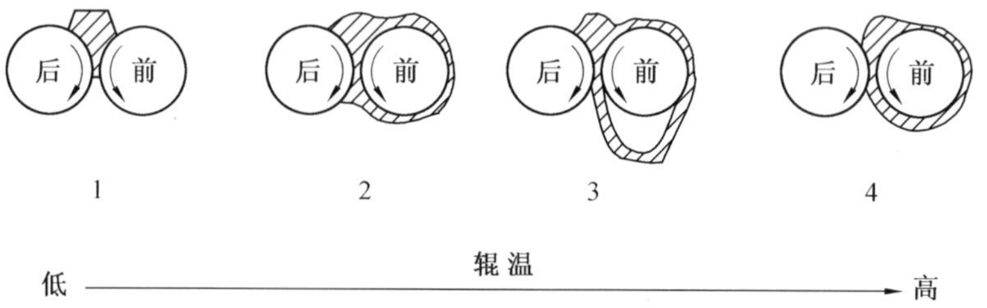

图 3.22　生胶在开炼机上的包辊状态

1—生胶不能进入辊距或强制压入则成碎块；2—紧包前辊，成为弹性胶带，不破裂；

3—脱辊，胶带袋囊状或破裂；4—呈黏流态包辊

为了能够在第二种状态下进行混炼，操作中需根据生胶的特性选择适宜的混炼温度。例如，天然橡胶、乳聚丁苯橡胶的分子量分布较宽，因而适宜的温度范围较宽，在一般操作温度下不会出现第三种状态，包辊和混炼性能好。而顺丁橡胶、乙丙橡胶等合成橡胶的分子量分布较窄，适宜的温度范围就较窄，包辊性差。当辊温超过 50 ℃时，顺丁橡胶就发生脱辊破裂现象。当切变速率增加时，对橡胶黏弹性的影响和降低温度的作用是一样的。所以当出现脱辊时，除降低辊温外，还可通过减小辊距的方法来解决。但对于顺丁橡胶，若混炼温度超过 50 ℃，即使将辊距减至最小也无济于事。

此外，对包辊性差的合成橡胶，可用先加入部分炭黑的方法来改善脱辊现象，因为结合橡胶的生成提高胶料的强伸性能。

②吃粉。胶料包辊后应在辊距上方保留适当数量的堆积胶，然后再向堆积胶上添加配合剂。当加入配合剂时，由于堆积胶的不断翻转和更替，配合剂便被带进堆积胶的皱褶狭缝中，如图 3.23 所示，并进而带入辊距中，使配合剂在径向剪切变形的作用下向包辊胶片的厚度方向混合分散。

吃粉过程中，如果无堆积胶或堆积胶量过少时，一方面配合剂只靠后辊筒与橡胶间的剪切力擦入胶料表层；另一方面未被擦入胶料的粉状配合剂会被后辊筒挤压成片落入接胶盘，如果是液态配合剂则会粘到后辊筒上或落到接胶盘上，造成混炼困难。若堆积胶过多，则有一部分胶料会在辊距上端旋转打滚，不能进入辊距，使配合剂不易混入，此时应将多余的胶料割下，待吃粉完毕再投入翻炼。若配方本身填充量较大，还应在混炼过程中逐步放大辊距，以使堆积胶数量始终保持在适宜范围内。堆积胶量的多少常用接触角（或咬胶角）来衡量，接触角一般取值为 32°～45°，它随辊距增大而变小。

③翻炼。由于橡胶黏度很大，混炼时胶料只沿着辊筒旋转方向产生周向的流动，而且沿周向流动的胶料仅为层流，贴紧辊筒表面占包辊胶片总厚度 1/3 的一层胶料不能产生流动而成为“死层”（又称呆滞层），没有粉料进入。此外，辊距上部的堆积胶还会形成部分楔形“回流区”。因此吃粉后应立即进行切割翻炼操作，破坏死层和回流区，使吃进的配合剂得到充分的分散和混合，达到混炼均匀、质地均一，并获得适宜的可塑度，如图3.24 所示。

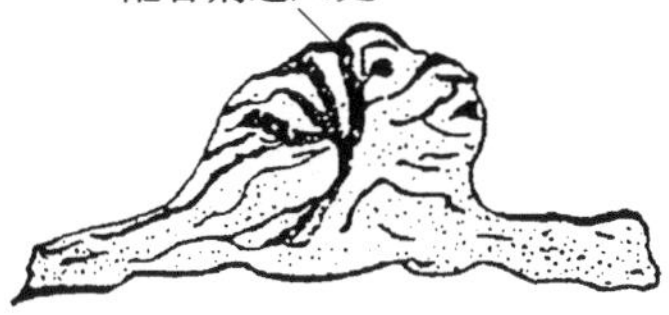

图 3.23　堆积胶断面图(黑色部分表示配合剂随皱纹沟进入胶料内部的情况)

图 3.24　吃粉后的包辊胶片断面图

(2)开炼机混炼的工艺方法

开炼机混炼有一段混炼和分段混炼两种工艺方法。对含胶率高或天然橡胶与少量合成橡胶并用,且补强填充剂用量少的胶料,通常采用一段混炼法。对天然橡胶与较多合成橡胶并用,且补强填充剂用量较多的胶料,可采用两段混炼方法,以便两种橡胶与配合剂混炼得更均匀。

无论是一段混炼还是两段混炼,在混炼操作时,都先沿驱动端加入生胶、母炼胶或并用胶,然后依据配方加入各种配合剂进行混炼。

混炼加料有抽胶加料和换胶加料两种方法。抽胶加料适用于生胶含量高者,配合剂在辊筒中间加入。换胶加料一般适用于生胶含量低者,配合剂在辊筒一端加入。在吃粉时注意不要割刀,否则粉状配合剂会侵入前辊和胶层的内表面之间,使胶料脱辊,也会通过辊缝被挤压成硬片,造成混炼困难。当所有配合剂吃净后,加入余胶,进行翻炼。翻炼操作方法主要有:

①薄通法。此法是将辊距调到 1 ~ 1.2 mm,让胶粒通过辊缝,任其落入接料盘中,待胶料全部通过辊缝后,再将落盘的胶料扭转 90°进行薄通。如此反复进行到规定次数。然后调大辊距(10 mm 左右),让胶粒包辊、下片。此法的特点是胶粒散热快、不易焦烧、劳动强度较低、操作安全,但配合剂分散不易均匀,尤其是沿辊筒的轴向分散不易均匀。

②三角包操作法。此法是采用较小辊距(1 ~ 1.5 mm)或较大辊距(2 ~ 2.5 mm),操作时先将包在前辊上的胶料横向割断,随着辊筒的旋转将左右两边胶料不断向中间折叠成一个三角包,如此反复进行到规定次数,使辊筒之间的胶料不断地由两边折向中间,再由中间分散到两边进行混合。然后放大辊距(10 mm 左右),包辊、下片。此法配合剂分散效果好,胶料质地均一,但由于劳动强度大,操作安全性差,一般只适用于 XK-400 规格以下的开炼机混炼。

③斜刀法(八把刀法)。此法是在开炼机辊筒上左右交叉地与辊筒水平线成 75°角进行割刀,同时按 15°斜角打卷,割刀和打卷 8 次,即左右各 4 次。辊距一般为 7 ~ 8 mm。这种方法配合剂分散胶均匀,操作效率高,但由于劳动强度较大,生产中仅适用于 XK-550 规格以下的开炼机混炼。

④打扭操作法和割倒操作法。打扭操作法是将包在辊筒上的胶料横向割断后使其附在前辊筒上,随着辊筒旋转,胶料呈扇形由右向左或由左向右移动,然后以胶片的一边垂直投入炼胶机使之混合。

割倒操作法是把包在辊筒上的胶料左右割刀至尚留有一定宽度的包辊胶后,将刀锋转成 90°让其继续割断胶片,使辊筒上的胶料落在接料盘中,当辊筒上方堆积胶块少时停止割刀，使盘内胶料随辊筒上的余胶带入两辊筒间，并把胶料向左或向右移动。反复数次，使胶料混合均匀。

打扭操作法和割倒操作法劳动强度小，适用于大规格开炼机混炼。割倒操作法还可以装上自动割刀装置代替手工操作，但混炼效果不够理想，所以一般不单独使用，而与其他方法并用。

⑤打卷操作法。此法可分为斜卷操作和横卷操作。辊距一般为 7 ~ 9 mm，斜卷操作是从左向右斜着打卷，当辊筒上的堆积胶快吃净时，把胶卷推向右边，然后再从右向左斜着打卷，如此反复使混炼均匀。横卷操作是割断包辊胶后随辊筒旋转打卷，堆积胶快吃净时，把胶卷扭转 90°角放入辊筒间，然后再打卷，如此反复直至达到混炼要求为止。此法混炼效果较好，生产效率较高，但劳动强度大。在生产中，通常是几种方法相伴进行。

(3)工艺条件及其对混炼效果的影响

开炼机混炼依胶料种类、用途和性能要求不同，工艺条件也各有差别。影响混炼效果的因素有容量、辊距、辊速和速比、辊温、混炼时间、加药顺序及药品的一次添加量。

①容量。每次混炼的胶料容积大小必须依炼胶机的规格及胶料配方特性合理确定。容量过大会使辊距上方的堆积胶量过多而难以进入辊距，使混炼分散效果降低，而且因散热不良会使混炼温度升高，容易产生焦烧现象而影响胶料质量。容量过大还会导致设备超负荷和劳动强度加大等一系列其他问题，容量过小会降低生产效率。合成橡胶混炼时的生热量较多，配方含胶率低、填充量大，密度大的胶料，其混炼容量都应适当减小。天然橡胶混炼生热量少，采用母炼胶混炼的胶料，其混炼容量可适当增加。

②辊距。在合理的装胶容量下辊距以 4 ~ 8 mm 为宜。辊距过大，不利于配合剂的分散。辊距减小，胶料通过辊距时的剪切效果增大会加快混合分散速度；但同时也增加生热量，使堆积胶量增多，散热困难，又不利于剪切分散效果。所以，随着配合剂不断加入，胶料的容积增大，辊距也应逐步调大，以保持辊距上方的堆积胶量适当。

③辊速与速比。提高辊筒的转速和速比会加大混炼时对胶料的剪切作用与混合分散效果，但也会提高胶料混炼时的生热升温速度，易于焦烧，又不利于提高剪切效果。辊速过快操作危险性也大，辊速和速比过小又会降低机械剪切分散效果和生产效率。所以，开炼机混炼的辊筒转速一般控制在 16 ~ 18 r/min。速比应比塑炼时小，一般在 1：(1.1 ~ 1.2)。合成橡胶混炼时的速比应比天然橡胶小。

④辊温。开炼机混炼温度就是辊筒表面的温度，辊温低，胶料的流动性差，生胶对配合剂粒子表面的湿润作用下降，不利于混合吃粉，还会使设备负荷增加；若辊温过低，胶料硬度太大，容易损坏设备，但有利于提高机械剪切和混合分散效果。辊温提高有利于降低胶料的黏度，提高流动性和对配合剂粒子表面的湿润性，加快混炼的吃粉速度。但若温度过高容易产生胶料脱辊现象和焦烧现象，难以操作，也会降低对胶料的剪切分散效果和混炼质量。故应根据生胶种类和配方特点合理确定混炼温度，并使辊温控制在包辊性最好的温度范围以内进行混炼。由于胶料在混炼过程中不断生热，应及时加强冷却调节辊温，使之始终保持在适宜温度范围内。

另外，为了便于操作，开炼机混炼时前后辊的温度应保持 5 ~ 10 ℃温差。由于天然橡胶容易包热辊，因而前辊温度应高于后辊。多数合成胶容易包冷辊，故前辊温度应低于后辊。同时,因合成橡胶混炼时生热量比天然橡胶多,故混炼时的两辊温度均应比天然橡胶低 5 ~ 10 ℃。各种橡胶开炼机混炼时的适用温度范围见表 3.24。

表 3.24　各种橡胶开炼机混炼的适用温度范围

生胶种类	辊温/℃		生胶种类	辊温/℃	
	前辊	后辊		前辊	后辊
天然橡胶	55 ~ 60	50 ~ 55	氯醚橡胶	70 ~ 75	85 ~ 90
丁苯橡胶	45 ~ 50	50 ~ 60	氯磺化聚乙烯	40 ~ 70	40 ~ 70
丁腈橡胶	35 ~ 45	40 ~ 50	氟橡胶 23 - 11	49 ~ 55	47 ~ 55
氯丁橡胶	≤40	≤45	丙烯酸酯橡胶	40 ~ 55	30 ~ 50
丁基橡胶	40 ~ 45	55 ~ 60	聚氨酯橡胶	50 ~ 60	55 ~ 60
顺丁橡胶	40 ~ 50	40 ~ 50	聚硫橡胶	45 ~ 60	40 ~ 50
三元乙丙橡胶	60 ~ 75	85 左右			

⑤混炼时间。开炼机混炼时间受开炼机转速和速比、容量和加药顺序、混炼的操作方法及混炼温度、胶种和配方的影响,混炼时间短,配合剂分散不良,胶料质量和性能差。

混炼时间过长容易发生焦烧和过炼现象,也降低胶料质量和性能,生产效率也低。适宜的混炼时间由实验确定,并应在保证质量的前提下尽可能缩短混炼时间,以提高生产效率和节约能耗。混炼时间一般为 20 ~ 30 min,特殊胶料可在 40 min 以上,合成橡胶混炼时间比天然橡胶长 1/3 左右。

⑥加药顺序。配合剂的添加顺序是影响开炼机混炼的最重要因素之一。加药顺序不当有可能造成配合剂分散不良,使混炼减慢,并有可能导致胶料出现焦烧和过炼现象,使混炼胶质量降低,甚至会引起胶料发生脱辊现象而难以进行混炼操作。所以加药顺序应根据混炼方法和工艺条件以及胶料配方特性合理确定。

加药顺序确定的一般原则:

a. 用量少而在胶料中所起的作用又很大的配合剂,如促进剂、活性剂、防老剂和防焦剂等应先加或尽可能早加。生产实际中都是将这一类小药加在填充剂和液体软化剂的前面。有些促进剂如胍类和噻唑类促进剂对生胶有增塑作用,先加有利于混炼;防老剂先加有利于防止胶料高温下混炼时的老化现象。

b. 在胶料中难以混合分散的配合剂,如氧化锌和固体软化剂,应适当早加,只是软化剂容易使胶料产生脱辊,最好将其与粉料预混后再加入。

c. 临界温度低,化学活性大,对温度比较敏感的配合剂,如硫黄和超速促进剂应当在混炼后期降温后加入。

d. 硫黄与促进剂应分开加入。若先加促进剂,则硫黄应在混炼过程最后加入;或者相反。

加药顺序是长期实践经验的积累和总结。天然橡胶胶料开炼机混炼的一般加药顺序为:橡胶种类(生胶、塑炼胶、母炼胶、再生胶);固体软化剂(如古马隆、松香、石蜡等);小料(促进剂、活性剂、防焦剂和防老剂);补强填充剂(如炭黑、陶土和碳酸钙等);液体软化剂(如松焦油、酯类等);硫化剂(硫黄)。

当天然橡胶配方中的液体软化剂用量较少时,习惯上将液体软化剂加在填充剂之前。合成橡胶因配方中的填充剂和液体软化剂用量较大,故液体软化剂一定要加在补强填充剂之后，或与填充剂交替分批加入。对于某些特殊情况则必须对上述加药顺序作适当调整。如硬质胶胶料由于硫黄用量高，混炼时硫黄必须先加才能保证其混合均匀；海绵胶混炼时则必须将液体软化剂放在最后加入，否则其配合剂难以混合分散均匀；丁腈橡胶混炼时亦应先加硫黄。内胎胶料和胶布胶料应在滤胶后、压出或压延前在热炼机上加硫黄和超速促进剂，以防滤胶时发生焦烧。

⑦药品的一次添加量。粉状配合剂主要靠堆积胶的作用而被混入橡胶内部的。当混炼初期堆积胶表面被粉剂完全覆盖时，混炼的吃粉速度是恒定不变的，随着堆积胶表面配合剂的不断混入，其数量逐渐减少，以致到不能完全覆盖堆积胶表面时，配合剂的吃粉速度便开始减慢。所以，为了加快混炼的吃粉过程，应尽可能把每次加药的数量添足一些，这样可以缩短混炼时间。

(4)开炼机混炼工艺方法举例

开炼机混炼解放鞋大底胶料的配方见表 3.25。

表 3.25 开炼机混炼解放鞋大底胶料的配方

序号	原料种类	原料名称	份数
1	橡胶种类	天然橡胶(烟片 2#)	70
		丁苯橡胶	30
		再生胶	65
2	促进剂	DPG	0.39
		CBS	1.0
3	防老剂	PBNA	0.5
4	固体软化剂	固体古马隆	10
	液体软化剂	锭子油	15
		硬脂酸	3.0
5	活化剂	氧化锌	5.0
6	填充剂	高耐磨炉黑	74
7	硫化剂	硫黄	2.2
8	合计	—	276.09
9	含胶率	—	42.4%

技术条件：XK-360 开炼机；辊温为前辊 45 ℃左右，后辊 40 ℃左右；装胶容量 24 kg；混炼时间 25 min。

混炼操作程序：采用一段混炼法。在原材料称量误差范围内将配方中所需原材料进行手工称量和配合；按设备维护使用规程，检查设备部位是否完好，观察空载运行是否正常；调整辊筒温度至所需温度及辊距(3 ~ 4 mm)；将天然橡胶、丁苯橡胶及再生胶靠主驱齿轮一端 1/3 处投入合炼 3 ~ 4 min，全部卸下，然后调大辊距至 8 ~ 10 mm，再投胶混炼 1 min并抽取余料；加小料，先加促进剂、防老剂及硬脂酸，然后再加氧化锌，时间为 3 ~ 4 min，待小料全部吃入后，将炉黑分两批加入，中间交替加入锭子油及三钱油，并将辊距调至 10 mm 左右，时间为 10 ~ 12 min；待配合剂全部吃净后，将余胶全部投入进一步混炼 4 ~ 5 min，然后抽取余胶；加硫黄，待硫黄全部混入后再将余胶投入，调整辊距 3 ~ 4 mm，用切落法补充翻炼 1 ~ 2 min；最后将辊距调至 10 mm 左右下片，在中性皂液槽内隔离冷却1 ~2 min,然后取出挂置铁架上,用强风吹干,并冷却至胶片温度为 40 ℃以下,将胶片在铁桌上叠层堆放,停放 8 ~24 h,供下道工序使用。

2. 密炼机混炼

密炼机混炼具有密闭操作、粉料飞扬损失小、炭黑分散度高、混炼胶质量好、操作安全、劳动强度低、生产效率高、适宜于实现混炼自动化等优点,同时存在炼胶温度难以控制、胶料易焦烧、冷却水耗量大、变换胶料配方困难、设备投资大等缺点,而且不适宜混炼对温度敏感的胶料、浅色胶料和特殊胶料。尽管如此,密炼机混炼仍然是制造炭黑混炼胶的最理想的方法,特别适用于大规模、自动化生产。

(1)密炼机混炼历程

密炼机混炼可分为湿润、分散及捏炼三个阶段。由图 3.25 可见,炭黑胶料混炼过程中,功率出现两次峰值(点 b 和点 d),容积从点 a 之后逐渐下降,温度不断上升。这就从本质上反映了橡胶和配合剂混合经历的全过程。

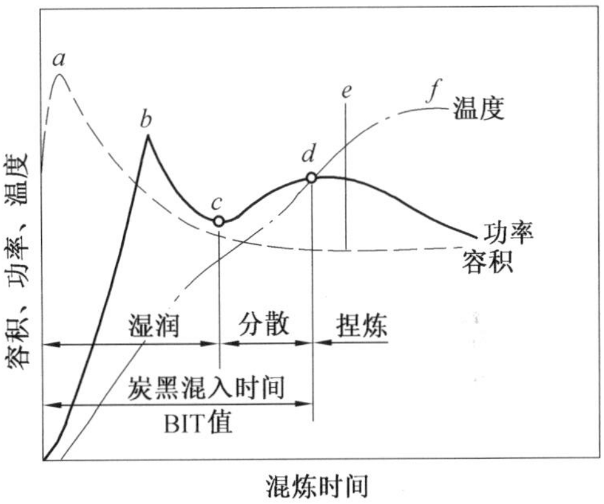

图 3.25　密炼机混炼历程

a—加入配合剂,落下上栓;b—上顶栓稳定;c—功率低值;d—功率二次峰值;e—排料;f—过炼及温度平坦

①湿润。当生胶、炭黑等配合剂投入密炼室时,容积达到最大值(点 a),混炼开始。在上顶栓压力和混炼作用下胶料容积迅速减小,功率曲线出现第一次高峰(点 b)。之后,随着橡胶逐渐渗入到炭黑附聚体的内部空隙,形成炭黑橡胶团块,胶料容积继续下降,功率曲线也随之下降。当功率下降到最低值时(点 c),表明橡胶已充分湿润了炭黑颗粒表面,与炭黑混合成为一个整体。

②分散。通过密炼机转子突棱和室壁间产生的剪切作用,使炭黑附聚体搓碎变小,分散到生胶中,并进一步生成结合橡胶。由于搓碎炭黑附聚体使消耗的能量增加,结合橡胶的生成使胶料弹性增加,所以功率曲线回升,出现第二个峰值(点 d)。

③捏炼。配合剂的分散已基本完成,继续混炼可进一步增进胶料均匀程序,并使胶料因力化学降解而黏度继续降低,因而功率曲线缓慢下降。

从填充剂投入到第二个峰值的时间,称为炭黑混入时间(BIT 值)。常以 BIT 值来衡量生胶混炼性能的优劣,此值越小,表示混炼越容易。

(2)密炼机混炼的工艺方法

密炼机必须在运转状态下投料。每次投料前提起上顶栓,投料后放下上顶栓加压混炼,直到混炼完毕,打开下顶栓卸料。

密炼机混炼的工艺方法有一段混炼法、两段混炼法及逆混法等。

①一段混炼法。从加料、混合到下片冷却一次完成。此法可省去两段混炼之间胶片的中间停放和冷却,胶料制备周期短,占地面积小。但由于在密炼机中混炼时间长,胶料容易过热,尤其在混炼后期,胶料可塑性增大,不利于配合剂的均匀分散,因此胶料质量不高,可塑性较低,并易产生焦烧和过炼现象。故只适用于一般制品(如工业胶板、普通工业胶管等)胶料的制备。

一段混炼法又分为传统一段混炼法和母胶一段混炼法两种。

a. 传统一段混炼法。为防止胶料升温过快，一般采用慢速（20 r/min）密炼机，按规定的顺序分批逐步加料，对用量大的配合剂（如填充剂等）有时需要分几次投加。混炼程序一般为：生胶→硬脂酸→小料→填充剂（或 1/2，炭黑→1/2 炭黑）→油类软化剂→排胶（排胶温度通常控制在 130 ℃以下）→压片机薄通散热加硫黄和超速促进剂（100 ℃以下，以防硫黄熔化聚集而影响分散）→下片→冷却、停放。也可使用双速或变速密炼机，混炼初期采用快速，在短时间内完成硫黄以外的各种配合剂的加料混炼，接着改用慢速使胶料降温后再加硫黄和超速促进剂，然后排料至压片、冷却、停放。在密炼机内直接加硫黄的关键是加炭黑之后做到有效的降温冷却，使排胶降到 110 ℃以下。在实际生产中，一段混炼的加硫黄操作多在压片上进行。油类软化剂须在炭黑之后加入，先加软化剂会增大胶料塑性，使炭黑结团，影响分散效果。

上顶栓的加压程度依投入的材料而定。如投入橡胶后，为使胶温上升并加强摩擦，应施加较大的压力；而投入粉状配合剂时，则应先使上顶栓浮动后再加压，加压程度也应适当减小；在加硬质炭黑时甚至可以不加压，以免胶料升温过高引起焦烧和防止粉剂因受压过大而结团。

一段混炼时，20 r/min 密炼机混炼时间一般为 10 ~ 12 min，混炼特殊胶料（如高填充配方）时间为 14 ~ 16 min；40 r/min 密炼机混炼时间一般为 4 ~ 5 min；60 r/min 快速密炼机混炼时间为 2 ~ 3 min。

b. 母胶一段混炼法。生胶分批投入，以提高炭黑等配合剂的相对浓度来强化其分散效果。具体操作方法又分以下两种。

第一种是先向密炼机中加 60% ~ 80% 的生胶和全部配合剂（不包括硫黄），在 70 ~ 120 ℃以下混炼至总混炼时间的 70% ~ 80%，制得母胶，然后投入其余生胶，在混炼 1 ~ 2 min排料。投入的生胶温度低，可使密炼室内胶料温度暂时降低 15 ~ 20 ℃，能在混入热胶料的同时使部分炭黑从母胶中迁至后加的橡胶中。

该法制备混炼胶可提高剪切分散效果，并能有利于减小生热升温和防止焦烧，还可提高密炼机装填系数 15% ~ 30% 和生产效率，提高混炼胶质量和硫化胶性能。此法适用于异戊胶、氯丁胶、丁苯胶和丁腈胶混炼。该法缺点是密炼机磨损较大。

第二种是先将 60% ~ 80% 的生胶和配合剂（硫化剂和促进剂除外）投入密炼机，混炼 3 min，制备母胶，然后排胶到开炼机上加入其余的 20% ~ 40% 的生胶及硫黄的促进剂，混炼均匀下片。与传统的一段混炼法相比，该法制得的胶料工艺性能好，硫化胶性能也明显提高，见表 3.26。但在开炼机上操作时间较长，需增加机台数。

②两段混炼法。胶料的整个混炼过程分成两个阶段完成，其间胶料需经过出片或造粒、冷却与停放。两段混炼法因胶料在中间经过冷却和停放后黏度增大，使第二次混炼时的剪切与分散混合效果提高，从而显著提高了配合剂在胶料中的分散均匀性，并提高了硫化胶的物理机械性能；同时还能加快混炼速度，缩短混炼时间；并减少了胶料在持续高温下的时间和由此引起的焦烧倾向，这对于像氯丁橡胶和丁腈橡胶等容易生热和焦烧的胶料来说尤为必要。采用两段混炼时，通常将生胶塑炼与第一段混炼合并在密炼机中进行，并采用较高温度（160 ℃，甚至更高），以利于生胶塑化与炭黑的湿润混合，同时可简化工

艺，缩短生产周期，提高生产效率。两段混炼法胶料制备周期长、胶料储备量及占地面积大，故生产中常用于高级制品（如轮胎）胶料的制备。

表 3.26　输送带用异戊胶混炼胶及其硫化胶性能比较

性能指标（25 个试样）		覆盖胶		布层胶		性能指标（25 个试样）		覆盖胶		布层胶	
		传统法	母胶法	传统法	母胶法			传统法	母胶法	传统法	母胶法
可塑度	平均值 x	0.30	0.31	0.42	0.43	扯断伸长率/%	平均值 x	646	655	580	540
	均方差 δ	0.031	0.037	0.026	0.025		均方差 δ	61	41	26.5	22.7
炭黑分散度/%		78	83.3	77	82	耐磨度/($mm^3 \cdot J^{-1}$)		19	20.6	—	—
拉伸强度/MPa	平均值 x	19.6	21.3	20.1	21	耐多次拉伸(200%)/千次		16	22.5	—	—
	均方差 δ	1.1	1.4	1.56	1.38						

两段混炼法又有传统法和分段投胶法两种不同的操作方法：

a. 传统两段混炼法。第一段是粗混炼，通常用快速（40 r/min 以上）密炼机高压混炼，制得含有除硫黄和促进剂以外配合剂的母胶。所以第一段混炼也称为母炼。将胶排到压片机经补充混炼、压片或造粒、冷却、停放（一般在 8 h 以上）。然后再投入第二台 2 速密炼机进行第二段混炼，加入硫黄的促进剂，完成混合作业，再经压片机补充加工与出片，所以第二段混炼法也称为终炼。硫黄和促进剂也可以在压片机上投加。目前国内多是排料到压片机加硫黄。

中间停放的温度和时间对两段混炼的质量有十分重要的意义。在停放过程中，胶料中结合橡胶的含量逐渐增加，在较低温度下橡胶分子在混炼中产生的剩余应力可使其重新定向，胶料变硬。因此在第二段混炼时必然再次受到强烈的机械作用，从而将一段混炼不可能均匀分散的炭黑粒子搓开。所以，两段混炼胶料的断面光亮细致，可塑性增加。若胶料未充分冷透，两段混炼也就失去了意义。通常，粗炼排胶温度在 140 ℃以下，终炼排胶温度不高于 120 ℃。

b. 分段投胶两段混炼法。该法的基本特征是分段加入橡胶。第一段混炼时，在 70% ~80% 总混炼时间内，将 80% 左右的生胶和全部配合剂按常规方法混炼，制成炭黑母胶，并经压片或造粒，停放冷却。第二段混炼时，在 60 ~ 120 ℃以下将其余 20% 左右的生胶加入，使其母胶中的高浓度炭黑在 1 ~2 min 内迅速分散后排料。

第一段制得的炭黑母胶理想的组分一般为（质量份）：生胶 100+炭黑 100。炭黑分散是关键，为此，软化剂必须在炭黑基本分散后加入，以免降低胶料黏度和剪切应力。此法制备母胶，可提高结合橡胶的含量，即使是三元乙丙橡胶也可达 40% ~50%。

分段投胶两段混炼法制备的胶料的工艺性能和硫化胶的物理机械性能之所以优于传统两段混炼法，是因为胶料形成微观结构。故第二段混炼时间不宜过长，否则会破坏胶料中的微观多相结构。

③逆混法（倒炼法）。采用与常规完全相反的顺序进行混炼，即在混炼一开始就把除硫黄和促进剂以外的其他配合剂首先投入密炼机，然后再投入生胶进行混炼。具体操作方法又有两种。

a. 先将填充剂和油类，投入 50% ~70% 的生胶，混炼 1.5 min，再投入其余的生胶，混炼数分钟后排胶。此法适用于配用多量粗粒子炭黑和油类的胶料。

b. 投入1/2的油类和所有配合剂，再投入生胶混炼。然后在2 min内2～3次加入剩余的油类，混炼完毕排胶。混料时间比第1种长。此法适用于配合补强性炭黑和相应油类的胶料。

逆混法能改善高填充胶料中炭黑的分散性，缩短混炼时间。适用于生胶挺性差、炭黑和油类含量高的胶料，主要应用于三元乙丙橡胶和顺丁橡胶。丁腈橡胶和某些氯丁橡胶也可以采用逆混法制备胶料，以减少焦烧。

采用逆混法时，密炼机的密封性要好，电机功率要大，混炼装填系数和上顶栓压力都要尽可能加大，以防胶料在密炼室内发生漂移而影响分散混合效果。在胶料的配方设计中还应注意油类软化剂用量不能超过所加炭黑的吸油值，否则会导致配合剂分散不良。

(3)压片和造粒

采用两段混炼工艺时，第一段混炼排出的胶料须进行压片或造粒，以便于停放和冷却。一段混炼和两段混炼终炼排出的胶料须经压片进行补充加工、冷却停放。压片和造粒的方式主要有三种。

①压片机压片。压片机的规格应与密炼机相适应，如XM-250、XM-270、GK-270密炼机配套的压片机为XKY-660。压片机安装在密炼机下方，一般一台密炼机配一台压片机，高速密炼机则需配两台压片机。

如需在压片机上加硫黄时，应首先将排下的胶料在压片机上压片冷却，使温度降到100 ℃以下，再加硫黄翻炼使其混合均匀，然后下片。在操作中应注意不使胶料包后辊。在一定温度下各种胶料的包辊行为与辊距有关。当辊距较小时，胶料包后辊；辊距为中间值时，胶料不包前辊又不包后辊，而垂直落下；当辊距大于中间值时，则胶料包前辊。所以，如出现胶料包后辊现象，则适当增大辊距，胶料就会从后辊转移到前辊上来。

压片机压片适用于天然橡胶和丁苯橡胶胶料。对于包辊性较差的橡胶胶料，压片机很难在短暂的混炼周期内完成压片，因此宜采用螺杆式挤出压片机。

②挤出压片机压片。挤出压片机由螺杆挤出机和辊式机头组成。胶料在螺杆挤出机中翻炼后经辊式机头出片。生产效率高，与快速密炼机的生产能力相适应，但不能用来加硫黄。

③造粒机造粒粗炼。胶料造粒能增大胶料的散热面积，提高冷却效果，便于第二段混炼前自动称量和投料。同时，造粒也是对胶料的一次补充加工过程，有利于配合剂的均匀分散。但工艺过程比较复杂。

密炼机一段混炼法和两段混炼法的一般工艺流程示意如图3.26示。

(4)工艺条件及其对混炼效果的影响

影响密炼机混炼效果的工艺因素主要有装料容量、加料顺序、上顶栓压力、转子转速、混炼室温和混炼时间。

①装料容量。装料容量是指每次混炼时的混炼胶容积，又称混炼容量。混炼容量不足，胶料不能得到必要的剪切力和捏炼，甚至出现胶料打滑和转子空转现象，导致混炼效果不良。容量过大，胶料没有必要的翻动回转空间，破坏了转子突棱后面胶料形成紊流的条件，并使上顶栓落不到位，使一部分胶料滞留在加料口颈处，导致胶料混合不均匀和设备超负荷运行。通常装料容量由密炼室总容积乘以填充系数来确定，填充系数一般为

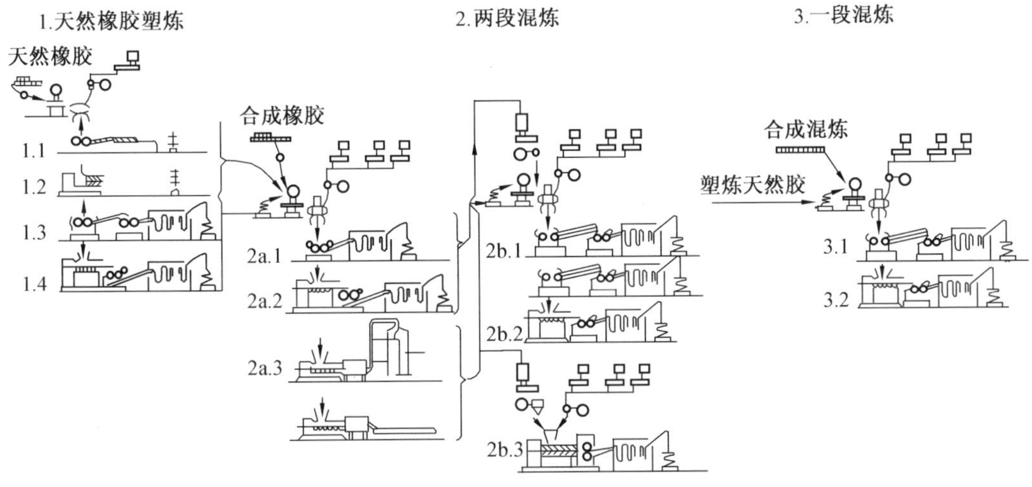

图 3.26　密炼机混炼工艺流程

注:1. 天然橡胶塑炼;使用天然橡胶时一般进行分段塑炼,塑炼好的胶有四种处理方法:1.1—胶料排到开炼机上,压片、打卷存放;1.2—胶料排到挤出机上,挤成圆形胶条、切断存放架上;1.3—胶料排到两台串联的开炼机压片,经悬挂式胶片冷却装置及叠片,冷却叠片存放;1.4—胶料排到两台串联的开炼机上,压片、冷却、叠片存放。

2. 两段混炼;第一段混炼:2a.1—胶料排到一台或两台串联的开炼机上压片;2a.2—胶料排到挤出压片机上压片;2a.3—胶料排到螺杆造粒机中造粒。第二段混炼:2b.1—胶料排到两台串联的开炼机上压片机上压片;2b.2—胶料排到挤出压片机二压片机;2b.3—用连续混炼机混炼。

3. 一段混炼;密炼机混炼之后,胶料有两种出片方式:3.1—胶料排到两台串联的开炼机上压片;3.2—胶料排到挤出压片机上压片。

0.55~0.75,粉粒状配合剂松散度大,密度小,在混炼初期生胶和配合剂的总体积大于密炼室容量,在混炼过程中逐渐变小。所以计算装料容量时,可按配合剂的理论密度来计算。

适宜的装料容量与胶料性质及设备等因素有关。天然橡胶及含胶率高的配方,混炼时生热量较低,填充系数应适当加大;合成橡胶及含胶率较低、生热量高的配方,填充系数应适当减小;转子和密炼室磨损较大的旧设备填充系数应比新设备大些;啮合型转子密炼机的填充系数小于相切型转子密炼机;上顶栓压力增加,填充系数也相应增大。另外,采用逆混法混炼时,填充系数必须尽可能加大。

例如,XM-250 密炼机,当转子突棱与密炼室的间隙为 4 mm 时,适宜的填充系数为 0.625,其装料容量为 158 L;上顶栓压力为 0.06 MPa 时,适宜的填充系数为 0.56,压力增大到 0.23 MPa 时,填充系数应增至 0.68。

②加料顺序。加料顺序对混炼操作非常重要。一般是表面活性剂(如硬脂酸等)应在生胶塑炼后、炭黑加入之前投加,或者与炭黑一起投加;固体软化剂、防老剂和普通促进剂在炭黑之前与硬脂酸一起投加;而超速促进剂和硫黄等硫化剂则应在炭黑分散后加入,可以与液体软化剂一起投加,但一般都是在液体软化剂加入后再加。或者排料到压片机加,因为这时的胶料温度已经下降,不易发生焦烧现象。

密炼机混炼中,生胶、炭黑和液体软化剂三者的投加顺序与混炼时间特别重要。一般都是先加生胶,再加炭黑,混炼至炭黑在橡胶中基本分散后再加入液体软化剂,这样有利于混炼。否则,若软化剂过早加入会使胶料的黏度下降而导致机械剪切效果降低,造成分散不均匀,并延长混炼时间。当然,如果液体软化剂加入时间太迟,比如在炭黑完全混合分散以后再加,那么液体软化剂加入后就会附着在金属的表面起到一种润滑剂的作用,同样会降低机械剪切效果,混合的速度减慢,不仅会降低混炼胶均匀程度,还会延长混炼时间,增加能量消耗。

另外,也有先将少量炭黑与液体软化剂一起投料后,再加入其余的炭黑混炼;或者采用逆混法进行混炼,皆能获得比较良好的效果,如图 3.27 所示。由图可见,正确投加液体软化剂可以消除打滑现象,使混炼功率稳定升高,炭黑能正常混入,混炼时间也能缩短。

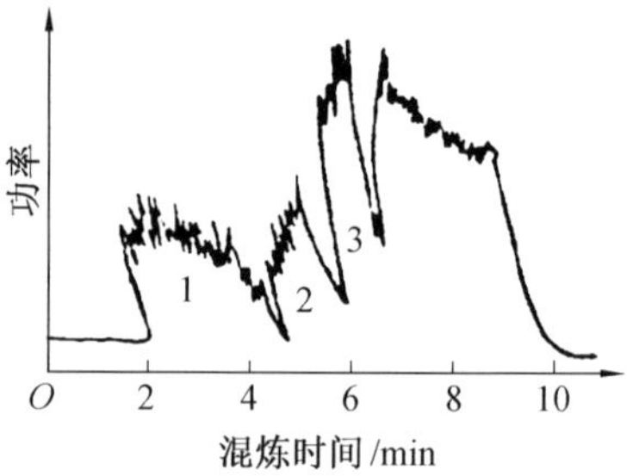

图 3.27 油料、小料与炭黑同时加料时的混炼功率曲线

1—生胶热炼段;2—小料、油料、半量炭黑混炼段;3—半量炭黑混炼段

液体软化剂的投料时间可按表示混炼特性的指标——分配系数 K 来确定。

分配系数 K 是生胶与炭黑的最佳混炼时间 t_c 同该炭黑母胶与液体软化剂的最佳混炼时间 t_m 之比,即 $K=t_c/t_m$。它取决于所用生胶和炭黑的种类,而与混炼工艺及设备因素无关。因此 K 值是混炼过程中不变的特征值(见表 3.27),对设计和改进混炼条件十分有用。

表 3.27 几种生胶的混炼分配系数(K 值)

炭黑	SBR	IR	BR	SBR/TR	SBR/BR	IR/BR
N220	1.5	1.7	0.9	1.6	1.0	1.2
N550	1.0	1.15	0.2	1.1	0.2	0.3

液体软化剂投料时间的计算:

生胶、炭黑和软化剂的总混炼时间用 t 表示,即

$$t = t_c + t_m \tag{3.3}$$

由于 $K = t_c/t_m$,则

$$t = t_c + \frac{t_c}{K} = \frac{(K+1)t_c}{K} \tag{3.4}$$

对已选定的生胶和炭黑品种而言,在混炼过程中 K 值是不变的,所以确定了总混炼时间 t 之后,便可计算出液体软化剂的最佳投料时间 t_c,即

$$t_c = \frac{Kt}{K+1} \tag{3.5}$$

例如,某种生胶和炭黑混炼胶料,由实验测定 $t_c=2.5$ min,$t_m=5$ min,$K=2.5/5=0.5$。而生产的生胶要求总混炼时间 $t=3.5$ min,则软化剂的最佳投料时间为

$$t_c=\frac{0.5}{0.5+1}\times 3.5\ \text{min}=1\frac{1}{6}\ \text{min}$$

投入软化剂后的混炼时间为

$$t_m=t-t_c=2\frac{1}{3}\ \text{min}$$

③上顶栓压力。上顶栓的作用主要是将胶料限制在密炼室内的工作区域,给胶料造

成局部压力，为防止胶料在室壁和转子表面滑动和在加料口颈部滞留。提高上顶栓压力，不仅可以增大装料容量，防止排料发生散料现象，而且可以使胶料与设备以及胶料内部更为迅速地相互接触和挤压，加速混炼过程，缩短混炼时间。若上顶栓压力不足，上顶栓会产生浮动，使停留在加料口颈处的胶料得不到充分混炼。上顶栓压力过大，会使混炼温度急剧上升，不利于配合剂分散，胶料性能受损，并且动力消耗增大，甚至发生超负荷现象。慢速密炼机上顶栓压力一般为 0.3 ~0.6 MPa，快速(40 r/min 以上)密炼机上顶栓压力可达 0.6 ~0.8 MPa。有些密炼机(如 GK 型密炼机)上顶栓压力可以根据工艺要求任意调节(手动或自动)。

上顶栓的加压方式也会对混炼产生影响。例如，当投入粉料(尤其是轻质粉料)时，上顶栓不宜立即加压，而要慢慢放下，依靠上顶栓的自重进行浮动，一定时间后再提起一定高度，然后放下并通入压缩空气加压。否则，过早地加压不仅会导致粉料飞扬损失和挤压结块，造成分散混合困难，而且可能使上顶栓被挤压出的物料卡住而影响混炼操作。

④转子构型。不同类型的密炼机其转子结构不同。目前使用的密炼机转子基本构型主要是两种：相切型转子和啮合型转子。相切型转子按其突棱数目又分两棱转子和四棱转子。目前广泛使用的是相切型两棱转子，一般说来，它的生产效率较高，可以快速加料，快速混合、排料，适于混炼周期短和分段混炼工艺需要。四棱转子强化了转子对胶料的混合搅拌作用，提高了机械剪切效果，可缩短混炼周期 25% ~30%，生产效率提高 25%，能耗降低 15% ~20%。

啮合型转子具有分散效率高、生热率低等特点，适用于硬质胶料和要求较高的特种胶料的混炼，可使各种特殊物料(如短纤维等)在胶料中均匀分布。啮合型转子分散的均化效果比相切型转子好，混炼时间可缩短 30% ~35%，如图 3.28 所示。

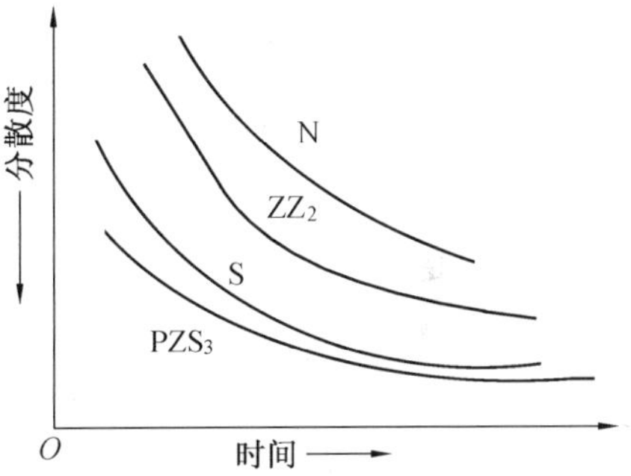

图 3.28 转子构型对混炼效果的影响

N—剪切型转子；S—啮合型转子；ZZ_2—优化剪切型转子；PZS_3—优化啮合型转子

⑤转子转速。提高转子转速是强化混炼过程的有效措施之一。

密炼机的平均切变速度与转子转速成正比。切变速率增大，单位时间的总剪切变形量增大，混炼速度加快。混炼时间大体上与转子转速成反比关系，转速提高一倍，混炼周期大约缩短 30% ~50%。对于软质胶料效果更为明显。目前密炼机的转速已由 20 r/min 提高到 80 r/min，从而使混炼周期缩短到 1 ~1.5 min。常用转速为 40 ~60 r/min提高转速会加速生热，胶料黏度减小，机械剪切效果降低，从而又对混炼产生负面影响，所以必须强化冷却系统，提高冷却效果。

为了适应混炼工艺的要求，生产中已采用双速或变速密炼机，以便根据胶料的特性和工艺要求随时变换速度，取得最佳效果。如在混炼初期采用高速、高压塑炼生胶，并迅速升高胶温，使炭黑及其他配合剂容易混入橡胶中，加快吃粉过程，然后适当降低转速，以降低胶温，达到有效地剪切作用，使配合剂均匀分散。若采用一段混炼法，还可再次降低转速，进一步降低胶温，以加入硫黄和超速促进剂进行终炼。

⑥混炼温度。混炼温度通常用排胶温度来表征。

密炼机混炼时由于内部的机械摩擦剪切作用非常剧烈,胶料升温速度很快。混炼温度高有利于生胶和胶料的塑性流动与变形,有利于橡胶对粉状配合剂表面的湿润和混合吃粉,但又使胶料的黏度下降,不利于配合剂粒子的破碎与分散混合。混炼温度过高还会加速橡胶的热氧老化,出现过炼现象,容易引起焦烧。但混炼温度又不能太低,否则会出现胶料压散(破碎而不成整体)和设备超负荷现象。所以混炼过程中胶料的温度应严格控制在规定范围内。

密炼机混炼的排胶温度一般控制在以下水平:

两段混炼法

第一段混炼:胎面胶小于 145 ℃,丁基内胎胶小于 155 ℃;

第二段混炼:胎面胶小于 130 ℃,丁基内胎胶小于 140 ℃;

一段混炼法和其他胶料的混炼小于 130 ℃;

压片机加硫黄温度小于 105 ℃。

近年来,也有采用 170 ~ 190 ℃高温用快速密炼机混炼的。这种工艺适合于合成橡胶胶料的制备,具有混炼时间短、能耗少的优点。

⑦混炼时间。混炼时间对胶料质量影响很大。混炼时间短,配合剂分散不良,胶料可塑度不均匀;混炼时间太长,容易产生过炼而使硫化胶的物理机械性能严重下降。

影响混炼时间的因素很多。配方含胶率低时,所需混炼时间会加长;合成橡胶配方的混炼时间比天然橡胶配方的要长;加料顺序不当、混炼操作不合理都会延长混炼时间;而提高密炼机转速和上顶栓压力可缩短混炼时间。XM-250×20 型密炼机混炼一般需 10 ~ 12 min。

适宜的混炼时间必须通过实验来确定。应在保证混炼质量的前提下,尽量缩短混炼时间。

(5)密炼机混炼的控制方法

密炼机混炼直观性很差,为了使胶料达到最佳混炼状态,必须对混炼操作采取可靠的科学控制手段。目前常用的有时控、温控、能控三种控制方法。

①时控法。根据实验确定的最佳混炼时间作为密炼机混炼过程的控制参数。只要混炼操作达到规定的标准时间便结束混炼立即排胶。可以手控和自控。该法简便易行,但由于混炼工艺条件和原材料性能的波动等因素的影响而难于保证混炼质量的均匀和稳定,能耗也较大。

排胶时间标准一般采用炭黑分散度来确定。即以混炼胶料中直径 5 μm 以下的炭黑聚集体大约达 95% 所需时间作为排胶时间标准。

②温控法。根据实验确定的最佳混炼温度作为混炼过程的控制参数。只要胶料的温度达到规定的标准温度便结束混炼立即排胶。这是根据胶料混炼热效应原理制定的控制方法,比时间控制法较为合理。可手控和自控。但由于受测量手段和条件的限制,混炼温度难于精确测量。一般认为密炼机内温度停止上升达到平衡以后,再经少许时间,分散即告完成,此刻温度即可作为排胶温度标准。

③能控法。以混炼过程中的能量消耗作为参数来控制混炼过程。只要混炼过程的总

能量消耗达到规定的能量标准便结束混炼立即排胶。在橡胶与配合剂的混炼过程中,密炼机对胶料的剪切变形量是决定混炼和分散效果的主要因素。所以,能量控制法的实质是在冷却条件基本稳定的情况下,以单位体积胶料混炼所吸收的能量反映胶料达到的有效剪切变形和对物料的分散作用。此法反映了混炼的本质,各批胶料质量均一,节省混炼时间和能耗。可采用功率积分仪逆行自动控制。

应当指出,能量控制法的优点是当胶料配方和原材料的性能不发生变化,混炼程序和设备固定时,能保证各批胶料的质量均匀。但若混炼条件和原材料性能发生变化或波动,其最佳混炼的标准能耗也会随之变化。所以这时应将混炼条件及生胶黏度等与原来的标准条件进行比较和加以修正,得出不受混炼条件影响的排胶标准能耗或单位能耗设定值。

微电脑的应用为密炼机混炼过程的控制提供了可靠的手段。国产新型密炼机已具备时控、温控、能控三种自动控制功能,并可实现三者相互监护,以确保混炼质量。

(6)密炼机混炼工艺方法举例

天然橡胶轮胎胎面胶密炼机一段混炼的工艺方法如下。

①XM-250×20 型密炼机,XKY-660 压片机。

②混炼温度 145 ℃以下,压片机加硫黄温度 100 ℃以下。

③操作程序:对于密炼机,投入塑炼胶,混炼 3 min,加压 2 min 以上;投入小料,1/2 炭黑,混炼 3 min,加压 3 min;投入 1/2 炭黑,混炼 1.5 min,加压 1 min;投入软化剂,混炼 2.5 min,加压 2 min;排料,混炼 1 min;合计混炼 11 min。对于压片机(前辊 55 ℃,后辊 50 ℃),通过三次,降到规定温度加硫黄,混炼 4.5 min;翻导 8 次以上,混炼 3 min;下片,混炼 3.5 min;合计混炼 11 min。

3. 连续混炼

连续混炼是一种新型混炼工艺,其操作方式是连续加料、连续混合、连续排胶,使混炼操作实现自动化、连续化。连续混炼生产效率高,混炼胶质量稳定。其称量加料系统复杂,技术水平高,不适于生产批量小、配方多变的小规模生产。

用于连续混炼的设备种类比较多,主要分为两类:双螺杆式连续混炼机和单螺杆式连续混炼机。按照螺杆的不同结构,又可分为转子式、传递式和挡板式等不同形式。目前,在国外已经得到工业化使用。比较成熟的连续混炼设备主要有三种:FCM 转子式双螺杆式连续混炼机(美国 Farrel 公司),传递式单螺杆式连续混炼机(英国 Frenkel 公司和美国 Uneroy 公司联合研制),EVK 挡板式单螺杆式连续混炼机(德国 W&P 公司)。

连续混炼机可代替密炼机进行混炼,也可用于密炼机后对胶料进行补充加工,如图 3.29、图 3.30 所示。

4. 混炼胶的补充加工

混炼胶必须经过补充加工才能供下道工序使用。生产中,通常的补充加工主要有冷却、停放及滤胶。

(1)冷却

混炼胶经压片(或造粒)后温度仍然较高(一般为 80 ~ 90 ℃),若不及时冷却,在存放过程中易产生粘连和焦烧现象。冷却方式有三种,自然空气冷却、室温空气强制冷却和室温水强制冷却。

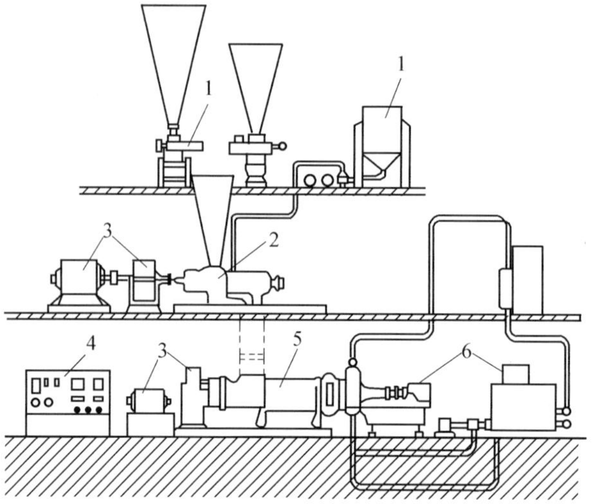

图 3.29 PCM 型连续混炼机混炼流程

1—连续加料装置;2—PCM 型连续混炼机;3—传动装置;
4—操纵盘;5—造粒压出机;6—冷却、隔离、排粒系统

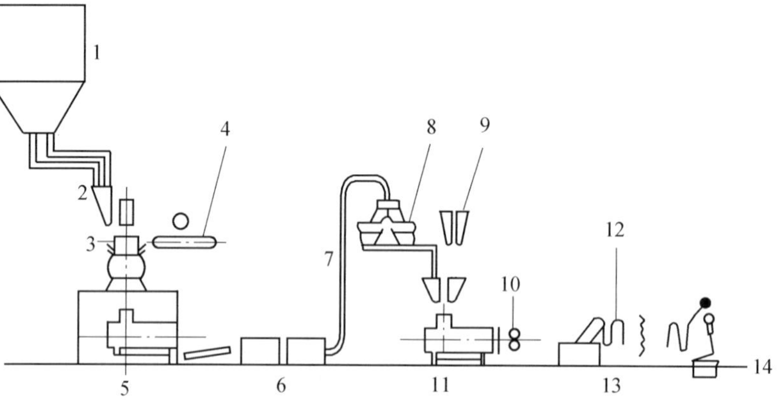

图 3.30 密炼机-传递式连续混炼机串联连续混炼流程示意图

1—炭黑斗;2—称量斗;3—密炼机;4—供料运输机;
5—传递式连续混炼机;6—胶粒冷却;7—提升机;8—胶粉储槽;9—硫化剂;
10—辊筒口型;11 —传递式混炼机; 12—胶片冷却装置; 13—冷却槽; 14—胶片叠放

为防止胶片(或胶粒)在停放时发生互粘,需涂隔离剂进行隔离处理。常用隔离剂配方为(质量份):陶土 20.0,萘磺酸钠 2.0,拉开粉 0.2,松花油 0.3,水 100.0.

最简单的冷却方法是将压片机上割下的胶片浸入加有隔离剂的槽中,然后取出悬挂晾干。目前普遍采用胶片冷却装置,实现连续、自动涂隔离剂、冷却和割片、叠片。压片机压出的胶片(厚度 6 ~ 10 mm,宽 400 ~ 900 mm)被牵引以一定的速度,通过隔离剂浸泡吹风冷却,这时,附着在胶片表面的水大约 30 g/kg 胶,其蒸发散热约能带走一半能量,使胶片冷却到 40 ℃以下。冷却后的胶片通过切片摆片装置叠放到存胶盘上。

(2)停放

胶片(或胶粒)冷却后必须整齐地叠放在存胶盘内于室温下停放 8 ~ 24 h,才可供下道工序使用。停放的目的主要是有利配合剂在胶料中的继续扩散,提高分散的均匀性;减少后序加工的收缩率;使橡胶和炭黑间进一步相互作用,生成更多的结合橡胶,提高补强效果。

实际生产中,也有不经停放而进行热流水作业的。

(3)滤胶

一些薄壁、气密性要求好的制品胶料(如内胎胶料、胶布胶料、气囊胶和气动薄膜制品的胶料等)要进行滤胶,以便除去杂质。滤胶通常在滤胶机中进行,机头装有滤网(一般为 2 ~ 3 层),滤网规格视胶料要求而异,如内胎胶料。内层滤网一般为 30 ~ 40 目(112 ~ 256 孔/cm^2)。特殊胶料可采用 60 目或 80 目的滤网。滤胶时,排胶温度控制在 125 ℃以下。

3.4.4 各种橡胶的混炼特性

1. 天然橡胶

天然橡胶具有良好的混炼性能,包辊性良好,生胶强力和初黏性较高,塑性、并用性及对配合剂的浸润性都较好,吃粉较快。但天然橡胶对混炼时间较敏感,混炼时间过短,混炼胶表面会呈现颗粒状,造成压延挤出困难;混炼时间过长,又会导致过炼。

开炼机混炼,辊温在 45 ~ 55 ℃之间,前辊比后辊高 5 ℃。密炼机混炼多采用一段炼法,排胶温度在 120 ℃以下。

2. 丁苯橡胶

丁苯橡胶混炼时生热大、升温快,因此混炼温度要比天然橡胶低。配合剂在丁苯橡胶中较难混合分散,故混炼时间要比天然橡胶长。

用开炼机混炼时,前辊温度应比后辊温度低 5 ~ 10 ℃,需增加薄通次数和进行补充加工,以利配合剂的均匀分散,用密炼机混炼应采用两段混炼,容量应小些,防止产生凝胶,排胶温度要低于 130 ℃。

3. 顺丁橡胶

顺丁橡胶内聚强度低,黏附性和自黏性较弱,在混炼过程中,生胶呈破碎状,配合剂分散不良,易发生脱辊。

顺丁橡胶开炼机上混炼不易压合成片,且容易脱辊,故宜采用小辊距、低辊温(40 ~ 50 ℃)混炼。为使配合剂均匀分散,需进行补充加工。用密炼机混炼时,容量可增加 10%,混炼温度也可稍高,以利于配合剂分散,排胶温度一般在 130 ~ 140 ℃,采用两段混炼有利于分散均匀,也可采用逆混法混炼,这样能节省 40% 的炼胶时间。

4. 氯丁橡胶

氯丁橡胶的加工性能随其性态温度的不同而各异。通用型氯丁橡胶(相当于美国的 GNA 型,苏联的 KP 型)在常温至 70 ℃之间为弹性态,容易包辊,混炼时配合剂易于分散;高于 70 ℃便会发黏甚至失去弹性,配合剂就很难均匀分散。54-1 型(相当于国外 W 型或 M-40 型)氯丁橡胶的弹性态温度在 79 ℃以下,其工艺性能较通用型为好。

氯丁橡胶在开炼机上混炼,辊温为 40 ~ 50 ℃。混炼时氧化镁应先加,以防焦烧,最后加氧化锌。若掺入10%天然橡胶或顺丁橡胶会改善氯丁橡胶的加工性能。采用密炼机混炼时可用两段混炼法，尽量降低排胶温度，不得超过110 ℃，以防焦烧。氧化锌在第二段混炼时的压片机上加入。

5. 丁腈橡胶

丁腈橡胶在混炼时发热量大，配合剂难于分散。

丁腈橡胶在开炼机上混炼时，应采取低温、小容量、小辊距、慢加料的操作方法，以促进配合剂的均匀分散。丁腈橡胶很少用密炼机混炼，若用密炼机混炼，应加强混炼室冷却，炭黑和酯类软化剂要分批交替加入，排胶温度不得高于130 ℃。

6. 丁基橡胶

丁基橡胶的内聚强度低，自黏性差，包辊性差，与其他橡胶相容性差，混炼丁基橡胶之前必须彻底清洗机台，以免混入其他生胶，影响胶料质量。丁基橡胶混炼时，配合剂分散困难。

开炼机混炼时，采用引料法（即待引料胶包辊后再加生胶和配合剂）或薄通法——将配方中的一半生胶以小辊距反复薄通，待包辊后再加入另一半。用密炼机混炼时，装胶容量比天然橡胶大10%～20%，混炼温度在150 ℃为好，当填料多时也可采用两段混炼法和逆混炼法。

7. 乙丙橡胶

乙丙橡胶混炼时不易发生过炼，配合剂分散均匀，但自黏性差。

乙丙橡胶用开炼机混炼，一般先采用小辊距使其连续包辊后，再逐步放宽辊距，加入配合剂，辊温在60～70 ℃之间。采用密炼机混炼宜采用高温，混炼温度在150～160 ℃有助于填充剂和软化剂的分散及力学性能的提高。装胶容量可比其他胶料高10%～15%。

8. 氯磺化聚乙烯橡胶

氯磺化聚乙烯橡胶具有热塑性，加工中随着胶料温度上升，黏度迅速下降，该橡胶性能稳定，不易过炼。

氯磺化聚乙烯橡胶采用开炼机混炼时，包辊性良好，但因生热大，应注意冷却，辊温保持在40～70 ℃范围内。密炼机混炼时，装胶容量比其他橡胶大些，填充系数取70%～75%，排胶温度在105～110 ℃范围内。胶片冷却后要注意干燥，因为水会促进其交联，导致焦烧。

9. 氯醚橡胶

氯醚橡胶一般不经塑炼即可进行混炼。均聚型氯醚橡胶门尼黏度低，包辊性良好，但易粘辊造成混炼困难；共聚型氯醚橡胶门尼黏度高，虽无粘辊倾向，但不易包辊。开炼机混炼均聚型氯醚橡胶要添加防粘剂———硬脂酸、硬脂酸锌或硬脂酸锡。开炼机混炼共聚型氯醚橡胶时，可先将生胶薄通2～3次，促进其包辊。开炼机混炼，辊温比一般橡胶高些，前辊70～75 ℃，后辊85～90 ℃。密炼机混炼比开炼机容易，混炼均聚胶时，可将防黏剂一部分投入密炼机，另一部分则在压片机上与硫化剂同时加入（辊温在90 ℃以下）。混炼共聚胶时，操作助剂在压片机上加入，效果更好。

10. 硅橡胶

硅橡胶不经塑炼即可混炼，一般均采用开炼机操作。混炼中要保持低辊温（不超过

50 ℃),短时间。生胶加入时先包前(慢)辊,混炼吃粉时转包后辊,所以宜两面操作。包辊后即可加入配合剂,待混合均匀,胶料全部包辊及表面光滑即可。

11. 氟橡胶

氟橡胶门尼黏度高、刚性大,摩擦生热大,易于焦烧,一般混炼加工比较困难。

开炼机混炼氟橡胶时,要小辊距,少容量,辊温控制在 50 ~ 60 ℃。混炼开始,先使辊筒冷却,加入生胶薄通 10 次左右,形成均匀的包辊胶,调节辊距保持少量堆积胶,然后加入配合剂。为防止过炼和粘辊,要求尽可能快速。氟橡胶很难采用密炼机混炼,但啮合型密炼机冷却系统较强,可以混炼氟橡胶,而本伯里密炼机却不宜采用。

12. 聚丙烯酸酯橡胶

聚丙烯酸酯橡胶门尼黏度较低,可不塑炼直接进行混炼。

开炼机混炼时易粘辊,同时包前后辊,造成操作困难。因此辊温较低(30 ~ 50 ℃)有利防粘辊,也有利配合剂分散。因该胶包快速辊或高温辊,故前辊温度高些。辊距在 2 ~ 3 mm 左右,薄通 1 ~ 2 次,加配合剂,混炼中配合剂分散良好。密炼机混炼时无粘辊可能,且能缩短混炼周期。但宜采用低速混炼。

13. 混炼型聚氨酯橡胶

混炼型聚氨酯橡胶一般采用开炼机混炼。这种橡胶既易脱辊也易粘辊,故辊温控制在 50 ~ 60 ℃为宜。混炼前将生胶切成小条,混炼时辊距调至 1 mm,薄通 6 ~ 7 次,包辊后再放宽辊距距离至 2 ~ 3 mm。吃粉完毕后翻炼 7 ~ 8 次,薄通 5 ~ 6 次,下片、冷却。

14. 聚硫橡胶

固体聚硫橡胶混炼一般采用开炼机,辊温控制在 40 ~ 50 ℃,装胶量宜小,混炼时先薄通后加填充剂,再逐步放宽辊距,以保持适量堆积胶。固态聚硫橡胶很少用密炼机混炼。

3.4.5 混炼胶的质量控制

1. 混炼胶质量检查

(1)混炼过程的检查

①检查消耗功率记录。将混炼中所得的功率曲线与标准的比较,以评定混炼过程的正确程度。

②检查辊筒压力记录。原理与功率记录相同,利用专门仪表测量辊筒压力,将所得力曲线与标准比较。

③检查混炼温度记录,将所得温度曲线与标准比较,评定混炼质量。

④检查混炼效应记录,此法按时间和温度两个参数来检查,将所得混炼效应与标准比较,评定胶料混炼质量。

(2)混炼胶的检查

①胶料中配合剂分散度的检查。

a. 目测。借助放大镜或把胶膜拉伸后用肉眼观察,根据经验可粗略地判断分散程度。

b. 显微镜检查。采用光学显微镜、电子显微镜或 X 光显微摄影观察胶料切片等方法。如混炼均匀,则表面细致,无结团疙瘩,光学显微镜检查可通过比较作出定量估计。

②胶料均一性检查。

a. 可塑度测定。从每个混炼胶的前、中、后三个不同部位去试样,测定它们的威氏可塑度或门尼黏度。

b. 相对密度测定。测定混炼胶的相对密度是为了检查多加或漏加了某些配合剂（表现为密度过大或过小）以及混炼是否均匀。

c. 硬度测定。此法是通过混炼胶的硫化试片的硬度来检查填充剂的分散程度，同时也可以检查硫化的均匀程度，测定方法见国家标准 GB 531—1983。

d. 环状定伸应力测定。此法是用小型硫化机和模具，制备环状试样，硫化条件为（180～250）℃×（1～2）min。测定定伸应力。

e. 力学性能测定及化学分析。用测定硫化胶力学性能和化学分析的方法来检查混炼胶的质量。常规的测定项目有拉伸强度、伸长率等。

③胶料流变性能的检查。此方法是借用仪器来评价混炼胶的流变性能即胶料的整体宏观特性。对未硫化的混炼胶来说，较常用的是门尼黏度计和振荡型流变仪。

2. 混炼胶质量问题及改进措施

混炼胶的质量问题及产生的原因很复杂，应根据具体情况进行具体分析，以便采用相应的措施进行改进。

（1）混炼胶的主要质量问题及其原因

①分散不良的原因。

a. 混炼过程中的原因：混炼时间不够；排胶温度太低或太高；同时添加酸性配合剂和碱性配合剂（如将硬脂酸和防焦剂 ESEN 与氧化锌和氧化镁一起加入）；塑炼不充分；配合剂添加的顺序不恰当；混炼周期中填充剂加得太迟；同时加入小粒径炭黑和树脂或黏性油；金属氧化物分散时间不够；在胶料已经开始撕裂或碎裂后加入液态增塑剂；胶料批量太大或太小。

b. 工艺操作上的原因：没有遵循所制订的混炼程序；油性材料和干性材料的聚集体粘在上顶栓和进料斗边上；速度不恰当；从压片机上卸下时太快；有正确使用压片机的翻胶装置。

c. 设备上的原因：密炼机温度控制失效；上顶栓压力不够；混炼室中焊层部位磨损过度；压片机辊温控制失效；压片机上高架翻胶装置失灵。

d. 原材料方面的原因：橡胶过期存放和有部分凝胶；三元乙丙橡胶或丁基橡胶太冷；冷冻天然橡胶；天然橡胶预塑炼不充分；填充剂中水分过量（结块）；在低于倾倒点温度下加入黏性配合剂；配合剂使用不当。

e. 配方设计方面的原因：使用的弹性体门尼黏度差异太大；增塑剂与橡胶选配不适当；硬粒配合剂太多；小粒径填料过量；使用熔点过高的树脂；液态增塑剂不够；填充剂和增塑剂过量。

②焦烧的原因。

a. 配合方面的原因：硫化剂、促进剂用量太多；硫化体系作用太快；配合剂称量不正确；小粒径填料过量；液态增塑剂不够。

b. 混炼操作方面的原因：装料容量过大；密炼机冷却不够；转子速度过高；初始加料温度太高；排胶温度太高；促进剂加入密炼机中的时间不对；或过早地加硫黄，或分散不均而造成硫化剂和促进剂局部高度集中；促进剂和（或）硫化剂分散不良；树脂堆积在转子上，漏加防焦剂。

c. 停放方面的原因：在胶料还呈热、湿状态时，堆积胶料；停放场所温度太高，或空气不流通。

③配合剂结团的原因。

a. 生胶塑炼不充分；

b. 辊距过大，辊温过高，粉剂落到辊筒面上压成片状；

c. 装料容量过大；

d. 粉状配合剂含粗粒子或结团物；

e. 凝胶太多。

④收缩大的原因。

a. 无硫胶料：可塑性过低；混炼时间太短或密炼机混炼时间过长，导致结聚；

b. 加硫胶料：胶料开始焦烧。

⑤麻面（胶粒）的原因。

a. 无硫胶料：密炼机混炼时间过长，炭黑凝胶量太多；

b. 加硫胶料：胶温、辊温过高引起焦烧；混入一些以焦烧胶料。

⑥可塑度过高过低或不均的原因。

a. 塑炼胶可塑度不适当；

b. 混炼时间过长或过短；

c. 混炼温度不当；

d. 并用胶未掺和好；

e. 增塑剂多加或少加；

f. 炭黑多加、少加或品种用错。

⑦相对密度过大、过小或不均匀的原因。

a. 配合剂称量不对，漏配和错配；

b. 炭黑、氧化锌、碳酸钙等多于规定用量或油类增塑剂等少于规定用量时，均会出现胶料相对密度超过规定量；

c. 混炼时粉剂飞扬损失过多、黏附于容器壁过多或加料盛器未倒干净；

d. 混炼不均匀。

⑧焦烧时间过长或过短的原因。

a. 焦烧时间过长：促进剂品种弄错、少加；氧化锌漏加；炭黑品种弄错，软化剂品种弄错，如将松焦油当机油等；沥青、陶土多加；

b. 焦烧时间过短：促进剂多加或品种搞错；碳酸钙过量；炭黑品种搞错。

⑨硬度过高、过低或不均匀的原因。

配合剂称量不准，如补强剂、硫化剂和促进剂称量过多，则硫化胶硬度偏高，相反则硬度偏低。

⑩喷霜的原因。

a. 胶料混炼不足，不均匀；

b. 配合剂称量不准；

c. 硫黄结团或用量超过其常温在橡胶中的溶解度;

d. 加硫时胶温过高;

e. 软化剂用量过多;

f. 胶粒停放时间过长;

g. 制品欠硫。

⑪硫化起点慢的原因。

a. 促进剂称量不准或漏加氧化锌或硬脂酸;

b. 炭黑品种搞错。

⑫欠硫的原因。

a. 促进剂、硫化剂和氧化锌漏配或少配;

b. 混炼操作不当,硫化剂和促进剂飞扬损失过多。

⑬分层的原因。天然橡胶胶粒中混入丁基橡胶或相反。

⑭脱辊或粘辊的原因。

a. 粘辊:辊温过高,辊距过小;可塑度过高;软化剂过多;混炼时间过长或违反加料顺序,如沥青和松香在后面加入等;

b. 脱辊:含胶率过低;胶质硬;混炼时辊距大;某些合成橡胶性能所致。

⑮污染的原因。

a. 由灰尘、污垢、沙粒及其他物质所致的弹性体和橡胶药品的物理污染;

b. 由其他弹性体(如天然橡胶和丁腈橡胶)所致的丁基橡胶和三元乙丙橡胶的化学污染;

c. 对不同的配合剂未分别使用铲勺;

d. 使用不适当的配合剂;

e. 以前用过的料盘中残留有配合剂;

f. 密炼机油封的渗油;

g. 余留胶料粘在转子、卸料门、进料斗和上顶栓,如果定期用清洁胶料清扫,可减少这类问题的发生;

h. 余留胶料粘在卸料料槽、接料盘、导向槽和高架翻胶装置上;

i. 余料堆积在密封圈处;

j. 密炼机和压片机周围区域不整齐。

⑯力学性能不合格或不一致的原因。

a. 配合剂称量不准;

b. 硫化剂和促进剂漏配或错配;

c. 混炼过度;

d. 加料顺序不合理或混炼不均,易引起性能不一致。

⑰各批胶料间性能差异的原因。

a. 初始加料温度有差异;

b. 冷却水流动和(或)温度有差异;

c. 上顶栓压力有差异;

d. 配合剂称量中有误差；

e. 不同批号之间配合剂的差异；

f. 使用了代用配合剂；

g. 排胶时间和(或)排胶温度有变化；

h. 不同的操作者采用不同的方法在压片机上加工胶料；

i. 捣胶时间有变化。

⑱压延性能差的原因。

a. 辊温选用不当；

b. 辊温和辊筒速比及辊筒速度的控制失灵；

c. 胶料的门尼黏度太低；

d. 增黏剂过量；

e. 黏性填充剂(如陶土)填充量过高；

f. 黏性增强剂量太大；

g. 配方中缺少适当的操作助剂；

h. 装料不足或过量；

i. 弹性体的黏度选择错误；

j. 分散不良。

(2)不合格混炼的处理方法

对于不合格的混炼胶的处理，首先要查明产生原因，然后有针对性地采取措施。

①补充加工法。

a. 补充混炼。对于因可塑度和分散不均造成的硬度和相对密度不均匀的胶料，可进行补充混炼，方法是：将胶料在开炼机上回炼均匀出片，经快检检查合格者，可按 50% 比例掺合于同样胶料中使用；不合格者进一步查明原因，另行处理。

b. 对掺混炼。对于一批胶料多加配合剂，另一批胶料少加配合剂的情况，经检验后取两批胶料混合，达到合格要求，即可正常使用。

c. 补加配合剂。对于已知混炼胶中漏加或少加某些用量较小的配合剂，如促进剂、防老剂、氧化锌、着色剂和发泡剂等，可按要求补加混炼。但是炭黑、软化剂和橡胶等，补加有困难，不宜这样处理。

d. 换算配方。对于因为配料错误造成不合格的胶料，可按生产配方经调整补充生胶或配合剂，使之变为另一种合格胶料供用。

e. 薄通。对于需剔除杂物的、有轻微焦烧现象的或无硫收缩大、有麻面的胶料等，适合用薄通法处理。辊距 0.5 ~1 mm，辊温 40 ~45 ℃，每 4 ~6 次薄通为一段。对于焦烧程度较重的胶料，在薄通后还需加 1% ~1.5% 的硬脂酸或 2% ~3% 的机油。

f. 滤胶。对于无硫黄但含有纸屑、石子、垃圾、帘线头等胶料，可采用滤胶剂机除去杂质。一般采用两层滤网(24 孔/in)，停放一天后进行外观检查。

②处理方法。不合格胶料经补充加工后，应根据不同情况，分别处理。

a. 多量掺用。可塑度、相对密度和硬度与标准指标相差不大的胶料，可按一定比例均匀掺用于正常胶料中。可塑度误差为±0.01 者可掺用 50%；±0.02 者可掺用 30%；±0.02

以下的要重新开工。可塑度偏高(硬度、相对密度符合要求)的胶料可掺用30%。相对密度误差为±0.01时,可掺用50%。硬度误差±1者,可掺用50%;误差为±2者,可掺用20%;误差大于±3,相对密度误差大于±0.03,经补充加工仍不合格者,要测定性能,查出原因酌情处理。

滤去杂质的胶料,经检查合格者,可按30%掺用于正常同类胶料中。

轻度焦烧胶料,经补充加工处理后,停放24 h,可按15%～20%掺用于正常胶料中。严重焦烧胶料,经补充加工处理后,应降级使用。焦烧非常严重以致无法处理时,应作为废料处理。

b. 微量使用。在不影响产品质量及工艺性能的条件下,可将不合格混炼胶按1%～2%比例掺用到同类胶料中使用。无硫胶料出现较大收缩,经加工后仍不见好转者,也可按2%比例掺和使用。

3.4.6 混炼设备

1. 简介

橡胶与炭黑及其他配合剂的混炼,最早是采用开炼机。自1916年密炼机出现后,发展很快,已成为橡胶工业中炼胶工序的主要设备。开炼机、密炼机设备参考前面叙述过的塑炼设备。连续混炼是一种新型混炼工艺,其特点是可以连续加料、连续混合、连续排胶,所用设备为连续混炼机,外形与挤出机相似,但内部结构不同。因其尚属初步试用设备,且有些局限性,故生产中应用较少,这里不进行介绍。

2. 混炼设备的辅助设备

胶片冷却装置的用途是将塑炼胶或混炼胶经压片机(开炼机或螺杆挤出压片机)压出的胶片涂隔离剂、冷却和切割(或折叠)叠片存放,以供下一工序使用。

胶片冷却装置种类很多,现选择主要的介绍如下。

(1)简易式胶片冷却装置

简易式胶片冷却装置主要由隔离剂水槽、电热切刀和递辊挂胶装置组成。

①结构简介。从压片机出来的胶片连续通过隔离剂水槽,涂上隔离剂后进入切割装置,由切刀在输送带上按一定长度切断,切断后的胶片由输送带继续往前输送,至输送带端头时下垂,挂于递辊挂胶装置的小棍上。操作人员将挂上胶片的棍子依次推移到挂胶小车上,直到一车料挂完为止。而后,把挂片小车推至鼓风机附近进行吹干冷却。这种胶片冷却装置结构简单,价格低廉,适用于胶种多变、用胶量不大的中小型工厂。

②主要性能参数。

a. 隔离剂水槽和切割装置输送带速度。用于XK-450开炼机时,20～25.2 m/min;用于XK-550开炼机时,23.5～27.5 m/min。

b. 适用胶片规格。最大宽度为500 mm;最大厚度为10 mm。

c. 隔离剂为油酸钠液、滑石粉水浊液等。

d. 电热切刀温度为170～200 ℃。

e. 转速为15.2 r/min。

f. 递辊挂胶装置链条速度为28.4 m/min。

g. 水槽剂切割装置电机功率为2.2 kW。

h. 递辊挂胶装置电机功率为 0.6 kW。

i. 外形尺寸(包括挂胶小车)为 6 236 mm×1 714 mm×1 666 mm。

(2)悬挂式胶片冷却装置

悬挂式胶片冷却装置的结构有多种形式,目前,主要分垂直回转型和水平回转型两大种,前者又分高架式和普通式两种。

①垂直回转型。

a. 普通式垂直回转型冷却装置。此装置主要由水槽、挂胶冷却输送装置、切刀和摆胶装置组成。从压片机上取下的胶片由接取运输带送入隔离带剂水槽浸泡冷却后,通过夹持传输送带送往挂胶冷却输送装置挂胶,并吹风冷却。冷却后的胶片由牵引输送带送往切刀切割(或不经切割),再由摆胶装置将胶片叠放(不切断的胶片为折叠叠放)在叠片升降工作台上的存胶盘上,胶片叠放到一定高度时,更换存胶盘。

b. 高架式垂直回转型胶片冷却装置。高架式垂直回转型胶片冷却装置的挂片冷却架呈架空结构,工作时操作人员可由扶梯通往平台。经冷却后的胶片可用夹持上楼输送带送至楼上,或用夹持下楼输送带送往楼下。楼上和楼下分别装有切割摆胶装置,可将胶片切割摆胶叠片或折叠摆胶叠片。

这两种垂直回转型胶片冷却装置比较,高架式因胶片冷却输送链架空,楼下切割摆胶叠片装置可以设在输送链机架的下方,设备长度可适当缩短,并留有横向通道,便利车间内交通。普通式胶片冷却装置的胶片冷却挂架就地安装,安装使用较方便,高度也较小。

②水平回转型。水平回转型胶片冷却装置主要由一对水平链轮、挂胶杆和输送链、隔离剂水槽、轴流鼓风机和切刀及输送带组成。从压片机引出的胶片由接取输送带接取并送入隔离剂水槽中浸涂隔离剂和冷却,然后通过输送带送到挂胶杆和运输链进行挂片吹风冷却,冷却后的胶片由输送带送往切断装置按一定长度切断,并叠放在存胶盘上。光电管用于探测有无胶片从挂胶杆上引出,以控制冷却装置的工作。

水平回转型胶片冷却装置设备宽度较大,长度较短,适用于胶料品种多变的场合。

习　题

1. 概念题

(1)塑炼值;(2)威氏值;(3)塑炼;(4)塑炼目的;(5)塑炼实质;(6)烘胶;(7)烘胶目的;(8)混炼胶;(9)混炼;(10)母炼胶;(11)母胶;(12)母胶种类;(13)混炼胶的分散介质;(14)混炼胶的连续相。

2. 填空题

(1)橡胶塑炼前的准备有________、________和________。

(2)塑炼的辊距为________,辊温为________,速比为________。

(3)塑炼的基本条件为________、________、________和化学塑解剂。

(4)混炼的辊距为________,辊温为________,速比为________。

3. 简述题

(1)简述生胶塑炼前的准备。

(2)简述塑炼方法。

(3)塑炼的工艺参数是什么?

(4)橡胶的威氏值和黏度的关系是什么?
(5)塑炼的影响因素是什么?
(6)橡胶大分子链断裂的因素是什么?
(7)混炼过程的关键是什么?
(8)橡胶配合剂的加料顺序是什么?
(9)简述母胶,母胶种类。
(10)简述混炼胶的分散介质、连续相。
4.论述题
(1)橡胶塑炼机理是什么?
(2)橡胶中加入配合剂的原则,加料顺序是什么?
(3)橡胶塑炼、混炼的工艺参数是什么?
(4)橡胶加工工艺原理是什么?
(5)混炼胶常出现的质量问题、产生的原因是什么?

第 4 章　成型及硫化

4.1　压　　延

4.1.1　概　述

1. 压延工艺的作用

压延是橡胶工业中基本工艺之一，其作用是将混炼胶胶料通过压延机辊筒，利用辊筒的压力使胶料产生延展变形，制成所需规格形状的胶片或将胶料覆盖在骨架材料上制成胶布带胚半成品。压延工艺在橡胶制品加工中起着重要作用，主要包括以下工艺方法。

①压片。将已预热好的混炼胶连续压制成一定厚度和宽度的光滑表面的胶片。

②贴和。将同种或异种两层薄胶片通过压延机合成一层胶片的作业，合成的胶片中间不得有气泡。

③贴胶。在织物上连续贴上一定厚度胶层的作业。

④擦胶。将胶料擦入织物纤维组织内的作业，其目的是增加橡胶和基布的附着力。

⑤压型。用表面刻有一定图案的辊筒，连续制造具有一定断面形状胶片的作业。

⑥带芯包胶。在已成型好的带芯上贴上一定厚度的覆盖胶片。

2. 压延工艺适用的半成品和成品类型

根据上述工艺方法有：

①压片适用于输送带的上下覆盖胶、轮胎的缓冲胶片。

②贴合适用于两种不同胶料合在一起的胶片，或制造厚度较厚而要求较高由两层薄胶片合在一起达到所需厚度的胶片，以及制造夹胶雨布制品和气密性要求特别严格的中空橡胶制品。

③贴胶主要适用于胶带中胶帘布、轮胎的胶帘布和钢丝帘布。

④擦胶主要适用于帆布挂胶，用于胶管、三角带、输送带等。

⑤压型主要适用于制备大底，力车胎胎面，胎侧等带花纹的坯胶。

⑥带芯包胶主要适用于带芯贴上下覆盖胶，制成带胚半成品。

3. 压延加工的工艺流程

由于压延工艺方法的不同，其工艺流程也各异，首先由开炼机将混炼胶片进行粗炼、细炼，给压延机供料或由销钉式冷喂料挤出机供料，当给织物挂胶时，织物经导开后进行烘干，经过一定张力送至压延机，然后由压延机压延，制成胶片或胶帘布，再通过冷却降温，最后卷取。

4.1.2 压延前的准备

1. 胶料的热炼和供胶

(1)胶料的热炼

混炼胶料在进入压延机之前必须预热,进一步提高胶料的均匀性和可塑性,使胶料柔软而易于压延,能均匀顺利地通过辊筒间隙,这一工艺过程即为热炼或预热。

热炼大多在开炼机上进行,也可通过冷喂料挤出机进行。

胶料黏度或可塑度对压延作业有重要影响,因此供压延用的胶料应具有一定的可塑度,对各种压延胶料可塑度的要求见表4.1。

表4.1 各种压延胶料的可塑度

压延方法	胶料的可塑度
擦胶	0.45~0.65
贴胶	0.35~0.55
包胶	0.35~0.45
压片	0.25~0.35
压型	0.25~0.35

擦胶作业因要让胶料渗入纺织物组织的空隙中去,所以要求有较高的可塑度,压片、压型作业要求胶坯有较好的挺性,所以要求较低的可塑度,贴胶和带芯胶介于两者之间。

在开炼机上进行的热炼一般分两步进行:

第一步称为粗炼,辊筒温度一般为40~50 ℃,主要为了使胶料进一步混炼均匀;第二步称为细炼,辊筒温度一般为60~80 ℃,用以提高胶料的温度,获得较大的热可塑性。

粗炼前胶料温度低,可塑度小,因此担任粗炼任务的开炼机后辊筒上最好带有与辊筒轴线成一定角度的花纹,以便于胶料快速进入辊筒间隙中。

热炼机的辊筒速比应较大,范围为1∶1.17~1∶1.28,热炼机上的存胶量应保持一定。

在开炼机上热炼,人为操作因素对胶料的温度及可塑度影响较大,并且对胶料的均匀性产生影响。近来较多地使用了销钉式冷喂料挤出机代替开炼机热炼胶料,其特点是提供的胶条均匀致密,不像在开炼机上碾料时混炼胶中包入空气,从而减少压延胶片中的气泡,还具有节省人力、能源、场地,又便于操作的优点,使用销钉式冷喂料挤出机各部件温度见表4.2。

表4.2 销钉式冷喂料挤出机各部件温度 ℃

部件	贴胶	胶片			擦胶	包胶
		天然橡胶	丁苯橡胶	氯丁橡胶		
机头	70~80	50~60	60~70	45~55	85~95	60~70
机筒	65~75	45~55	55~65	40~50	80~90	55~65
螺杆	70~80	50~60	60~70	45~55	85~95	60~70

(2)压延机的供胶

在热炼机上应装备自动供料、自动翻料、固定切刀等装置,并通过输送带连续输送给压延机。在压延机供胶处应有供胶装置,使输送带以摆动方式向压延机车口供料,输送带的运行速度应略大于热炼机辊筒的线速度,而且输送带长度不宜过长,以避免胶条向压延机输送过程中温度降低。同时,在输送机上装有磁感应装置,当胶料中含有金属杂质时,供胶输送带自动停止运行,并发生警报,等待操作人员将带金属屑的胶料剪掉后继续供胶。

根据压延机所压延胶片的规格大小及压延机车速等情况确定输送胶条的宽度,压延机辊筒缝隙处有存胶不宜太多,否则会使胶料冷却下来,从而导致厚度变化或出现表面粗糙和严重的空气泡等问题。

2. 纺织物的预加工

(1)纤维纺织物的浸胶

浸胶是将织物(主要是帘布)通过胶液浸渍槽,使织物纤维表面附上一层胶膜,以提高织物与橡胶的黏着力,增加制品的耐剥离及多次压缩变形性能,为此帘布在挂胶前一般都经浸胶处理。

①浸液的组成和配制。用于浸胶的浸液多以胶乳为主体,并含有适量的配合剂和改性组分。

a. 胶乳:常用的胶乳为天然胶乳、丁苯胶乳、丁吡胶乳及羟基胶乳等,其中丁吡胶乳因有很大的极性,在人造丝和绵纶帘线的处理中能获得较好效果。

b. 胶乳体系的配合剂:这类配合剂的作用是使浸液有适当的稳定性和浸润性,常用的有分散剂(如酪素、皂类、苛性钠等)和湿润剂(如拉开粉-烷基萘磺酸盐)。

c. 改性组分:这类物质的作用是在胶乳成分中导入极性基团,通过增加化学结合作用或提高浸胶层胶膜本身的性能来提高纤维与橡胶的黏合力。常用的改性组分有蛋白质、酚醛树脂或其他树脂,硫化体系配合剂和炭黑。

浸胶液的配制是将胶乳及各种组分均匀地混合在一起。由于胶乳是一种水分散体系,因此各种配料都要预先制成溶液或水分散体才能与胶乳混合,否则容易引起胶乳凝固。浸液配成后,一般都需经一定时间的熟成,然后才能应用。

②浸胶工艺。根据纤维的性质,浸胶工艺可分为棉帆布浸胶和锦纶浸胶两种类型。

a. 棉帆布浸胶工艺。

棉帆布的浸液大多采用间苯二酚-甲醛-胶乳浸液,也可用酪素-胶乳或胶乳-炭黑浸液,所用的胶乳主要是天然胶乳或丁苯胶乳。

棉帆布浸胶不需要热伸张处理,但为了避免在浸胶过程中帆布呈松弛状态而产生的过分收缩,在浸胶中仍须对帆布施加一定的张力。

棉帆布浸胶工艺包括导开、浸渍、干燥、卷取等。

帆布由导开辊经过调节装置按一定速度进入浸渍槽,浸渍槽保持有一定液面的浸液,使胶乳充分渗入帆布,一般浸胶时间在 6 ~ 10 s 范围内。当帆布离开液面后,通过压辊挤去多余的浸液及水分,然后进入干燥室(干燥室可设转鼓或排管加热装置),压辊压力一般为 1.19 MPa,干燥时间随温度提高而缩短,通常采用温度为 130 ℃,干燥时间为 4 ~ 5 min,也可采用 190 ~ 200 ℃的高温,这时干燥时间可缩短至 9 ~ 10 s,经干燥后,帆布中的水分应降低至 1% ~3% 的范围。帆布干燥后经扩布器平整,最后经冷却或直接卷取。

b. 人造丝和尼龙帘布浸胶工艺。

人造丝和尼龙由于表面比较光滑,需经浸胶处理才能获得良好的黏合效果。这两种纤维有很多类似之处,浸胶工艺也大体相同。尼龙帘布受热时易产生收缩(可达 30%),因而浸胶工艺比棉帘布复杂,包括浸胶和热伸张处理两大部分。人造丝热收缩性较小(约为 2%),热处理程度轻,施加张力较小(每单根帘线的张力为 3.9 ~4.9 N),甚至可以不经热处理。

人造丝的浸胶液一般采用间苯二酚-甲醛-胶乳浸液,所用的胶乳通常为丁吡胶乳,人造丝也可用丁吡胶乳和天然胶乳或丁吡胶乳和丁苯胶乳并用。对于尼龙帘布的浸液,酚醛树脂的用量应相对高一些,并且浸液浓度也应提高。

尼龙帘布的浸胶工艺过程是帘布先由导开装置导开,经接头后进入储布架,然后进入第一浸胶槽,进行浸胶,然后将浸胶后的帘布通过干燥机干燥,再进入第二浸胶槽浸胶,浸胶后的帘布通过真空吸气装置把过多的浸液吸去,然后再进入干燥装置,用 120 ~150 ℃的热风进行干燥,干燥后的帘布进入热伸张装置进行热伸张处理,经热伸张后,帘布进入标准过热伸张装置,以固定其伸张,然后再通过一组张力和冷却装置冷却到常温,最后经过储布架进行卷取。

(2)织物的热伸张

尼龙帘线受热会产生热收缩现象,这是因为尼龙纤维从抽丝到加捻成帘线时已经进行过拉伸和热定型处理,拉伸处理主要是使纤维大分子沿作用力的方向定向排列,以生成结晶状态,从而增加纤维的强度,热定型处理则是消耗因干燥受热,大分子热收缩时所产生的内应力,以使大分子链的定向及使其结晶形态稳定下来(经过定型后其收缩率可降低到 5% 以下)。

尼龙帘线变形临界温度较低,尼龙 6 为 93 ℃,尼龙 66 为 130 ℃,而浸胶后干燥温度达(200±10) ℃,远远超过尼龙纤维的变形临界温度,使纤维分子的结晶消失,再次变为无定型卷曲状态,产生收缩,其收缩率可高达 30%。因此,必须在浸胶后对帘线重新进行拉伸和热定型处理,消耗内应力,使尼龙帘线形态稳定,强度增加。

尼龙帘线浸胶热伸张处理方法是使浸胶帘线在加热温度下受一定张力作用,经过一定时间的伸张过程,然后在相同的张力条件下再进行冷却定型,冷却至 60 ℃以下,在热伸张过程中帘线张力为 19.61 ~58.84 N/根。

尼龙帘线在热伸张处理过程中,张力、温度和时间都是重要因素,温度过低或时间太短,热伸张作用不大,而温度过高或时间太长则会造成帘线强力下降。通常采用的热伸张处理条件为:加热温度为 140 ~230 ℃;帘线张力为 19.6 ~58.4 N/根;伸张时间为 20 ~90 s;冷却温度为 50 ~60 ℃。

目前国内尼龙帘布浸胶及热伸张处理工艺全在纺织纤维厂完成,人造丝帘布浸胶则可在生产厂进行。聚酯帘布因其纤维表面光滑及活性基团的稀少程度远超过尼龙纤维,必须进行两次浸胶,热伸张处理条件比较复杂,热处理温度较高,为 235 ~250 ℃。

国外尼龙帘布也有采用先经热伸张处理后再浸胶的工艺路线,此种方法操作简便,帘线强度损失小,耐疲劳性能好,但附胶量少,对黏合性能不利。

(3)纺织物的烘干

帘布在压延前都需要烘干,以减小帘布的含水量,提高纺织物温度,增加纺织物与胶料之间的附着力,从而保证胶布质量。

压延前帘布烘干使用的烘干机一般与压延机组成联动装置，烘干机辊筒温度与帘布牵引速度视纤维组织的不同和含水率情况而异，不同种类的帆布所需的烘干温度见表4.3。

表4.3　不同种类帆布烘干温度　℃

帆布种类	烘干温度	帆布种类	烘干温度
尼龙帆布	70±5	涤纶帘线	90±5
涤纶帆布	70±5	棉帆布	130±5
尼龙（维纶）帘线	105±5	涤棉交织帆布	120±5

胶布压延时，辊筒线速度一般选择在40 m/min，当遇有相对湿度达80%以上或帘帆布含水率较高时，应再降低压延机车速，使帘帆布在烘干室置留的时间相对长一些，保证烘干效果。

烘干机应提前20～30 min升温，以保证烘干时温度达到规定要求，压延前帘帆布的含水率应控制在0.2%～2%范围内，含水率过高，会降低橡胶与纺织物的附着力，但过于干燥也会损伤织物或使合成纤维织物变硬，降低强度。

在织物挂胶过程中，压延机因故停车时间不能太长，否则会使烘干机内的帘布过于干燥，并使烘干机外的织物温度降低，含水率变大，影响胶布质量。

4.1.3　压延工艺方法及质量控制

1.压片工艺过程

压片就是将混炼胶通过压延机辊筒制成具有一定厚度和宽度的胶片，压片可以使用三辊压延机，也可使用四辊压延机，如图4.1所示。

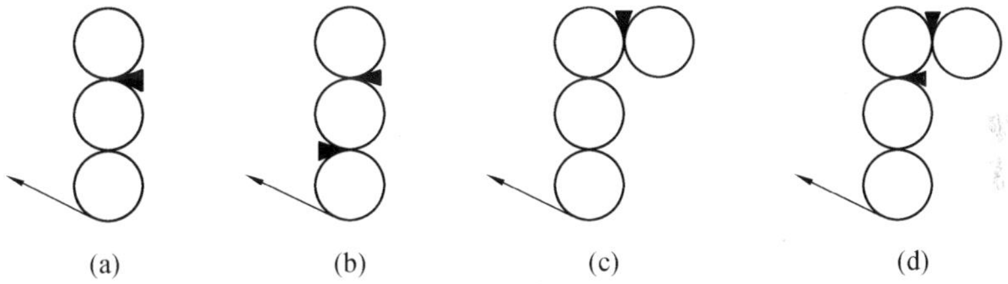

图4.1　压延胶片图示

在压延胶片过程中分为堆积胶（图4.1（b）、4.1（d））和不堆积胶（图4.1（a）、4.1（c））两种方法。辊筒之间有适量的堆积胶，可使胶片光滑和减少气泡，而且胶片的致密性好，但会增大压延效应，此法适用于丁苯橡胶，但应注意操作时堆积胶不宜太多，否则会带入较多的空气，使胶片有气泡。不堆积胶法相反，适用于天然橡胶。

压片工艺过程是先将混炼胶进行热炼，把热炼好的胶料连续地输送给压延机进行压片，然后将压延好的胶片经过冷却辊筒降温后进行卷取。

目前有的使用扁嘴式挤出机为压延机提供与所需规格稍大的胶片，然后由压延机进行压片。由于扁嘴式挤出机挤出的胶片混炼均匀，致密性好，又与所需胶片规格基本一致，在压延机有一定积胶的情况下，所压延出的胶片外观光滑、平整，无小波纹和气泡、胶眼。其缺点是扁嘴式挤出机机头较大，扁长，机头内的胶料在压片结束后不易取出，很容易出现自硫。国外有使用辊筒头挤出机，为生产输送带的胶片，提供外观光滑、平整、无小波纹和无气泡的胶片。

(1)胶片压延工艺条件的选择

不同胶料的压延机辊筒温度见表4.4。

表4.4　几种橡胶压片时的辊筒温度　℃

胶　种	辊筒温度		
	上　辊	中　辊	下　辊
天然橡胶	80～90	70～80	60～70
丁苯橡胶	60～70	55～65	50～60
顺丁橡胶	70～80	60～70	55～65
氯丁橡胶	55～65	45～55	45～55
丁腈橡胶	80～90	70～80	70～80

压延机压胶片时辊筒线速度一般选择在5～35 m/min之间。胶片厚度在3.0 mm以上,辊筒线速度不高于25 m/min;胶片厚度低于3.0 mm,辊筒线速度不超过35 m/min。

(2)影响胶片压延质量的因素分析

①辊筒温度。适当的辊筒温度是保证胶片顺利压延的首要条件,胶料性能决定辊筒温度,一般含胶率高或弹性大的胶料辊筒温度应高一些;含胶率低或弹性小的胶料辊筒温度宜低些,为了使胶到另一个辊筒时,后者的辊筒温度就应高一些,而丁苯橡胶则相反,它对辊筒的黏附力随辊筒温度的降低而增大,因此辊筒温度的顺序与天然橡胶相反。

适当的辊筒温度对于保证胶片的外观质量也起着重要作用。因为辊筒温度决定着胶料的流动性,为使胶料有较好的流动性,必须适当提高胶料温度和压延机辊筒的温度,使其保持适当的温度范围。但温度太高,又会使胶料中的挥发成分挥发出来导致胶片中有大量的气泡,并容易造成胶料自硫;如果温度过低,会降低胶料的流动性,增加胶料的黏弹性,使浸胶料难以压延,并且胶片外观不光滑,有水波纹及胶眼。

②压延机辊筒线速度。压延机辊筒线速度快则生产能力大,但辊筒线速度应根据胶料的可塑度决定,可塑度大者,辊筒线速度可以快些,但车速过快,又会对胶片质量不利,会造成胶片表面粗糙,有气泡,而且胶片厚度不易控制,同时又会因胶片冷却不透,卷取后发生胶料自硫。因此还应根据所压胶片厚度的不同选择不同的辊筒线速度。胶片厚度大者,辊筒线速度应慢些。

在实际生产中,应同一胶片保持压延机辊筒线速度一致,这样有利于胶片厚度均匀。如果辊筒之间有一定速比,会有助于排除气泡,但对出片的光滑度不利,为了既能排除气泡,而又不至于影响胶片的光滑度,通常在使用三辊压延机时采用中、下辊等速,上、中辊有速比;四辊压延机压片时,采用中、上辊等速,上、侧辊有速比的办法。

③胶料可塑度。胶料可塑度大,其流动性好,容易得到光滑的胶片,但可塑度太大又容易粘辊,操作困难,若可塑度小,则胶片表面不光滑,收缩率大。

④供入胶料。进行热炼的开炼机或挤出机应均匀连续地向压延机供料,向压延机辊筒间隙中供料,应设有摆动装置,使胶料均匀地分散在辊筒间隙中,堆积胶不应太多,否则易使外面的胶料温度降低,导致胶片厚度发生变化。

(3)压延胶片的常见质量问题和解决措施

压延胶片工艺中常见的质量问题是压延效应，内部气泡，表面不光滑和厚度不均匀等。

①压延效应。压延效应是指橡胶分子及针状、片状配合剂经过压延后呈定向排列，使压延胶片产生纵横方向的各向异性，具体表现为纵向强力大于横向强力，而横向伸长则大于纵向伸长，在胶料的停放与硫化中，纵向收缩比横向收缩大。

从加工角度考虑，希望在压片时尽可能消除压延效应，否则会影响半成品形状，给操作带来困难，而且造成制品强力分布不平衡。这种效应与压延温度、辊筒线速度、辊筒速比及胶料性能均有关。

可采取以下措施来减少压延效应：缩小上下辊筒温度；降低辊筒线速度对厚度大的胶片用该措施最为有效；提高热炼机辊筒温度，从而提高胶料的可塑度；降低含胶率，增加填充剂用量，但不得使用粒子形状具有各向异性的填充剂，如碳酸镁、陶土、滑石粉等。

对已经产生的压延效应也可设法予以消除，主要方法是对压延胶片加热，促进分子运动而破坏其排列的规则性，为此可将胶片置于工作台加热一定时间，在制造需要纵横方向强度不一致的产品时，则可利用压延效应，选用滑石粉、碳酸钙、陶土等具有各向异性的填充剂。

②胶片气泡。产生气泡的原因主要有胶料中的配合剂含水率高，软化剂挥发性大，压延温度高，积胶过多或胶卷放入方式不当，回车胶含水多，压延胶片太厚等。细粒子补强填充剂吸附了大量气体，会把它们带到混炼胶中而形成气泡。

消除气泡的措施如下：在压延机上安装刺泡装置，压延机运转时，通过机械手段用一尖针沿轴向在包胶辊的表面作周期性的往复划缝，把在胶片里的空气及时导出；保留一定的压延存胶，在辊筒缝隙处保留一定的压延存胶，可以防止空气进入，原来存在于胶料中的空气也可借压延机存胶的回转而排出，这是消除气泡的有效措施；压延存胶的形状以纺锤形（两头尖，中间大）为最宜；可以把空气和杂质从中央碾向两端，存胶不应太多，否则会将空气带入胶片中形成气泡，存胶的粗细以 2 ~3 cm 为最好。

③表面不光滑和痕纹。主要原因是胶料可塑度低，收缩率大，胶料与回车胶配比不均，混炼不均（以致胶料本身软硬不一），收缩不一致等。

消除措施为：热炼机混炼均匀；回车胶按不大于 30% 比例掺用，掺用均匀；提高热炼机辊筒温度。

④胶片厚度不均。主要原因是胶料可塑度不均，胶温波动大，填料不均匀等，另外操作时两侧辊距不一致或卷取松紧不一等也会影响胶片厚度。

可采取以下措施解决：热炼时将混炼胶热炼均匀；压延机供料应连续；供料均匀，存胶不宜太多，以避免外面的胶料温度降低；胶片卷取时胶片不要受牵伸。

2. 压型工艺过程

(1)压型工艺

压型是将胶料压制成一定断面形状的半成品或表面有花纹的胶片，如制造胶鞋大底，力车胎胎面、胎侧等半成品。压型工艺过程可用两辊、三辊、四辊压延机进行，但其中一个或数个辊筒刻有花纹。由于花纹辊筒调换频繁，故压型压延机的结构宜小而简单。

压型工艺过程如图 4.2 所示。

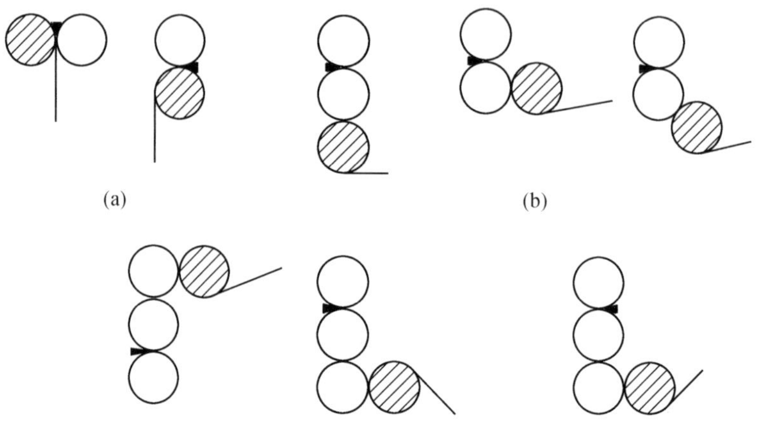

(a)　　(b)　　(c)

图 4.2　压型工艺过程

(2)压型工艺条件的选择

压型的工艺要点与压片大致相似。

(3)影响压型半成品质量的因素分析

压型半成品的质量要求是规格准确,花纹清晰,胶料致密,因此选择胶料配方及工艺条件都有特殊要求。

①配方。在胶料配方方面主要控制含胶率。由于橡胶具有弹性复原性,当胶料含胶率高时,压型后的花纹容易消失。因此在压型胶料配方中,应加入适量的填充剂和软化剂。在胶料中加入再生胶和硫化油膏也是防止花纹塌扁的有效措施。

②预热。压型时主要是利用胶料的流动性来造型,因而要求胶料有一定的可塑性。为保证胶料保持恒定的可塑性,对胶料的可塑度、热炼程度、返回胶掺用比例及预热温度均应严格控制。

③压型工艺制造。压型操作中有时也可采用提高辊筒温度、降低转速等办法以提高压型胶片质量。

④冷却。压型后的胶片因厚度较厚,冷却速度难以均一,采取急冷的办法,使花纹定型,防止塌扁变形。

(4)压型工艺中常见质量问题

①有气孔,气泡。产生的原因可能是胶温、辊筒温度过高,配合剂含水过多,堆积胶过多,胶卷在供料中过松。

②表面粗糙,有斑纹。原因是热炼不均或不够,辊筒温度过低,胶料自硫等。

③厚度、宽度规格不符。产生的原因可能是:辊距不准,胶料可塑性和温度波动,辊筒温度变化,卷取松紧不一致等。

④除上述以外,还有杂质、针孔、色斑、污点、两边不齐等问题。

4.1.4　压延设备

橡胶压延机是橡胶制品加工过程的基本压型设备之一,橡胶压延机及其联动装置在橡胶机械中属于大、重、精密型机械设备。压延机设有两个或两个以上的辊筒,其运转速度及工作温度可以调节，高分子材料依次流动通过每一对辊筒间隙，连续地被碾展、压制成具有一定表面形状、一定厚度、一定宽度、“无限长”的片（膜）状（半）制品。

使用压延机始于1843年。随着橡胶工业的发展，压延机不断更新完善，与之配套的各种附属设备及联动装置也相继产生。近代塑料工业的发展，对许多树脂材料的碾压延展成型加工，极大地促进了新型精密压延机的发展，其性能特点体现在规格大、工作速度快、压延制品精度高、操作水平现代化等多方面上。因此，高效、优质、低原材料消耗，将高分子材料加工成最终所需的型材是现代压延机生产所需求的。并且，随着压延技术的不断提高，使压延成型加工的橡、塑制品的范围进一步扩大，制品种类也日益多样化。压延机已成为高分子材料成型加工过程中必需而不可缺少的重要关键设备之一。

1.橡胶压延机的分类

橡胶压延机种类较多，一般按工艺用途、辊筒数目、辊筒排列形式及辊筒直径的差异进行分类。

(1)按工艺用途之别分

包括纤维织物贴胶压延机、纤维织物擦胶压延机、钢丝贴胶压延机、压片压延机、贴合压延机、压型压延机和实验用压延机等。

(2)按辊筒数目多少分

包括二辊压延机、三辊压延机、四辊压延机、五辊压延机及多辊压延机等。

(3)按辊筒的排列形式不同分

包括“I”型压延机、“Γ”型压延机、“L”型压延机、“F”型压延机、“Z”型（或斜“Z”型）压延机、“S”型压延机、“A”型压延机及其他形式压延机等。

(4)按辊筒直径的差异分

包括等径辊筒压延机和异径辊筒压延机。

压延机辊筒的数目及其排列的形式与被加工材料的性能、制品精度、压延工艺过程、供料及操作的便利性等因素有关，而辊筒直径的变化则影响到压延机生产过程的能量消耗和压延精度。在橡胶工业中，四辊“Z”型压延机和“S”型压延机使用范围较广，并具有一定的代表性。

2.橡胶压延机的工作原理

压延机是以片材成型加工为目的的辊筒类机械。与其他辊筒机相同，压延机每一对相邻的两个辊筒在一定速比（或等速情况）下相向回转，如图4.3所示，具有一定温度与可塑性的物料在辊筒摩擦力的作用下被带入辊隙，由于辊筒断面的逐渐减小，物料受挤压面产生塑性延展变形、受剪切而得以捏炼。经过多对辊筒的作用，物料的可塑性及混合均匀性进而提高，直到经过最后的辊隙，被压延成符合工艺要求的连续片状的橡胶（塑料）（半）制品。

压延机操作的工作条件是：

①胶料与辊筒的接触角（胶料在辊筒表面的包覆角）α 必须小于胶料与辊筒的摩擦角 ρ，即 $\alpha<\rho$。这样才能够保证胶料在摩擦力 T_x 的作用下被拉入辊隙。胶料与铸铁辊筒的摩擦角一般为38°～42°，而压延机多为连续均匀加料，辊面间堆积料较少，胶料对辊筒表面的接触角通常是3°～10°，远小于摩擦角，因而胶料较易被卷入辊隙而延展成型。

②根据压延工艺的需要，压延机相邻辊筒应配置不同速比f。贴合辊双面贴胶辊、压型辊、压片辊的辊筒速比为1；擦胶辊、加料辊筒的速比应大于1。

③压延胶料应具有一定的可塑性，并已达热黏流状态（橡胶供料温度不低于80 ℃，而且质地致密均匀）。

④橡胶压延用的骨架材料必须经必要的浸胶或净化、预热干燥及预伸张处理，以增强胶料与骨架材料的结合强度并减少制品变形。

3. 橡胶压延机的基本结构

各类压延机的基本结构大致相同，就其结构的复杂程度与工作性能的优劣差异可分为普通型压延机与精密型压延机两大类。

（1）普通型压延机基本结构

该类压延机主要由辊筒、辊筒轴承、机架、横梁、机座、辊距调整装置、辊温调节装置传动系统、润滑系统及控制系统等组成。

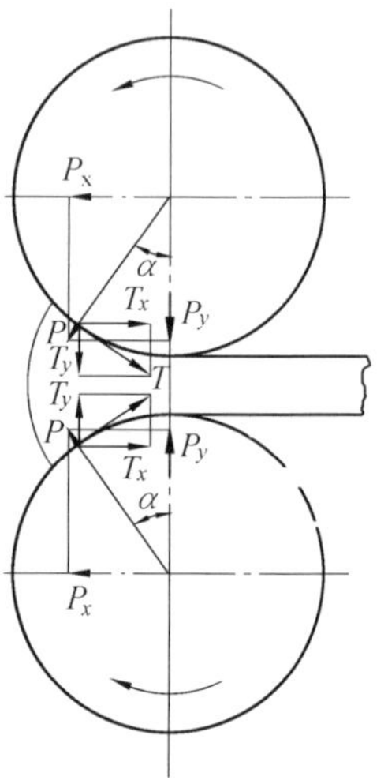

图4.3　胶料在辊隙中的包覆及受力情况

图4.4所示为普通型结构的三辊压延机。

在铸铁机座上垂直安装两个上部以横梁相连的机架，机架上装有三对辊筒轴承，三个辊筒呈I型排列，构成两道辊隙，达到对胶料连续进行二次压延的目的。中辊筒的轴承固定在机架上，上下辊筒轴承体分别与位于机架上下两处的辊距调整装置相连接，单独电机传动的调距装置可使上下辊筒的轴承体在机架的滑槽内移动，从而调整辊距的大小。压延机辊筒由电机经减速箱及大小驱动齿轮带动中辊筒移动，然后再由设于辊筒另一端的速比齿轮带动上下辊筒转动。辊筒装有两组速比齿轮，通过手动离合器可以变换辊筒间的工作速比，以适应不同压延操作的需要。驱动电机与减速器之间的制动器用以制动传动轴以便瞬时停止压延机辊筒的工作。

辊温调整装置的管道伸入中空结构的辊筒内腔，根据压延作业的需要向辊筒内供热或冷却调温。辊筒轴承由润滑装置进行润滑冷却。此外，压延机上还设有挡胶板、扩布器、切胶边装置等附属装置，它们各行其职，以利于压延作业的进行。

图4.5所示的是四辊“Γ”型压延机。该机基本结构与上述三辊压延机大致相同，只是四个辊筒成“Γ”型排列，而两套速比齿轮分别置于辊筒的两端，用拔键的方式变更其辊筒的速比。该传动系统的电机与减速器的轴呈垂直布置，减少了占地面积。

图4.4　三辊压延机

图4.5　四辊“Γ”型压延机

总之，普通型压延机的辊筒多为“I”，“L”，“Γ”型排列；中空式辊筒由滑动轴承支承；辊筒工作表面制成不同的中高度以校正辊筒的弯曲变形，从而提高片材压延横向厚度尺寸精度；全部辊筒由一个主电机经辊筒轴颈处的变速齿轮传动。该类压延机的结构和控制较简单，制造容易，但压延制品的精度与生产效率皆偏低，辊筒工作速度调节范围小，操作水平也不高。

(2)精密型压延机

精密型压延机是在普通型压延机的基础上发展起来的一种性能较为优异的新型压延机。除了设置普通型压延机所具有的主要零部件和装置外，精密型压延机还采取了许多有利于提高压延精度的措施，如增设了辊筒轴交叉装置、辊筒反弯曲装置及预负荷装置等；改进了辊筒结构和传动系统；使用了先进的测试与调节手段等。因此精密型压延机适宜于均匀性要求较高的片膜制品的压延，并具有节能、高效、低原材料消耗的优点。

精密型压延机压延精度高(一般其厚度误差可控制在预定值的±3% 左右)、产量大、操作方便、自动化程度高，虽然其结构复杂，制造维修困难，造价高，但其优异的使用性能及所创造的高经济价值满足了橡胶工业日益广泛发展的要求。但是，在实验室中使用较少，不在此叙述。

4.橡胶压延机的主要技术参数

(1)辊筒数目

辊筒数目 n 影响到压延机辊筒间形成的辊距数(辊距数为 $n-1$)。压延机的辊筒数目与许多因素有关，如加工物料的品种与性能、加工制品的种类及其精度要求，有关装置的设置情况以及操作工艺要求等，但主要取决于加工原材料的品种、制品品种及精度要求。一般料质硬，制品精度要求高，物料需经过的碾压次数就多，则辊筒数目也多，但辊筒增多使机台结构庞大，功率消耗也相应增大。

橡胶用压延机辊筒数目多为三辊、四辊。三辊压延机结构简单，制造容易。因其只有两道辊距，因此其制品尺寸精度及表面质量较低，适于尺寸精度和表面光洁度要求不高的半成品片材和厚板材的生产以及帆、帘布的擦胶、贴胶。如果要将织物双面覆胶，就需要一台三辊压延机断续性地反复使用两次或两台三辊压延机串联使用。

四辊压延机增加了一道辊距，因此压延制品的表面光洁度和尺寸精度得以提高，满足了生产高质量制品的要求；可以在获得与三辊压延机同样制品质量的情况下，高速运转，提高产量；能够完成帘布一次性的两面贴胶及胶片贴合、压片压型及帘布擦胶，因此四辊压延机的使用较三辊压延机更为广泛、灵活。

两辊压延机一般如图 4.6 所示，串联使用作为胶料片材或厚板生产；五辊六辊压延机一般用于压延硬质胶料或实验室使用等情况。

(2)辊筒工作部分的长度与直径

辊筒工作部分的长度与直径是指辊筒工作表面部分的长度和直径，是表征压延机规格并影响压延机工作性能的重要技术参数。

辊筒工作部分长度直接影响着压延制品的幅宽。辊筒长度越大，表示所能加工制品的宽度越大。由于辊筒工作表面全长范围内温差的影响及设置挡胶板空间所需，辊筒工作表面可压延制品的最大幅宽应小于辊筒工作长度，两值之比值一般为 0.8 ~0.9。辊筒工作部分直径与压延机生产能力密切相关。辊径越大,压延机的产量也越大,但压延负荷及驱动功率相应增大。橡胶压延机同一机台辊筒直径一般相等,由大小不一样的辊径的辊筒组成的压延机称为异径辊筒压延机,其压延性能要优于等径辊筒压延机,并在塑料压延机上得到日益广泛的应用,这将在塑料压延机章节中予以叙述。

辊筒工作部分长度和直径需维持一定的比值,即所谓的长径比。辊筒长径比大,可增大压延幅宽,这有益于节省能源,提高经济效益。辊筒长径比是反映辊筒刚度的重要数据。图 4.7 所示为辊筒在不同长径比下的刚性比。由图可见,长径比越大,刚性越差。

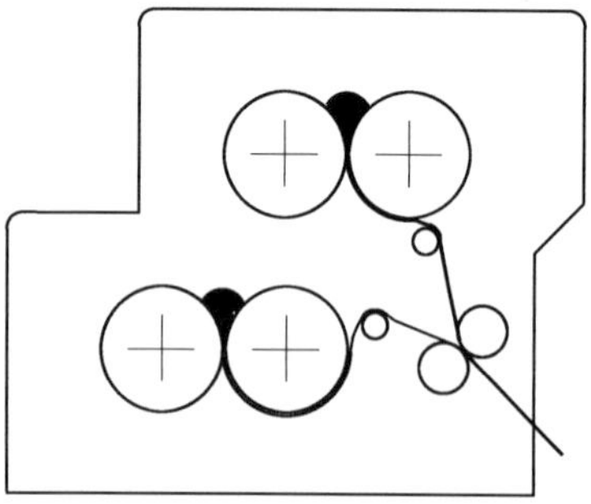

图 4.6　两辊压延机用于片材复合

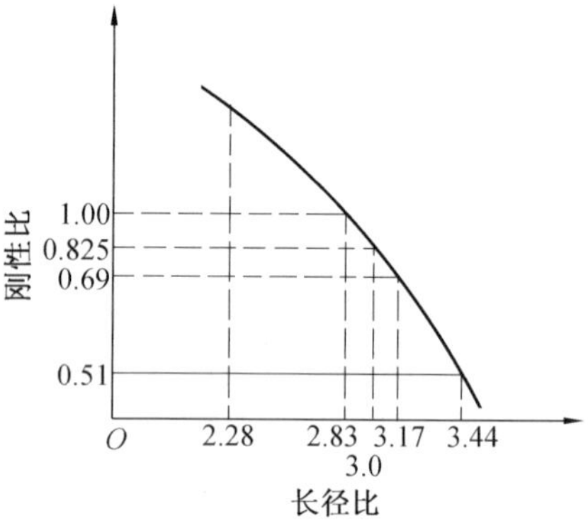

图 4.7　辊筒长径比与刚性的关系

由此可见,辊筒的长径比影响到压延制品的厚度尺寸精度,其值与压延制品质量、被加工物料的性能、压延制品的宽度、生产效率及辊筒材质等因素有关。为确保压延制品的厚度尺寸精度,对于普通冷硬铸铁制成的辊筒,其长径比一般为 2.5 ~ 3,而以复合冷硬铸铁材料或(合金)铸钢制成的辊筒,其长径比可适当增大。

另对硬质胶料及钢丝纤维的压延,其辊筒长径比应适宜地减小。表 4.5 列出了国内外部分压延机辊筒的规格及其长径比。

表 4.5　压延机辊筒的规格及其长径比

中国		德国		美国		意大利	
辊筒规格	长径比	辊筒规格	长径比	辊筒规格	长径比	辊筒规格	长径比
ϕ230×630	2.74	ϕ300×700	2.33	ϕ150×330	2.2	ϕ250×500	2.0
ϕ360×1 120	3.1	ϕ400×1 000	2.5	ϕ300×610	2.03	ϕ350×700	2.0
ϕ450×1 200	2.67	ϕ500×1 300	2.6	ϕ455×1 220	2.68	ϕ450×1 200	2.67
ϕ550×1 300	2.36(钢丝)	ϕ600×1 600	2.67	ϕ610×1 730	2.84	ϕ550×1 500	2.73
ϕ550×1 700	3.1(纤维)	ϕ700×1 900	2.71	ϕ710×1 830	2.57	ϕ610×1 700	2.79
ϕ610×1 730	2.84	ϕ800×2 200	2.75	ϕ815×2 340	2.87	ϕ710×1 900	2.68
ϕ700×1 800	2.57	ϕ900×2 500	2.78	ϕ910×2 540	2.79	ϕ860×2 600	3.0

(3)辊筒线速度与速比

①辊筒线速度。压延机辊筒线速度通常是指压延出制品的辊筒工作部分的圆周速度(m/min)。辊筒线速度是表征压延机生产能力和装备水平的重要参数之一。

压延机辊筒线速度应满足压延工艺操作的需要。压延机通常是慢速启动(以便于递布、引头等操作的调整与安全）、高速压延生产，并且要适应多类原材料、不同压延工艺和制品的需要。因此，辊筒线速度应在较大范围内平稳调节。一般中小规格压延机的调速范围为3，大规格压延机的调速范围不小于10，压型专用压延机则可以固定几种操作速度。

压延机辊筒线速度的提高受诸多因素的制约，辊筒规格大、自动化操作水平高、热传导系统工作性能好、机台加工精度高，则压延速度较高，所获产量也大，但辊速的加大将导致功率消耗及工作温度的增大。一般橡胶用压延机的最高辊筒线速度为50～80 m/min。不同压延工艺的操作速度常取：纤维帘布双面贴胶为30～50 m/min，胶片压延为10～30 m/min，钢丝纤维压延为4～20 m/min。各种规格压延机的辊筒线速度见表4.6。

表4.6　压延机辊筒线速度

压延机规格	辊筒线速度/$(m\cdot min^{-1})$		压延机规格	辊筒线速度/$(m\cdot min^{-1})$	
	纤维帘布	钢丝帘布		纤维帘布	钢丝帘布
ϕ230×630	2～10	2.5～7.5	ϕ550×1 700（三辊）	5～50	—
ϕ360×1 120	7.3～21.9	4～12	ϕ610×1 730	5.4～54	3～12
ϕ450×1 200（三辊）	9～25	—	ϕ700×1 800（四辊）	7～70	—
ϕ550×1 300（四辊）	—	4～20			

②辊筒速比。压延机辊筒速比是指压延机每相邻两辊筒的线速度之比，在各项比值中最小项为1。

辊筒速比也是表征压延机工作性能的一个重要参数，对高分子材料压延工艺过程的进行有重要意义，橡塑材料的压延成型就是利用辊筒之间不同速度（温度）来克服高聚物流体分子间的强大吸引力而实现碾压、混炼、塑化和延展成型的。

压延机辊筒速比与压延工艺、操作方式及原材料性质等因素有关。

橡胶压片、压型、贴合及帘线双面贴胶等压延作业，为保持压延制品表面平整、花纹清晰和织物纤维的有序排列通常采用速比为1：1的等速压延。

加料辊筒的速比为1：1.1～1：1.5，以提高胶料工作温度，增大其塑化均匀性及致密程度，硬胶料取大值，反之亦然。

单电机驱动多辊筒型的压延机，受速比齿轮的限制，辊筒速比值固定。多电机驱动多辊筒型的压延机，辊筒速比随电动机独自调速而可以在一定范围内实现无级调节，从而使机台的工作适应性更强，能更好地满足多种压延工艺的需求。

（4）辊筒横压力

在辊隙范围内被捏炼物料对辊筒表面各点径向作用力的合力称为辊筒横压力，辊筒横压力对压延机各工作部件的刚度影响很大，也是关系安全可靠、高精度压延生产的重要因素之一。

由高分子材料流变学理论分析及实验测试得知，物料通过压延机辊筒间隙时物料的厚度逐渐减小，而物料内部的压力，即物料对辊筒表面各点的径向力却逐渐增大（见图4.8），并在最小辊隙（辊距）前方不远处，即辊距前0°～3°范围内，力值达到最大P_{max}，过了该处压力急剧下降。

由上述压力分布图可以看出，辊隙间物料对辊筒表面各点的径向作用力是很复杂的，不仅大小各异，方向也各不相同，但都指向辊筒轴心，因此得到辊隙范围内各处物料对辊筒径向作

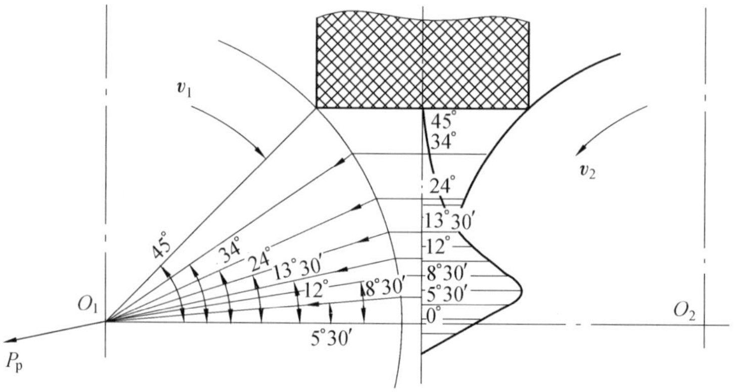

(a)

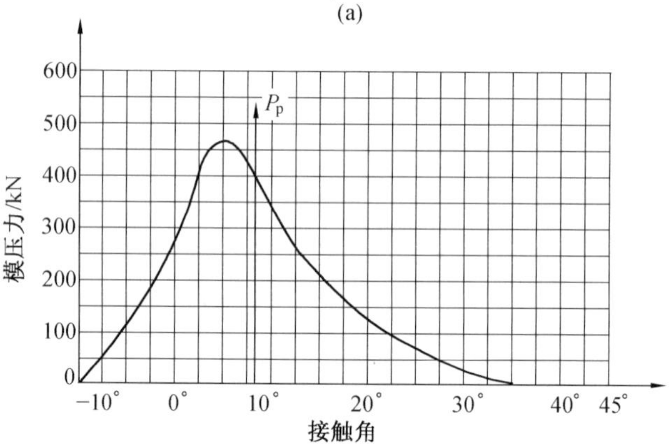

(b)

图 4.8 胶料对辊筒径向力分布示意图

用力的合力,即横压力。横压力大约作用在进入辊隙的稍前处,并且也是沿径向的。

压延机为连续化生产,在保证定量恒温均匀性供料并且操作参数不变的情况下,横压力在压延过程中基本维持定值不变,并沿辊筒表面在压延宽度范围内均匀分布。

压延过程中,横压力的大小受诸多因素的影响。总的来说,被加工物料硬度大,加工温度低,压制品厚度小,辊筒压延速度及速比较大,辊筒直径及工作长度(压延宽度)大,采用集中加料的操作方式等,都将使辊筒横压力值增大,反之亦然。

横压力值可由理论计算式及实际测试获知,一般情况下,橡胶用压延机的单位横压力值为 4 000 ~ 7 500 N/cm。可见,辊筒承受的横压力是相当大的。

(5)生产能力

①压延超前。物料压延时的压出速度大于辊筒的线速度,这种现象称为压延超前。物料压出速度 v_1 与辊筒线速度 v 之比称为超前系数,以 ρ 表示,即

$$\rho = v_1/v \tag{4.1}$$

超前系数 ρ 与压延物料性质、辊筒半径、供料及压延厚度等因素有关,一般取 $\rho=1.1$。

②生产能力。压延机的生产能力 Q 以单位时间内压延制品的质量或长度来计算,即

$$Q = 60vhby\rho a \tag{4.2}$$

$$Q = 60v\rho a \tag{4.3}$$

式中,Q 为生产能力,kg/h 或 m/h;v 为辊筒线速度,m/min;h 为压延制品厚度,m;b 为压

延制品宽度,m; γ 为压延物料密度,kg/m^3;ρ 为超前系数,取 1.1;a 为设备利用系数,通常取 0.85 ~0.9。

③橡胶压延机主要性能参数表。国产橡胶压延机系列标准及其主要性能参数见表 4.7 与表 4.8。

表 4.7 橡胶压延机系列基本参数(GB)

辊筒尺寸/mm		辊筒个数	辊筒线速度 m/min		主电机功率 /kW ≤	制品最小厚度 /mm	制品厚度公差 /mm	用 途
直 径	工作长度		最低 ≤	最高 ≥				
230	630	2	2	10	7.5	0.5	—	压延胶鞋鞋底、鞋面沿条等
		3	2	10	15	0.2	±0.02	压延力车胎胎面、胶管和胶带、胶片
		4	4	10	22	0.2	±0.2	压延橡胶
						0.5	—	压延钢丝帘布
360	1 200	2	8	20	30	0.2	±0.02	压延轮胎隔离胶片及一般胶片
		3	8	20	55	0.2	±0.02	幅宽≤950 mm 胶布的擦胶或贴胶
		4	8	20	60	0.2	±0.02	压延橡胶
			4	12	60	0.5		压延钢丝帘布
450	1 200	3	10	25	75	0.2	±0.02	压延橡胶
550	1 700	3	5	50	110	0.2	±0.01	压延橡胶
		4	5	50	160	0.2	±0.01	压延橡胶
610	1 730	3	6	50	132	0.2	±0.02	压延橡胶
		4	6	50	160	0.2	±0.02	压延橡胶
700	1 800	3	6	60	300	0.2	±0.01	压延橡胶
		4	7	60	400	0.2	±0.02	压延橡胶

表 4.8 国产橡胶压延机主要性能参数

型 号	辊筒规格 /mm	辊筒线速度 /(m·min^{-1})	辊筒速比	最小压延厚度/mm	外形尺寸 /m	用 途
XY-2I630 CW	ϕ230×630	1 ~10	1 : 1	0.2	2.77×0.6 ×1.35	胶片、胶条
XY-3I630 CW	ϕ230×630	2 ~10	1 : 1 : 1	0.2	3.15×1 ×1.74	胶片、织物贴胶
XY-3I630	ϕ230×630	2 ~10	1 : 1 : 1.21	0.2	3.15×1 ×3.14	压片、压型
XY-4Γ630 CW	ϕ230×630	2.2 ~6.6	1 : 1.5 : 1.5 : 1	0.2	3.18×1.12 ×1.74	压片、压型

续表 4.8

型　号	辊筒规格/mm	辊筒线速度/(m·min^{-1})	辊筒速比	最小压延厚度/mm	外形尺寸/m	用　途
XY-4L630CW	ϕ230×630	2~10	1:1:1:1	0.2	3.18×1.12×1.74	压片、压型
XY-4L630CW	ϕ230×630	2~10	1:1:1:1	0.2	3.18×1.12×1.74	压片、压型
XY-5T700	ϕ230×700	1~10	1:1	0.5	3.6×1.62×1.03	鞋底、围条、靴面
XY-3F1120A	ϕ360×1 120	7.3~22	1:1:1 0.73:1:1	0.2	5.5×1.86×2.0	压片、贴胶、擦胶
XY-4F1120A	ϕ360×1 120	4.2~12.5 6.8~20.3	0.73:1:1:0.73	0.2	5.5×1.86×2.32	钢丝帘布
XY-3L1120	ϕ360×1 120	1.4~27.4	1:1:1	0.2	5.5×1.86×2.0	轮胎缓冲胶片
XY-3I1200	ϕ450×1 200	8.36~25.08	1:1:1 1:1.5:1	0.1	6.6×1.91×2.75	压片、擦胶、贴胶
SY4Γ-1200P	ϕ450×1 200	4~40	无级	0.1	8×2.5×3.8	—
SY-4S1300	ϕ550×1 300	4~20	1:1.5:1.5:1	0.5	7.1×3.7×4.05	钢丝帘布
XY-3I1730	ϕ610×1 730	5.4~54	1:1.4:1	0.15	7.01×3.95×3.73	压片、擦胶、贴胶
XY-4Γ1730	ϕ610×1 730	5.4~54	1:1.4:1.4:1.4	0.15	7.01×4.105×3.73	帘布双面贴胶、压片、贴合等
XY-4S1800A	ϕ700×1 800	7~70	无级	0.2	8.7×4.2×4.1	帘布双面贴胶等

4.1.5　压延机的维护与保养

1. 生产操作工的日常保养

(1)开机前的保养要求

①接班人员应认真查阅交班记录上的设备温控装置运转情况。

②检查所有电气联络信号及安全装置,应灵敏可靠。

③检查各润滑部位,发现不足及时添加。

④根据环境温度将液压、润滑油调整到要求温度。

⑤启动压延机主机之前,应先启动润滑系统和液压系统,确认其压力、温度和流量正常后方可启动。

⑥检查压延机辊距有无杂物,并保持合适辊距。

⑦检查传动部位有无杂物,安全防护装置是否牢固。

⑧检查各部位螺栓有无松动。

(2)机器运行中的维护保养

启动压延机主机时应从低速开始,逐渐提高至正常工作速度。

①对压延机辊筒加热或冷却时,应在运转中逐渐升温或降温。

②加料前,必须将辊筒加热至工艺规定的温度,所加胶料也必须达到工艺规定的胶料。

③调距换向时,需待调距电机停转后,方可反向启动。调小辊距(<1 mm)时,辊距间一定要有胶料,以免碰辊。

④辊筒在轴交叉位置时,如需调距,应两端同步进行,以免辊筒偏斜受损。

⑤经常观察轴承油温、各仪器仪表的指示是否正常,设备有无异常声响、振动和气味。

⑥经常排放气动系统空气过滤器中的积水和杂物。

(3)停机后的维护保养

①压延机工作结束后,将轴交叉装置调至“零”位,放大辊距,然后取下胶料,当温度降至 60 ℃以下时,方可停机。

②全机组停机后,关闭各阀门和动力源;每周末班后将冷却系统中水放掉,清除机器表面滞留的油污及杂物等。

③做好机台周围清扫工作。

④做好交接班工作。

2. 维修工的巡检及定期检查

(1)每班巡检内容

①检查润滑、液压和温控系统的工作是否正常。

②检查传动系统及转动零部件有无异常声响和振动。

③检查主、辅机辊筒、电机及减速机轴承温度是否正常。

④检查各仪器、仪表显示值是否正确。

⑤检查各汽、气、水、油管路有无泄漏。

⑥检查各部位螺栓及紧固件有无松动。

(2)周检内容

①包括日检内容。

②检查辊筒润滑油箱的油量及油质。

③检查机架与轴承座槽工作面有无拉伤现象。

④检查主机辊筒上方各部位的接件是否有松动。

⑤检测电动机、减速机等传动系统的轴承温度、噪声和振动值。

⑥检查各仪表、阀门的动作是否符合规定要求。

⑦注意向气动系统油雾器中加注润滑油。

⑧向各润滑脂杯加满润滑脂。

(3)月检内容

①包括周检内容。

②检查温控系统是否正常。

③检查、清洗或更换液压、润滑和气动系统的过滤网。

④检查各联轴器的连接是否松动,弹性联轴器的弹性块有无磨损。

⑤检查、清扫电气控制系统。

⑥向润滑油箱内补充润滑油。

3. 压延机的润滑计划

压延机的润滑计划见表4.9。

表4.9　压延机润滑计划表

润滑部位			润滑材料	加油定量标准	加油或换油周期
主机	辊筒轴承	滑动	汽缸油 HG-24 或 HG-11 轧钢机油 HJ3-28	加至规定油标中位	每月检查或补充油一次， 每3~6个月检油一次
		滚动	工业齿轮油 N320		
	轴交叉轴承		工业齿轮油 N320	加至规定油标中位	每月检查或补充油一次， 每3~6个月检油一次
	预弯曲轴承				
	主传动减速机		汽缸油 HG-11 或 机器油 HJ-50	加至规定油标中位	每月检查或补充油一次， 每6~12个月清洗换油一次
	调距减速机		机器油 HJ-50， 润滑脂 ZN-2	加至规定油标中位	每月检查加油一次
	调距螺杆		润滑脂 ZN-2	加满注油器或油杯	每月检查加油一次
	大小驱动齿轮 与速比齿轮		齿轮油 HL-30	齿轮能均匀带油	每周检查一次，3~6个月 换油一次
	调距辊筒轴承座 与机架滑槽		汽缸油 HG-11	适量	每班注油一次
	万向联轴器		润滑脂 ZN-2	适量	每班注油一次
辅机	烘干辊筒轴承		锂基脂 ZL-2	加满轴承空间的2/3	半年加油一次
	冷却辊筒轴承		钙基脂 ZG-2		
	张力辊筒轴承		钠基脂 ZN-2		
	其他导辊轴承		工业齿轮油 N220	加至规定油标	每年加油一次
	加速剂				
	开式传动巨轮		锂基脂 ZL-1	适量	每月加油一次
	传动链条		机械油 N68		每周加油一次

4.1.6　压延机的检修

1. 检修的工作内容

（1）小修内容

①检查清洗润滑油泵、过滤器、油杯，更换润滑油脂。

②检查更换辊筒密封圈。

③检查修理调距装置。

④检查液压系统油箱的油量及油质。

⑤检查辊筒轴承回油槽内有无杂物，并清洗。

⑥检查修理或更换挡胶板及割胶边装置。

⑦检查或更换弹性联轴器的弹性圈、轴销以及链条联轴器的链条。

⑧检查修理调温控制装置、热水泵密封件。

⑨检查更换辊筒旋转接头密封件。

⑩检查修理或调整联动辅机上的导布、扩布、储布、张力、卷取以及定中心、接头、裁断等装置。

⑪检查紧固各部位螺栓。

⑫检查修理或调整校验控制仪器、仪表和报警装置、安全制动装置。

⑬清扫电机、开关柜及控制柜。

(2)中修内容

①包括小修内容。

②检查修理或更换温控系统的各种仪表、阀门、管路和水泵,并清除系统中的水垢。

③清除主、辅机辊筒内腔水垢。

④检查驱动、速比齿轮和其他齿轮的磨损情况,并清洗换油。

⑤检查测量辊筒滚动轴承游隙或滑动轴承间隙。

⑥检查主、辅机减速机齿轮及轴承磨损情况,并清洗换油。

⑦检查辊筒轴承与机架滑槽间隙。

⑧检查、修理或更换辊筒轴承密封装置。

⑨检查、修理各液压油缸。

⑩检查、修理或更换液压、润滑及气动系统管路。

⑪检查、修理或更换主、辅机辊筒的旋转接头。

⑫检查、修理电机及电气控制系统。

(3)大修内容

①包括中修内容。

②检查修理或更换辊筒、辊筒轴承及轴承座、驱动齿轮和速比齿轮。

③检查修理机架窗口滑槽工作面。

④检查修理或更换联动装置上的辊筒、轴承和传动齿轮。

⑤检查修理或更换调距装置及轴交叉装置的蜗轮、蜗杆、螺杆及螺母。

⑥检查更换预负荷装置及反弯曲装置的轴承。

⑦检查更换压延机、联动装置减速机齿轮、轴承,检查修理减速机箱体轴承座孔。

⑧检查修理或更换压延机联动装置中的联轴器。

⑨检查、修理及校正机架、机座。

⑩修理或更换齿轮罩和其他安全防护装置。

⑪修理或更换联动装置机架。

⑫检查修理或更换液压系统、润滑系统中各部件。

⑬检查修理或更换锭子架及排线辊(钢丝压延机)。

⑭机体重新喷漆。

2. 主要零部件的修理

(1)机座的检修

①当变形及精度超差较小时,可采用磨削、刮研等手工修复方法修整其工作面。

②当变形及精度超差较大时,应将机座起出,采用机加工方法修整其工作面。

③如基础下沉或初始安装精度超差,应采取重新做基础或重新找正的方法,使其达到精度要求。

(2)机架的检修

①当因变形或磨损,造成固定辊轴承座接触面与滑槽侧面不垂直,或两机架同侧滑槽工作面在同一平面内精度超差较大时,可采用手工磨削或刮研等方法修复。

②由于修研多次或修研量较大,造成机架滑槽工作面与轴承座工作面间隙过大时,可在滑槽工作面上镶粘或刷镀耐磨性能较好的金属材料,使之达到原设计尺寸。

(3)辊筒的修理

辊筒长时间使用后会磨损,使精度与中高度发生变化,这时需要进行修理。常用的修理方法如下:

①将辊筒放在大型磨床上进行磨削,先粗磨后精磨。若辊筒表面伤疤凹痕较深较严重时(如磨削量超过 1 mm),则应先在车床上加工后磨削。对于中高度,可用磨床上的附加装置磨出,或采用升高或降低磨头中心使辊筒中心不在一个平面内的办法(根据磨床是否具有此种功能而定),也可采用仿形样板磨削。

②辊面磨损不很严重或缺陷不大时,也可在压延机上安装简便的研磨装置进行修理。修理时同样先粗磨后精磨。

③修理辊筒轴颈时,若轴颈损伤不严重,可在磨床上磨削或车床上精车的方法修复,再配以相应的轴瓦。若磨损过多或拉伤严重,则应把轴颈车削到适当直径,再镶上钢套与辊面一起磨削,达到要求为止。钢套材料用中碳钢或合金钢,表面硬度不低于 HB190。

(4)辊筒轴承的修理

辊筒滑动轴承的轴瓦长时间使用后,内孔表面若有擦伤或不严重的磨损时,可用刮刀刮研,然后用 00 号细砂纸或油石打磨平整。若磨损量达到极限值时,则应更换轴瓦。极限磨损量一般为

$$k = (1 \sim 1.5)\sigma \tag{4.4}$$

式中,k 为极限磨损量,mm;σ 为轴瓦与轴颈的最初的径向间隙(最大值),mm。

对于滚动轴承,轴承内环导轨或外环导轨径向磨损量不应大于 0.3 mm,辊或辊柱表面也不能有损伤,否则应予更换。

(5)齿轮的修理

齿面仅有少量擦伤、点蚀时,可用刮刀或锉刀修理。若齿面严重磨损,超过原齿厚的 15% ~20% 时,则应更换。若速比齿轮结构对称时,则一个齿面严重磨损时可成对翻面使用。

4.1.7 压延机常见故障及排除方法

压延机在运行过程中的常见故障及排除方法见表 4.10。

表 4.10　压延机在运行过程中的常见故障及排除方法

故　障	原　因	排除方法
辊筒轴承漏油	进油压力过高	调节安全阀，控制进油压力
	进油量太大	调节进油量
	回油管不畅通、积存冷油	清理回油管路
	密封件磨损	更换密封件
辊筒轴承温度过高	润滑油油量太少	调节进油量
	轴承接触不好或有杂物而磨损	先加大油量空跑合一段时间，清除杂质
	润滑油牌号不对	更换润滑油
	轴承（轴衬）或轴颈有损伤	修理或更换轴承及辊筒
	调距时操作不当	按规程操作
速比齿轮磨损过快	齿面硬度太低	更换齿轮
	润滑油浸湿差或断润滑油	更换润滑油或添油
	旋转接头漏气、漏水，导致润滑油内含水	检修旋转接头并换润滑油
开式传动齿轮有异常振动和声音	齿轮与键配合松动	修理或更换键
	齿轮与轴配合松动	齿轮内孔堆焊后加工至配合尺寸
	齿面磨损严重	调换齿面或更换齿轮
	轴线不平行	重新找正
	齿面接触不良	修研齿面
辊筒工作表面擦伤	运转中两辊相碰或杂物落入辊隙	运转时用细油石磨光，壁面无胶料时调距
滚动轴承噪声较大或温度过高	润滑不良或有杂物	改善润滑并清除杂物
	游隙不合适	调整游隙
	轴承损坏	更换轴承
	内、外座圈配合松动	采用喷涂、刷镀方法修复轴颈或座孔
调距显示不准确	位移传感器接触不好，与辊距值调整不一致	调节位移传感器与辊距实际值相同
辊筒旋转接头漏水严重	密封面接触不良	石墨环与金属接触表面进行配研
	密封面磨损严重	修理或更换
安全片（螺母）损坏频繁	安全片材质或尺寸不符合要求	更换合格的安全片
	安全片座内有杂物	清除杂物
	调距不当	按规程操作
调距时轴承座运行不平稳且有响声	轴承座与滑槽间缺油	改善润滑条件
	接触面拉伤	修正接触面
减速机轴承温度过高	轴承缺油或接触不良	加油或开箱检查
储布架活动框架上升、下降歪斜，引起帘（胶）布严重跑偏，甚至框架变形	储布架左右两边工作油缸不同步	调节单向节流阀使油缸运动速度相等
	吊挂框架的链条长短不合适	调节链条长度，找框架水平度
	液控单向阀失灵	修理或更换

续表 4.10

故障	原因	排除方法
储布架在拉空时，帘布张力增加太大	工作溢流阀堵塞	清洗溢流阀
	工作溢流阀排油不畅	重新调节溢流阀排油压力
帘布边密	扩边装置的扩边辊接触帘布角度不合适	重新调节
胶布幅宽不足	帘布扩幅辊安装、调节角度位置不对	重新调节
正常运转帘(胶)布忽紧忽松或有抖动现象	张力不恒定	调整电气系统
自动切割程序不衔接或紊乱	行程开关或接近开关失灵	查出失灵开关，修理或更换
	PC 机程序有误	重新检查与调整程序
切割后胶帘布粘连	切割处胶帘布张力不足	调整张力
	切割刀磨损	更换刀
	切刀与抄手拉置不合适	调整切刀与抄手位置
帘(胶)布运行中异常跑偏	定中心装置的检测光电管损坏，或老化后两边发光量差异太大	更换损坏的光电管，并注意经常清擦光电管
	导辊安装歪斜	找准有关导辊水平度
	帘布接头不正	注意帘布头尾要接正
胶布卷取中产生皱褶	卷取张力不稳	调节电气控制系统
	后牵引辊有粘布现象	清洁被粘布的辊筒
	胶布入卷稍有歪斜	校正入卷胶布

4.1.8 压延机在橡胶制品生产中的应用

橡胶压延机在橡胶制品的制造工艺中起着举足轻重的作用，压延质量的好坏往往决定着橡胶制品的最终质量及成本。

1. 压延机在轮胎生产中的应用

轮胎制造过程中压延机的应用主要表现在轮胎骨架材料的贴胶。斜交胎骨架材料的贴胶，主要有骨架层帘帆布的贴胶，包括棉帆布、聚酯布、芳纶帘线的贴胶及钢帘布的贴胶，另外应用表现在隔离胶片、油皮胶、缓冲胶片的压延。

(1)帘布贴胶压延

在应用过程中要求厚度精确均匀、致密，帘线的压延质量对轮胎的生产影响重大。

①帘线弯曲、起鼓、打折，使轮胎在公路行驶中受力方向不一致，不能承受力，易造成轮胎爆破，影响使用寿命。

②帘线的扩布宽度不够，使帘线经线密度过大，一方面造成浪费，另外造成轮胎层层间附着力低。

③帘线厚薄不均，不易达到轮胎的设计效果，轮胎运行中受力不均。

④帘线贴胶不牢，易造成裁断、成型生产困难，影响各层间帘布附着力。

(2)压延机在子午线轮胎中应用

要求钢丝帘线间距均匀，厚度均匀。只有如此，才能有帘线子午排和轮胎变形方向一致，有效地利用帘线强度，充分达到子午胎的优良性能。

2. 橡胶压延机在输送带制造中的应用

输送带制造过程中半成品的制造离不开压延机。橡胶压延机在输送带上的应用主要表现为胶片的压延,骨架材料、帆布的擦胶、贴胶及覆盖胶的包覆。

(1)胶片的加工

胶片的加工主要包括织物芯输送带上下胶的加工及钢丝绳带覆盖胶及芯胶的加工。输送带最终盖胶的厚度规格通过压延机形成,压延胶片质量往往决定着成品的最终质量。要求压延后胶片厚度均匀,外观光滑平整、无疤、无气泡。胶片的外观缺陷后工序无法彻底弥补,直接决定胶带的使用寿命,钢丝绳芯胶影响钢丝绳的抽出。

(2)帆布的贴胶、擦胶

织物芯输送带生产,帆布通过压延机贴胶后,靠贴胶硫化后连为一体。贴胶厚度应随着帆布厚度的增加而增大。贴胶质量要求贴胶厚度均匀,压力大小合适,要求胶料渗透棉布,贴胶质量决定着成品骨架材料间附着力,从而决定输送带使用寿命。

(3)压延机在输送带带芯包胶中的应用

带芯包胶主要用于橡塑带 PVC 带覆盖胶包覆及织芯带的包覆,分压延机上边胶和压延机不上边胶两种形式。

PVC 带芯包胶国内外一般全采取压延机包胶,因为 PVC 与橡胶在成型机台不易黏合,只有借助压延机间压力及温度包覆。压延机包胶优势主要是提高带芯与盖胶间的附着力,并能简化工序,提高效率,但胶片厚度不易掌握及测量。

(4)复合胶片的生产

主要表现在钢丝绳带覆盖胶与芯胶的贴合,或者有过渡层胶带胶片的复合,能够解决胶片间附着力低的问题,满足特殊胶带的生产。

3. 压延机在胶鞋制造中的应用

(1)压延机在胶鞋制造中的应用

大底压型压延是胶鞋出型过程中的核心环节,确保坯件表面光洁和花纹图案清晰,压延中胶料塑性值、辊筒温度及出型线的传动速度都对胶片的收缩程度产生一定影响。承担压延出片的设备一般由 2 ~7 个辊筒组成。压型压延机其中一个为光,其余皆为花。任何一个花与光对准固定后即能提供所需花纹胶片。压延出型新进展是使用两台联立五辊压延机,每台机器可提供一层胶片,每层胶片经过四次滚压,大大减少了气泡存在的可能,胶片厚薄均匀度得到提高。

(2)胶面胶鞋的出型

鞋面出型采取一次出型,出型程序如下:

①由热炼机不断提供胶条,经输送带输送至 150 mm 挤出机;

②通过挤出机口型连续挤出(厚 8 ~10 mm,宽 65 mm)胶条向压延机供料;

③压延机采取滚切出型,压延辊筒上刻有上中线前包头的整张鞋面,经冷却后,输送到滚切装置处,进行定型滚切,并定长切断。

4. 橡胶压延机在胶管中的应用

压延机在胶管中的应用主要表现在夹布胶管胶布的擦胶或帘线贴胶,胶管外胶及芯胶压片擦胶及贴胶。质量要求均匀,胶管外胶及芯胶要求外观光滑,厚度均匀。

5. 橡胶压延机在力车胎及自行车胎应用

橡胶压延机在力车胎及自行车胎应用,如压延机在轮胎生产中的应用,在此不再赘述。压延机在橡胶制品中的应用见表4.11。

表4.11　压延机在橡胶制品中的应用

橡胶制品名称	压延机辊筒数量	辊筒排列形式	主要用途
轮胎	三、四	Γ型、Z型、斜Z型、S型、I型	帘帆布贴胶、擦胶，贴隔离胶片等
力车胎和自行车胎	四、三、七等	Γ型、Z型、斜Z型、S型、I型	帘帆布贴胶、擦胶，双色胎面贴合等
胶管、胶带及杂品	三、四、二等	I型、斜I型、Γ型和S型等	帘帆布擦胶、贴胶，压延胶片及压型等
胶鞋	二、三、四、五	I型、Γ型、L型、T型等	胶料压片、压型及贴合等
胶布	三、四	Γ型、I型、斜I型	擦胶、压片、贴片等

4.2　压　　出

4.2.1　概　述

挤出(压出)是胶料在挤出机螺杆的挤压下，通过机头和一定形状的口型，进行连续造型的工艺过程。它广泛地用于制造胎面、内胎、胶带以及各种复杂断面形状或空心的半成品(对于中空制品除用口型外，还要增加芯型)，还可用于包胶操作(如电线、电缆外套等)、挤出薄片(如防水卷材、衬里用胶片等)，以及快速密炼机的压片(取代原有的开炼机压片)。此外，不同形式的螺杆挤出机还可用于滤胶、造粒、塑炼和连续混炼等许多方面。

使用挤出机可起到补充混炼和热炼的作用，半成品质地均匀致密，工艺操作简单，适用于连续生产，通过口型和芯型的变换可制备各种规格或断面的半成品。它结构简单，重量轻，造价低，占地面积小，一机多用，生产能力大，易实现自动化和连续化。

1. 胶料在机头内的流动

胶料在机头内的流动，是指胶料离开螺槽到口型板挤出之前的流动。在机头内的流动以锥形机头挤出圆形的胶条为例：胶料进入机头后，胶料的流动也由在螺纹槽内的螺旋式向前流动，变成在机头中的稳定直线流动。由于机头内表面与胶料的摩擦作用，胶料流动受到很大的阻力，因此胶料在机头内的流速分布是不均匀的，中间流速最大，越接近机头内表面流速越小，如图4.9所示。

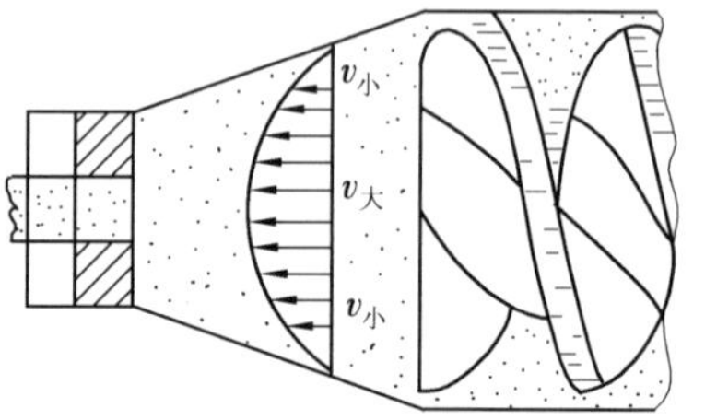

图4.9　胶料在机头内的流动

2. 胶料在口型中的流动

胶料在口型中的流动是胶料在机头中流动的继续。由于口型横截面比机头横截面小，导致胶料流动速度以及中间部位和口型壁边部位的速度梯度更大，如图4.10(a)所示圆形口型中胶料的流速分布。其他形状的口型也存在着类似的速度分布情况，即远离口型处胶料的流动速度大于近口型壁处的流动速度。这就使得胶料离开口型后中间部位的变形大于边缘部位。

(a) 在口型内流动速度分布　　(b) 离开口型后的流动速度分布

图 4.10　胶料在离开口型前后流动速度分布图

1,2,3—不同胶料

3. 挤出变形

胶料的挤出和压延一样,如果胶料是完全塑性的物体,那么挤出和压延胶料的形状和尺寸就和口型及辊距的尺寸以及形状完全相同。如果胶料是黏弹性物体,当胶料通过口型时胶料所受的压力突然减小,产生了瞬时应力松弛现象,导致胶条的长度沿挤出方向缩短,厚度沿垂直挤出方向增加。这种经口型挤出后的半成品变形称为挤出变形(也称挤出收缩膨胀)。把半成品断面尺寸与口型相应部分尺寸之比称为膨胀率(%),即

$$\text{膨胀率}=\frac{\text{挤出物直径(或半成品断面尺寸)}}{\text{口型直径(或口型断面尺寸)}}$$

挤出后的变形(收缩和膨胀)可以控制在一定范围内,但不能完全消除。膨胀或收缩率的大小除与口型形状、口型板厚度、机头和口型温度、挤出速度有关外,还与生胶和配合剂的种类、用量、胶料可塑性及温度等有关。一般来说,胶料可塑性小,含胶率大,胶料、机头和口型温度低,膨胀或者收缩率就大。丁苯橡胶、氯丁橡胶和丁基橡胶的膨胀收缩都大于顺丁橡胶和天然橡胶的膨胀收缩。

如果增加炭黑的结构性能和用量,使用白色活性大的填料和有各向异性的填料(如陶土等),均可减小膨胀和收缩。加入油膏、再生胶及其他润滑型软化剂,应能增加胶料的流动性和松弛速度,也可减小膨胀和收缩。

圆筒形口型挤出后胶条的膨胀和收缩情况如图 4.10(b)所示。流动速度大的,挤出后膨胀和收缩也大,从图中知胶料 3 就大于胶料 2 和 1。

实心制品口型断面和挤出胶条断面变化如图 4.11 所示。对于中空圆筒形制品来说,一般厚度较口型增加,直径较口型增大。对于扁平形状制品来说,厚度增加较多,宽度变化较小,而胶条长度的收缩较大。

4.2.2　挤出工艺方法及质量控制

挤出工艺主要包括胶料热炼(冷喂料挤出不必经过热炼)、供胶、挤出、冷却、裁断、接取和停放等工序。一般挤出操作均可组成联动化作业。

1. 挤出前胶料的准备

(1)热炼

热炼主要是为了提高胶料的热塑性和均匀性(配合剂、可塑度),以便于胶料挤出,得到规格尺寸准确、表面光滑、内部致密的半成品。热炼一般可分为粗炼和细炼。粗炼为低温薄通(辊温 45 ℃,辊距为 1 mm),目的是进一步提高胶料的均匀性和可塑性;细炼为高

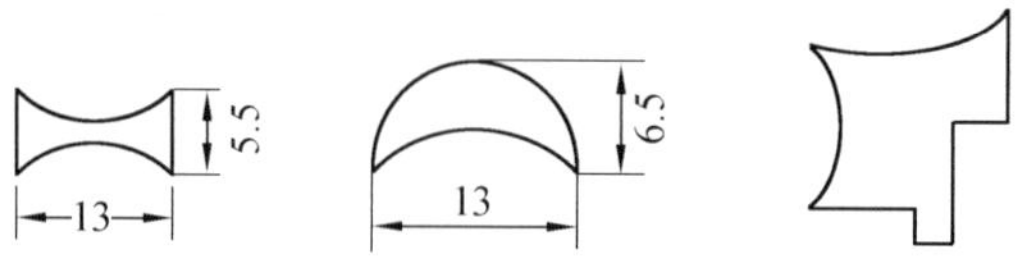

(a) 口型形状

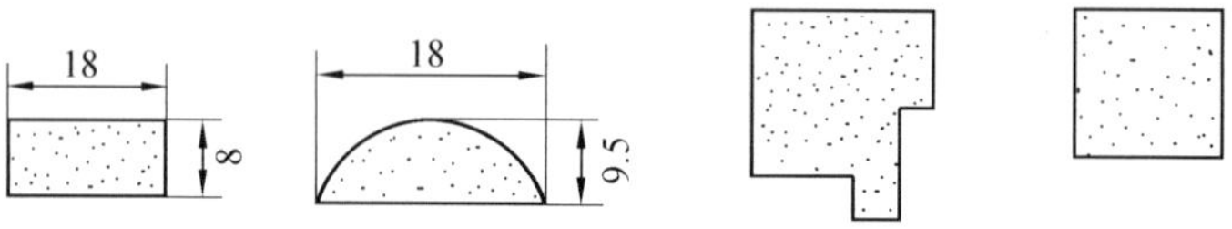

(b) 胶条断面形状

图 4.11　几种实心制品口型和挤出胶条断面形状图

温软化(温度为 60 ~70 ℃,辊距为 5 ~6 mm),目的是进一步提高胶料的热塑性。

热炼机的供料能力必须与挤出机能力相一致,以免造成供胶脱节或供胶过剩等不正常现象。对热炼胶的要求是同一产品其可塑度胶温应均匀一致,返回胶的掺和率不大于 30%;并且要求掺和均匀,以免影响挤出质量。

通常胶料的热塑性越高,流动性越好,挤出就越容易。但是热塑性太高时,胶料太软,挺性差,会造成挤出半成品变形、下塌或产生折痕。因此供挤出中空制品的胶料, 要特别防止过度热炼。

(2)供胶

由于胶料挤出为连续生产, 因而要求供胶均匀、连续, 并且与挤出速度相配合, 以免因供胶脱节或过剩影响挤出质量。

供料方法有人工填料法和运输带连续供胶法。人工填料法是将热炼的胶料割成胶条进行保温 (保温式停放架),再由人工从喂料口填料。人工填料要特别注意胶条保温时间不宜过长(小于 1 h),否则会使胶温下降或产生焦烧现象。运输带连续供胶法是采用架空运输带实现连续自动供胶, 一般需配一台热炼机作为供胶机。连续供胶胶条的宽度、厚度和输送速度等必须与挤出机的螺杆转速、喂料口尺寸和挤出速度等相配合, 同时供胶运输带不宜太长,否则会使胶温下降而影响挤出质量。

(3)滤胶

对于某些中空制品 (如内胎)或面料(胶面鞋的鞋面),要求胶料不能含有杂质, 故对胶料要进行过滤。滤胶就是通过滤胶机除去胶料中杂物的工序。一般采用螺杆滤胶机,它的构造基本上同挤出机,仅机头不同。螺杆一般采用等距、等深的螺纹,螺杆长度一般为直径的 6 倍,机头带有滤孔及滤网。滤网是采用两层金属网叠合,一层粗网为 26 孔,一层细网为 40 孔,网眼越多过滤效果越好,但会因阻力大使金属网挤破,甚至损坏机器。

2. 挤出工艺方法

热喂料挤出法是指胶料喂入挤出机之前需经预先加热软化的挤出方法,所采用的设备为热喂料挤出机。由于胶料预先软化,因而在挤出机中的喂料段很短,不明显。此外螺杆长径比较小(3 ~5),挤出机的功率也较小。常用的挤出机规格有 XJ-85、XJ-115、XJ-105、XJ-200,其中 85、115、105、200 为螺杆直径(mm)。

热喂料挤出法是目前国内采用的主要挤出方法。其设备结构简单，动力消耗小，胶料均匀一致，半成品表面光滑，规格尺寸稳定。但由于胶料需要热炼，增加了挤出作业工序，从总体来说动力消耗、占地面积均大于冷喂料。

(1)挤出

在挤出开始前，要预热挤出机的机筒、机头、口型和芯型，以达到规定的温度(预热温度一般为 80 ℃，时间为 10 ~ 15 min)，使胶料在挤出机的工作范围内处于热塑性流动状态。

开始供胶后，就要调节挤出机的口型位置，并测定和观察挤出半成品的尺寸、表面状态(光滑程度、有无气泡等)和厚薄均匀程度等，直到完全符合工艺要求的公差范围为止。在调节口型位置的同时，还要调节和控制机台的温度。挤出机不同部位的温度是不同的，通常情况是口型最高，机头次之，机筒最低。这样做的目的是为了使挤出半成品表面光滑，挤出过程顺利和减小膨胀率。表 4.12 列出了常用橡胶的挤出温度。

表 4.12　常用橡胶的挤出温度 ℃

部位	天然橡胶	丁苯橡胶	顺丁橡胶	氯丁橡胶	丁基橡胶	丁腈橡胶	乙丙橡胶
机筒	50 ~ 60	40 ~ 50	30 ~ 40	20 ~ 35	30 ~ 40	30 ~ 40	60 ~ 70
机头	75 ~ 85	70 ~ 80	40 ~ 50	50 ~ 60	60 ~ 90	65 ~ 90	80 ~ 130
口型	90 ~ 95	100 ~ 105	90 ~ 100	<70	90 ~ 120	90 ~ 110	90 ~ 140
螺杆	20 ~ 25	20 ~ 25	20 ~ 25	20 ~ 25	20 ~ 25	20 ~ 25	20 ~ 25

另外还要调节好挤出速度。挤出速度是单位时间内挤出长度(或质量)，一般为 3 ~ 20 m/min，螺杆的转速一般应控制在 30 ~ 50 m/min 为宜。

接取装置运输带的速度应与挤出速度相配合，否则会造成挤出物表面粗糙或断面尺寸不准确等弊病。在挤出过程中，如发现半成品胶料中有熟胶疙瘩及局部收缩，则是焦烧现象，必须立即充分冷却机身。如焦烧现象严重时，则马上停止喂料，停机卸下机头，清除机身中全部胶料，否则会损坏机器。

(2)影响挤出工艺及其质量的因素

影响因素主要有配方的组成和性质、挤出机的规格和特征及工艺条件等三个方面。

①配方的组成和性质。丁苯橡胶、氯丁橡胶和丁基橡胶的挤出收缩要大于顺丁橡胶和天然橡胶。胶料含胶率高，挤出收缩大，半成品表面不光滑。不同补强填充剂挤出性能也不同，炭黑结构性高，易于挤出，采用各向异性的填料挤出收缩小。增加填料用量时，挤出性能可得到改善，不仅挤出速度有所提高，而且可减小收缩，但由于胶料硬度提高，挤出生热增大。适当采用软化剂如硬脂酸、石蜡、凡士林、油膏及矿物油等，可加快挤出速度，减小挤出变形，而且半成品表面光滑。掺用再生胶后不仅能加快挤出速度，减小挤出生热，降低挤出变形，而且能增加挤出半成品挺性。

②挤出机的规格和特征。挤出机规格太大，则相对口型太小，使机头压力大，挤出速度快，但挤出变形大，而且胶料在机头内停滞时间长，易焦烧。相反，挤出机规格太小，则机头压力不足，挤出速度慢，排胶不均匀，半成品尺寸不稳定，且致密性较差。挤出机的长径比大，螺杆长度就长，那么对胶料的作用时间长，胶料均匀性及所得半成品质量好，但容易焦烧。螺纹槽的压缩比大，半成品致密性提高，但胶料生热高易焦烧。

③工艺条件。如适当增加胶料可塑性，使胶料流动性好，挤出速度快，挤出变形小，挤

出生热也小，半成品表面光滑，或可塑性太大，则挤出半成品缺乏挺性，容易产生变形，而且降低物性。挤出温度过低，则胶料塑化不充分，使半成品挤出变形大，表面粗糙，且动力消耗也较大。但挤出温度过高，胶料容易产生焦烧。挤出速度过快，挤出变形增大，半成品表面粗糙，挤出生热高，易焦烧。相反挤出速度慢，则生产效率降低。

此外，挤出后半成品的接取装置的速度应与挤出速度相匹配，否则会造成半成品断面尺寸不准确，甚至表面出现裂纹等毛病。一般接取速度要比挤出速度稍快为宜。影响挤出工艺及其质量的因素是十分复杂的。生产中只有结合胶料的配方和挤出设备的实际情况，才能制定出恰当的挤出工艺条件，制得合乎要求的半成品。

(3)挤出后的工艺

挤出半成品刚离开口型时，温度较高，有时可高达100 ℃以上，而且挤出为连续过程，故挤出后必须进行冷却，然后进行裁断、称量和停放等。

①冷却。冷却的目的是降低半成品温度，防止其在存放过程中产生自硫；使半成品进行冷却收缩，稳定其断面尺寸；使半成品有挺性；防止变形。

冷却方法总的来说有自然冷却和强制冷却两种。自然冷却效果较差，只能用于薄型半成品冷却，对厚制品要进行强制冷却。强制冷却有冷却水冷却、冷却鼓冷却和强风冷却，其中以冷却水冷却效果较好。冷却水冷却又有水槽冷却、喷淋冷却和混合冷却三种；其中混合冷却应用较为普遍。在水槽冷却时，为了防止半成品骤冷而引起的局部收缩和喷硫现象，可用两个水槽，在第一个水槽用40 ℃左右的温水冷却，然后再进入第二个水槽，温度为15～20 ℃。冷却后的半成品胶温在40 ℃以下为宜，冷却水注入方向与半成品运动方向相反。

挤出大型的半成品(如胎面)时，一般须经预缩处理后才进入冷却水槽，预缩的方法是使半成品经过一组倾斜的导辊或一组由大到小的圆辊，使其沿长度方向进行强制收缩。经此处理后通常预缩率可达5%～12%，这样可减少半成品进入冷却水槽后的变形。

对于水槽冷却和冷却鼓冷却适用于易焦烧的胶料，敷粉卷取冷却适用于直接硫化的半成品，自然冷却适用于要求消除压延效应的胶片。

②裁断。根据产品施工要求将半成品冲切或裁断成一定形状或长度的工艺过程称为裁断，裁断一般采用机械裁断，有时也可人工裁剪。

③称量。称出挤出半成品单位长度或规定长度的重量，以检查挤出半成品是否符合工艺要求。通常用台秤或自动秤进行称量。

④停放。半成品停放的目的是使胶料得到松弛，以及生产上储备的需要。停放可采用停放架、停放车、停放盘等工具，停放温度应保证在35 ℃以下，停放时间按产品需要一般为4～72 h。

3. 常用橡胶的挤出特性

(1)天然橡胶

天然橡胶比合成橡胶易于挤出，其挤出速度快，挤出变形小，半成品表面光滑，尺寸稳定性好，且致密性高。挤出温度一般机身为50～60 ℃，机头为70～80 ℃，口型为80～90 ℃。

(2)丁苯橡胶

丁苯橡胶由于可塑性较低，挤出速度较慢，挤出变形较大，半成品表面较粗糙，挤出比较困难。常与天然橡胶并用或加入再生胶以改善挤出性能。选用快压出炉黑、半补强炉黑、白炭黑、活性碳酸钙等做补强填充剂,挤出性能也可得到改善。挤出温度一般机身为50～70 ℃,机头为70～80 ℃,口型为100～105 ℃。

(3)顺丁橡胶

顺丁橡胶的挤出性能比天然橡胶略差,挤出变形大,挤出速度慢,如采用高结构多用量的炭黑和适量的软化剂,可降低挤出变形。在挤出时机头和口型的温度应较低。

(4)氯丁橡胶

氯丁橡胶的挤出变形比天然橡胶大,但比丁基橡胶小。由于对温度的敏感性大,易焦烧,因此挤出时应利用其弹性态温度范围。一般采用冷机身和冷螺杆(不高于50 ℃),热机头(约60 ℃),热口型(不高于70 ℃)。温度过高(如超过70 ℃),则成为颗粒状态,挤出表面粗糙,甚至有焦烧的危险。供挤出用氯丁胶料热炼时间不宜过长,挤出后应充分冷却。为改善氯丁橡胶的挤出性能可在配方中加入润滑型软化剂(硬脂酸、凡士林、机械油、油膏等),并加入高结构炭黑如高耐磨炉黑和快压出炉黑等。

(5)丁腈橡胶

丁腈橡胶的可塑性低,生热大,故挤出性能差。挤出后膨胀大,表面粗糙,易焦烧。在工艺上挤出胶料所用生胶应充分塑炼,胶料热炼也要充分均匀。在配方上可适当降低含胶率,加入适当的补强填充剂(如炭黑、碳酸钙、陶土等)和润滑型软化剂(如硬脂酸、凡士林、石蜡、机械油和油膏等),可改善丁腈橡胶的挤出性能。一般挤出温度机身低些(50～60 ℃),机头口型稍高(70～80 ℃)。

(6)丁基橡胶

丁基橡胶生胶强度低,自黏性差,挤出困难。其挤出速度缓慢,挤出膨胀大,生热大,要严格控制挤出温度,以免焦烧。机身温度要低,口型温度应高些。挤出半成品应迅速冷却,以防因机头温度高而使半成品变形。由于其相容性差,挤出胶料不能混入其他胶种。

配方上采用高填充配合,使用炉法炭黑(如高耐磨炉黑、快压出炉黑等)或加入无机填料(如陶土、白炭黑)能有效地提高挤出效果。配用10份左右的润滑型软化剂(如石蜡、操作油、硬脂酸锌等)可提高挤出速度。

4.冷喂料挤出工艺

由于螺杆挤出机具有能连续生产、生产能力大、操作容易、设备结构简单等优点,因此它在橡胶工业的用途很广泛。然而目前生产上使用的挤出机大多是采用热喂料。这种方法生产需配用热炼设备,而且劳动力和动力消耗都很大,质量不稳定,因此近年来广泛地发展了冷喂料挤出工艺。所谓冷喂料挤出即是在挤出前胶料不必预热,直接以冷的条状胶条喂入挤出机。

(1)冷喂料挤出机的特点

①螺杆的长径比大,通常 L/D 可达8～16,相当于普通挤出机的两倍以上。压缩比也较大,可达1.7～1.8,以强化螺杆的剪切和混炼作用,使胶料获得均匀的温度和可塑度。螺杆的螺纹分单螺纹和双螺纹。前者用于挤出硬性胶料,后者用于挤出塑性高的胶料。螺纹结构一般为等距不等深式。螺杆用氮化钢制成,表面经过硬化和磨光处理。使用冷喂料挤出机的规格有XJW-60、XJW90、XJW-120、XJW-150、XJW-200等。

②机身较普通挤出机长，而且在机身尾部加装有一般挤出机所没有的加料辊。它的位置正好在装料口之下，前端与螺杆的最末端三个螺纹并列。加料辊的尾部有一联动齿轮，与主轴的附属驱动齿轮啮合，直接由螺杆轴带动。当加料辊运转时，一方面因它与螺杆摩擦而生热，使冷胶料通过时变成热胶料；另一方面因它跟螺杆保持适当的速比，能使胶条匀速地进入螺杆，保证挤出物均匀。加料辊是机身的一个部件，它与机身的结合是活络的，可以拆开，因此不会妨碍操作的进行。

③由于摩擦引起的热量较一般挤出机大，所需的功率相应也较大，比一般的大一倍。

(2)冷喂料挤出工艺

冷喂料挤出工艺与热喂料挤出工艺有所不同。加料前，机身与机头先通入蒸汽加热，并开快转速，以使各部分的温度普遍升高到 120 ℃，然后开放冷却水，在 2 min 内使温度骤降到如下的标准：机头 70 ℃，机身 65 ℃，加料口 55 ℃左右，螺杆 80 ℃左右。若挤出合成橡胶胶料，则在加料一开始时应一直开放冷水。如果挤出天然橡胶胶料，则各部分的温度应掌握高一些，机头和机筒还应适当通入蒸汽加热。

冷喂料挤出单位时间的产量大致与热喂料挤出相同，且与螺杆转速成正比。

(3)冷喂料挤出的优缺点

与热喂料挤出相比，冷喂料挤出有如下的优缺点。

①节省人力和设备(节省了热炼设备和操作人员)，劳动力可节省 50%。

②挤出物的外形较一致，因为不存在热炼的温差问题和掺用返回胶比例，而且不会产生焦烧现象。

③应用范围广，灵活性大，可适用于天然橡胶、丁苯橡胶、丁腈橡胶、氯丁橡胶、丁基橡胶和氟橡胶等胶料。

④由于开车后的温度调节比较省时，所以总产量要比热喂料挤出略高。

⑤在冷喂料的基础上，还可进一步发展成冷喂料排气挤出机，从而实现与各种连续硫化设备组成联动化作业线。

⑥挤出物表面容易出现粗糙现象。

5. 挤出工艺常见质量问题及原因

挤出工艺在橡胶制品生产中应用极为普遍，其工艺质量直接影响着制品的质量和生产效率。若工艺条件掌握不当，挤出半成品常会产生表面不光滑、焦烧、起气泡或海绵、厚薄不均、条痕裂口、半成品规格不准确等。造成原因分析如下。

(1)半成品表面不光滑的主要原因

热炼挤出温度低；胶料产生局部焦烧；牵引速度慢于挤出速度；胶料预热不均匀或返回胶未掺炼均匀；挤出速度过快而使表面出现皱纹；胶料可塑性过低；配方不当；等。

(2)焦烧的主要原因

胶料配方不当，焦烧时间太短；机头温度过高；螺杆冷却不足；流胶口太小；有积胶或口型死角，造成胶料不流畅；挤出后冷却不充分。

(3)起气泡或海绵的原因

挤出速度过快，使胶料的空气不能排出；原材料含水分和挥发物太多；机头温度过高；供胶不足，机头内部压力不足。

(4)条痕裂口原因

口型内存有杂物;胶料含有杂质或自硫胶粒;口型或芯型表面粗糙;胶料热撕裂性能差。

(5)厚薄不均的原因

芯型偏位或口型未装好。

(6)半成品规格不准确的原因

挤出速度和温度不符合要求;牵引速度太快或太慢;口型或芯型不正;口型使用过久,被磨损或设计不合理。

4.2.3 挤出设备

橡胶挤出机(又名压力机)是橡胶加工的主要设备之一。由于橡胶工业新材料、新工艺、新技术的不断出现,除了传统的热喂料挤出机外,又涌现出一些新型橡胶冷喂料挤出机、排气挤出机、螺杆连续混炼挤出机、排料挤出机等。

1. 橡胶挤出机的分类

橡胶挤出机按用途分类如下:

- 橡胶挤出机
  - 橡胶半成品加工挤出机
    - 热喂料挤出机
    - 冷喂料挤出机
      - 普通冷喂料挤出机
        - 压型挤出机
          - 胎面挤出机
            - 普通胎面挤出机
            - 复合胎面挤出机
          - 内胎挤出机
          - 胶管挤出机
          - 异型截面挤出机
        - 压片挤出机
          - 片材挤出机
            - 普通片材挤出机
            - 复合片材挤出机
          - 运输带挤出机
        - 电线电缆复合胶挤出机
        - 线贴挤出机
          - 胎面绕贴挤出机
          - 胶管绕贴挤出机
        - 子午胎钢丝层挤出机
      - 排气冷喂料挤出机
  - 橡胶原材料加工及处理挤出机
    - 炼胶挤出机
      - 螺杆塑炼机
      - 螺杆连续混炼机
    - 胶料处理挤出机
      - 滤胶挤出机
      - 造粒挤出机
      - 下片挤出机
    - 脱硫脱水挤出机
      - 脱硫挤出机
      - 脱水挤出机
    - 供胶挤出机

2. 橡胶挤出机的基本结构和工作原理

橡胶挤出机的基本结构如图 4.12 所示。胶料从喂料口喂入,再由电动机通过减速装置带动旋转的螺杆进入螺槽。胶料在旋转螺杆推动下向前移动,从机头的口型中以一定形状挤出,完成挤出过程。

图 4.12　橡胶挤出机的基本结构

喂料段的作用是吃进胶料并在螺杆推挤的作用下,在螺杆沟槽表面与机筒之间形成相对运动,在喂料口连续形成胶团,这些胶团随螺杆转动而前进并逐渐被压实,胶料由硬变软,过渡到塑化段。塑化段将胶料进一步压实、加热和塑化。胶料由高弹的固体状态向黏弹状态转化。挤出段的作用是将塑化段输送来的胶料稳定地向机头挤出。

3. 橡胶挤出机的基本技术参数

(1)螺杆直径与长径比

螺杆直径指螺杆工作部分的外径。橡胶挤出机的规格一般以螺杆直径表示,其系列有 ϕ45 mm、ϕ60 mm、ϕ90 mm、ϕ120 mm、ϕ150 mm、ϕ200 mm、ϕ250 mm、ϕ300 mm。

螺杆工作部分长度 L 与直径 D 的比(L/D)称为螺杆长径比。较大的长径比有利于胶料的均匀混合和塑化,也有利于挤出过程的定性,从而提高半成品的质量,但过大的长径比会导致功率消耗增大以及挤出温度过高,从而造成胶料焦烧。热喂料挤出机的长径比一般为 3.5 ~6,冷喂料挤出机一般为 12 ~20,排气挤出机一般为 14 ~22。

(2)螺杆转速

螺杆转速直接影响挤出过程的生产能力、功率消耗、挤出温度、挤出质量以及挤出压力及轴向力。挤出机的螺杆转速见表 4.13。提高螺杆转速要同时考虑驱动功率、挤出温度和挤出质量是否得到保证。

表 4.13　挤出机的螺杆转速　　r/min

螺杆直径/mm	45	60	75	90	120	150	200	250	300
热喂料挤出机	75	70	—	70	65	65	55	55	45
排气挤出机	60	55	55	50	45	40	30	—	—
冷喂料挤出机	70	65	—	60	55	45	35	30	25

(3)挤出压力与轴向力

①挤出压力。胶料在挤出机内流动时,因受到机头内腔流道阻力和螺杆的挤压作用,使胶料在机筒内的压力沿胶料流动方向逐渐升高,在螺杆头端部附近达到最大值,该值称为挤出压力或机头压力。

影响挤出压力的因素是多方面的。硬胶料的挤出压力大于软胶料;随着挤出口型截面积的减小和螺杆转速的增加,挤出压力也增加。较大的挤出压力有利于挤出制品致密性，但过高的挤出压力会使挤出温度过高。

②轴向力。螺杆轴向力由作用在螺杆上的两个不同的力所组成：螺杆头端胶料对螺杆的反压力（胶料的静压力）作用在螺杆端面上引起的静压轴向力；在螺杆旋转推动胶料运动时，胶料对螺杆表面阻力的轴向分力而引起的动压轴向力。

（4）挤出温度

在挤出过程中，胶料受到强烈的剪切与挤压作用，使胶料温度逐渐升高，当到达机头时，其温度升高到最大值，该值称为挤出温度。挤出温度受螺杆转速影响最大，其次是胶料的品种、螺杆结构形成和流道的阻力等。挤出温度对挤出机生产能力影响十分显著，因此，在寻求提高生产能力的途径时，应从各个方面去考虑，如何在较低的挤出温度下，提高螺杆转速来提高生产能力。

（5）功率

挤出机驱动功率的大小主要取决于螺杆的几何尺寸与结构、螺杆转速、胶料的加工性能以及机头流道的阻力等。挤出机的驱动功率见表4.14。

表4.14　挤出机的驱动功率　　kW

螺杆直径/mm	45	60	75	90	120	150	200	250	300
热喂料挤出机	5.5	10	—	22	40	55	75	100	165
排气挤出机	10	22	30	45	90	150	260	—	—
冷喂料挤出机	10	22	—	55	100	200	320	550	700

（6）生产能力

生产能力是挤出机的综合性能指标，它受许多因素的影响。在设备方面主要是螺杆直径、螺槽深度、螺纹升角、螺纹长度、螺杆与机筒间的间隙、螺杆结构、机筒结构、喂料段结构以及机头流道的结构等；在工艺条件方面，主要是螺杆转速、螺杆与挤出机各段温度的分布以及挤出温度的选择等；在加工对象方面，主要是胶料门尼黏度、胶料种类、胶料配合剂等。因此，挤出机性能的优劣，在相同条件下其生产能力是最重要的评判标准。各种挤出机的生产能力见表4.15。

表4.15　各种挤出机的生产能力　　kg/h

螺杆直径/mm	45	60	75	90	120	150	200	250	300
热喂料挤出机	40	75	—	250	530	1 050	1 800	3 600	4 500
排气挤出机	30	65	110	200	420	680	1 200	—	—
冷喂料挤出机	35	75	—	230	500	800	1 500	2 500	3 500

4.3　硫　　化

硫化是橡胶制品生产的最后一个工艺过程。硫化是指将具有塑性的混炼胶经过适当加工（如压延、压出、成型等）而成的半成品，在一定外部条件下通过化学因素（如硫化体系）或物理因素（如 γ-射线）的作用，重新转化为弹性橡胶或硬质橡胶，从而获得使用性能的工艺过程。

硫化的实质是橡胶的微观结构发生了质的变化，即通过交联反应，使线型的橡胶分子转化为空间网状结构(软质硫化胶)或体型结构(硬质硫化胶)。促使这个转化作用的外部条件,就是硫化所必需的工艺条件:温度、时间和压力。因此,硫化工艺条件的合理确定和严格控制,是决定橡胶制品质量的关键一环。

4.3.1 硫化基本理论

1. 硫化过程中橡胶微观结构的变化过程

橡胶的硫化过程是一个十分复杂的化学反应过程,它包含橡胶分子与硫化剂及其他配合剂之间发生的一系列化学反应及在形成网状结构的同时所伴随发生的各种副反应。就主体反应而言,从微观结构的变化看,其化学反应历程包括诱导阶段、交联反应阶段和网构形成阶段,最终得到网构稳定的硫化胶,见表4.16。

在橡胶微观结构变化的同时,橡胶的宏观性能也将随之变化。生产中,更多的则是以橡胶宏观性能的变化直观地表征橡胶的硫化历程。

表4.16 硫化过程中橡胶反应历程

序号	反应历程
1	诱导阶段: 促进剂、活性剂 ↓ 硫黄 促进剂多硫化合物 ↓ 橡胶 含橡胶分子链的多硫化合物 ↓
2	交联反应阶段: 橡胶多硫自由基(或离子) ↓ 交联结构
3	网状结构形成阶段: 交联键重排、裂解及主链改性 ↓ 硫化胶

2. 硫化过程中橡胶宏观性能的变化

硫化历程图在第3章已用门尼焦烧曲线和拉伸强度曲线合成的硫化历程图作了介绍,从中就橡胶的全部硫化历程作了较详尽的分析。最简便地描述橡胶硫化历程的曲线,即用硫化仪测出的硫化曲线,如图4.13所示,这种曲线的形状与硫化历程图的曲线相似,但它是一条连续的曲线,从图中可以直接计算出各硫化阶段所对应的时间。

由图4.13可以看出,胶料的硫化经历了诱导期、热硫化期、硫化平坦期后,在过硫化阶段中,可能会出现三种状态:第一种是曲线继续上升,如图4.13中的虚线M,这种状态是由于在过硫化阶段中产生了结构比作用,通常硫黄硫化的丁苯橡胶、丁腈橡胶、三元乙丙橡胶等会出现这种现象;第二种是曲线保持较长的平坦期,如图4.13中的虚线P,通常用非硫硫化体系硫化的丁腈橡胶、氯丁橡胶、丁基橡胶、三元乙丙橡胶、硅橡胶、氟橡胶等会出现这种现象;第三种曲线转为下降,如图4.13中的曲线R,这是胶料在过硫化阶段中发生网状结构的热裂解,产生硫化返原现象所致,通常硫黄硫化的天然橡胶会出现这种现象。

4.3.2 正硫化及其测定方法

1. 正硫化及主硫化时间的概念

正硫化又称最宜硫化，是指硫化过程中胶料综合性能达到最佳值时的硫化状态。实际上正硫化时间不是一个点，而是一个阶段，在正硫化阶段中，胶料的物理机械性能能保持最高值或略低于最高值。如果实际胶料的硫化不及正硫化，则称为欠硫；超过正硫化，则称为过硫。欠硫和过硫都会使胶料的物理机械性能和耐老化性能下降。

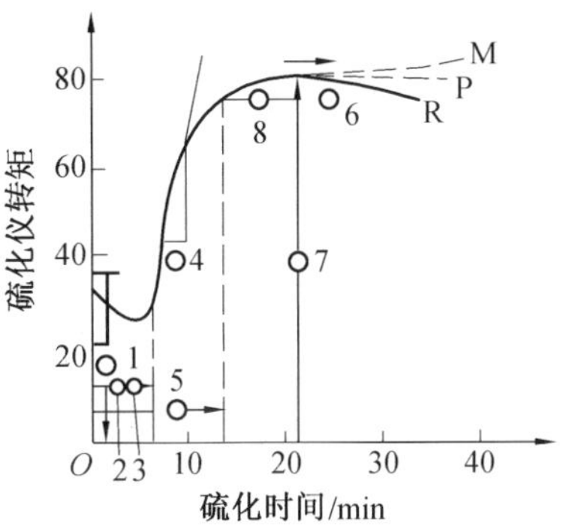

图 4.13 天然橡胶胎面胶配合的硫化曲线

1—初期黏度；2—诱导期；3—焦烧时间；4—硫化速度；5—正硫化时间；6—过硫化；7—硫化度；8—平坦硫化时间

相应地，把胶料达到正硫化所需要的最短硫化时间称为正硫化时间，把保持胶料处于正硫化阶段所经历的时间称为平坦硫化时间。

胶料正硫化时间的长短不仅与胶料的配方、硫化温度和硫化压力等有直接的关系，而且要受到硫化工艺方法，尤其是受到所考查的某些主要性能的影响。因为在硫化工艺条件下不可能使胶料所有的性能同时达到最佳值，另外有些特性还会在一定程度上出现相互矛盾。如橡胶的撕裂强度、耐裂口性能在达到正硫化时间前稍微欠硫时最好，胶料的回弹性、生热性、抗溶胀性能及压缩永久变形等则在轻微过硫时最好，而胶料的拉伸强度、定伸应力（指天然橡胶硫黄硫化时）、耐磨及耐老化性能则在正硫化时为最好。把这种考查上述诸多因素之后而得到的正硫化时间，称为工艺正硫化时间。显然，工艺正硫化时间更具有现实的工艺意义。

如果从理论上加以分析，硫化是化学交联反应过程，那么，正硫化与交联密度之间存着怎样的关系呢？从硫化反应的动力学研究表明，正硫化是指胶料达到最大交联密度时的硫化状态，正硫化时间是指达到最大交联密度时所需的时间。显然，由交联密度确定正硫化是比较合理的。为了与习惯上的工艺正硫化和工艺正硫化时间相区别，可将其分别称为理论正硫化和理论正硫化时间。理论正硫化和理论正硫化时间与工艺正硫化和工艺正硫化时间有着一定差别。

2. 正硫化时间的测定方法

测定胶料的硫化程度和正硫化时间的方法很多，但基本上可分为三大类，即物理—化学法、物理机械性能法和专用仪器法。前两类方法是在确定的硫化温度下、用不同硫化时间制得硫化胶试片，测得各项性能后，绘制成曲线图，从曲线中找出最佳值所对应的时间，作为正硫化时间。最后一类方法则是在确定的温度下，连续测出硫化曲线，直接从曲线上找出正硫化时间。

（1）物理—化学法

属于此类测定方法的有游离硫测定法和溶胀法。

①游离硫测定法。游离硫测定法是分别测出不同硫化时间的试片中的游离硫量，然后绘出游离硫量-时间曲线，曲线上游离硫量最小值所对应的硫化时间即为正硫化时间。

胶料在硫化过程中，随着交联密度的增加，结合硫量逐渐增加，而游离硫量逐渐减小，当游离硫量降至最低值时，即达到最大的交联程度。因此，此法所测得的正硫化时间与理论正硫化时间应该是一致的。但由于在硫化反应中消耗的硫黄并非全部构成有效的交联键,因此,所得结果不能准确地反映胶料的硫化程度,而且不适于非硫黄硫化的胶料。

②溶胀法。溶胀法是将不同硫化时间的试片,置于适当的溶剂(如苯、汽油等)中,在恒温下经一定时间达到溶胀平衡后,取出试片进行称量,根据计算出的溶胀率绘成溶胀曲线,如图4.14所示。溶胀率的计算公式为

$$溶胀率 = \frac{G_2 - G_1}{G_1} \times 100\% \quad (4.5)$$

式中,G_1为试片在溶胀前的质量,g;G_2为试片在溶胀后的质量,g。

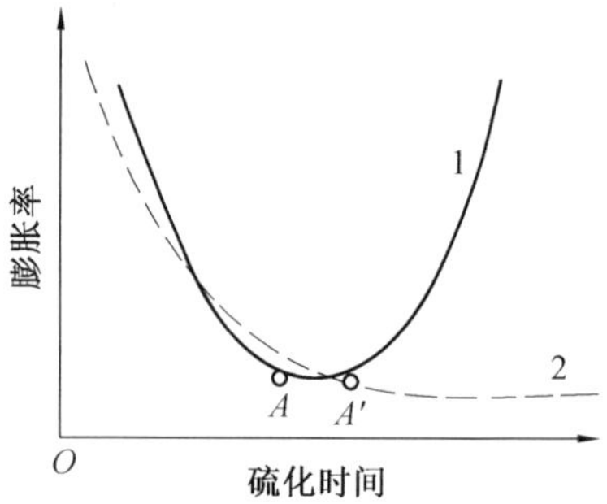

图4.14 溶胀曲线
(AA'为正硫化选择点)
1—天然胶;2—合成胶

天然橡胶的溶胀曲线呈U形,曲线最低点的对应时间即为正硫化时间。合成橡胶的溶胀曲线类似于渐近线,其转折点即为正硫化时间。

橡胶在溶剂中的溶胀程度随交联密度的增大而减小,在充分交联时,将出现最低值。因此,溶胀法是测定正硫化的标准方法,由此测得的正硫化时间为理论正硫化时间。

(2)物理机械性能测定法

在硫化过程中,由于交联键的不断形成和之后的重排和裂解等,橡胶的物理机械性能都随之发生变化。因此,可以说所有的物理机械性能实验方法都能用做测定正硫化时间的方法。但在生产中,通常是根据产品的性能要求,而采用一项或几项性能实验作为正硫化时间的测定方法。如性能侧重于强度,即采用定伸应力或拉伸强度的实验;如性能侧重于变形,可采用压缩变形实验;如要兼顾强伸性能,可采用抗张积实验。常采用的测定方法有定伸应力法、拉伸强度法、抗张积法、压缩永久变形法及综合取值法等。

①定伸应力法。定伸应力法是根据不同硫化时间试片的300%定伸应力绘出曲线,如图4.15所示。曲线在强度轴的转折点所对应的时间,即为正硫化时间。也可采用图解法确定正硫化时间,即通过原点作一条直线,与定伸应力曲线上最早出现的最高点相连接,然后再画一条与之平行并与之定伸应力相切的直线,其切点(图4.15中的点)所对应的时间即为正硫化时间。

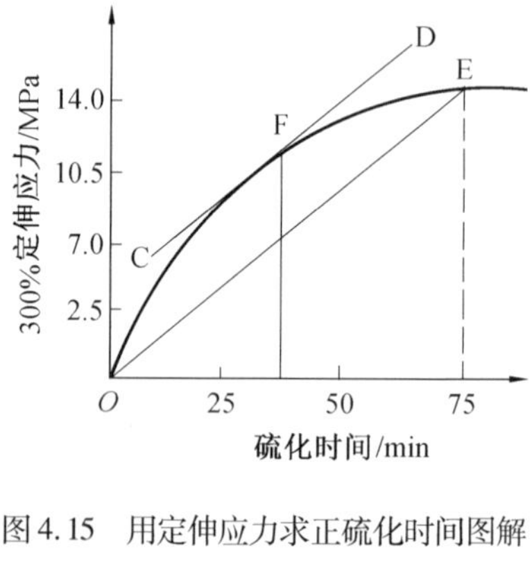

图4.15 用定伸应力求正硫化时间图解

在一般情况下,定伸应力是与交联密度成正比的。硫化过程中定伸应力的增大在某种程度上是反映橡胶弹性的增大,其曲线是随结合硫量的增加而增至最高值。由300%定伸应力所确定的正硫化时间基本上与理论正硫化时间相一致。

②拉伸强度法。拉伸强度法与定伸强度法相似。通常,选择拉伸强度最大值或比最大值略低(考虑到后硫化)时所对应的时间为正硫化时间。

胶料的拉伸强度是随交联密度的增加而增大,但达到最大值后,便随交联密度的增加

而降低。这是因为交联密度的进一步增加,会使分子链的定向排列发生困难所致。所以,由拉伸强度确定的正硫化时间为工艺正硫化时间。

③抗张积法。抗张积法是依据不同硫化时间试片的拉伸强度和扯断伸长率分别绘出曲线,两曲线虽然不一,但它们乘积的最大值可代表强伸性能的最佳平衡,因此,可作为正硫化范围。从抗张积的物理意义考虑,它近似于试片被扯断时所消耗的能量。由于抗张积的最大值处于最大交联密度之前,因此用抗张积确定的正硫化时间也为工艺正硫化时间。

④压缩永久变形法。压缩永久变形法是根据不同硫化时间试样的压缩永久变形值绘成曲线,如图4.16所示。曲线中第二转折点对应的时间即为正硫化时间。

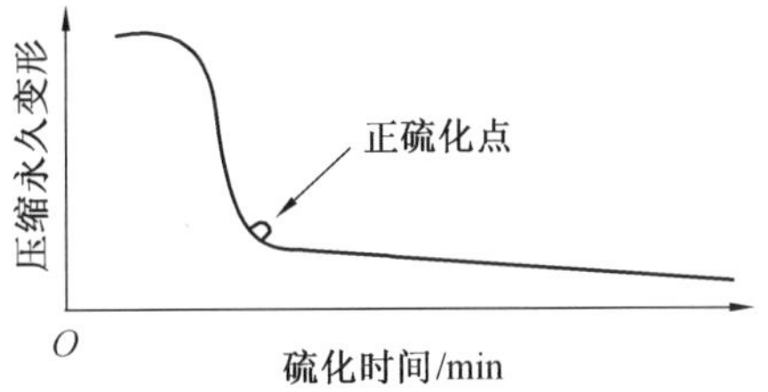

图4.16　压缩永久变形与硫化时间的关系

在硫化过程中,随交联密度的上升,胶料的塑性逐渐下降,而弹性逐渐上升,胶料受压缩后的弹性复原性也就随之逐渐增加,压缩永久变形则逐渐减小。在一般情况下,压缩永久变形与交联密度成反比关系,因此可用压缩永久变形的变化曲线来确定硫化程度,且所测得的正硫化时间与理论正硫化时间相一致。

⑤综合取值法。综合取值法是分别测出不同硫化时间试样的拉伸强度、定伸应力、硬度和压缩永久变形等四项性能的最佳值所对应的时间,即

$$\text{正硫化时间} = \frac{4T + 2S + M + H}{8} \qquad (4.6)$$

式中,T 为拉伸强度最高值对应的时间,min;S 为压缩变形率最低值对应的时间,min;M 为定伸应力最高值对应的时间,min;H 为硬度最高值对应的时间,min。

由此确定的正硫化时间为工艺正硫化时间,它具有综合平衡的意义。

用物理机械性能法测定正硫化时间要比物理—化学法简单而实用,但仍具有手续麻烦、时间长、精度差、重现性低等缺点。

⑥专用仪器法。专用仪器法用于专门测定胶料硫化特性的测试仪器有门尼黏度计和各类硫化仪等。它们都能连续地测定硫化全过程的各种参数,如初始黏度、焦烧时间、硫化速度、正硫化时间(门尼黏度计不能直接测得正硫化时间)等。

这类仪器的作用原理是测量胶料在硫化过程中剪切模数的变化,而剪切模数与交联密度成正比。因此,可通过剪切模数的变化反映胶料在硫化过程中交联程度的变化。

a.门尼黏度法。门尼黏度法是早期出现的测试胶料硫化特性的方法。由门尼黏度计测得的胶料硫化曲线称为门尼硫化曲线,如4.17所示。

由图4.17可见,随硫化时间的增长,胶料的门尼黏度值先下降至最低点后又恢复上升。一般由最低点上升1个门尼值时所对应的时间称为门尼焦烧时间($T_{\Delta 5}$)。从最低点上升至35个门尼值(用$\Delta 5+\Delta 30$表示)时所对应的时间称为门尼硫化时间(T_{35}),$T_{\Delta 30}$则表示门尼硫化时间与门尼焦烧时间之差,在$T_{\Delta 30}$的单位时间(min)内的黏度上升值则称为门尼硫化速度。

门尼黏度计不能直接测出正硫化时间,但可以通过下列经验公式来推算

$$\text{正硫化时间} = T_{\Delta 5} + 10(T_{35} - T_{\Delta 5}) \quad (4.7)$$

b. 硫化仪法。硫化仪法所用的硫化仪是测试橡胶硫化特性的专用仪器。其种类很多，但根据作用原理分为：第一类是在硫化中对胶料施加一定振幅的力，测得相应的变形量；第二类是在碱化中对胶料施加一定振幅的剪切变形，测出相应的剪切模量，称为振动硫化仪。我国制造的 LH-I 型和 LH-II 型硫化仪均属第二类。

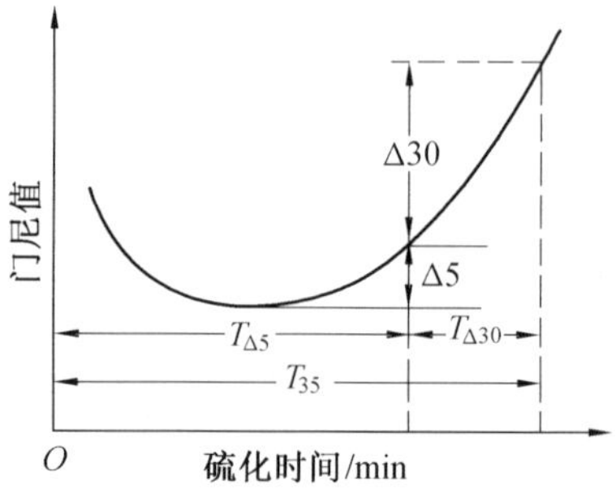

图 4.17　门尼硫化曲线

由硫化仪测得的胶料硫化曲线如图 4.18 所示。从硫化曲线中可以获得各种硫化参数，通常可以取 5 个特性数值，即最大转矩 M_m、最小转矩 M_l、起始转矩 M_0、焦烧时间 t_{10} 和正硫化时间 t_{90}。

由于硫化仪的转矩读数反映了胶料的剪切模量，而剪切模量又与交联密度成正比，所以硫化仪测得的转矩变化规律与交联密度的转矩变化规律相一致。因此，最大转矩 M_m 可代表最大交联密度；最大转矩所对应的时间 t_m 为理论正硫化时间；起始转矩 M_0 可代表胶料的初始黏度；最小转矩 M_l 可代表胶料最低黏度；t_l 为胶料达到最低黏度所对应的时间。对焦烧时间和正硫化时间的确定标准，世界各国至今尚未统一。我国采用转矩达到 $M_l+10\%(M_m-M_l)$ 所对应的时间 t_{10} 为焦烧时间；转矩达到 $M_l+90\%(M_m-M_l)$ 所对应的时间 t_{90} 为工艺正硫化时间；$t_{90}-t_{10}$ 可代表胶料的硫化速度。

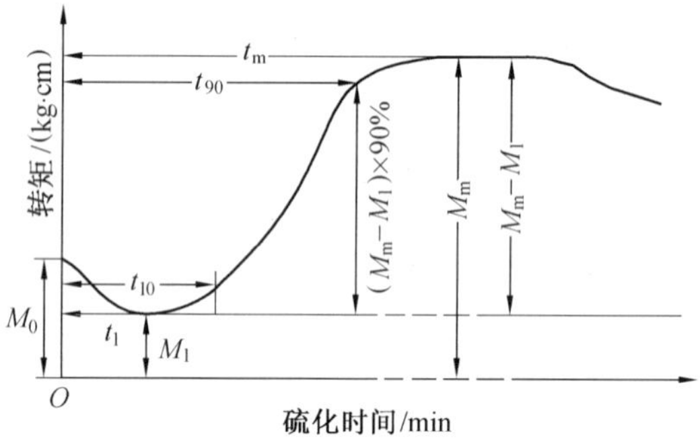

图 4.18　胶料硫化曲线

M_0—起始转矩（反映胶料的初始黏度）；M_l—最小转矩（反映胶料在一定温度下的充动性）；M_m—最大转矩（反映硫化胶的最大交联度）；t_l—达到最低黏度对应的时间；t_l—达到最大转矩对应的时间；t_{10}—转矩达到［$M_l+(M_m-M_l)\times 10\%$］所需的时间（焦烧时间）；t_{90}—转矩达到［$M_l+(M_m-M_l)\times 90\%$］所需的时间（工艺正硫化时间）

对于合成橡胶胶料，当其硫化曲线出现不收口现象时，由于不能获得最大转矩 M_m，因此也就无法确定焦烧时间 t_{10} 和工艺正硫化时间 t_{90}。此时，可用提高实验温度的方法使硫化曲线收口。如仍无效果时，可由以下方法求出最大转矩的近似值，如图 4.19 所示。

最大转矩 M_m 的求解方法是建立在当胶料硫化到达理想终点时。为此，可在硫化曲线上取任意四点（或更多），其转矩分别为 M_1、M_2、M_3、M_4，然后分别求出它们的斜率 A、B、C、D 各点，并延长至 x 轴得到一交点，此点即为所求的最大转矩 M_m，它符合 $\frac{dM_n}{dt}=0$ 的条件。

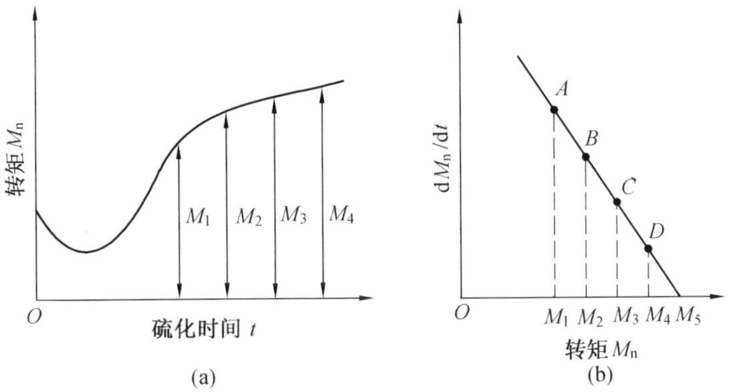

图 4.19 硫化仪最大转矩近似值的求解示意图

4.3.3 硫化工艺条件

硫化工艺条件是指决定橡胶硫化质量的三个重要因素,即硫化温度、压力和时间。通常习惯称它们为“硫化三要素”。

1. 硫化温度

和其他化学反应一样,橡胶的硫化反应依赖于温度。硫化温度是橡胶发生硫化反应的基本条件,它直接影响硫化速度和产品质量。硫化温度高,硫化速度快,生产效率高,并易于生成较多的低硫交联键;反之,硫化温度低,硫化速度慢,生产效率低,并易于生成较多的多硫交联键。通常,硫化温度的选择应根据制品的类型、胶种及硫化体系等几个方面进行综合考虑。

(1)制品类型

橡胶是一种热的不良导体,其导热性较金属低几个数量级。所以,在硫化过程中,胶料受热升温慢,尤其难以使厚制品胶料内外温度均匀一致,而造成制品内部处于欠硫或恰好正硫时,表面已经过硫。而且硫化温度越高,过硫程度越大。因此,为保证多部件制品及厚壁制品的均匀硫化,除需在配方设计时充分考虑胶料的硫化平坦性外,在硫化温度的选择上也应考虑硫化温度低一些或采取逐步升温的方法。而对结构简单的薄壁制品,硫化温度可高一些。通常厚壁制品的硫化温度以不高于 140 ~ 150 ℃为宜,而薄壁制品的硫化温度可掌握在 160 ℃以下。例如,同样的丁腈橡胶模压制品,壁厚为 20 ~ 25 mm 的胶辊硫化温度选择在 126 ℃左右,而只有几毫米厚的密封圈的硫化温度则选择在 158 ℃左右。

硫化过程中,生胶与硫黄的化学反应是一个放热反应过程。实验表明,184 ℃下硫化时,含 4 份硫黄的胶料其反应热为 41.87 J/g。这种生成热随结合硫黄的增加而增大,当硫黄用量为 32 份时,可生成 1 851 J/g 的热量。在软质胶中,因硫黄用量少、热效应较小,对硫化影响不大。但在硫黄用量很高的硬质胶中,热效应则较大。又因橡胶导热性差而难以使大量的生成热传递扩散,造成体系内部生热高,从而发生配合剂挥发、橡胶裂解等现象,使制品产生气泡,甚至爆炸。所以硬质橡胶制品一般都采用 134 ℃以下的硫化温度,以减缓反应热的生成速度,并有助于散热,使体系内部温度降低,从而保证硫化工艺的安全、顺利进行。

橡胶制品中常有一些纺织纤维材料的复合部件，如轮胎的帘线骨架、胶鞋的帆布鞋帮等。由于纺织纤维材料的耐热性能较差，温度过高会使其发硬发脆，甚至断链破坏，如一般棉纺织物在240 ℃条件下，连续加热4 h，就会被完全破坏。因此，凡含纺织纤维材料复合部件的制品及胶布制品，硫化温度都不应高于130～140 ℃。

对于橡胶空心及海绵制品，应考虑到硫化的同时，还伴随有发泡反应。不同的发泡体系有不同的适宜发泡温度，要求硫化温度与发泡温度相适应（以硫化温度稍高于发泡剂分解温度为宜），否则将导致发泡反应不能顺利进行，海绵发泡率过低或过高。例如，以小苏打为胶鞋海绵中底的发泡剂、无发泡助剂时的分解温度为150 ℃，因此要求硫化温度稍高于150 ℃才能保证发泡与硫化同时顺利地进行。

（2）生胶种类

橡胶为有机高分子材料，高温易引起橡胶分子链的裂解破坏，乃至发生交联键的断裂，即硫化返原现象，而导致硫化胶的强伸性能下降。其中天然橡胶和氯丁橡胶最为显著。综合考虑橡胶的耐热性和硫化返原现象，各种橡胶的适宜硫化温度范围一般为：天然橡胶最好在143 ℃以下，最高不能超过160 ℃，否则硫化返原现象会十分严重；顺丁橡胶、异戊橡胶和氯丁橡胶最好在151 ℃以下，最高不能超过170 ℃；丁苯橡胶、丁腈橡胶可采用150 ℃以上，最高不超过190 ℃；丁基橡胶和三元乙丙橡胶可采用160～180 ℃，最高不超过200 ℃；硅橡胶和氟橡胶可采用200～220 ℃高温长时间二次硫化。近年来，随着通用橡胶新型硫化体系的研究，可以使通用橡胶在更高的温度（170～180 ℃或以上）下快速硫化，而不产生硫化返原现象。

（3）配方中硫化体系的类型

不同的硫化体系具有不同的硫化特性，有的所需活化温度高，有的所需活化温度低，因此，也需要根据配方中的硫化体系相应选择适宜的硫化温度。通常，普通硫黄硫化体系温度大体在138～150 ℃左右，具体可根据所选促进剂的活性温度和制品的物理机械性能指标来确定。当促进剂的活性温度较低或制品要求高强伸性、较低的定伸应力和硬度时，硫化温度可低些（有利生成较高比例的多硫交联键）；当促进剂的活性温度较高或制品要求高定伸应力和硬度、低伸长率时，硫化温度宜高些（有利生成较高比例的低硫交联键）。而有效、半有效硫化体系的硫化温度一般掌握在160～165 ℃，过氧化物及树脂等非硫硫化体系的硫化温度以170～180 ℃为宜。

总之，影响硫化温度的因素很多，除上述讨论的主要影响因素外，有时还有一些特殊情况。例如，采用盐浴硫化方法时，其硫化温度必须在金属盐的熔点（142 ℃）以上，而金属盐的沸点（500 ℃），则限制硫化温度的最高选择界限。又如，配方中含有某些低沸点配合剂时，则硫化温度要低于这些配合剂的沸点，否则，将会造成配合剂的气化逸出使制品起鼓或呈海绵状。再如，对橡塑并用的制品，硫化温度必须高于所用树脂的软化点，以使并用胶料在硫化温度下具有良好的流动性和充模性，从而获得符合结构需求和外观轮廓清晰、饱满的模制品。

2. 硫化压力

硫化压力是指硫化过程中橡胶制品单位面积上所受压力的大小。除了胶布等薄壁制品以外，其他橡胶制品在硫化时均需施加一定的压力。硫化压力的作用主要有以下几点。

①防止制品在硫化过程中产生气泡，提高胶料的致密性硫化时，胶料中包含的水分和其他易挥发物质，以及硫化反应中可能形成的硫化氢气体，均会在高温下挥发逸出而使胶料产生气泡。若硫化时施加大于胶料可能产生逸出气泡内压力的硫化压力，则可防止气泡的产生，并可提高胶料的致密性。若只防止产生气泡，也可在胶料中加入石膏、氧化钙等吸水剂，以实现常压硫化。

②使胶料易于流动和充满模腔，为制得花纹清晰、饱满的制品，必须使胶料能够流动和充满模腔。特别是胶料处于为交联状态的硫化诱导期内，硫化压力的作用更为明显。实验表明，模压橡胶制品，若硫化温度为100～140 ℃，则硫化压力应为2～4.9 MPa，若硫化温度为40～50 ℃(如注压充模定型)时，则硫化压力应为49～78.4 MPa，才能保证胶料良好流动，充满模腔。

③提高胶料与布层的密着力硫化时，随着硫化压力的增加，橡胶透入布层的深度增大，从而可提高橡胶与布层的密着力以及制品的耐屈挠性能。实验表明，天然橡胶汽车外胎硫化时，随着水胎内压力的增加，外胎内层帘布的耐屈挠性能也随之增加，见表4.17。

表4.17　硫化压力与帘布层耐屈挠性能的关系

硫化压力/MPa	帘布屈挠到破坏的次数/次	硫化压力/MPa	帘布屈挠到破坏的次数/次
0.35	3 500～4 500	2.2	90 000～95 000
1.6	465 000～47 000	2.5	80 000～82 000

④有助于硫化胶物理机械性能的提高。实验表明，用4.9 MPa的压力硫化外胎，其耐磨性能要比在一般压力(2 MPa)下硫化的外胎高10%～20%，这是因为提高硫化压力可使硫化胶致密性增加的结果。但是，过高的硫化压力对橡胶的性能也会不利，这是因为高压如同高温一样，会加速橡胶分子的热降解作用。此外，高压下，纺织材料的结构也会受到破坏，而导致耐屈挠性能下降。

通常，硫化压力的选取应根据胶料配方、可塑性及产品结构等决定。一般的原则是，胶料塑性大，压力宜小；产品厚，层数多，结构复杂，压力宜大；制品薄，压力宜低，甚至可用常压。几种硫化工艺所采用的硫化压力见表4.18。

表4.18　几种硫化工艺所采用的硫化压力

硫化工艺	加压方式	压力/MPa
注压硫化	注压机加压	117.7～147.1
汽车外胎硫化	外胎加压(胶囊硫化)	2.2～2.5
模型制品硫化	外膜加压	14.7
运输带硫化	平板加压(通过模具)	2.0～3.9
传动带硫化	平板加压	1.5～2.5
汽车内胎蒸汽硫化	平板加压	0.9～1.6
胶管直接蒸汽硫化	蒸汽加压	0.5～0.7
胶鞋硫化	蒸汽加压	0.3～0.5
胶布直接蒸汽硫化	热空气加压	0.2～0.4
胶布连续硫化	蒸汽加压	0.1～0.3

硫化加压的方式有，用液压泵通过平板硫化机把压力传递给模型，再由模型传递给胶料，称平板加压；由硫化介质直接加压，如蒸汽加压；以压缩空气加压，即热空气加压；由个体硫化机加压及注压机注压；等。

3. 硫化时间

和其他许多化学反应一样，硫化反应的进行还依赖于时间。在一定的硫化温度和压力的作用下，只有经过一定的硫化时间才能达到符合设计要求的硫化程度。

(1)硫化时间的一般确定方法

通常，制品的硫化时间应在胶料达到正硫化的范围内，根据制品的性能要求进行选取，并且还要根据制品的厚度和布层骨架的存在进行调整。其确定程序如下：

①确定半成品的正硫化时间。当硫化温度确定后，可按常规的物理机械性能法或硫化仪法确定半成品(试片)胶料的正硫化时间。

②确定成品硫化时间。根据试片的正硫化时间确定成品硫化时间。

a. 若成品厚度在 6 mm 或以下，于硫化工艺条件下可认为是均匀受热的，其硫化时间与试片正硫化时间相同。

b. 若成品厚度大于 6 mm 时，每增加 1 mm 厚度，硫化时间应滞后 1 min(经验)。如其成品厚度为 22 mm，试片正硫化条件为 142 ℃、10 min。在 142 ℃硫化温度下，成品的硫化时间应等于 10 +(22−6)× 1 =26(min)。

c. 如制品内含有布层骨架，还要另加滞后时间。应先按下列公式将布层厚度换算成相当胶层厚度的当量厚度：

$$\frac{h_1}{h_2} = \sqrt{\frac{a_1}{a_2}} \tag{4.8}$$

$$h_1 = h_2\sqrt{\frac{a_1}{a_2}} \tag{4.9}$$

式中，h_1 为布层相当于胶层的当量厚度，cm；h_2 为布层实际厚度，cm；a_1 为胶层的热扩散系数，cm^2/s；a_2 为布层的热扩散系数，cm^2/s。

求出布层的当量厚度后，即可求出制品的总计算厚度 h。

$$h = \text{制品的胶层厚度} + \text{布层当量厚度}$$

最后，根据制品总计算厚度，求出滞后时间和制品的硫化时间。

(2)硫化时间的调整

硫化时间是受硫化温度制约的。当硫化温度改变时，硫化时间必须作相应的调整。通常，可用范特霍夫方程式计算出不同温度下的等效硫化时间。所谓等效硫化时间是指在不同的硫化温度下，经硫化获得相同的硫化程度所需要的时间，即

$$\frac{\tau_1}{\tau_2} = K^{\frac{t_2 - t_1}{10}} \tag{4.10}$$

式中，τ_1 为温度在 t_1 时的硫化时间，min；τ_2 为温度在 t_2 时的硫化时间，min；K 为硫化温度系数(通常取 $K=2$)。

硫化温度系数的意义是，橡胶在特定的硫化温度下获得一定性能的硫化时间与温度相差 10 ℃时获得同样性能所需的硫化时间之比。硫化温度系数随胶料的配方和硫化温

度而变化，一般，配方中的生胶和硫化体系的硫化活性越大，硫化温度越高时，K 值越大。通常 K 值在1.8～2.5之间变化，可通过实验确定。凡是用于测定正硫化的方法都可用来测定 K 值。其中最方便而又准确的方法是采用硫化仪分别测出胶料在 t_1 和 t_2 温度下（一般取 t_1 和 t_2 相差为10 ℃）相对应的正硫化时间 τ_1 和 τ_2，然后代入范特霍夫方程式可计算出实际胶料的 K 值。

例如，用硫化仪测得某种胶料在140 ℃下的正硫化时间为20 min，在150 ℃下的正硫化时间为9 min，则 K 值为

$$\frac{\tau_1}{\tau_2} = K^{\frac{t_2-t_1}{10}} = K^{\frac{150-140}{10}} = K$$

$$K = \frac{20}{9} = 2.2$$

（3）硫化效应及厚制品等效硫化时间的确定

①硫化效应。硫化效应是衡量胶料硫化程度深浅的尺度。硫化效应大，说明胶料硫化程度深；硫化效应小，说明胶料硫化程度浅。它等于硫化强度与硫化时间的乘积，即

$$E = I\tau \tag{4.11}$$

式中，E 为硫化效应；I 为硫化强度；τ 为硫化时间，min。

②硫化强度是指胶料在一定的温度下，单位时间所达到的硫化程度或胶料在一定温度下的硫化速度。硫化强度大，说明硫化反应速度快，达到同一硫化程度所需硫化时间短；硫化强度小，说明硫化反应速度慢，达到同一硫化程度所需时间长。硫化强度取决于胶料的硫化温度系数和硫化温度，即

$$I = K^{\frac{t-100}{10}} \tag{4.12}$$

式中，t 为胶料硫化温度；K 为硫化温度系数。

同种胶料，可在不同的硫化温度下硫化，但必须达到相同的硫化程度，即 $E_1 = E_2$。利用上述公式，可根据一个已知的硫化条件，计算出任意未知硫化条件。

由于每一胶料达到正硫化后都有一硫化平坦范围，因此在改变硫化条件时，只要把改变后的硫化效应控制在原来硫化条件的最小硫化效应 E_{min} 和最大硫化效应 E_{max} 之内，即

$$E_{min} < E < E_{max}$$

制品的物理机械性能就可与原硫化条件相近。

③原制品等效硫化时间的确定。由于橡胶是一种热的不良导体，因而厚制品在硫化时各部位或各部件的温度是不相同的（即使是同一部位或同一部件在不同的硫化时间内温度也是不同的），在相同的硫化时间内所取得的硫化效应也是不同的。并且，随着制品厚度的增加，这种现象越为明显。为了正确确定厚制品的硫化工艺条件和各层胶件的胶料配方，往往需要首先拟定一个硫化工艺条件，然后将厚制品于该硫化工艺条件下进行硫化。同时，测出各胶层温度随硫化时间的变化情况，计算出各胶层的硫化效应，再将其分别与各胶层胶料试片在硫化仪上测出的达到正硫化的允许硫化效应相比较，如果各胶层的实际硫化效应都在允许的范围之内，即可认为拟定的硫化工艺条件是适宜的。否则，要对硫化工艺条件或各胶层胶料配方作调整。具体可分如下三步：

a. 于硫化仪上测定构成厚制品各胶层的不同配方胶料试片的正硫化条件及硫化平坦

范围，计算出硫化温度系数 K 及可允许的最小硫化效应 E_{min} 和最大硫化效应 E_{max}。

b. 根据厚制品各层胶料的配方的特性以及长期积累的实践经验，拟定厚制品的一个初步硫化工艺条件，并将制品于该硫化工艺条件下进行硫化。

c. 制定制品在硫化过程中各层温度的变化情况，再计算出各层的硫化效应。

各层温度的测量一般可用热电偶直接测得，但热电偶必须在制品成型时就埋入指定的位置。测温时从制品加热时开始，间隔一段时间（通常为 5 min）测量一次，连续测量至硫化结束。如果将温度与时间作图，可得到如图 4.20 所示的曲线，这条曲线表明制品各层的温度随硫化时间变化而变化。

根据图 4.20 的温度-时间曲线，通过计算还可以得到硫化强度-硫化时间曲线，如图 4.21 所示。图中曲线所包围的面积（阴影部分）即为硫化效应。如用积分式表示，为

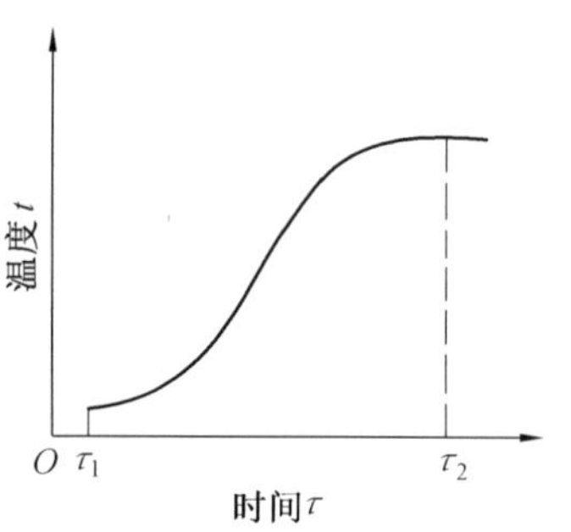

图 4.20　由热电偶测得的制品内层温度-时间曲线

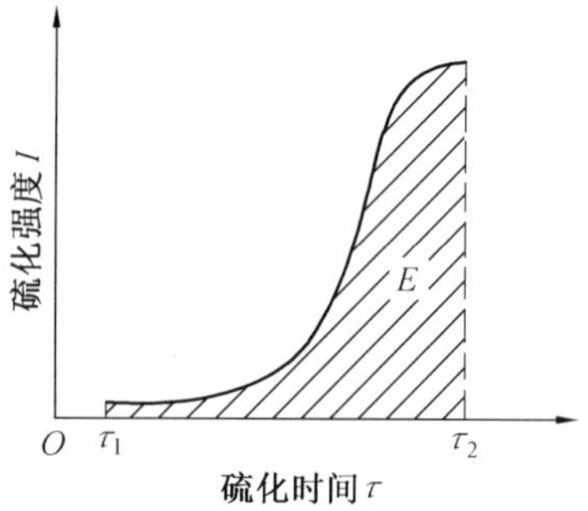

图 4.21　硫化强度和硫化时间的关系

$$E = \int_{\tau_2}^{\tau_1} I \mathrm{d}\tau \tag{4.13}$$

上述积分式可化为近似值来计算，即

$$E = \Delta\tau\left(\frac{I_0 + I_n}{2} + I_1 + I_2 + I_3 + \cdots + I_{n-1}\right) \tag{4.14}$$

式中，$\Delta\tau$ 为测温的间隔时间，min；I_0 为硫化初始温度下的相应硫化强度；$I_1, \cdots, I_n$ 为第一个读数的时间间隔到第 n 个读数的时间间隔温度下的相应硫化程度。

d. 分别比较各胶层的硫化强度 E 与各胶层胶料的最小硫化效应 E_{min} 和最大硫化效应 E_{max}。如所有胶层都符合 $E_{min}<E<E_{max}$，则硫化工艺条件拟定正确，否则应该提出改进措施。如果所有胶层的硫化效应都同时偏大或偏小，则可以提高硫化温度，延长硫化时间或降低硫化温度，缩短硫化时间。如果个别胶层不符合要求，或有的偏大，有的偏小，则要从配方和硫化条件两方面着手改进。

4. 硫化介质

多数情况下，橡胶的硫化都是在加热条件下进行的，对胶料加热，就需要一种能传递热能的物质，这种物质称为硫化介质。作为优良的硫化介质的条件是：具有优良的导热和传热性；具有较高的蓄热能力；具有比较宽的温度范围；对橡胶制品及硫化设备无污染性和腐蚀性。硫化介质的种类很多，常见的有：饱和蒸汽、过热水、热空气、热水、过热蒸汽、熔融盐、固体微粒、红外、远红外、射线等。

(1)饱和蒸汽

饱和蒸汽是一种应用最为广泛的高效能硫化介质。饱和蒸汽的热量主要来源于汽化潜能，所以无需温度发生变化，就能放出大量能量。其蓄能大(150 ℃时的汽化潜热可以达到2 118.5 kJ/kg)，给热系数大(150 ℃时为1 200～1 700 W/(m^2·k))，并可以通过改变压力而准确地调节加热温度，操作方便，成本低廉。但所加热的温度要受压力的限制，想要得到较高的温度，就必须具有较高的蒸汽压力。这对于那些相对要求高温低压或高压低温的硫化工艺条件难以实行。另外，由于容易产生冷凝水，造成局部低温，并对制品外观产生不利影响，使表面发污和产生水渍，这就限制了它在某些方面，如涂有亮油的胶面胶鞋硫化的使用。

(2)过热水

过热水也是常用的一种硫化介质。其主要靠温度的降低来供热，密度大(150 ℃时为917 kg/m^3)，比热大(150 ℃时为4 312 J/(kg·K))，导热系数大(150 ℃时为0.684 W/(m·k))，给热系数大(150 ℃时为293～17 560 W/(m^2·K))。采用过热水硫化可赋予制品以很高的硫化压力，适用于高压硫化。如轮胎外胎硫化时，将过热水充满水胎中，以保持内温在160～170 ℃，内压在2.2～2.7 MPa范围内。

其主要缺点是，传热是通过降温实现的，因此硫化温度不易控制均匀。为保证恒温，要用过热水专用泵强制循环。此外，过热水在一些场合下不宜与硫化制品直接接触。

(3)热空气

热空气与过热水一样，也是靠温度的降低来传热，因而于硫化过程中也需要以风机强制使其循环，以防止硫化介质温度的降低。热空气是一种低效能的硫化介质，其比热小(150 ℃时为1 026 kJ/(kg·K))，密度小(150 ℃时为0.835 kg/m^3)，导热系数小(150 ℃时为3.55×10^{-2} W/(m·k))，传热系数小(150 ℃时为0.12～48 W/(m^2·k))。其主要特点是加热温度不受压力的影响，可以是高温低压，也可以是低温高压。另外，热空气比较干燥，不含水分，对制品的表面质量无不良影响，制品表面光亮。

但是，热空气中因含有氧气，易使制品氧化，于高温高压下尤为明显。

(4)固体熔融液

固体熔融液是指低熔点的共熔金属和共熔盐的熔融液。共熔金属常用铋、锡合金(锡42%，铋58%)，熔点为150 ℃；共熔盐常用53% KNO_3，40% $NaNO_2$，7% $NaNO_3$混合而成，熔点为142 ℃。

固体熔融液常用于连续硫化工艺中，其加热温度高，可达180～250 ℃，导热、传热系数高，热量大，是一种十分高效的硫化介质。但是，其密度大，易使制品漂浮表面或者将半成品压扁；又因硫化介质粘于制品表面，硫化后需要进行专门清洗。

5.硫化工艺方法

硫化工艺方法很多，根据硫化温度不同，可分为热硫化工艺和冷硫化工艺，前者是指在加热条件下进行的硫化工艺，后者是指在室温下进行的硫化工艺。根据硫化工艺的连续性与否可分为间歇式硫化工艺和连续式硫化工艺，而间歇式硫化工艺又可根据硫化设备的不同分为如下类型。

(1)硫化罐硫化工艺

硫化罐硫化工艺属于间歇式硫化工艺的范畴,其借助的硫化设备为硫化罐。该工艺最广泛应用的硫化介质为饱和蒸汽。此外,热空气或热空气-饱和蒸汽混合硫化介质也很常见。在一些场合下也可用热水、过热水、氮气或其他惰性气体等硫化介质进行硫化。

硫化罐硫化过程主要包括装罐及关闭罐盖,升高罐内的温度和压力,在规定的温度、压力和时间下硫化制品,降低罐内温度和压力,打开罐盖和卸罐等几个操作程序,如图4.22所示。

图4.22 硫化罐

根据硫化介质的不同,硫化罐硫化工艺又有如下几种主要硫化方法。

①直接饱和蒸汽硫化法。该法是将饱和蒸汽直接通入硫化罐中,接触橡胶制品或模具,而进行制品的热硫化。硫化前需将罐内空气完全排除,否则,蒸汽若与空气混合,会使罐内压力升高而改变饱和蒸汽的温度。此外,罐内空气也会增加冷凝水的生成,冷凝水会从较凉的制品表面透入其内部,使制品产生气泡、起鼓或分层。排除空气的做法是利用空气密度大于蒸汽密度这一特点,从罐的上部逐步充入蒸汽,使空气从罐底的支管排出。为消除可能出现的空气滞积区,还需用蒸汽吹洗硫化罐。

由于加热形式的不同,直接蒸汽硫化罐硫化又有开放式硫化、包层硫化、埋粉硫化和模型硫化等几种方法。

a.开放式硫化(裸硫化)法。此法是指对成型好的橡胶半成品不包覆任何外物即送入硫化罐进行硫化,主要适用于那些已经具有符合要求的成品结构(形状和尺寸)、在硫化过程中(至少在正式硫化反应发生之前)具有足够挺性而不会改变形状的橡胶制品的硫化,诸如纯胶管、胶布、力车胎有接头内胎、胶鞋、手套等。

b.包层硫化法。此法是指将成型好的橡胶半成品外表面包覆一层或数层织物帆布、铅层或胶片等后,再送入硫化罐进行硫化。包层的目的在于防止橡胶制品在硫化开始时受热软化而变形;对橡胶制品加压,以保证致密性;防止硫化介质(蒸汽)与制品表面直接接触,而使其污染、变色等。该法主要适用于胶管、胶辊、印刷胶板、橡胶圈、橡皮线等。如白色橡皮线,为防止硫化时制品边缘出现水渍,需将半成品卷好两头用150 mm宽的橡皮布包牢扎进,再用60 mm宽的小布条缠绕1~2层,以保证其外观质量。

c.埋粉硫化法。此法是将一些较长的薄壁、中空或窄截面的橡胶制品埋在撒有滑石粉的圆盘中进行硫化。埋粉的目的是防止制品在硫化初期由于自身重量的影响而发生变形。而且,还可利用滑石粉吸收硫化过程中生成的冷凝水,使之不与橡胶接触,以保证制品外观。圆盘一般要用金属盖盖好,为使罐中的压力与圆盘中的压力相一致,可在圆盘或圆盘盖上开小孔。

d.模型硫化法。此法是将待硫化的半成品先装于模型中,用螺栓固定,再放入硫化罐中通入硫化介质进行硫化。这种方法曾用于轮胎和力车胎的硫化,但现在只用于小规格的三角带、风扇带及一些规格较大的模型制品。

②热空气硫化法。对于硫化罐实施的热空气硫化法,又常使用饱和蒸汽间接加热,而

极少有电间接加热硫化的。间接饱和蒸汽硫化所采用的硫化罐均为夹套式硫化罐或带蛇形夹管的硫化罐。硫化时蒸汽不直接接触橡胶制品，而是充入夹套或蛇形管加热空气，再以热空气硫化橡胶制品。热空气硫化法主要适用于外观质量要求高的制品。因为热空气不含水分，硫化出的橡胶制品表观美观，色泽鲜艳，诸如胶鞋、胶靴等民用生活用品等大多用此种硫化方法。为保证加热均匀及制品密实，热空气要以空气压缩机鼓入空气进行鼓动，并具有 0.3 MPa 左右的压力。

③热空气-蒸汽混合硫化法。单纯用热空气做硫化介质导热性差、蓄能低、硫化效率低，故常改用热空气和饱和蒸汽混合气体作为硫化介质，即在硫化的最初阶段通入热空气使制品定性，在第二阶段再通入饱和蒸汽以加强硫化。如胶鞋的传统硫化工艺常采用此种方法，硫化条件为 138 ~ 143 ℃、38 ~ 40 min。前段采用间接蒸汽（热空气）硫化，时间为 24 ~ 25 min，后段采用直接蒸汽硫化，时间为 15 ~ 16 min。

(2)外加压式硫化工艺

硫化罐硫化工艺的硫化压力提供方式是通过硫化介质的流体内压（或至少可以说是以硫化介质的流体内压为主体）而实现的。在其他许多情况下，还可以用机械加压的方式来提供硫化压力，完成硫化作业。常见的有平板硫化机械硫化工艺，液压式立式硫化罐硫化工艺，个体硫化机硫化工艺，注压硫化工艺等。

(3)平板硫化机模压硫化法

为了制造致密而精度高、构型复杂的橡胶制品，广泛采用平板硫化机模压硫化工艺。采用这种方法可同时进行胶料在模具型腔内加压流动成型和胶料在硫化温度及硫化压力下发生硫化反应这两个过程。

该法的直接硫化介质是热空气，但实际上又都是间接采用饱和蒸汽、电或过热水加热平板或模具。采用饱和蒸汽可使平板及模具快速、均匀地加热，并可通过调节输入平板的蒸汽压力颇为精确地调节温度。其缺点是热有效系数低（约 5%），在平板孔道内生成水垢后会降低平板温度及其加热均匀性，此外当高温硫化时（160 ~ 220 ℃），要大幅度升高热力系统的蒸汽压力。而采用电加热，加热速度较快，很容易使平板加热到指定温度，但当温度调节器的调节精度不够时，会造成平板表面温度不一致或偏高偏低等，从而影响制品的硫化质量。

平板硫化的压力通常是由液压（水压或油压）泵提供，如图 4.23 常用的压力范围是：低压泵为 1.5 ~ 2.0 MPa，高压泵为 20 ~ 25 MPa。也有利用螺栓提供压力的。硫化时，先将半成品胶料放入模具型腔中，然后将模型推入平板间，在上下两平板压紧下进行硫化，到所需的硫化效应后取出模具，再取出制品。新型平板硫化机一般装有温度自控装置及机械推模器，以实现自动化操作。此外，为防止橡胶制品与模具粘连，可在模具工作面上涂刷隔离剂，如硅油乳液、肥皂水等；硫化开始时要放气数次，以排除型腔中窝存的空气；为保证胶料充满型

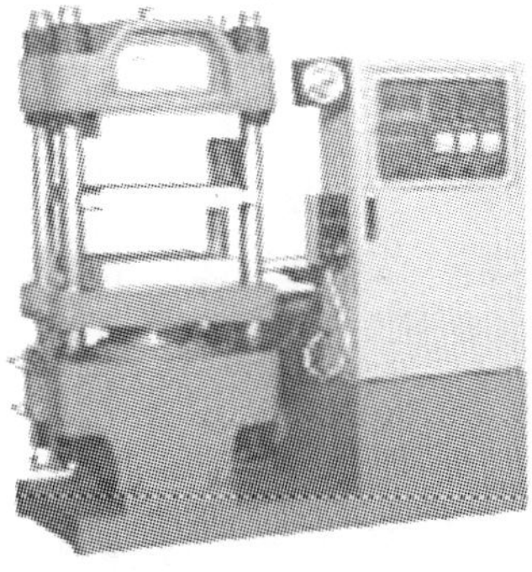

图 4.23　平板硫化机

腔及良好的致密性，半成品质量要比成品质量大2%～3%，但硫化后的制品要修剪飞边、胶柱等。

平板硫化机模压硫化工艺的应用范围很广，常用于各种胶带、胶板、密封制品、模压胶鞋以及各种模型制品的硫化。

（4）液压式立式硫化机硫化法

液压式立式硫化罐又称罐式硫化机，它是由立式硫化罐与水压机相连的硫化设备，可在水压机的加压作用下同时硫化多个模型橡胶制品。目前，罐式硫化机主要应用于汽车外胎的硫化。硫化时，将汽车外胎或其他大型模型制品的半成品放入模型中，再将模型依次叠放于硫化罐中，由通入罐中的饱和蒸汽直接加热模型，由水压机提供13.2 MPa的锁模力。此外，还用过热水从制品内部（水胎）加热加压，以保证制品致密、花纹清晰，并使制品受热硫化均匀。

罐式硫化机硫化轮胎外胎的操作程序为：将外胎半成品装模、装罐，装罐完毕盖好罐盖；在水压机提供高压水锁模之后，于水胎中充入过热水，提供外胎硫化时内部的温度和压力，然后向罐内输入饱和蒸汽，直至温度升至预定的硫化温度，并在此温度下持续硫化使之达到正硫化；硫化结束后，先排放出蒸汽，后从水胎排放出过热水，并用冷却水冷却水胎及模型；冷却后卸罐卸模、扒外胎、修胶柱。

此法的优点是设备结构简单，占地面积小，产量大。但过热水和蒸汽消耗量大，劳动强度大，制品易出现硫化程度不均匀的现象。

（5）个体硫化机硫化法

它是带有固定模型的特殊结构的硫化机，包括从老式的表壳式硫化机到最新式的双模定型硫化机。个体硫化机的最大特征是模型与机体连在一起，半边模型装于固定的下机台，另半边模型装于可动部分。它主要用于硫化大规格的汽车外胎，力车胎外胎以及硫化内胎、垫带、工业制品以及某些品种的胶鞋。

轮胎外胎硫化用的个体硫化机有杠杆式机械硫化机和定型硫化机两大类，杠杆式机械硫化机的动作过程为：将以定型的外胎半成品装上水胎，放入硫化机下半模，再将水胎的气门嘴通过专门装置（管接头）与管路系统连接；用曲柄连杆机构关闭硫化机，将两个半模的模壁合拢；由管路系统先向水胎内腔输入达1.3 MPa的饱和蒸汽，后输入2～2.5 MPa压力的过热水（温度为175～180 ℃）；模型中的空气通过在模型上的小气孔排入蒸汽室，与此同时，向个体硫化机的蒸汽室输送140～170 ℃的饱和蒸汽；硫化结束后，从水胎排出过热水，从硫化机蒸汽室排出饱和蒸汽（某些场合下要将硫化好的外胎在压力下冷却，为此要向蒸汽室及水胎内腔输送冷却水）；打开硫化机，取出硫化好的外胎。

轮胎外胎硫化广泛使用的个体定型硫化机，因带有可膨胀和收缩的胶囊，起到定型的作用，从而集定型和硫化于一体。与杠杆式机械硫化机相比，具有以下特点。

①定型与硫化一起进行，简化了工艺。提高了设备生产效率，且定型质量好，对轮胎骨架的损伤性小，为便于定型和缩短硫化时间，硫化前需进行烘胎，使其预热至70～80 ℃。

②胶囊壁厚比水胎的薄，在定型硫化机中还设有热载体的循环系统，所以硫化时间较杠杆式机械个体硫化机短，同样规格的轮胎，于机械个体硫化机上的硫化总时间如为

85 min，而以定型硫化机硫化只需 70 min。

③定型硫化机带有专门的后充气冷却装置，这不仅提高了充气冷却效果，还可大大提高生产效率。

④定型硫化在机械化、自动化等方面有许多改进和提高，可进一步降低劳动强度。但个体硫化机也存在着占地面积大、设备投资高、不易变换产品规格等缺点。

（6）注压硫化法

注压硫化工艺是指将加热的具有良好流动性的胶料通过专门的进胶系统注入闭合的模型，并于模型中硫化的工艺过程。它是借助于注射成型机而实施的一种新型成型硫化工艺方法，与平板硫化机模压硫化相比具有许多优点：产品具有很好的密实性、物理机械性能高、尺寸精度高、质量优异；取消了坯料准备，综合了成型和硫化过程，如使用“非飞边”模具时，硫化后的成品没有飞边、胶柱，无须再作修正，从而简化生产工艺，并节省了胶料；成型周期短，可采用高温快速硫化，具有很高的生产效率，注射过程可以全部自动化，劳动强度降低。尽管注压机和注压模具造价高，但用注射法生产大批量制品的成本仍低于模压法。因此，注射成型硫化方法是橡胶制品生产的一种发展趋势。

注压硫化工艺对于胶料的工艺性能有着严格的要求，胶料在注射温度和注射压力下应具有良好的流动性，流动时的弹性变形要小，充满型腔后的弹性恢复要迅速，以保证硫化后的制品膨胀收缩小，无内应力存在。还要求胶料既有足够的抗焦烧性，又能高速硫化。通常，120 ℃下的焦烧时间为 10～30 m/min，硫化速度为 3～9 m/min 的胶料最适用于注压硫化。目前，热塑性弹性体的注压成型是较为成熟的。

橡胶注射成型机常见的有螺杆式、柱塞式、往复螺杆式和螺杆预塑柱塞式等，如图 4.24所示。其中常用的是往复螺杆式和柱塞式两种。

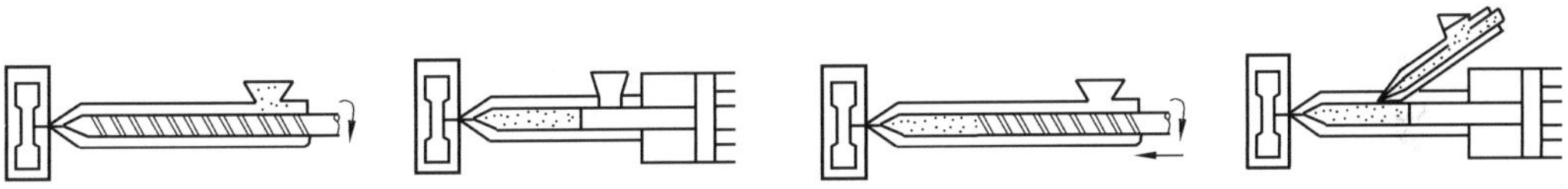

(a) (b) (c) (d)

图 4.24 橡胶注射机械结构分类示意图

（a）螺杆式；（b）柱塞式；（c）往复螺杆式；（d）螺杆预塑柱塞式

柱塞式注射机结构简单，制造方便，造价较低，注射压力大（最高可达 200 MPa），注射速度快，充模时间短（约 5～30 s），可注射黏度（100 ℃门尼黏度大于 100）胶料。缺点是间歇式工作机械，加料不便，一次注射量受到限制，并由于没有搅拌装置，不能保证胶料在机械内均匀受热，注射前必须将胶料预热到 60～70 ℃。

往复螺杆式注射机综合了螺杆式和柱塞式的优点，胶料可在螺杆中强力剪切塑化，胶料均匀，注射压力为 150～170 MPa。但设备复杂，成本高。

螺杆预塑柱塞式注射机的螺杆部件专用于塑化，注射过程由柱塞完成。其最大优点是可以增加注射容量，分别控制塑化和注射的工艺条件。螺杆装置可以对各种胶料充分塑化、混合，而柱塞注射装置能精确地控制注射量，充分提高注射压力。注射压力的提高，使胶料经喷嘴进入模腔时的温度相应提高，有助于减少硫化时间，降低胶料在机筒中的焦烧危险性。这种注射机的造价虽高,但因具有上述优点,所以,大、中、小型制品都在应用。

橡胶注射成型机的工作周期包括:注射供料装置移向模型或后退;将胶料注入模型或将胶料充满注射料筒;打开或闭合模型,从模型中取出制品或硫化制品。由于胶料硫化时间通常大于注射及开闭模时间,因此采用保压合模装置,以提高生产效率。

6. 连续硫化工艺

随着橡胶压出制品的发展,为提高质量、增加产量,对大量生产的密封条、纯胶胶管电线电缆等都逐步采用连续硫化工艺。其优点是产品不受长度限制,无重复硫化,能实现连续化、自动化,提高生产效率。常见的连续硫化工艺如下:

①热空气连续硫化室硫化法。此法是常见的硫化工艺方法,主要用于硫化胶布、胶片和乳胶制品。让制品连续通过硫化室进行加热硫化。硫化室可分为三段,第一段为预热、升温,将制品加热到硫化温度;第二段为恒温硫化,制品于该段内的停留时间可以通过调节制品运动速度的方法加以调节;第三段为降温冷却,以便于制品的收卷。硫化室可采用间接蒸汽、电、红外线等加热。

②蒸汽管道连续硫化法。此工艺的特点是使制品连续地通过密封的硫化管道进行硫化。硫化管道与压出机相连,制品经压出后直接进入硫化管道,管道中通入 1 ~2.5 MPa 高压蒸汽,管道尾部由高压冷却水进行冷却。硫化管道的两端都安装防止高压蒸汽泄漏的装置,一般采用迷宫式垫圈或水封法密封。这种硫化方法主要用于硫化胶管、电缆、电线等制品,工艺过程如图 4.25 所示。

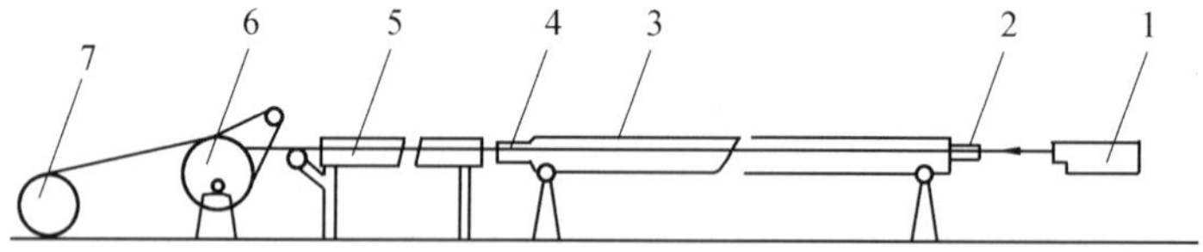

图 4.25　卧式蒸汽管道连续硫化示意图

1—压出机;2、4—防泄装置;3—硫化管道;

5—冷却槽;6—牵引装置;7—卷曲装置

③液体介质连续硫化法(盐浴连续硫化法)。此法是使用熔融的低熔点合金或低熔点金属盐作为硫化介质的连续硫化方法。硫化时先将硫化介质以电加热至 180 ~250 ℃,然后将半成品迅速通过(通过时间依胶料的硫化条件而定),便可进行硫化。硫化过程如图 4.26 所示。

由于熔融合金或熔融盐的密度很大(1 926 kg/m^3),因而必须用钢带将半成品型材压浸入熔融液中。由于熔融液传热很快,能使半成品迅速受热硫化,在 180 ~250 ℃下以 10 ~15 m/min速度压出硫化制品。但存在易使薄制品和空心制品变形的缺陷。

此法常用于胶管、胶条、电缆以及其他型材的硫化。

④沸腾床连续硫化法。“沸腾床”是指在热空气流中悬浮直径为 0.15 ~0.25 mm 的玻璃珠或粒径为 0.2 ~0.3 mm 的石英砂为硫化介质的装置。在受热空气流的吹动下,固体粒子悬浮气体中往复翻动,形成沸腾状态的加热床。呈沸腾状态的介质可以像液体一样流动,并具有良好的传热性能,可以硫化压出橡胶制品。

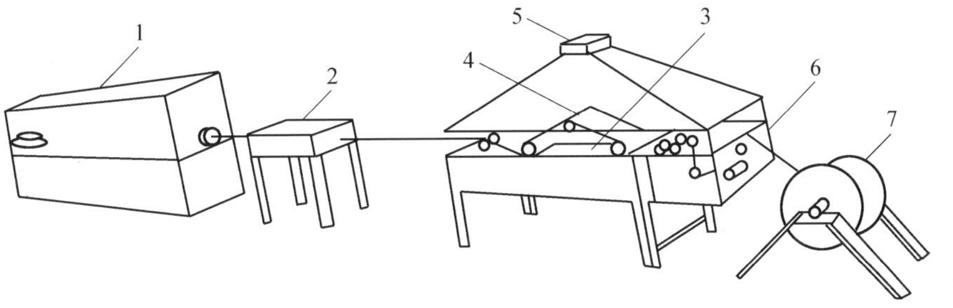

图 4.26　液体介质硫化过程示意图

1—压出机;2—表面处理;3—胶料;4—环形带;5—排气罩;6—洗净槽;7—卷曲

与热空气连续硫化法相比,由于沸腾床导热系数比空气大 50 ~ 100 倍,所以硫化速度快,硫化装置也小。与盐浴连续硫化法相比,沸腾床使硫化介质呈悬浮状态的空气压力很低(层高 0.15 mm 时的压力为 1.7 ~ 1.8 kPa),它不会发生使制品截面受压变形的情况,可以硫化复杂型面的空心制品和海绵型材。为防止悬浮热载体粘在硫化制品上,需将压出后的半成品用隔离剂(滑石粉)处理。

⑤硫化鼓连续硫化法。鼓式硫化机是平板硫化机的一种发展,主要由硫化鼓、加压钢带、长度调节轮、电热装置、传动机构及机架等构成,如图 4.27 所示。其特点是以一圆鼓进行加热(圆鼓内蒸汽或电加热),圆鼓外绕着环形钢带,制品放于圆鼓和钢带间进行加热硫化。钢带起加压作用,压力可达 0.5 ~ 1 MPa。为使制品两侧均匀受热和硫化,钢带外侧用电加热。圆鼓可以转动,转速可根据制品硫化条件在 1 ~ 20 m/min 的范围内调节。它主要应用于胶板、胶带、三角带等的连续硫化。

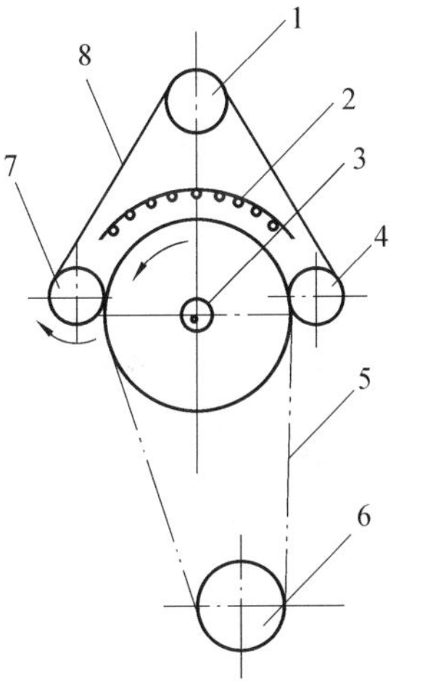

图 4.27　三角带鼓式硫化机示意图

1—钢线带张紧辊;2—电加热器;3—蒸汽进出口管;4—钢带支承辊;5—三角带;6—伸张轮;7—主动轴;8—钢带

⑥高频及微波连续硫化法。在实际工作中,除上述讨论的几种连续硫化法外,还有红外线、高频及微波等连续硫化工艺。其中高频及微波连续硫化法有显著的优越性。高频及微波硫化是橡胶分别在 10 ~ 15 MHz 及 915 MHz 或 2 450 MHz 的高频交变电场及微波(超高频)作用下本身发热而硫化,从而克服通常采用的加热介质热传导所造成的表里温差,有利于提高橡胶制品的硫化质量,并可缩短硫化时间(约为常规的几十分之一到百分之一)。特别是对厚壁制品的硫化,如载重车胎和大型越野轮胎微波加热后,胶料直接吸收微波能而内外同时发热,制品整体达到硫化温度的时间很短,且表里不存在温差梯度,故硫化迅速而均匀,能减少$\frac{1}{3}$以上的硫化时间;对压出制品进行连续硫化,若硫化前经微波预热,可缩短硫化床的长度。其次,不需要任何价格昂贵的热介质,不存在介质的回

收和处理，所以热能消耗仅为其他连续硫化方法的20%左右。图4.28是工业用连续微波设备。

图4.28　工业用连续微波设备

7. 硫化工艺质量控制

硫化质量与胶料的流动性、硫化设备及工艺操作等有着密切关系，常见的质量缺陷与改进措施见表4.19。

表4.19　常见硫化质量缺陷与改进措施

质量缺陷	产生原因	改进措施
缺　胶	1. 装胶量不足 2. 半成品尺寸过短 3. 胶料流动性太差 4. 压力不足 5. 模温过高	1. 加足装胶量 2. 按工艺要求保证半成品尺寸 3. 调整配方或烘热坯料使流动性增加 4. 提高压力 5. 降低模温
闷气明疤	1. 橡胶与模具表面之间的空气无法逸出 2. 合模过快空气来不及逸出 3. 胶料粘上油污	1. 加开滤气槽或改进模具结构 2. 慢合模或加压后回松使空气逸出 3. 防止胶料粘油污
胶层、起泡、呈海绵状	1. 压力不足 2. 挥发分或水分太多 3. 模内积水或胶料沾水，沾污 4. 压出或压延中胶料加入空气 5. 胶料黏性差或喷霜 6. 硫化温度太高	1. 提高压力 2. 调整配方，加强原材料干燥处理 3. 清除模内积水，坯料预热干燥并防止沾污 4. 改进压出、压延条件，胶料硫化前用针挑破气泡 5. 改进配方，减少喷霜物用量，增加胶料黏性 6. 降低硫化温度
接头开裂	1. 压力不足或被动 2. 胶料不新鲜，喷霜或沾灰尘，油污和脱模剂 3. 胶料燃烧时间太短	1. 调整压力 2. 重新热炼胶料，做好坯料清洁工作 3. 调整胶料配方

续表 4.19

质量缺陷	产生原因	改进措施
重皮,折叠或表面裂开	1. 胶料流速过快,流动不充分	1. 调整配方减慢流速
	2. 模具不干净,胶料表面沾污或硅油过多所致	2. 加强模具与半成品胶料管理,不使沾污,并少用隔离剂硅油
	3. 成型形状不合理	3. 改进成型形状,保证各部位胶料同时与模具接触
撕　裂	1. 过硫	1. 降低硫化温度,缩短硫化时间,也可以改进配方
	2. 模温过高	2. 冷启模
	3. 脱模剂不中	3. 在易撕裂处适当多涂脱模剂
	4. 启模方法不妥	4. 改进启模方法
	5. 模具结构不合理	5. 改进模具结构,方便启模
色泽不均,有水渍斑点	1. 升温过急,受冷凝水或蒸汽的冲击	1. 慢升温
	2. 压缩空气中带水	2. 压缩空气经过干燥去水处理
	3. 平板温度不均匀	3. 清除平板内水垢,使平板温度均匀
喷硫、喷霜	1. 严重欠硫	1. 增加硫化时间
	2. 某些易喷出的配合剂用量过高	2. 调整配方

习　　题

1. 概念题

(1)擦胶;(2)橡胶压延;(3)纺织物的挂胶方法;(4)橡胶压型;(5)滤胶;(6)滤胶机;(7)纺织物的预加工;(8)橡胶挤出;(9)橡胶压出;(10)硫化体系;(11)正硫化;(12)硫化;(13)欠硫;(14)过硫;(15)喷硫;(16)焦烧;(17)硫化三要素;(18)橡胶硬度单位;(19)橡胶扯断伸长率单位;(20)橡胶拉伸强度单位;(21)橡胶磨耗单位;(22)硫化机;(23)硫化机种类;(24)硫化罐种类;(25)硫化条件;(26)硫化历程;(27)天然橡胶的硫化温度;(28)顺丁橡胶的硫化温度;(29)氟橡胶的硫化温度;(30)硅橡胶的硫化温度;(31)一般模型制品平板硫化的压力;(32)自然硫化;(33)橡胶的自黏性;(34)橡胶的互黏性;(35)硫化效应;(36)硫化介质;(37)硫化介质的种类;(38)橡胶老化;(39)橡胶老化性能变化率;(40)橡胶加速老化;(41)橡胶臭氧龟裂;(42)橡胶热降解;(43)橡胶的溶胀;(44)橡胶硫化的主要工艺参数;(45)橡胶交联的主要工艺参数;(46)橡胶二段硫化;(47)橡胶模具外面的粗糙度;(48)橡胶模具里面的粗糙度。

2. 填空题

(1)压延前的准备是胶料的________和纺织物的________。

(2)纺织物挂胶方法是________和________。

(3)影响橡胶压出的主要因素是压出机的________和________。

(4)硫化三要素为________、________和________。

(5)橡胶硫化历程为焦烧、________、________和________四个阶段。

3. 简答题

(1)压延前的准备有什么?

(2)橡胶压延前为什么要改炼?
(3)影响橡胶压出的主要因素是什么?
(4)橡胶加工挤出机与塑料加工挤出机的异同是什么?
(5)橡胶的过滤网如何选取?
(6)胶料离开压出机口模后形状发生了什么变化,为什么?
(7)在橡胶加工过程中化学反应是从哪一工序开始,为什么?
(8)橡胶加工过程中主要有几种化学反应,其关系是什么?
(9)解释硫化三要素。
(10)橡胶的自黏性与互黏性关系是什么?
(11)橡胶二段硫化的作用是什么?

4. 论述题

(1)简述压片作业中常出现的质量问题、产生的原因。
(2)简述擦胶过程中常出现的质量问题、产生的原因。
(3)简述压出作业中常出现的质量问题、产生的原因。
(4)简述硫化常出现的质量问题、产生的原因。
(5)简述硫化的三要素及它们之间的关系。
(6)简述橡胶制品加工过程。
(7)简述橡胶硫化过程。
(8)简述生橡胶与熟橡胶的区别。
(9)简述橡胶二段硫化及其作用。

参考文献

[1]苏博,邓海燕. 2009年度全球主要地区橡胶工业发展概览[J]. 中国橡胶, 2010,26(18):4-9.

[2]范仁德. 我国橡胶工业发展现状及2009年对橡胶的需求情况[J]. 中国橡胶, 2009, 25(8): 4-8.

[3]郑宗良. 安徽省橡胶工业发展现状及2010年预测[J]. 中国橡胶,2010,26 (12):13-17.

[4]JAMES E MARK. Science and Technology of Rubber[M]. Near York:Academic Press, 2005.

[5]刘世平,任芳. 我国非轮胎橡胶制品进出口情况浅析[J]. 中国橡胶, 2010, 26(12): 8-11.

[6]佚名. 国内橡胶行业拟在建项目[J]. 中国橡胶, 2010,26(12):31.

[7]佚名. 2010年4月我国橡胶用原材料及橡胶制品进出口情况[J]. 中国橡胶, 2010,26(12):28-30.

[8]佚名. 现状分析[J]. 中国橡胶, 2010, 26(11):1.

[9]佚名. 中国橡胶工业协会一季度经济运行状况通报[J]. 中国橡胶, 2010,26(10):4-6.

[10]王俊. 浅析我国橡胶制品行业的发展现状与建议[J]. 宁波广播电视大学学报, 2010, 8(2):43-45.

[11]周文荣. 我国合成橡胶产业现状及发展[J]. 中国橡胶, 2011,27(12):7-11.

[12]高波. 我国橡胶工业2009年回顾与2010年展望(六)[J]. 中国橡胶, 2011,27(12):18-20.

[13]CIESIELSKI A. An Introduction to Rubber Technology[M]. New York:Academic Press, Second Edition,2000.

[14]朱敏. 橡胶化学与物理[M]. 4版. 北京:化学工业出版社,1996.

[15]邓本诚, 纪奎江. 橡胶工艺原理[M]. 北京:化学工业出版社, 1984.

[16]林孔勇. 橡胶工业手册[M]. 北京:化学工业出版社, 1996.

[17]于清溪. 橡胶原材料手册[M]. 北京:化学工业出版社, 1996.

[18]张殿荣,辛振祥. 现代橡胶配方设计[M]. 北京:化学工业出版社, 2001.

[19]谢忠麟,杨敏芳. 橡胶制品实用配方大全[M]. 北京:化学工业出版社, 2004.

[20]杨清芝. 实用橡胶工艺学[M]. 北京:化学工业出版社, 2006.

[21]纪奎江. 橡胶制品实用生产技术[M]. 北京:化学工业出版社, 2000.

[22]吴生绪. 橡胶成形工艺技术问答[M]. 北京:机械工业出版社, 2007.

[23]俞淇. 子午线轮胎结构设计与制造技术[M]. 北京:化学工业出版社, 2006.

[24]约翰 S. 橡胶技术配合与性能测试[M]. 迪克, 游长江,贾德民,等译. 北京:化学工业出版社, 2005.

[25]翁国文. 橡胶工业制品加工技术[M]. 北京:化学工业出版社, 2005.

[26]杨成,徐路明. 胶鞋加工技术[M]. 北京:化学工业出版社, 2005.

[27]高海龙,李成超. 胶管胶带加工技术[M]. 北京:化学工业出版社, 2005.
[28]王艳秋. 橡胶塑炼与混炼[M]. 北京:化学工业出版社, 2005.
[29]韦邦风,翁国文. 橡胶压延成型[M]. 北京:化学工业出版社, 2005.
[30]谢德伦. 橡胶挤出成型[M]. 北京:化学工业出版社, 2005.
[31]翁国文. 橡胶硫化[M]. 北京:化学工业出版社, 2005.
[32]张玉龙,孙敏.橡胶品种与性能手册[M].北京:化学工业出版社, 2007.
[33]巫静安,里木松.橡胶加工机械[M].北京:化学工业出版社, 2006.